〈もくじ〉

JN073721

この本の内容

概要

中学入試で問われる算数の単元は幅広く膨大です。しかし，頻出の単元はある程度絞ることができます。本書では，過去の中学入試のデータから中学入試の頻出かつ重要な単元を文章題・図形問題でそれぞれ 20 単元ずつ選定しています。その上でそれぞれの解法を定着し，初見の問題にも対応できる力を身につけることを目的として，数・計算分野の問題もあわせて 1 回あたり 10 題，反復学習編 1 で 45 回分，反復学習編 2 で 45 回分の合計 90 回分のテストを掲載した問題集です。

テスト内容

数・計算分野

どの回も 1 は計算，2 は計算のくふう，3 は未知数を求める計算，4 は数・割合・比の問題です。自分がどの番号でよく間違えるかで苦手な内容が分析できます。

文章題分野　図形分野

5，6，7 は文章題分野から，8，9，10は図形問題分野から出題しています。

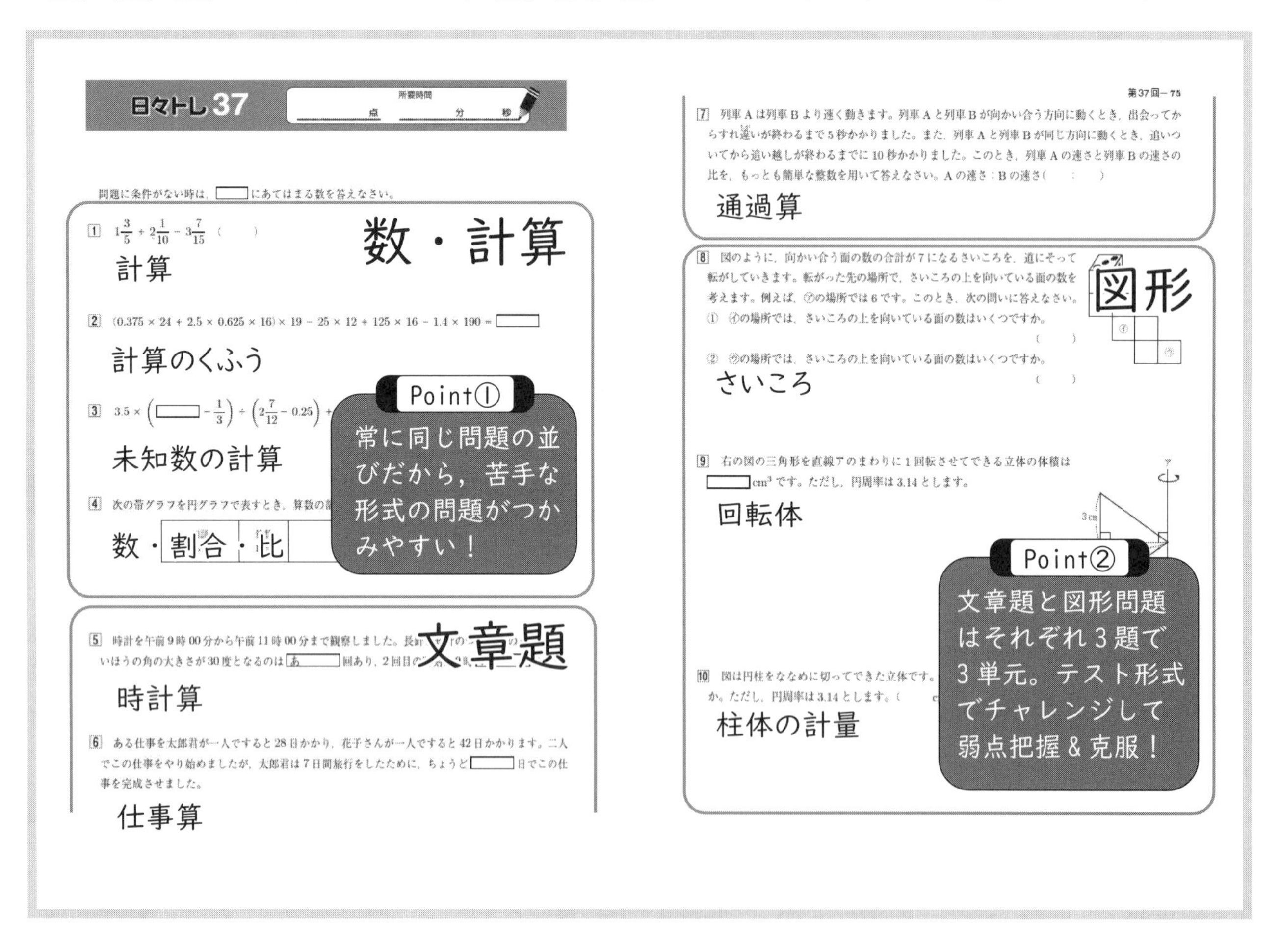

90 回のテストと出題単元・正誤チェック表

出題単元について

掲載している文章題と図形問題の各 20 単元は『基礎学習編』と同じく右の通りです。

反復学習編 1（1 ～ 45 回）

3 回分のテストを 1 セットとし，合計 15 セットとしています。1 つのセットで出題している文章題，図形問題はそれぞれ 3 単元で，たとえば 2 セット目である第 4 回から第 6 回のテストでは，文章題分野から，5 に和差算，6 に分配算，7 に倍数算，図形問題分野から，8 に多角形と角度，9 に三角形の面積，10 に長方形の面積の問題を出題しています。

反復学習編2（46 ～ 90 回）

5 から 10 の問題は完全にランダムに並んでいます。問題にあたる際に，どのような解法を使うべきかを見抜き，それまでの演習で身につけた解き方を使うという能力が必要になります。

文章題分野	図形分野
数列・規則性	角度
植木算・方陣算	合同と角度
消去算	多角形と角度
和差算	三角形の面積
分配算	四角形の面積
倍数算	直方体の計量
年齢算	円の面積
相当算	柱体の計量
損益算	図形と比
仕事算	相似と長さ
ニュートン算	相似と面積
過不足・差集め算	平面図形と点の移動
つるかめ算	平面図形の移動
旅人算	すい体の計量
通過算	回転体
流水算	空間図形の切断
時計算	投影図・展開図
場合の数	立方体の積み上げ
こさ	水の深さ
N 進法	さいころ

Point③

1 回 10 題，90 日間！入試頻出の単元を厳選し，前半は反復学習用，後半はランダムな並びで実践練習，中学入試に対応できる力を養成！

Point④

解くだけでは終わらない。正誤チェック表を使って弱点分析＆克服へ！

正誤チェック表

解答の最後に正誤チェック表があります。計算ミスなどは△，間違えたものは✓のようにチェックして，どの単元を復習すべきかの分析をしましょう。明らかに苦手な単元が有る場合，『基礎解法編』をつかって単元の学習をすることもおすすめします。

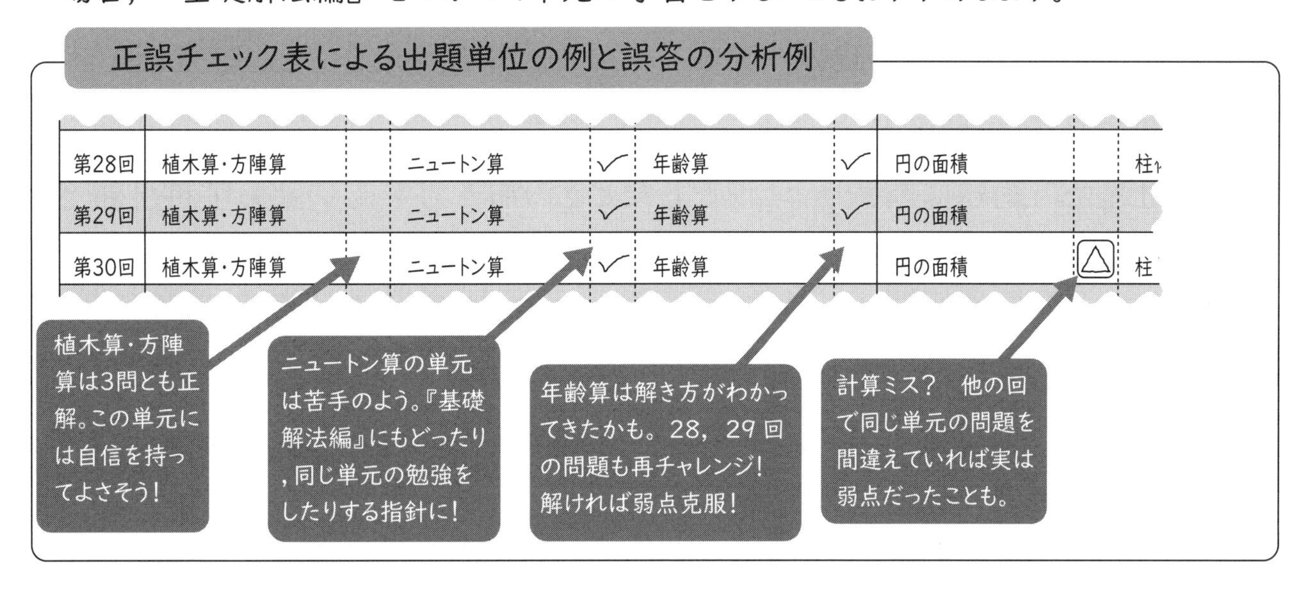

使い方

テスト演習

１回 25 分間を目標に解いていきましょう。25 分間を過ぎても構いませんが，１つの問題を３分間考えてもわからなければ，次に進みましょう。

丸付け

別冊の解答を使って丸付けをします。間違えていた問題は原因を確認しましょう。

正誤チェック表

さらに，間違えた問題については解答の最後にある正誤チェック表に印をつけておきましょう。ミスは△，わからなかった，考え方の違いでの間違いは✓と分けておくと復習をするときに便利です。

例

文章題・図形分野出題単元と正誤チェック表（反復学習編１）

回数	5	チェック欄	6	チェック欄	7	チェック欄	8	チェック欄	9	チェック欄	10	チェック欄
第1回	数列・規則性		植木算・方陣算		消去算		角度	△	角度		合同と角度	
第2回	数列・規則性		植木算・方陣算		消去算	✓	角度		角度		合同と角度	△
第3回	数列・規則性	✓	植木算・方陣算		消去算		角度		角度		合同と角度	△
第4回	和差算	△	分配算		倍数算		多角形と角度		三角形の面積	✓	長方形の面積	
第5回	和差算		分配算	✓	倍数算	✓	多角形と角度	✓	三角形の面積	✓	長方形の面積	
第6回	和差算		分配算	△	倍数算		多角形と角度		三角形の面積	✓	長方形の面積	
第7回	年齢算	✓	相当算		損益算		直方体の体積		円の面積		柱体の体積	
第8回	年齢算		相当算		損益算		直方体の体積		円の面積		柱体の体積	

解説チェック

間違えた問題や解き方がわからなかった問題の解説をチェックし，解き方を確認しましょう。解説の式を写しながら意味を考えるのもよい方法です。

解き直し

間違えた問題は解説チェックをしたときの解き方を思い出して再度解き直ししてみましょう。ここでも間違えた場合は，もう一度解説チェックに戻りましょう。解説チェックが終わったらさらに解き直しをしていきます。

同じ単元の問題が他の回でもまた出てきます。次は解けるように単純に解説を写すだけではなく，式の意味を確認しながら，どんな解き方をすればいいのか確認していきましょう。

日々トレ 算数問題集

今日からはじめる受験算数 中学受験

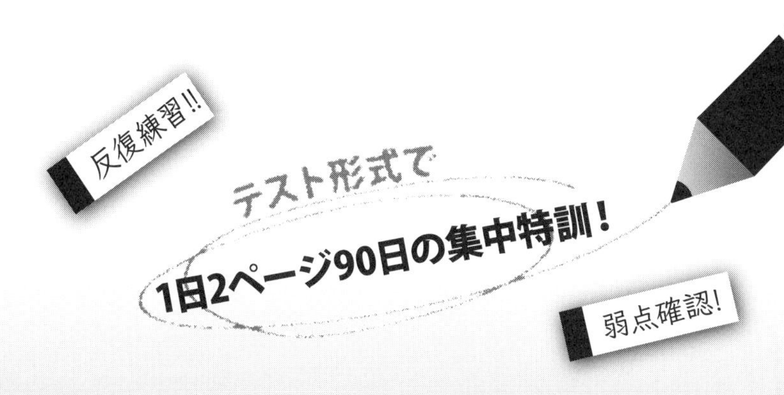

計算問題

中学受験算数の**解法**が身につく

図形問題

文章問題

反復学習編 I

文章問題	図形問題
数列・規則性	角度
植木算・方陣算	合同と角度
消去算	多角形と角度
和差算	三角形の面積
分配算	四角形の面積
倍数算	直方体の計量
年齢算	円の面積
相当算	柱体の計量
損益算	図形と比
仕事算	相似と長さ
ニュートン算	相似と面積
過不足・差集め算	平面図形と点の移動
つるかめ算	平面図形の移動
旅人算	すい体の計量
通過算	回転体
流水算	空間図形の切断
時計算	投影図・展開図
場合の数	立方体の積み上げ
こさ	水の深さ
N進法	さいころ

日々トレ 01

所要時間

点　　分　　秒

問題に条件がない時は，$\square$ にあてはまる数を答えなさい。

[1] 503626 − 372698 （　　　）

[2] 1.4 × 2.7 + 1.4 × 7.3 （　　　）

[3] $\left\{1.6 - \left(\square + \frac{4}{9}\right) \div 1\frac{11}{21}\right\} \times 7\frac{1}{5} = 9$

[4] 42.195km は 30cm の定規を $\square$ 本つなげた長さです。

[5] $\frac{1234}{9999}$ を小数で表したとき，小数第 2018 位の数は何ですか。（　　　）

[6] $\square$ m 離れた 2 つの地点のはしからはしまで木を 30 本植えると間かくは 15m でした。

7 ある遊園地は，大人２人こども３人で入場すると2700円，大人３人こども２人で入場すると3050円かかります。大人１人，こども１人の入場料はそれぞれいくらですか。

大人（　　　円）　こども（　　　円）

8 図の(ア)は何度ですか。（　　　度）

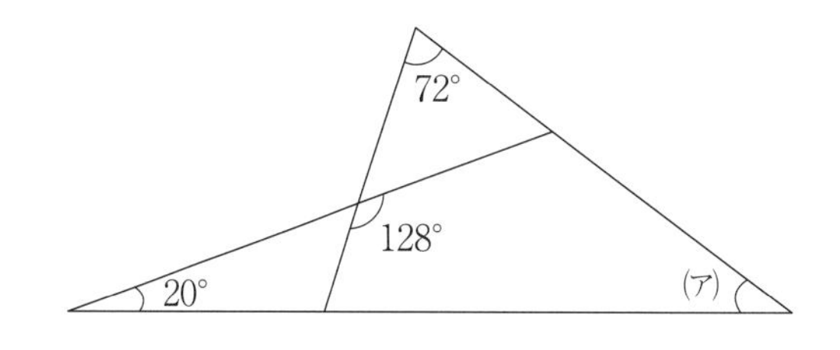

9 右の図のように，平行な直線 a と b の間に正三角形があります。このとき，角アの大きさは□度です。

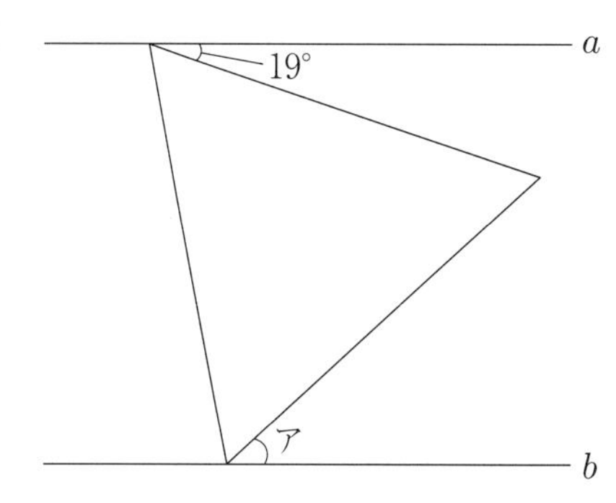

10 図のように正方形と正三角形２つを組み合わせたとき，角アの大きさは何度ですか。（　　　度）

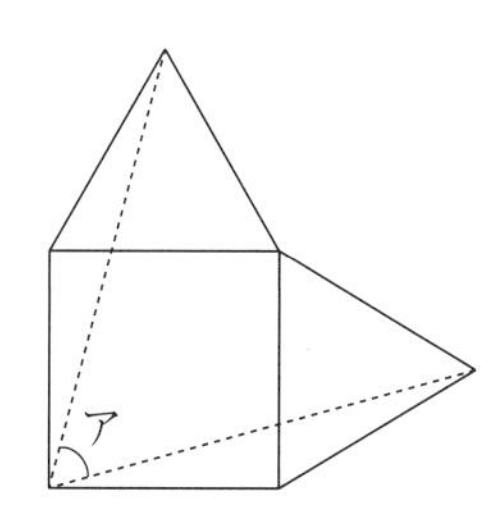

日々トレ 02

所要時間
点　　分　　秒

問題に条件がない時は，□にあてはまる数を答えなさい。

1　1972 + 1980 − 2019　(　　　)

2　35 × 12 + 43 × 35 − 35 × 15　(　　　)

3　$2\frac{1}{3} \times \left(1\frac{1}{14} \div \square - 1\frac{3}{5}\right) = 2\frac{1}{10}$

4　80g は 16t の何分の 1 ですか。(　　　分の 1)

5　ある規則にしたがって，整数が次のように並んでいます。

5，8，11，14，17，20，23，…

2020 番目の数を答えなさい。(　　　)

6　長さ 8 m の木材を 40cm ずつに切り分けていきます。1 回切るのに 5 分かかり，1 回切るごとに 2 分休けいすると，全部切り終わるのに□分かかります。

7　りんご２個，みかん２個，なし５個で1150円，りんご５個，みかん３個，なし６個で1740円，りんご３個，みかん１個，なし４個で1040円です。なし１個の値段は何円ですか。(　　　円)

8　右の図の点Oは円の中心である。このとき㋐の角の大きさは［　　　］度である。

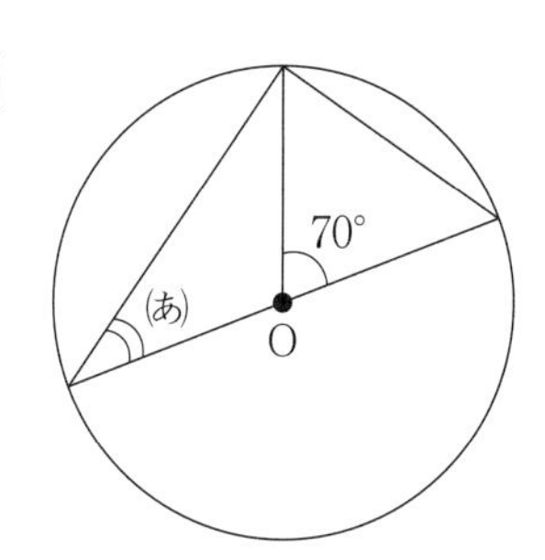

9　右の図で，直線㋐と直線㋑は平行です。２つの角 x と y の和は［　　　］度です。

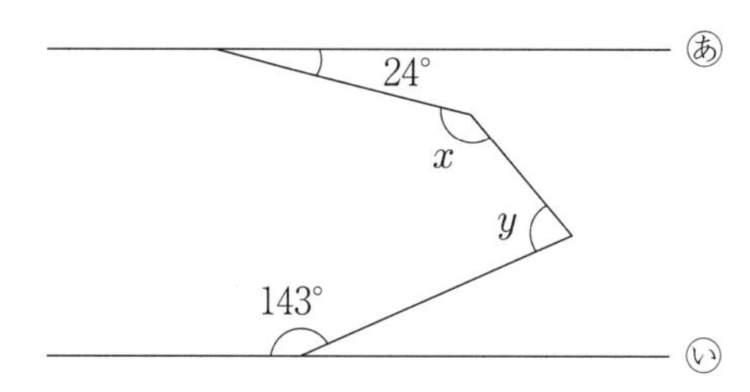

10　図のように，２つの正五角形の頂点を重ねました。このとき，角アの大きさは［　　　］度です。

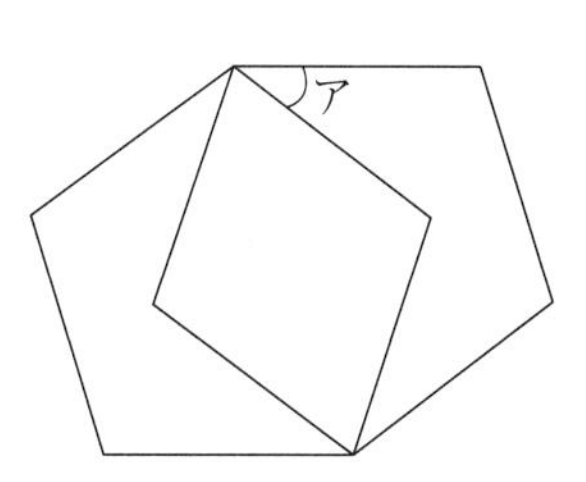

日々トレ 03

所要時間
点　分　秒

問題に条件がない時は，□にあてはまる数を答えなさい。

1　2158 + 2143 − 2119　(　　　)

2　5.6 × 2.3 − 2.6 × 2.3　(　　　)

3　$\left(2\frac{1}{6}+\square\times 0.25\right)\div 2\frac{2}{5}=\frac{1}{4}-1$

4　333cm^2 は □ m^2 です。

5　$\frac{1}{3}$, $\frac{3}{6}$, $\frac{5}{9}$, $\frac{7}{12}$, $\frac{9}{15}$, …のようにある規則に従って並んでいる数の13番目の数は □ です。

6　たての長さが2cm，横の長さが5cmの長方形の紙を，図のように紙のはしを1cmずつ重ねてつなぎ，長いテープを作ります。しゃ線部分は重ねている部分です。ただし，円周率は3.14とします。

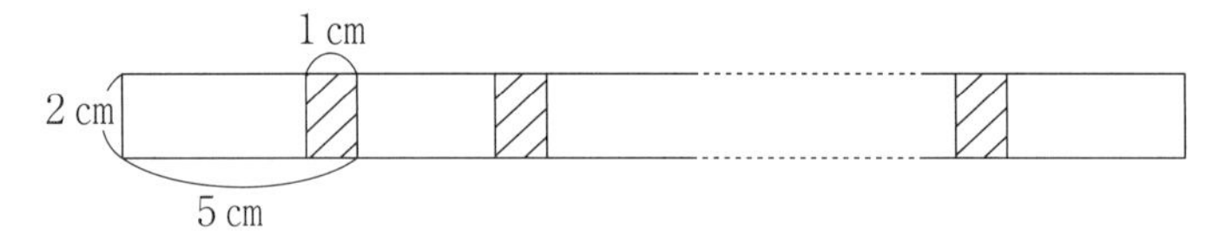

①　長方形の紙を10枚つなげてテープを作ったとき，テープの面積は何cm^{2}ですか。

(　　　cm^2)

②　長方形の紙を15枚つなげてテープを作り，右の図のように両はしを1cmずつ重ねてできた輪は，半径何cmの円になりますか。小数第2位を四捨五入して求めなさい。(　　　cm)

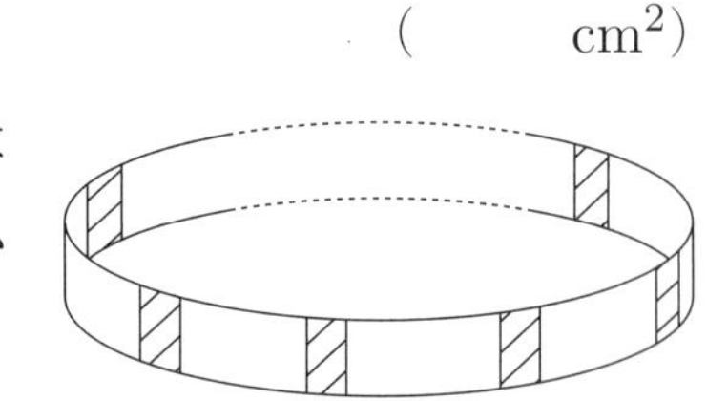

7 りんごとみかんを10個ずつ買うと2100円になります。りんご10個とみかん15個では2500円になるそうです。りんご10個の値段は［　　　］円です。

8 右の図のような，BCとBDとADの長さが等しい図形があります。このとき，角アの大きさは［　　　］度です。

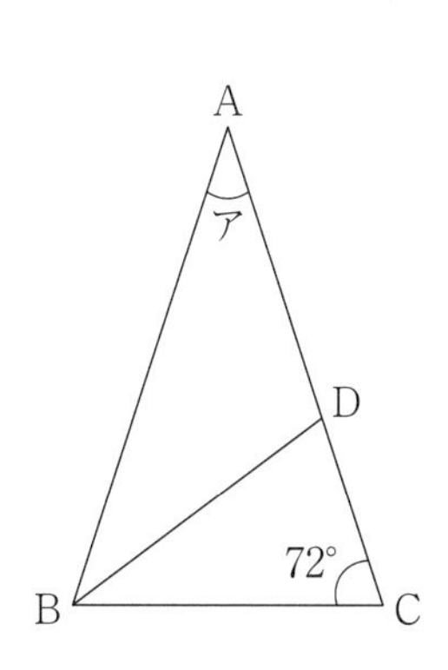

9 右の図で，•印のついた角の大きさを求めなさい。

（　　　度）

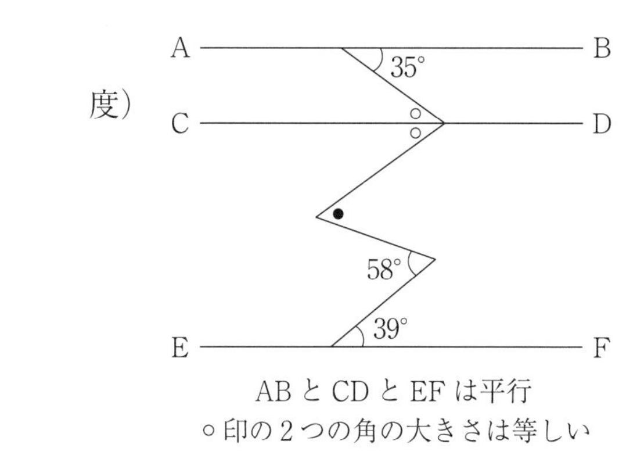

ABとCDとEFは平行
○印の2つの角の大きさは等しい

10 右の図のように，三角形ABCをDEを折り目として，点Aが点Fに重なるように折りました。このとき，角アの大きさは［　　　］度です。

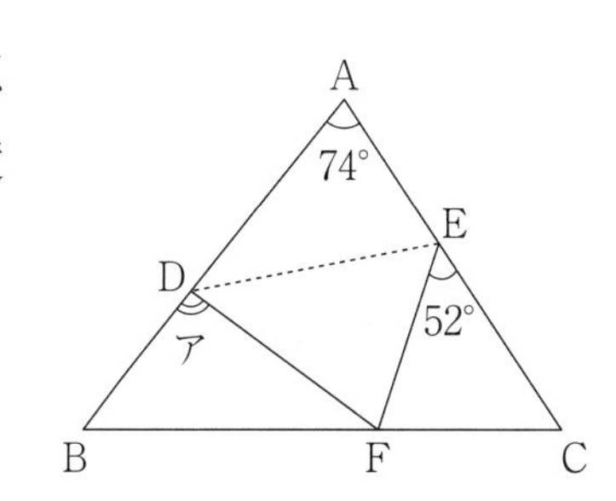

日々トレ 04

所要時間

点　　　　分　　秒

問題に条件がない時は，□にあてはまる数を答えなさい。

1　$1020 - 387 - 147$　（　　　）

2　$81 \times 12 + 119 \times 12$　（　　　）

3　$1 + 1 \div \{1 - 1 \div (1 + 1 \div \square)\} = 115$

4　$25300\text{cm}^2 + 1.35\text{m}^2 + 0.000612\text{ha} = \square\ \text{m}^2$

5　大小2つの数があり，その和は8.43で，差は4.91です。2つの数を求めなさい。

（　　　と　　　）

6　兄は1080円，弟は570円を持っています。兄が弟の3倍より50円多くなるようにするには，弟が兄に何円わたせばよいですか。（　　　円）

7 はじめ，ひろし君とやすひろ君の所持金の比は9：4でしたが，ひろし君が840円使ったので，ひろし君とやすひろ君の所持金の比は3：2になりました。やすひろ君は何円持っていますか。

（　　　円）

8 右の図の角㋐の大きさを求めなさい。（　　　度）

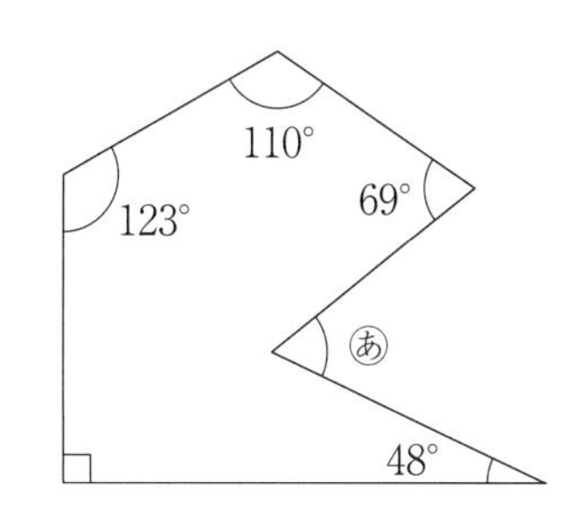

9 四角形ABCDは1辺の長さが6cmの正方形です。斜線（しゃせん）部分の面積を求めなさい。（　　　cm^2）

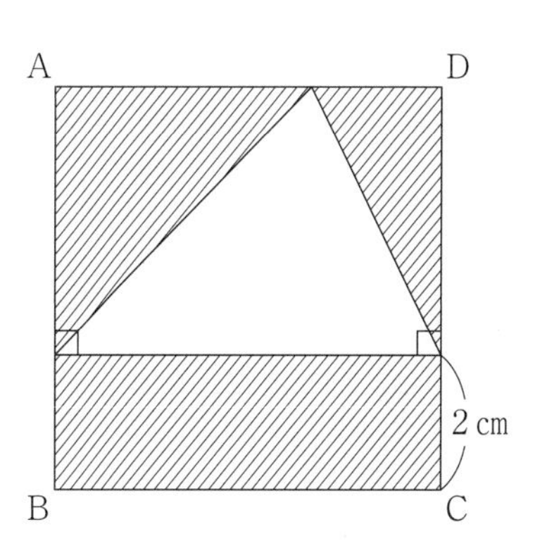

10 右の図のように，長方形と正方形が重なっています。斜線（しゃせん）部分の面積を求めなさい。（　　　cm^2）

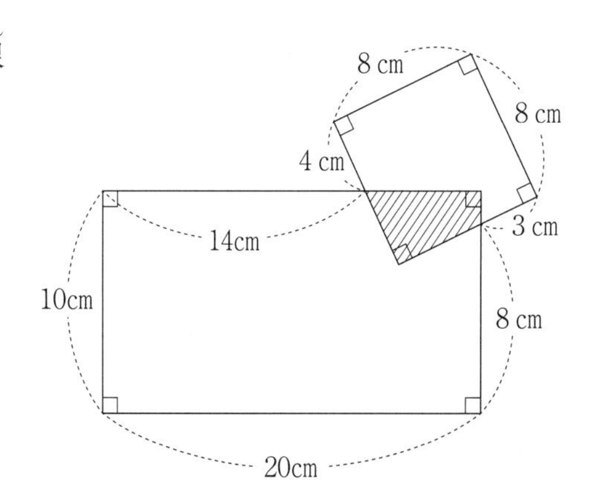

日々トレ 05

所要時間
点　　分　　秒

問題に条件がない時は，□にあてはまる数を答えなさい。

1　35×53　（　　　）

2　$2.4 \times 9.3 - 7.3 \times 2.4$　（　　　）

3　$2.1 \times \left(\frac{2}{3} - \square\right) - 0.05 = 0.3$

4　$3.2m^3$ の容器の 35 ％まで水を入れました。水の体積は何 L ですか。（　　　L）

5　ケーキとプリンを 4 個ずつ買うと，合計 1200 円になります。ケーキがプリンより 60 円高いとき，ケーキの値段は□円です。

6　箱に入ったみかんを A，B，C の 3 人で分けました。B の個数は A の個数の 2 倍，C の個数は A の個数の 1.5 倍になるように分けると，B の個数は C の個数より 15 個多くなりました。箱に入っていたみかんは全部で□個です。

7　はじめに矢野さんは西村さんの3倍のお金を持っていましたが，矢野さんは100円もらい，西村さんは300円もらったので，矢野さんのお金が西村さんの2倍になりました。はじめに2人はそれぞれいくらのお金を持っていましたか。矢野さん(　　　円)　西村さん(　　　円)

8　右の図は，正五角形と正三角形を重ねたものです。このとき，角㋐の大きさを求めなさい。(　　　度)

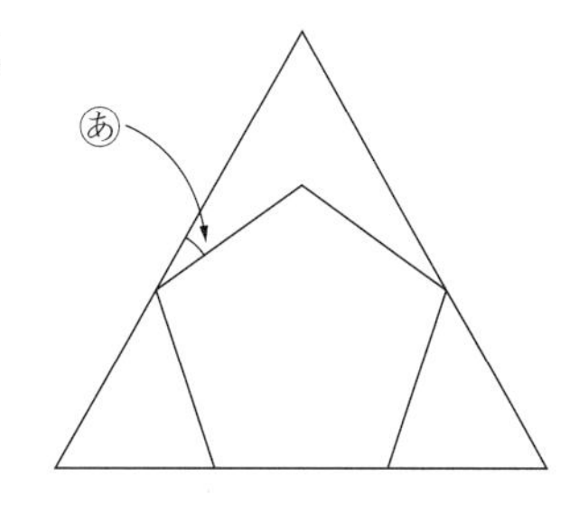

9　ABの長さは8cm，ADの長さは10cmの長方形ABCDにDから3cmのところで点Eをとり，BEで折り返すと頂点Cは辺AD上の点Fになりました。なめ線の部分の面積を求めなさい。ただし，円周率は3.14とします。(　　　cm^2)

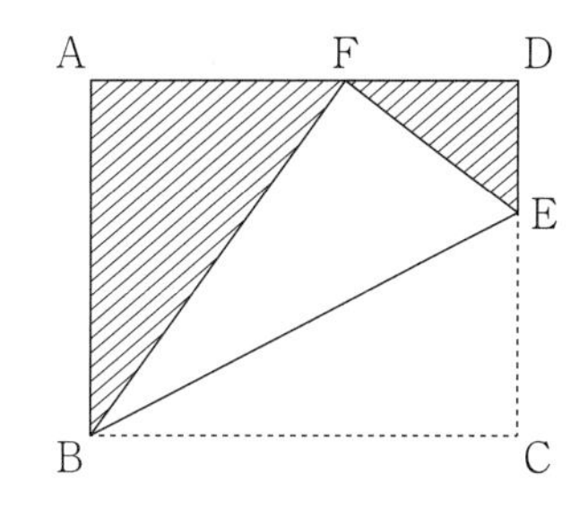

10　B，C，Eは一直線上にあり，CG上に点Dがあります。DG = 4cm，BE = 14cmです。正方形ABCDと正方形CEFGの面積を足すと［　　　］cm^2です。

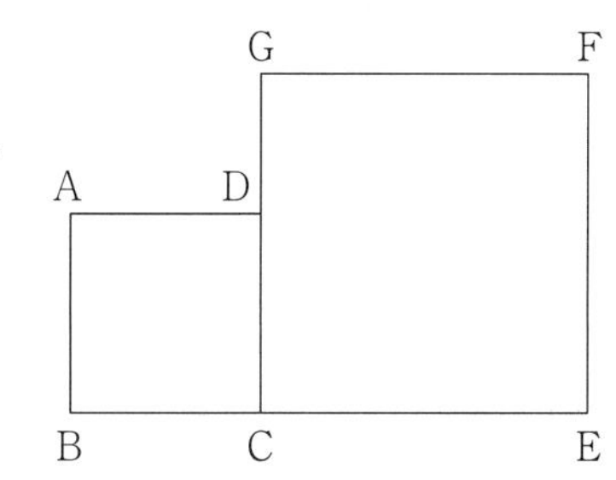

日々トレ 06

所要時間

点　　　分　　　秒

問題に条件がない時は，□にあてはまる数を答えなさい。

1　$54 - 42 \div (16 - 2 \times 5)$　(　　　)

2　$1.73 \times 5.78 + 1.73 \times 4.22$　(　　　)

3　$0.625 \times \frac{4}{5} - \frac{2}{3} \times (\square - 0.25) = \frac{3}{8}$

4　□ $d\ell = 3.6\ell =$ □ cm^3

5　算数のテストで，A子さんはB君より15点高く，B君はC子さんより6点高い点数でした。3人の平均点が78点のとき，B君の点数は□点です。

6　150枚あるカードをA，B，Cの3人に分けるのに，AはBより3枚少なく，BはCより9枚多くなるように分けました。このとき，Aは□枚受けとったことになります。

7　同じ重さの容器AとBに水が入っています。水が入った状態でのAの容器とBの容器の重さの比は6：5で，Aの容器にはBの容器に入っている1.4倍の水が入っています。いま，両方の容器からそれぞれ100gの水を取り出し，それぞれの重さを量ると，AとBの重さの比は，13：10になりました。容器の重さは何gですか。（　　　g）

8　図のように，正八角形の中に三角形があります。角アの大きさは［　　　］度です。

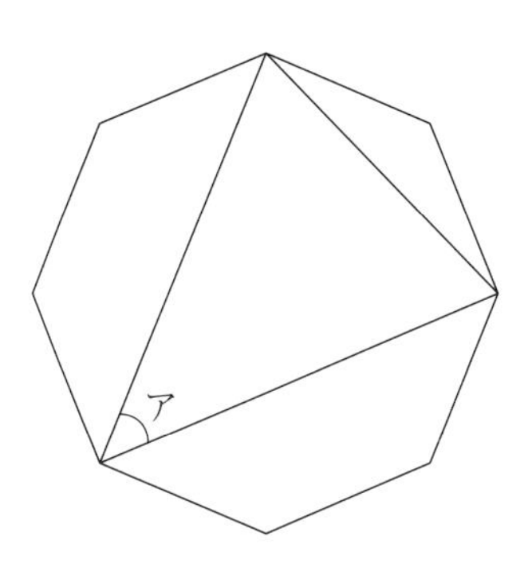

9　右の図の三角形の面積を求めなさい。（　　　cm^2）

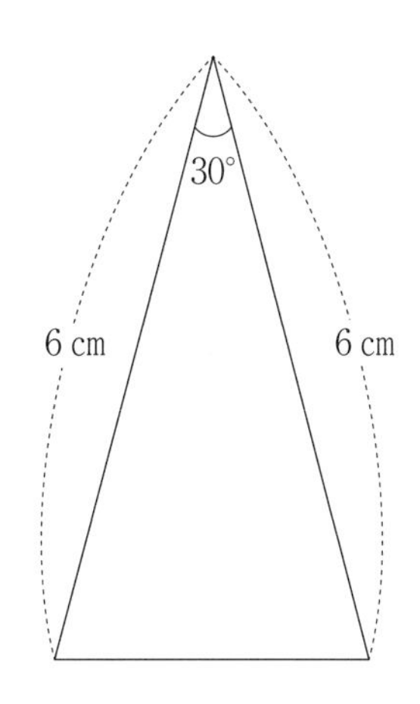

10　右の図の四角形ABCDは正方形であり，内側の4つの三角形はすべて同じ直角三角形です。このとき，正方形ABCDの面積は何cm^2ですか。（　　　cm^2）

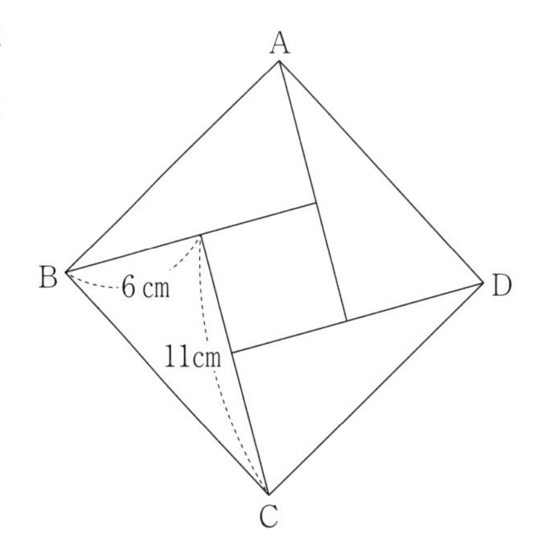

日々トレ07

所要時間
点　　分　　秒

問題に条件がない時は，□にあてはまる数を答えなさい。

1　$2 - \{(2+2) \div 2 - 2 + 2 \div 2 + 2 \div (2+2)\} \div 2$　(　　　)

2　$5 \times 15 + 3 \times 15 - 2 \times 15$　(　　　)

3　$0.125 \times \left(\square - \frac{7}{4} + 3 \div 4\right) \div 36 - 6 = 1$

4　花子さんは，グラウンドを3周するのに5分12秒かかりました。常に同じ速さで走ったとすると，1周を何分何秒で走ったことになりますか。(　　分　　秒)

5　現在，秋子さんの年令は妹の年令の5倍ですが，3年後には秋子さんの年令は妹の年令の3倍になります。現在の秋子さんの年令は□才です。

6　A君は最初持っていたお金の$\frac{3}{5}$を使い，次に残りの$\frac{5}{6}$を使った。その後，1000円もらったので，今持っているお金は最初持っていたお金のちょうど$\frac{1}{3}$になった。最初持っていたお金は□円である。

7　定価が210円の商品を売ったところ，利益は仕入れ値の4割になりました。このとき，仕入れ値は何円ですか。（　　　円）

8　たて7.2cm，横9cm，高さ6cmの直方体の体積は，1辺6cmの立方体の体積の［　　　］倍になります。

9　右の図において，斜線部分の周の長さは何cmですか。ただし，円周率は3.14とします。（　　　cm）

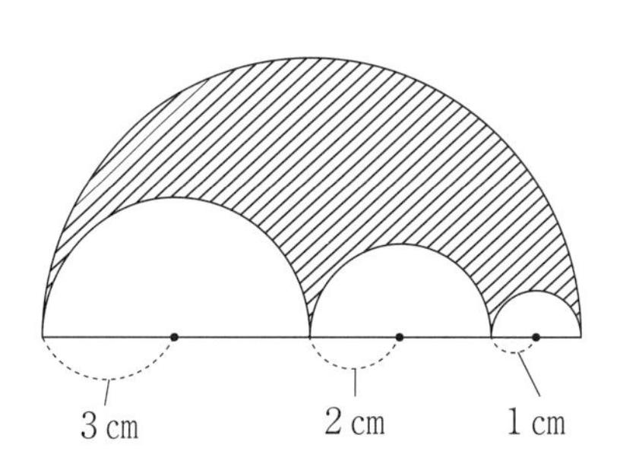

10　右の図の四角柱の体積は何cm^3ですか。（　　　cm^3）

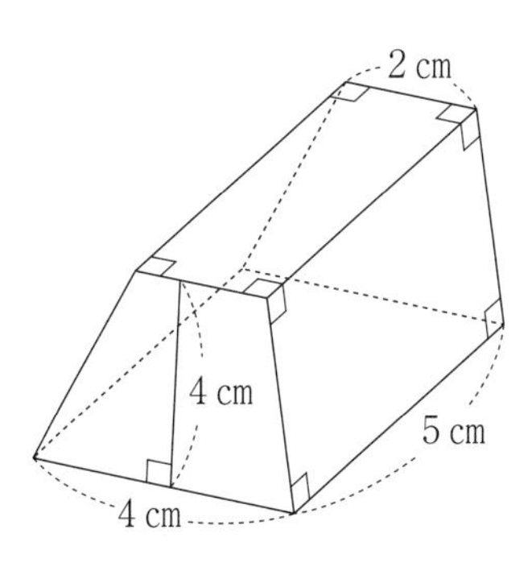

日々トレ 08

所要時間
点　分　秒

問題に条件がない時は，□にあてはまる数を答えなさい。

1　$16 \times 3 + \{42 \times 5 - (104 - 68) \div 12\} \div 3$　（　　　）

2　$5.5 \times 13 + 5.5 \times 17 - 5.5 \times 10$　（　　　）

3　$\left\{\frac{1}{2} - \frac{1}{3} \times \left(\frac{1}{4} + \square\right)\right\} \div \frac{1}{6} = 1$

4　今日が水曜日とすると，100 日後は□曜日です。

5　A さんには，3 人の子どもがいます。3 人の子どもの年齢(れい)は 2 才ずつ離(はな)れています。現在，A さんの年齢と，3 人の子どもの年齢の和の比は 7：6 ですが，18 年後には 2：3 になります。一番年下の子どもの年齢は，現在□才です。

6　A 君，B 君，C 君の 3 人で順にコインを取り分けました。はじめに A 君は全体の $\frac{1}{3}$ より 15 枚多く取り，そのあと B 君は A 君の $\frac{4}{5}$ より 10 枚多く取ったところ，最後に残った C 君のコインは B 君の $\frac{1}{2}$ より 4 枚多かったそうです。C 君のコインは何枚ですか。（　　　枚）

7　60％の利益を見込んで定価をつけた品物で，値引きをしていった時に利益が出なくなるのはちょうど定価の[　　　]％の値引きをしたときです。

8　立方体の１辺の長さを２倍にすれば，体積は[　　　]倍になります。

9　図は，直角三角形とその３つの辺を直径とする半円を組み合わせたものです。斜線部分の面積を求めなさい。ただし，円周率は3.14とします。（　　　cm^2）

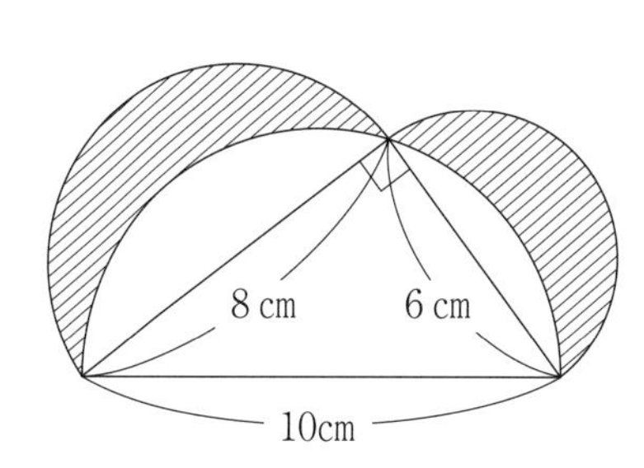

10　右の図は１辺の長さが４cmの立方体から直方体をくりぬいた立体です。この立体の体積を求めなさい。（　　　cm^3）

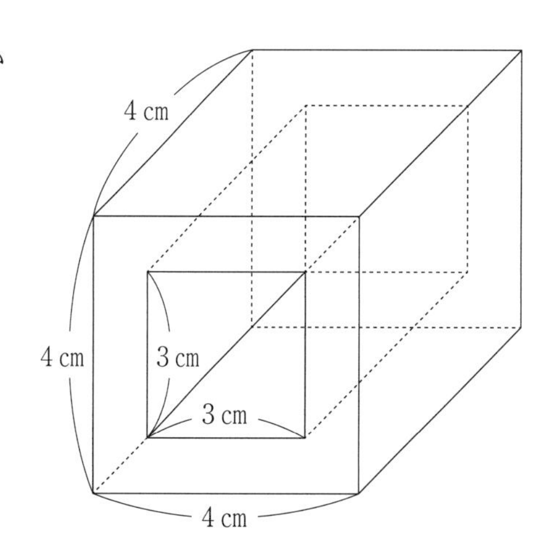

日々トレ 09

所要時間
点　　分　　秒

問題に条件がない時は，□にあてはまる数を答えなさい。

1　$225 \div 9 + 4 \times 7$　（　　　）

2　$2.78 \times 59 + 2.78 \times 63 - 2.78 \times 22$　（　　　）

3　$2\frac{2}{3} \times (\square + 1.5 \div 4) \div 0.05 = 60$

4　2020 年 12 月 1 日は火曜日です。2021 年 1 月 23 日は何曜日ですか。（　　　曜日）

5　かんなさんの父とかんなさんの母の年令の和は 76 才です。また，かんなさんと父の年令の和は 50 才，かんなさんと母の年令の和は 46 才です。父の年令がかんなさんの年令の 3 倍になるのは何年後ですか。（　　　年後）

6　1 本のひもをその長さの $\frac{1}{3}$ よりも 2 cm 長く切り取り，次に残りのひもの $\frac{1}{2}$ よりも 3 cm 短く切り取りました。さらに残りのひもの $\frac{1}{4}$ よりも 1 cm 長く切り取ると，残ったひもは 23cm となりました。最初のひもの長さは□cm です。

7　原価 1900 円の品物を 50 個仕入れた。定価を 2750 円として売ったが，11 個売れ残ったので，その 11 個を定価の［　　　］％引きで売ったところ，合計の利益は 35240 円となった。

8　下の図のような２つの直方体の容器があります。容器Ａと容器Ｂの底面積の比は４：３です。Ａには 12cm，Ｂには９cm の高さまで水が入っています。このときＡ，Ｂそれぞれの容器に入っている水の体積の比を求め，最も簡単な整数の比で答えなさい。（　　：　　）

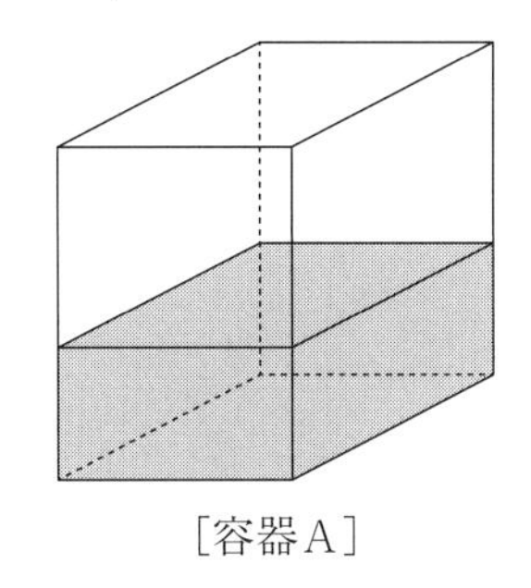
［容器Ａ］

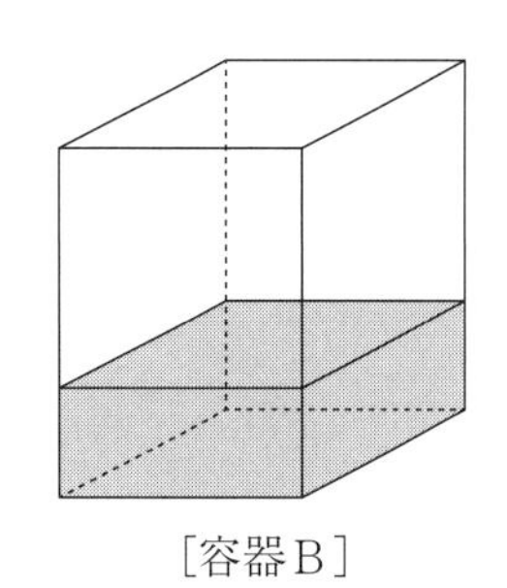
［容器Ｂ］

9　右の図における▨部分の面積と▨部分のまわりの長さを求めなさい。ただし，円周率は 3.14 とします。

面積（　　　cm^2）　まわりの長さ（　　　cm）

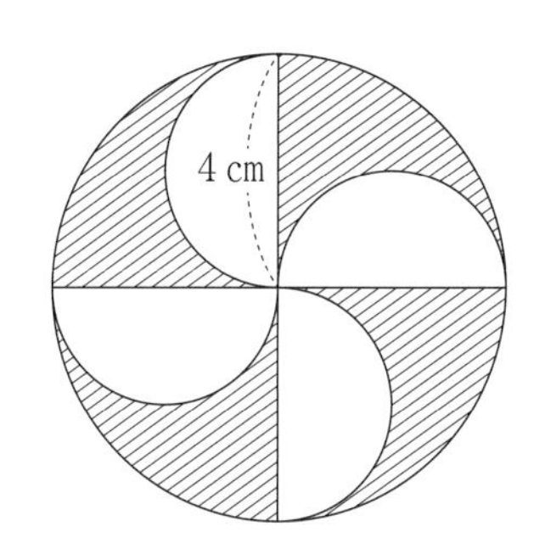

10　右の展開図を組み立ててできる三角柱の表面積と体積を求めなさい。表面積（　　　cm^2）　体積（　　　cm^3）

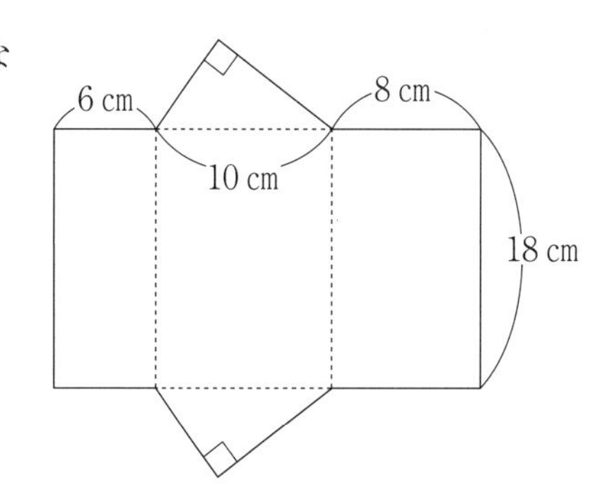

日々トレ 10

所要時間
点　分　秒

問題に条件がない時は，$\square$ にあてはまる数を答えなさい。

1　$20 - 16 \div 4$　（　　　）

2　$20 \times 7.89 - 20 \times 4.56 + 20 \times 1.67$　（　　　）

3　$0.36 \times \left(\square \div \frac{3}{4} - \frac{100}{3} \right) + 124 = 136$

4　3.5m の値段が 245 円の金属があります。この金属 $\square$ m の値段は 385 円です。

5　ある品物を 100 個仕入れ，仕入れ値の 2 割の利益を見込んで定価をつけて売ったところ，25 個売れ残りました。そこで定価の 3 割引にして全部売ったところ，総利益は 39600 円となりました。この品物の 1 個当たりの仕入れ値は $\square$ 円です。

6　A さん 1 人では 30 日，B さん 1 人では 45 日かかる仕事を，2 人でしたら，全部で何日かかりますか。（　　　日）

7　3つのポンプA，B，Cがあります。Aだけで15日でくみ出す量と，Bだけで20日でくみ出す量と，Cだけで12日でくみ出す量は同じです。

A，B，Cの3つのポンプを使ってくみ出すと15日かかる水の量を，AとCの2つのポンプだけを使ってくみ出すと何日かかりますか。（　　　日）

8　1辺の長さが9cmの正方形を2本の平行線で㋐，㋑，㋒の3つの部分に分けたら，その面積の比が3：8：9になりました。図形㋒の辺ABの長さは［　　］cmです。

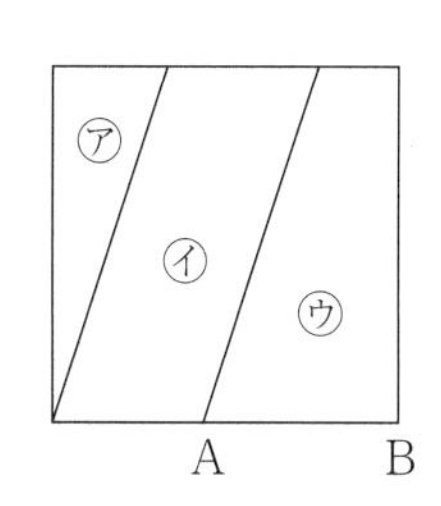

9　右の図のように牛が20mのつなでつながれています。このとき，小屋の外で牛が移動できる部分の面積は何m^2ですか。ただし，円周率は3.14とします。（　　　m^2）

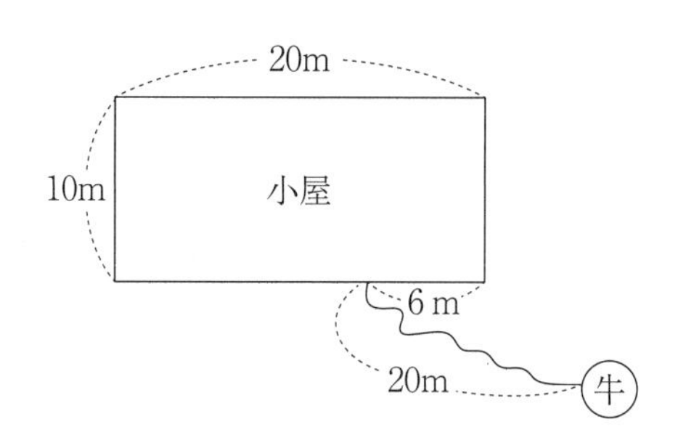

10　右の図のような1辺の長さが12cmの立方体ABCD―EFGHにおいて，4つの点A，B，C，Fを頂点とする立体の体積を求めよ。

（　　　cm^3）

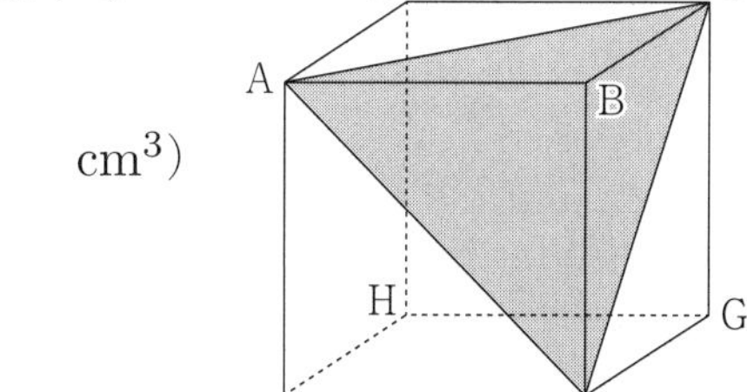

日々トレ 11

所要時間

点　　分　　秒

問題に条件がない時は，□にあてはまる数を答えなさい。

1　$15 \div (5 - 2) \times 5$　（　　　）

2　$3.12 \times 3.14 + 3.13 \times 3.14 + 3.14 \times 3.15 - 4.4 \times 3.14$　（　　　）

3　$2.1 \times \left\{3 - \left(\square - \frac{3}{2}\right) \div \frac{7}{4}\right\} = \frac{3}{5}$

4　1000 円の 30 ％と 800 円の 4 割の合計金額は□円です。

5　ある品物を 1 個 3000 円で 150 個仕入れました。この品物に 20 ％の利益を付けた値段で販売(はんばい)を始め，1 日目に 100 個売りました。2 日目は 1 日目の値段の 1 割引きで販売し，残り全部を売りました。この品物の利益は全部で何円ですか。（　　　円）

6　ある空(から)の水そうに，A 管と B 管で同時に水を入れると 15 分で満水になります。この空の水そうに，A 管と B 管で 9 分間水を入れ，その後 A 管だけで 8 分間水を入れると満水になりました。この空の水そうに B 管だけで水を入れると，何分で満水になりますか。（　　　分）

7　A君は，今年の1月から毎月1日に決まった金額のおこづかいをもらうことになりました。今年のお正月にもらったお年玉とおこづかいをあわせて，1ヵ月に3500円ずつ使うと4ヵ月でちょうど使い切ります。また，1ヵ月に1500円ずつ使うと12ヵ月でちょうど使い切ります。このとき，A君がもらったお年玉はいくらであるか答えなさい。（　　　円）

8　右の図は三角形ABCで，AD = 4cm，DB = 4cm，AE = 3cm，EC = 6cmです。三角形ABCの面積は，しゃ線部分の三角形DBEの面積の何倍ですか。（　　　倍）

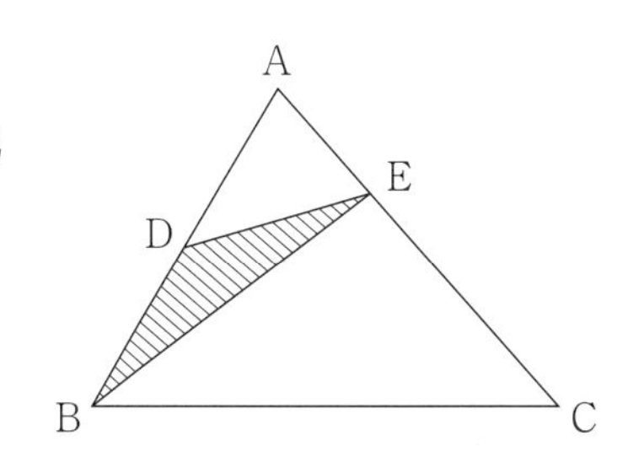

9　図のような1辺5mの正五角形の形をした囲いがあり，地点Aに犬が長さ10mのひもでつながれています。犬が囲いの外側を動くとき，犬が動くことのできる範囲(はんい)の面積を答えなさい。ただし，円周率は3.14として計算しなさい。（　　　m^2）

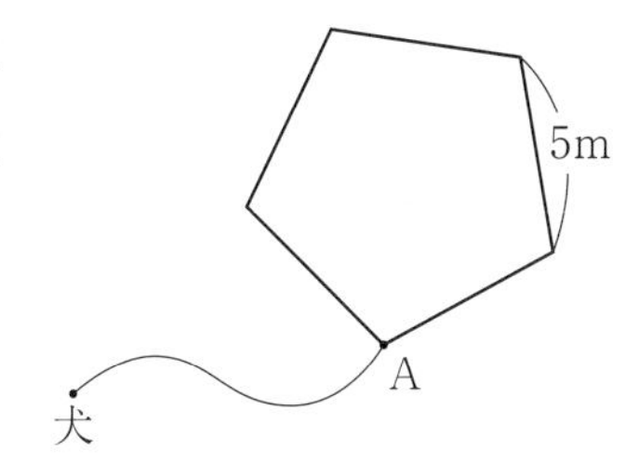

10　右の図は1辺が12cmの正方形で，ある三角すいの展開図です。点E，点Fはそれぞれ辺AB，辺ADの真ん中の点です。三角形FECを底面にしたとき，三角すいの高さは何cmですか。（　　　cm）

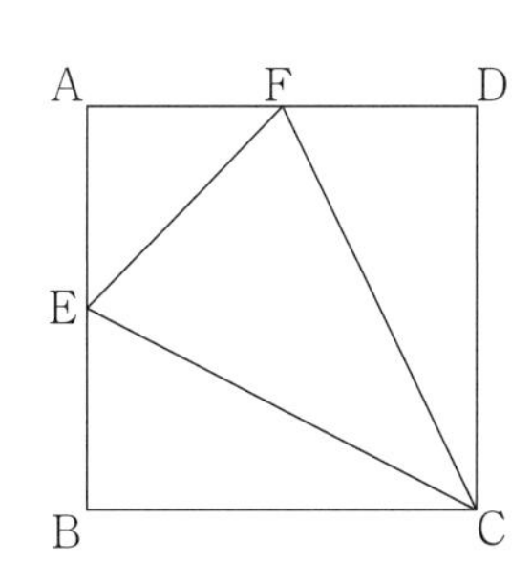

日々トレ 12

所要時間
点　分　秒

問題に条件がない時は，□にあてはまる数を答えなさい。

1　$15 - 2 \times 6 + 8$　（　　　）

2　$5.38 \times 4.5 - 4.5 \times 2.38$　（　　　）

3　$\left(2.375 \times 2\frac{2}{3} - \square\right) \div 0.2 - \frac{2}{3} = \frac{1}{6}$

4　家から図書館までの6.2kmの道のりを，はじめの20分は分速100mで歩き，そのあと分速□mで走ったところ，家を出発してから40分後に図書館に着きました。

5　あるケーキ屋さんで，ケーキ1個につき原価の3割増しの定価をつけましたが，1個につき30円引きして売ったので，利益は原価の10％になりました。ケーキ1個の原価は何円ですか。

（　　　円）

6　空(から)の水そうにA管だけで水を入れると18分で満水に，B管だけで水を入れると□分で満水になります。この空の水そうにA管とB管から同時に水を入れると，6分で満水になります。

7　一定量の水がわき出ている井戸があります。ポンプで水をくみ出すのにポンプ9台では16時間，ポンプ14台では8時間かかります。このとき，ポンプ6台では あ 時間かかり，ポンプ い 台では4時間かかります。ただし，井戸には，初めから水がたまっています。

8　三角形ABCの面積を求めなさい。（　　　cm²）

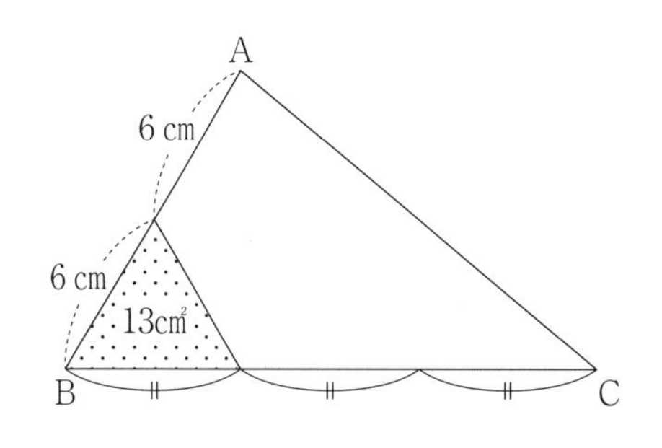

9　右の図のように，1辺の長さが5mの正六角形のさくに，長さ10mのひもで犬がつながれている。ひもの結び目は固定されているとして，犬が自由に動くことのできるはん囲の面積を求めなさい。

ただし，犬は正六角形のさくの中には入れないものとする。また，円周率は3.14とします。（　　　m²）

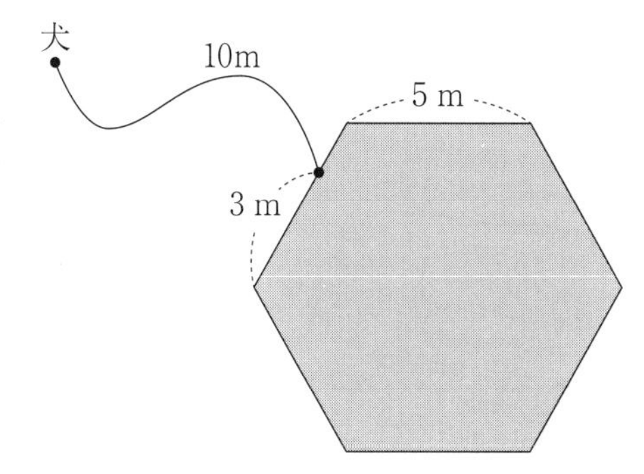

10　右の図のような，1辺が8cmの立方体があります。この立方体の各面の対角線の交点を頂点とする立体の体積を求めなさい。（　　　cm³）

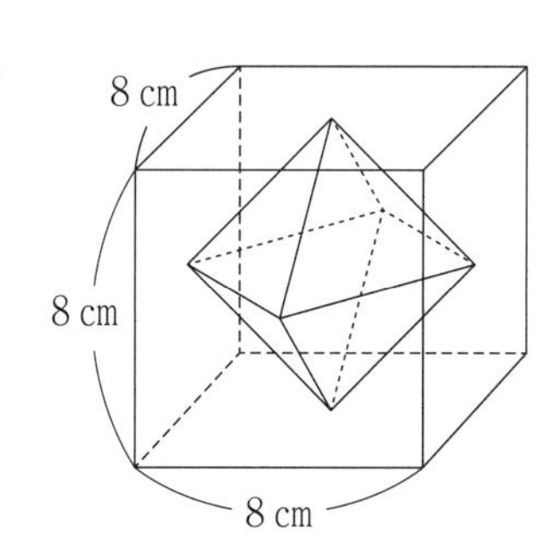

日々トレ 13

所要時間

点　　分　　秒

問題に条件がない時は，$\square$ にあてはまる数を答えなさい。

1　$18 \div 2 \times 3 - \{24 - 4 \times (7 - 3) \div 2\} \div 8$　（　　　）

2　$(4 + 27) \div 3 - 4 \times \frac{1}{3}$　（　　　）

3　$100 - \left\{100 - (100 - \square) \times \frac{1}{2}\right\} \times \frac{1}{3} = 80$

4　$\square$ L $\square$ mL：972mL ＝ 9：4

5　お花屋さんが 1 本 150 円のカーネーション 5 本と 1 本 120 円のガーベラ 3 本を使って，8 本 1 組の花束をいくつか作りました。このとき，カーネーションの方がガーベラより 112 本多く使われました。この花束がすべて売れたとき，売り上げは $\square$ 円です。

6　1 個 50 円の商品があります。この商品を 21 個以上まとめ買いすると，1 個あたりの値段がすべて 5 円安くなります。P さんがこの商品をいくつか買い，その後，Q さんが同じ商品をいくつか買いました。2 人合わせて，買った個数は 45 個，支払（はら）った金額は 2100 円でした。P さんの方が多く買ったとすると，P さんは $\square$ 個買ったことになります。

7　A君とB君が1周400mの円の周りを歩く。A君とB君が同じ地点から同じ向きに同時に歩き始めると，20分後に初めてA君がB君を追いぬき，同じ地点から反対向きに同時に歩き始めると，8分後に初めて二人は出会う。A君の歩く速さは分速［　　　］mである。

8　下の図のように，長方形ABCDの辺BCが直線ℓ上にあります。この長方形ABCDをすべらないように直線ℓ上で時計回りに転がし，再び辺BCが直線ℓ上にくるようにします。このとき，直線ℓと頂点Bが動いたあとの線によって囲まれた部分の面積は何cm^2ですか。ただし，円周率は3.14とします。（　　　cm^2）

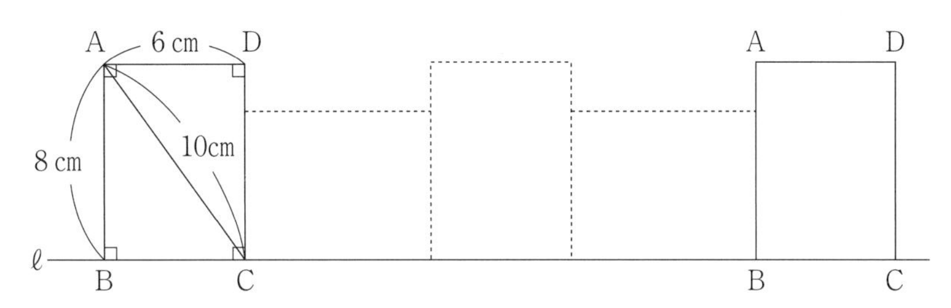

9　右の図は正六角形に対角線㋑をひいたものです。㋐の長さと㋑の長さの比を求めなさい。（　　：　　）

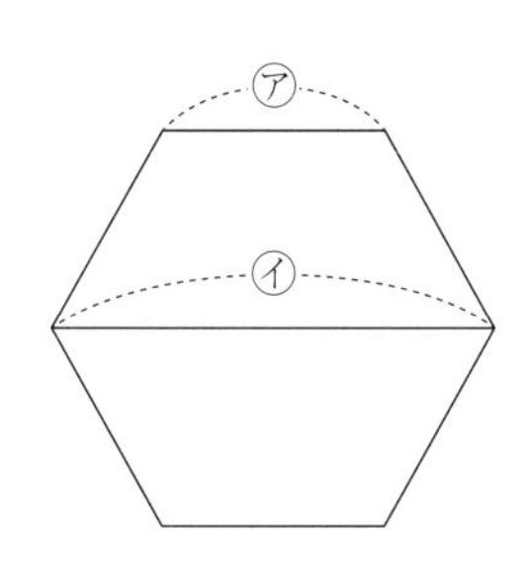

10　右の図のような長方形ABCDがあります。辺DCを軸として，90°回転させたときにできる立体の表面積は何cm^2ですか。ただし，円周率は3.14とします。（　　　cm^2）

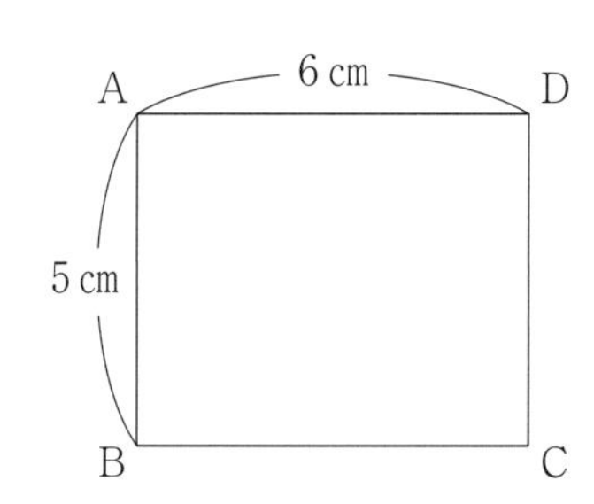

日々トレ 14

所要時間

点　　分　　秒

問題に条件がない時は，□にあてはまる数を答えなさい。

1　$\{(11 - 9) \times 7 - 5\} \div 3 - 1$　（　　　）

2　$12.5 \times 8 - 12.5 \div 0.5$　（　　　）

3　$1\frac{1}{2} - \left(\frac{3}{8} - \square\right) \times 6.5 \div 1.25 = \frac{1}{5}$

4　姉と妹はあわせて3000円のお金を持っていました。姉が妹に300円渡したところ，姉と妹の所持金の比が3：2になりました。姉がはじめに持っていたお金はいくらですか。（　　　円）

5　ある動物園で300円の入園料を240円に値下げしたところ，前の日より入園者が100人多くなり，入園料の合計は8400円増えました。前の日の入園者は何人でしたか。（　　　人）

6　コインを投げて表が出たら5点増え，裏が出たら2点減るゲームをしました。最初に20点から始めて，10回投げ終わったとき，42点になりました。表が出た回数を答えなさい。（　　　回）

7　太郎君は自転車で300mを45秒で走り，二郎君は自転車で2.8kmを5分で走ります。今，この二人が同じ地点から同時にこの速さで反対方向に走り出すとき，二人がちょうど11.92km離(はな)れるのは走り出してから何分何秒後ですか。（　　分　　秒後）

8　図のように1辺の長さが3cmの正方形のまわりを，1辺の長さが3cmの正三角形がすべらないように回転します。回り始めてから頂点「あ」が最初の位置を初めて通過するまでに，「あ」は何cm動きますか。ただし，円周率は3.14とします。
（　　　cm）

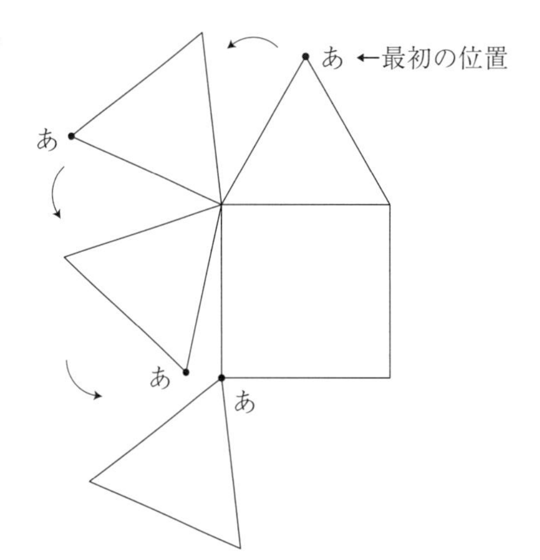

9　右の図のように，台形ABCDを㋐の部分と㋑の部分の面積の比が4：3になるように分けました。BEの長さは何cmですか。（　　　cm）

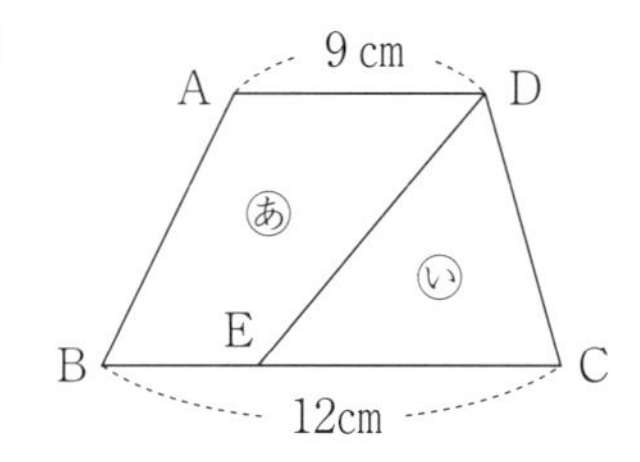

10　右の図の直角三角形を，直線Aを軸(じく)に1回転させるときにできる立体の体積は何cm^3ですか。ただし，円周率は3.14とします。また，円すいの体積は(底面積)×(高さ)÷3です。（　　　cm^3）

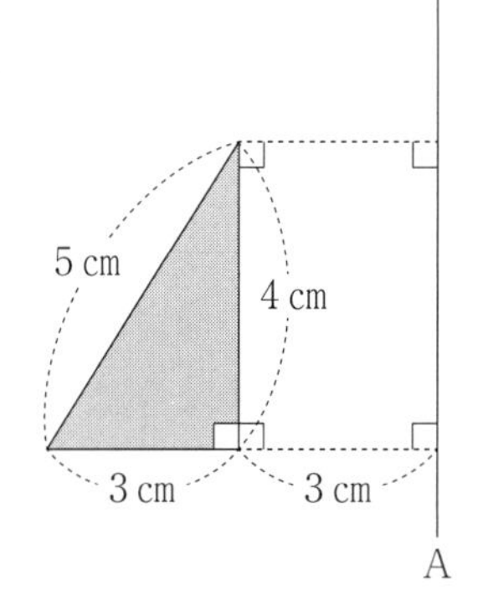

日々トレ 15

所要時間
　　点　　分　　秒

問題に条件がない時は，□にあてはまる数を答えなさい。

1　$(27 + 36) \times 2 \div 9 + (56 - 35) \times 2 \div 7$　（　　　）

2　$20 \times 19 - 119 \times 20 \div 7 + 20 \div (7 - 2)$　（　　　）

3　$7 + \left\{\left(\frac{2}{3} - \frac{1}{4}\right) \times \square + 2\right\} \div \frac{3}{4} = 10$

4　3つの荷物A，B，Cがあります。それぞれの荷物の重さの比は，A：B ＝ 5：4，B：C ＝ 3：2です。荷物Aの重さが30kgのとき，荷物Cの重さを求めなさい。（　　　kg）

5　A君は1個120円のみかん，B君は1個200円のりんごをそれぞれ何個か買いました。買った個数はA君の方が4個多く，代金はB君の方が400円高くなりました。A君はみかんを何個買いましたか。（　　　個）

6　兄と妹は2人合わせて4800円持っていました。兄の所持金の $\frac{1}{3}$ と，妹の所持金の $\frac{1}{4}$ を出し合って，1460円のプレゼントを買いました。このとき，妹の残ったお金は□円です。

7 兄と弟は時速3kmで，家から図書館に向けて同時に出発しました。5分後に兄が忘れ物に気づき，同じ速さで家にもどり，再び時速5kmで弟を追いかけたところ，同時に図書館に着きました。忘れ物を取ってから図書館に着くまでにかかった時間は［ア　　　］分で，家から図書館までの距離（きょり）は［イ　　　］kmです。ただし，忘れ物を取っている時間は考えないものとします。

8 1辺が5cmの正三角形ABCがあります。点Aを中心として半径5cmの弧BCを書き，点Bを中心として半径5cmの弧CAを書き，点Cを中心として半径5cmの弧ABを書くと，図のような図形ができます。このとき，この図形を点Aが直線についた状態から，すべることなく一回転させるとき，この図形が通過する部分の面積は，この図形の面積より何cm^2大きいですか。ただし，円周率は3.14とします。（「弧」とは円周の一部分を表します。）（　　　cm^2）

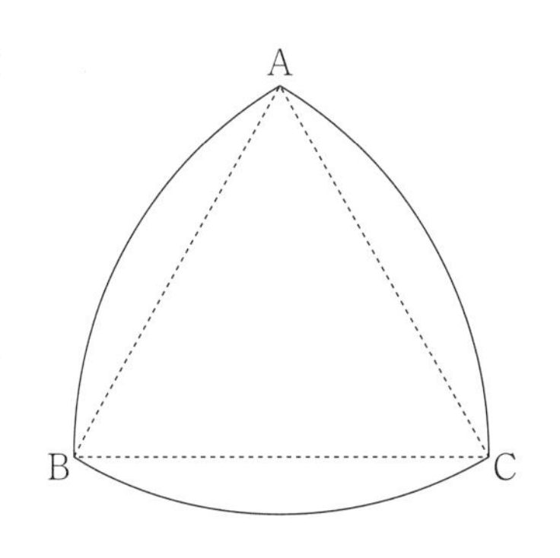

9 右の図の長方形ABCDの面積は$120cm^2$です。点Eは辺ABの真ん中の点，点F，Gは辺CDを3等分する点，点Hは辺DAの真ん中の点である。このとき，かげのついた部分の面積の和を求めなさい。

（　　　cm^2）

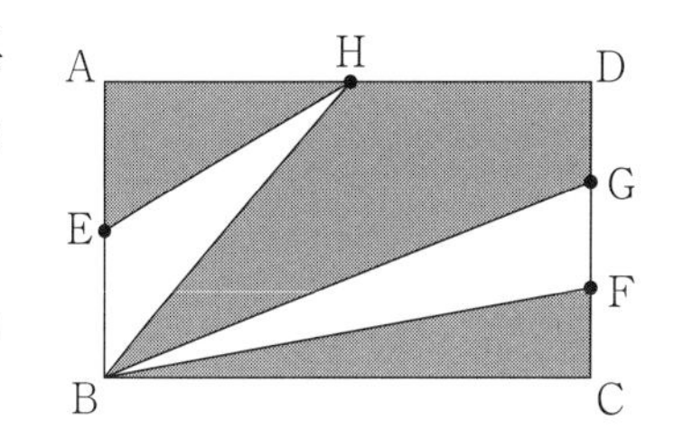

10 図のように，直線ℓのまわりに1回転してできる立体の体積は何cm^3ですか。ただし，円周率は3.14とします。（　　　cm^3）

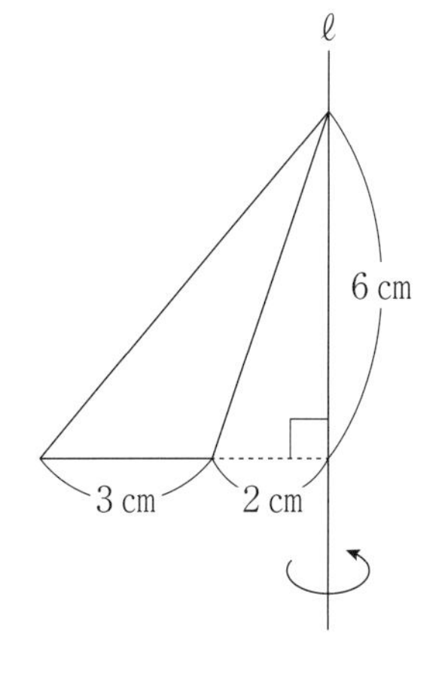

日々トレ16

所要時間
点　分　秒

問題に条件がない時は，□にあてはまる数を答えなさい。

1　$27 \div (9 - 2 \times 3) - 6 \div 3$　（　　　）

2　$3.83 \times 0.2 + 1.17 \times \frac{1}{5}$　（　　　）

3　$2\frac{2}{3} \div \left(3\frac{1}{2} \div \boxed{} - 0.75\right) + \frac{1}{4} = \frac{7}{12}$

4　A，B，C，D，Eの5人の体重の平均は45kgで，DとEの2人の体重の平均は46.5kgのとき，A，B，Cの3人の体重の平均は□kgです。

5　A君は家から学校に向かって時速4kmで出発しました。A君が家を出発してから15分後にお母さんが忘れ物に気付き，時速8kmでA君を追いかけました。その後，A君も忘れ物に気付き，時速4kmで家に引き返しました。A君が家を出発してから24分後に2人が出会ったとき，A君は家を出発してから□分後に忘れ物に気付いたことになります。

6　長さが160mで時速110kmの特急列車と，長さが80mで時速70kmの普通列車が反対向きにすれちがいます。この2つの列車が出会ってから完全にすれちがうまでに何秒かかるか求めなさい。

（　　　秒）

7　川に沿って7km離（はな）れたA地点とB地点の間を船が往復します。上りと下りにかかった時間の比は7：5で，下りにかかった時間は25分でした。静水での船の速さと，川の流れる速さはそれぞれ一定とするとき，この川の流れる速さは時速何kmですか。（時速　　　km）

8 右の図は，一つの表面にだけ矢印がかかれた立方体です。また，辺BCのまん中の点をMとします。この立方体の表面に，DとM，MとG，GとEをそれぞれ結ぶ直線をかきました。この立方体の展開図として正しいものは［　　　］です。

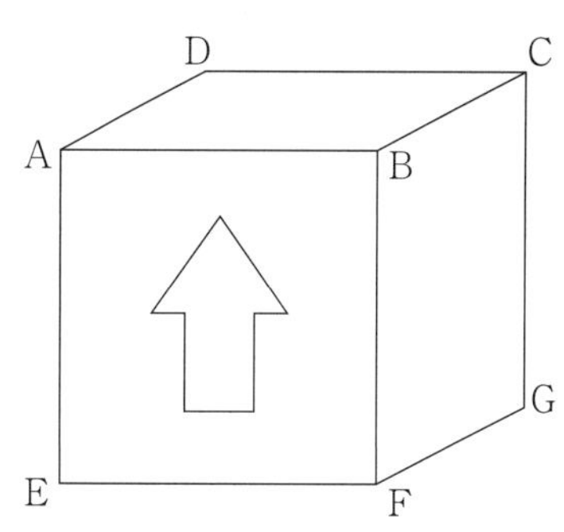

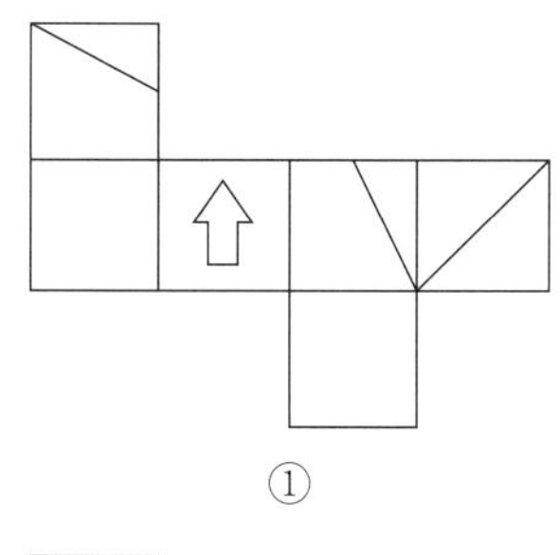
①

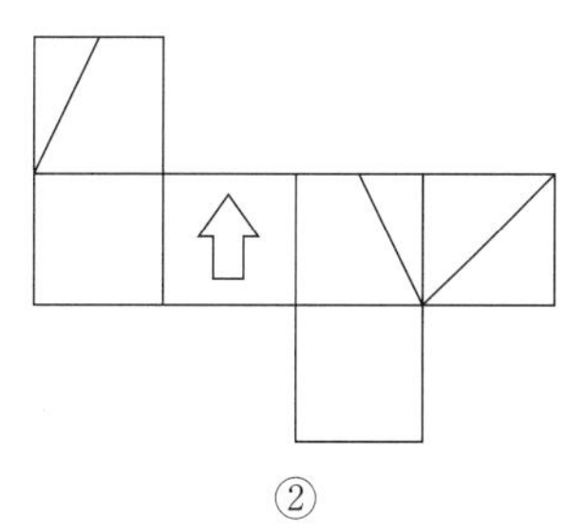
②

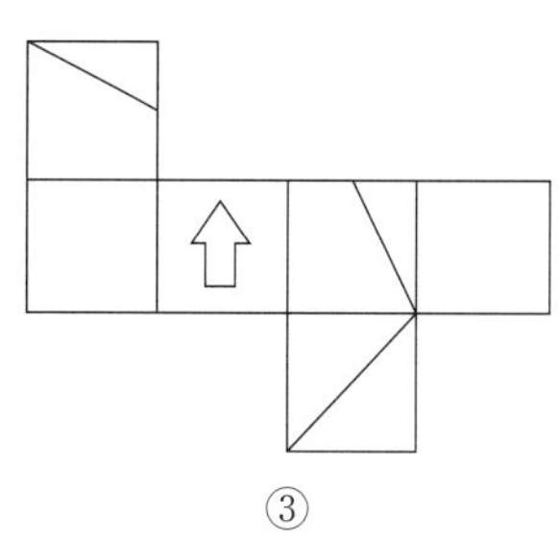
③

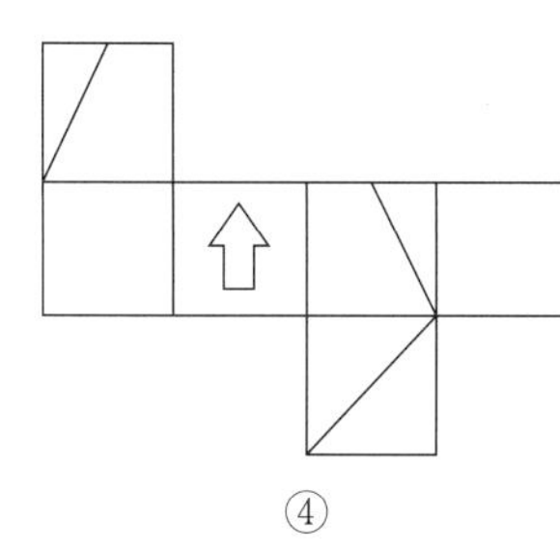
④

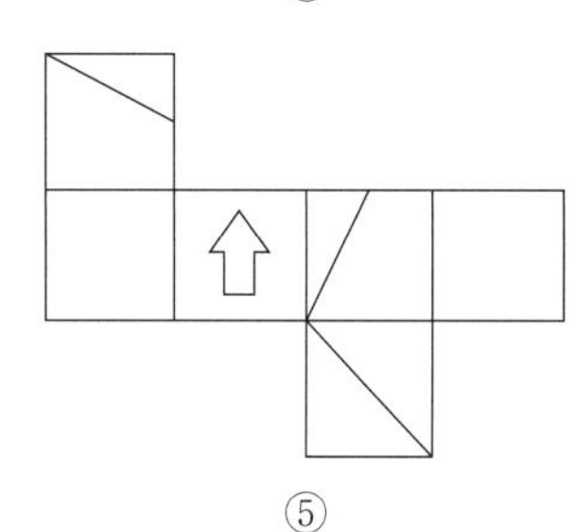
⑤

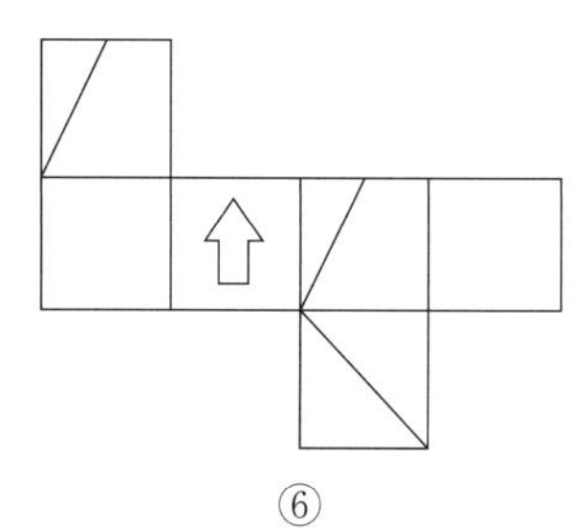
⑥

9 図のような1辺が4cmの立方体があります。この立方体に直線DPと直線AQの長さがそれぞれ3cmとなる点P，Qをとり，点P，Q，F，Gを通る平らな面でこの立方体を切ります。頂点(ちょう)Dをふくむ立体㋐と頂点Cをふくむ立体㋑の体積の比を，最も簡単な整数の比で表しなさい。

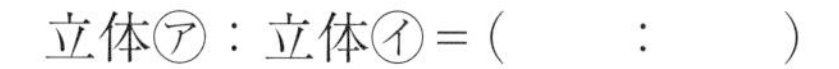
立体㋐：立体㋑＝(　　：　　)

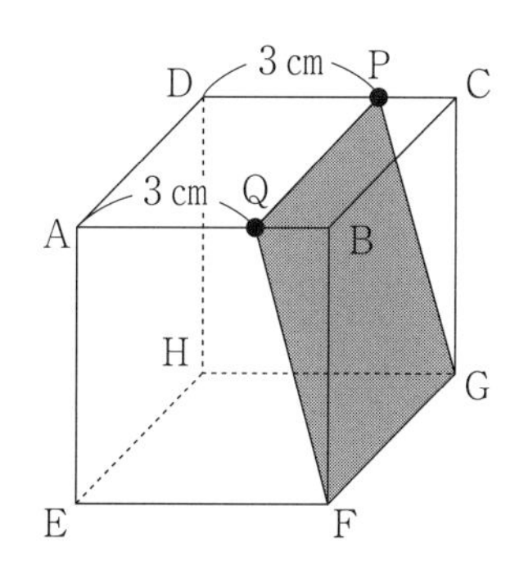

10 右の図で，アの面積は7 cm^2 です。同じ印の付いている辺の長さが等しいとして，イの面積は何 cm^2 ですか。(　　　 cm^2)

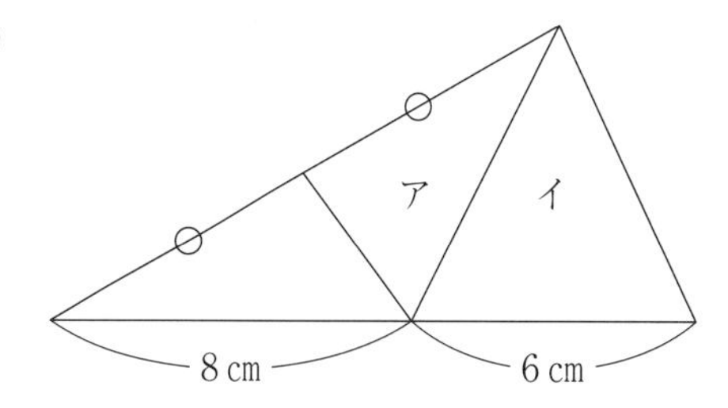

日々トレ 17

所要時間

点　　分　　秒

問題に条件がない時は，□にあてはまる数を答えなさい。

1　$54 \div 3 + 4 \times 7 - 6$　(　　　)

2　$3.14 \times 7 + 31.4 \times 0.3$　(　　　)

3　$1\frac{8}{25} \div \left\{\left(\boxed{} - \frac{1}{5}\right) \times \frac{2}{3} - \frac{1}{6}\right\} = 3\frac{3}{5}$

4　すみれさんは夏休みにテレビを合計2300分間見た。下の帯グラフは，すみれさんが見たテレビ番組の時間の割合を表している。ニュースは□分間見たことがわかる。

ニュース 35%	バラエティー 30%	スポーツ 15%	ドラマ 10%	その他 10%

5　兄と弟が家から学校までの道のりをそれぞれ一定の速さで歩くと，兄は30分，弟は42分かかります。弟が家を出発した6分後に兄が家を出発すると，兄が弟に追いつくのは，兄が出発してから□分後です。

6　列車Aは速さが毎秒17m，長さが55m，列車Bは速さが毎秒［ア］m，長さは［イ］mです。列車Bは長さ388mのトンネルを抜(ぬ)けるのに21秒かかります。また，列車Bが列車Aに追いついてから追い抜くまでに25秒かかります。

7 時速2kmの速さで流れる川の上流にA地点，下流にB地点があります。遊覧船に乗ってA地点からB地点まで下ると50分，B地点からA地点まで上ると1時間30分かかります。A地点からB地点まで距離(きょり)は何mありますか。(　　　m)

8 右の展開図を組み立てて立方体をつくるとき

① 点アと重なるのは，点［　　］である。

② 面Bと向かい合うのは，面［　　］である。

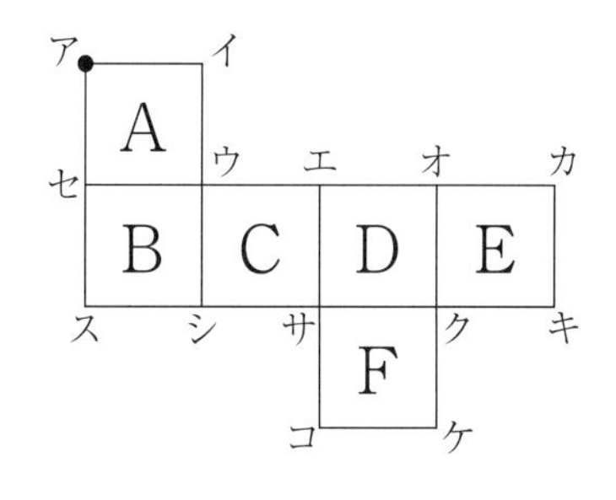

9 図のように，円すいを底面と平行な平面で切ってできた立体があります。この立体の体積は何cm^3ですか。ただし，円周率は3.14とします。

(　　　cm^3)

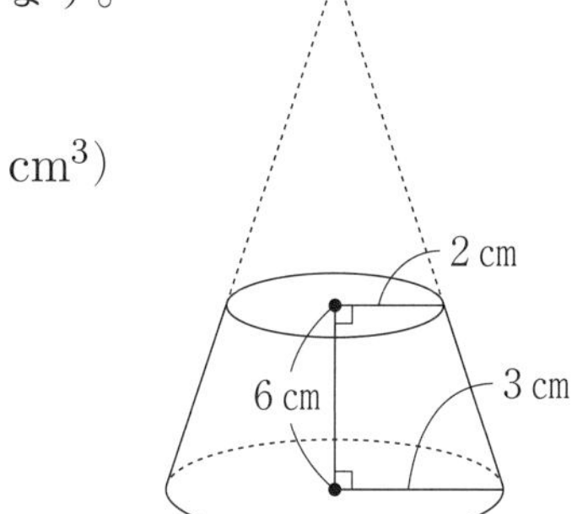

10 右の図は三角形ABCの面積を4等分したものです。㋐の長さは何cmですか。(　　　cm)

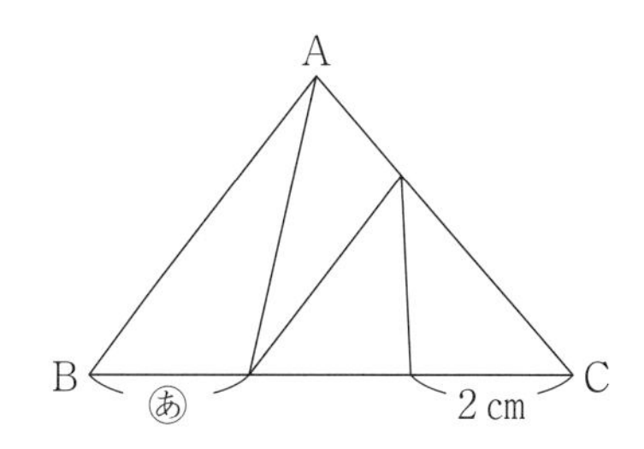

日々トレ 18

所要時間
点　　分　　秒

問題に条件がない時は，□にあてはまる数を答えなさい。

1　$100 - \{56 \div (60 - 46)\}$　（　　　）

2　$3.2 \times 2.8 + 0.87 \times 28 - 84 \times 0.28$　（　　　）

3　$(98 - \square) \div 13 = 6$ あまり 2

4　（○＊△）＝○－△×2 と計算するきまりがあるとき，（25 ＊ □）＝3 です。

5　A 君と B 君が池の周りを一定の速さでまわります。24 分間で A 君はこの池を 5 周，B 君は 4 周します。A 君，B 君が同時に同じ地点から反対向きにこの池の周りをまわると，何分何秒ごとに 2 人はすれ違いますか。（　　分　　秒）

6　いま高速道路を，長さ 11m のバスが時速 80km の速さで走っています。そのうしろを長さ 4m の車が時速 100km の速さで同じ方向に走っています。車がバスに追いついてから追い越(こ)すまでに，何秒かかりますか。（　　　秒）

7　[　　　　]m 離れた A 地点と B 地点を結ぶ川を，静水時の速さが時速 10km の船が往復したところ，上りに6時間，下りに4時間かかりました。

8　右の図は立体の展開図で，半円と長方形を組み合わせた形です。この展開図を組み立ててできる立体の体積は何 cm^3 か答えなさい。ただし，円周率は 3.14 とします。(　　　cm^3)

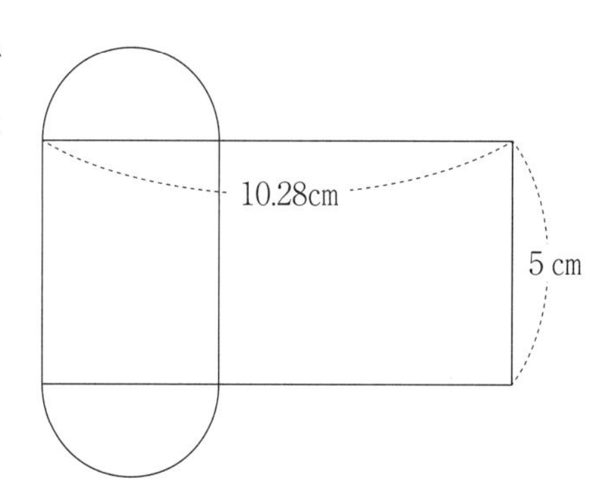

9　右の図のように，1 辺の長さが 4 cm の立方体の各辺の中点を通る平面で 8 つの頂点を切り取ります。このとき，残った立体の体積は何 cm^3 か答えなさい。(　　　cm^3)

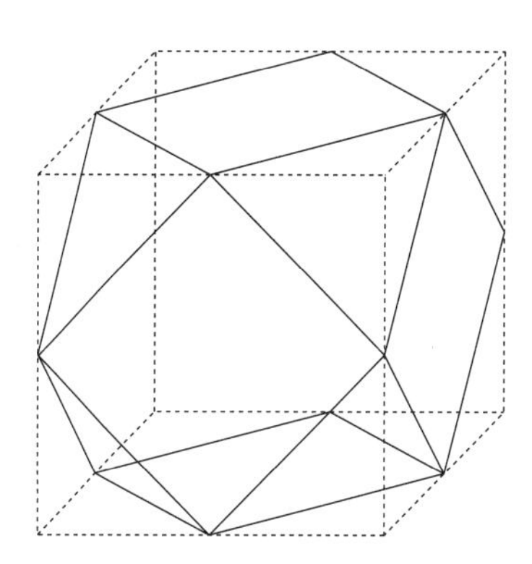

10　右の図で，三角形 ABC の面積が $30cm^2$ のとき，斜線(しゃせん)部分の面積は何 cm^2 か求めなさい。(　　　cm^2)

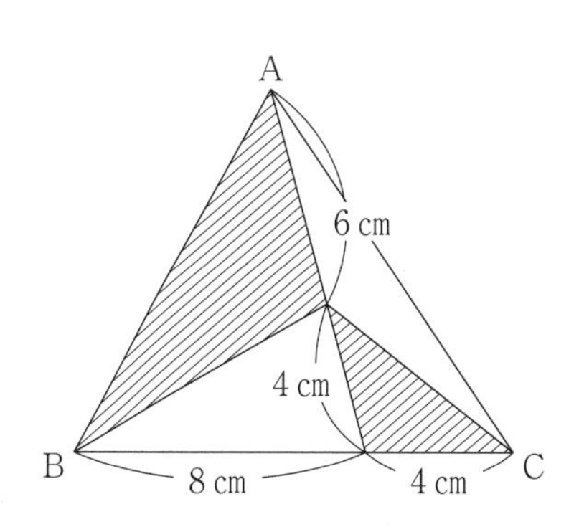

日々トレ 19

所要時間

点　　分　　秒

問題に条件がない時は，□にあてはまる数を答えなさい。

1　(6789 − 345) ÷ 12　(　　　)

2　6.73 × 5 − 0.673 × 15 − 67.3 × 0.05　(　　　)

3　$1\frac{2}{9} - \left(4 - 1\frac{4}{5}\right) \div \square \times \frac{2}{33} = \frac{1}{3}$

4　下の 84 個の分数のなかで，整数で表すことができない分数は□個あります。

$\frac{84}{1}$，$\frac{84}{2}$，$\frac{84}{3}$，…，$\frac{84}{84}$

5　長さ 76m の電車が一定の速さで進んでいます。長さ 4384m の橋を渡って，何 m か進むと長さ 9638m のトンネルがあります。電車が橋を渡り始めてから，電車がトンネルに入り始めるまでに 5 分 20 秒かかりました。

また，電車の先頭が橋を出たときから，電車がトンネルを通りぬけるまでに 9 分 40 秒かかりました。この電車の速さは，時速何 km ですか。(時速　　　km)

6　8 時を過ぎて，長針と短針がはじめて重なるのは何時何分ですか。(　　時　　分)

7 右の図のような画用紙があります。ア～エの4つの部分を水色，赤色，緑色の3色全部を使ってぬり分けます。となりどうしにはちがう色をぬるとき，ぬり方は全部で何通りありますか。（　　　通り）

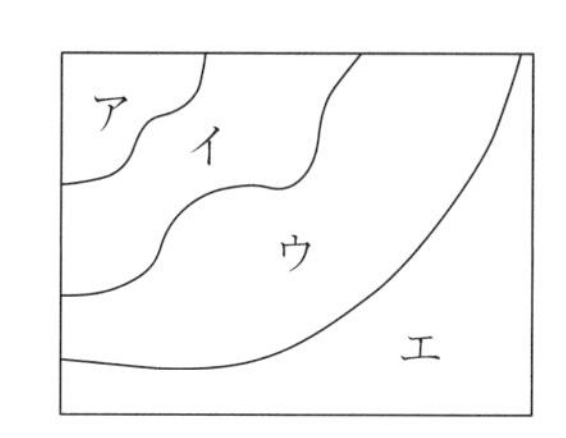

8 6つのそれぞれの面に「●」「○」「▲」「△」「★」のいずれか1つが描(か)かれたサイコロが1個あります。適当に3通りの置き方をしたら，下のように見えました。2回使用されているマークを描(か)きなさい。（　　）

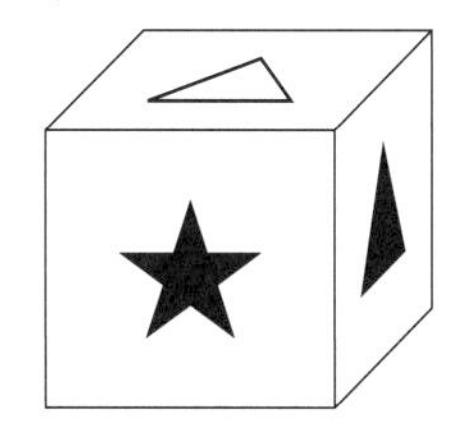
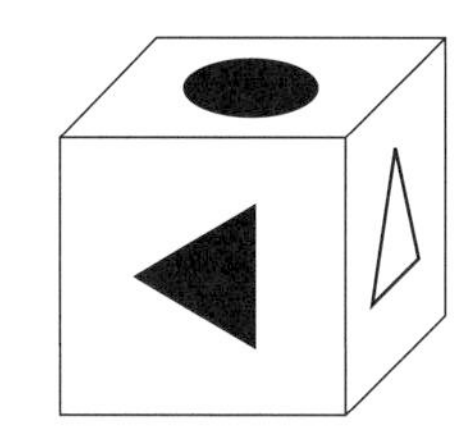
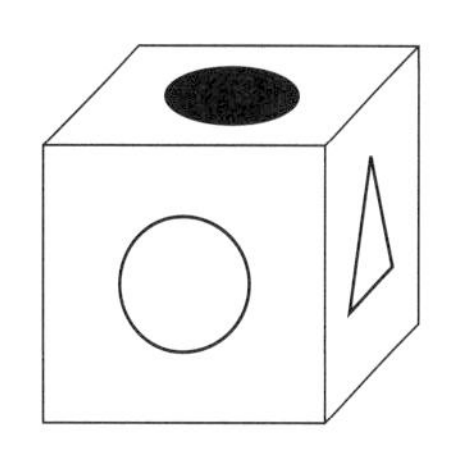

9 どの面も閉じられた直方体の容器に，右の図のように水が入っています。この容器を面ABFEを下にして立てたとき，水面の高さを容器のちょうど半分にするためには，何cm^3の水を取り出せばよいか答えなさい。（　　　cm^3）

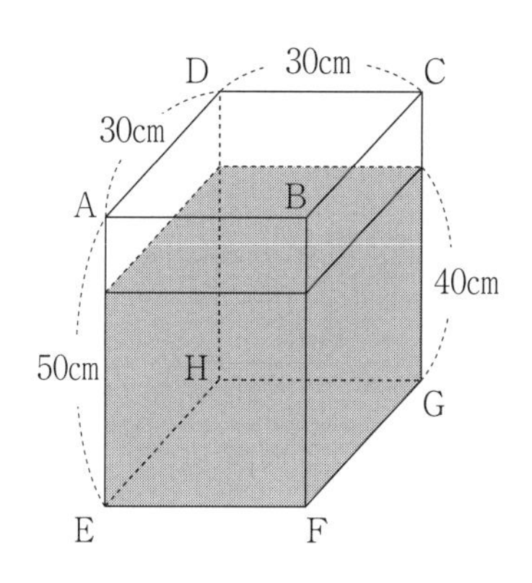

10 1辺の長さが1cmの立方体の形をした積み木を重ねて作った立体を，真上から見ると図1，正面から見ると図2，真横から見ると図3のように見えます。

この立体は，最も多くて[ア]個，最も少なくて[イ]個の積み木でできています。[ア]，[イ]にあてはまる数を答えなさい。

ア（　　）イ（　　）

図1　図2

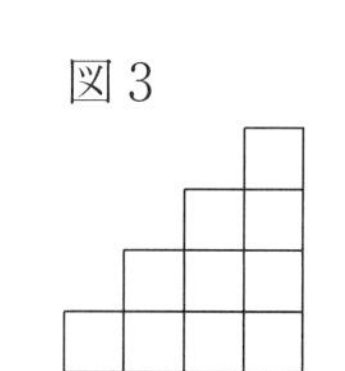
図3

日々トレ 20

所要時間
点　　分　　秒

問題に条件がない時は，$\boxed{}$ にあてはまる数を答えなさい。

1　$\{4 + (12 - 9) \times 8\} \div 14 \times 6$　（　　　）

2　$2.53 \times 7.5 + 25.3 \times 0.25$　（　　　）

3　$\left(1\frac{17}{30} + \boxed{}\right) \div 0.8 - \frac{3}{8} = 2\frac{7}{12}$

4　3 と 7 の公倍数のうち，1000 にもっとも近い数は $\boxed{}$ である。

5　長さ 160m の急行列車がトンネルを通りぬけるのに 52 秒かかりました。同じトンネルを長さ 220m の特急列車が急行列車の 1.25 倍の速さで通りぬけたところ 44 秒かかりました。このとき，トンネルの長さは何 m か求めなさい。（　　　m）

6　時計が 3 時 42 分を指しているとき，長針と短針が作る角のうち，小さい方の角は何度ですか。

（　　　度）

7 光子さん，聖子さん，友子さんの３人で１回じゃんけんをするとき，１人だけが勝つ手の出し方は何通りありますか。(　　　通り)

8 さいころは，向かいあう目の数の和が７になるように１から６の目が配列されている。右の図がさいころの展開図であるとき，面ア，イ，ウに入る数をそれぞれ求めなさい。

ア(　　)　イ(　　)　ウ(　　)

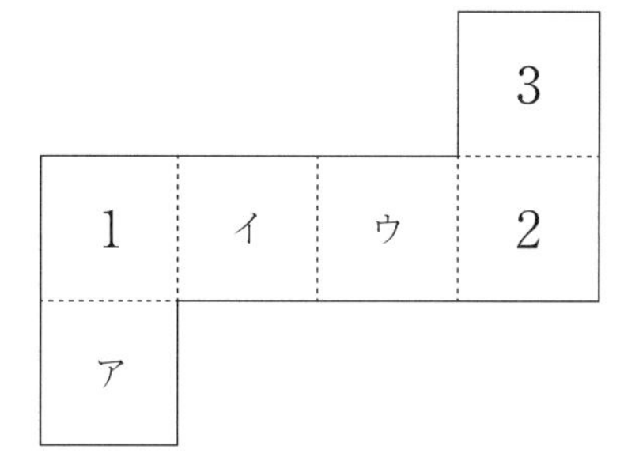

9 下の図のような直方体の容器があり，底面に垂直な仕切りで２つの部分に分けられています。２つの部分に同じ量の水を入れたところ，水面の高さは７cm と３cm になりました。仕切りをとると水面の高さは何 cm になりますか。ただし，容器や仕切りの厚さは考えないものとします。

(　　　cm)

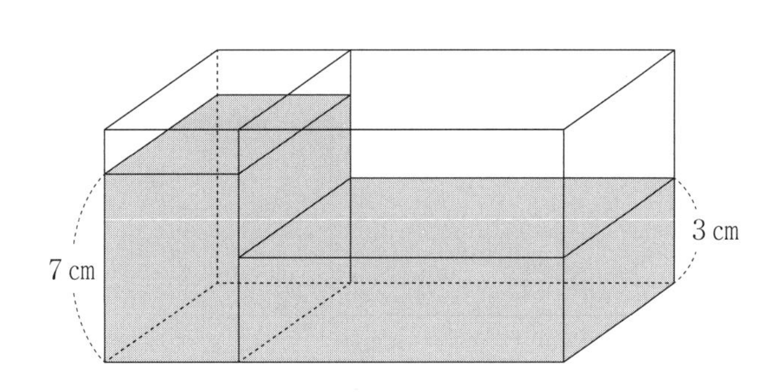

10 たて５cm，横５cm，高さ 10cm の直方体の形をした積み木がたくさんあります。この積み木をいくつか組み合わせて作った立体を，正面，横，上から見た図が次のようになるとき，立体の体積を求めなさい。

ただし，１番左にある図は積み木１個を正面から見た図です。(　　　cm^3)

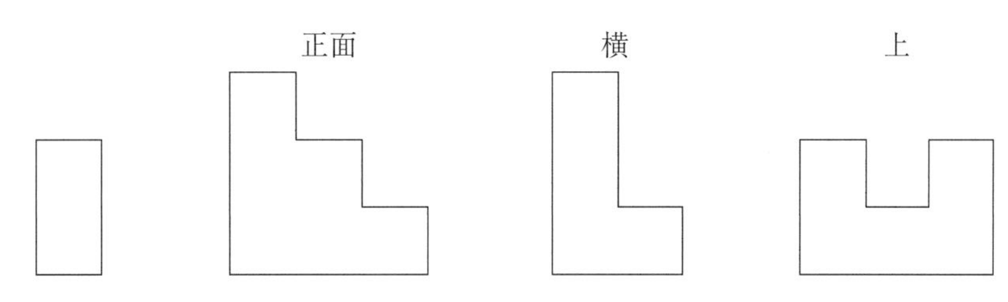

日々トレ21

所要時間
点　分　秒

問題に条件がない時は，□にあてはまる数を答えなさい。

1　$(11 - 7) \div 2 + 16$　（　　　）

2　$1.3 \times 7 - 13 \times \dfrac{1}{2} + 13 \times 1.3 - 1.3 \times 11$　（　　　）

3　$\left\{\dfrac{1}{2} + \dfrac{3}{4} \times \left(\dfrac{6}{5} - \square\right)\right\} \times \dfrac{8}{9} = 1$

4　$1.6\text{m} - 95\text{cm} + 600\text{mm} = \square\text{cm}$

5　長さ120mの列車が，あるトンネルを通過するとき，トンネルに入り始めてから通過し終えるまでにかかる時間は1分48秒で，車両全体がトンネル内部にある時間よりも16秒長くかかります。この列車の速さは時速［ア］kmで，このトンネルの長さは［イ］mです。

6　1時と2時の間で，時計の長針と短針のつくる角の大きさが90°になるのは2回あります。2回目に90°になるのは1時□分です。

7 0 1 1 2 3 の５枚のカードのうち，３枚をならべて３けたの数を作ります。そのうち偶数は何個ありますか。(　　　個)

8 立方体のサイコロについて考えます。サイコロの向かい合う面の数字の和は７になります。

図１は，あるサイコロを２方向から見た図です。このサイコロの展開図が図２です。図２の空いている面に入る数字を，向きも考えて書き入れなさい。

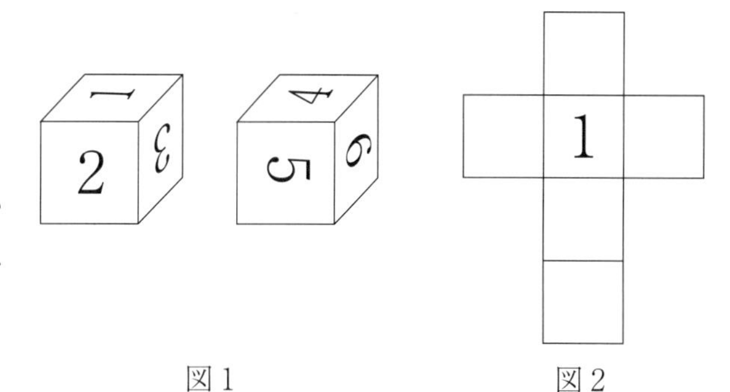

図１　　図２

9 右の図のように，底面の半径が６cm，高さが５cmの円すいの容器Ａと，底面の半径が４cm，高さが６cmの円柱の容器Ｂがあります。容器Ａを水でいっぱいにして，その水をすべて容器Ｂに注ぎました。このとき，容器Ｂの水面の高さは何cmか求めなさい。ただし，円周率は3.14とします。(　　　cm)

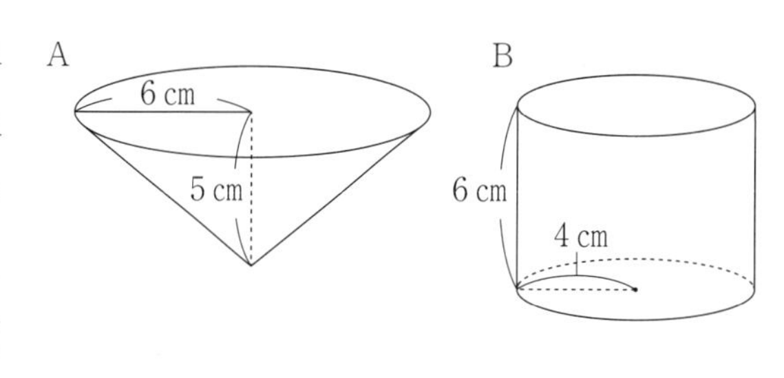

10 右の図のように，１辺の長さが２cmの立方体をすき間なく14個積み重ねて立体を作りました。このとき，この立体の表面積は何cm^2ですか。(　　　cm^2)

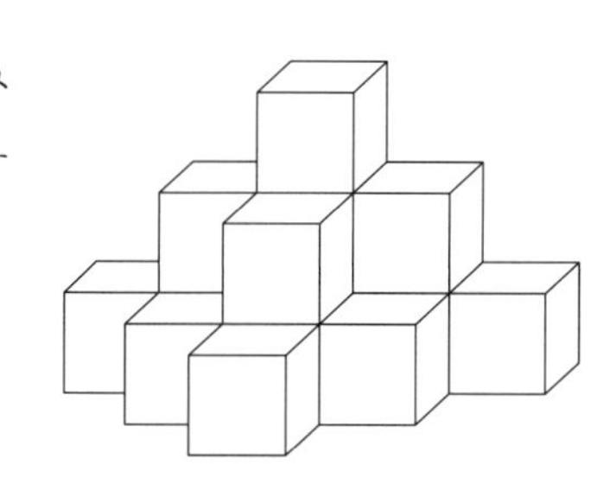

日々トレ 22

所要時間

点　分　秒

問題に条件がない時は，［　］にあてはまる数を答えなさい。

1　$28 - 24 \div 2$　（　　　）

2　$3.14 \times 7 - 31.4 \times 0.125 \times 1.6$　（　　　）

3　$\left\{4\frac{3}{8} \div (6 - \square) + 1.5\right\} \times \frac{6}{7} = 2$

4　270kg ＋ 35000g － 0.3t ＝［　　］kg

5　一定の速さで動いている上りエスカレーターをAさんが上る場合には24段上ると上の階に着きます。また，このエスカレーターに逆らって下ると120段下って下の階に着きます。このエスカレーターは［　　］段あります。ただしAさんの歩く速さは一定です。

6　6％の食塩水［　　］gから水を100g蒸発させて，8％の食塩水を作りました。

7 数字の0，1，2だけを使って整数を作り，次のように小さい方から順に並べます。

0，1，2，10，11，12，20，21，22，100，101，102，…

このとき，3桁（けた）の整数は全部で何個できますか。（　　　個）

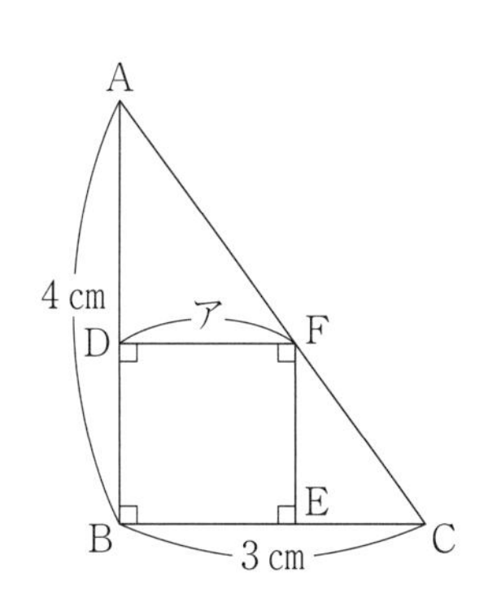

8 図のように，角Bが90°の直角三角形があります。四角形BEFDが正方形になるとき，アの長さを求めなさい。（　　　cm）

9 下の左の図で，三角形ABCの点Aを点Dに重なるように直線EFで折ると右の図のようになりました。右の図で角アと角イの和を求めなさい。（　　　度）

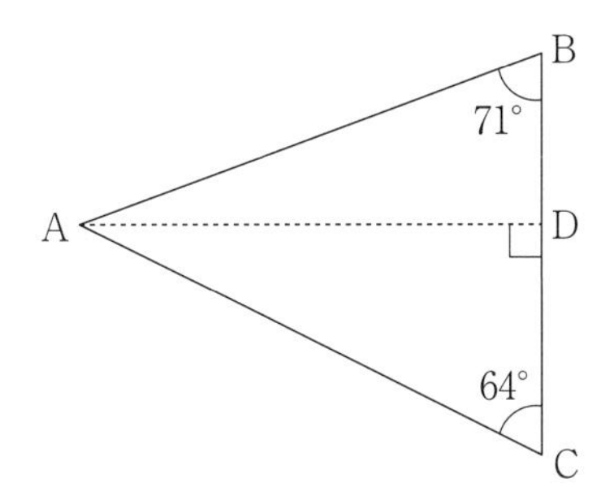

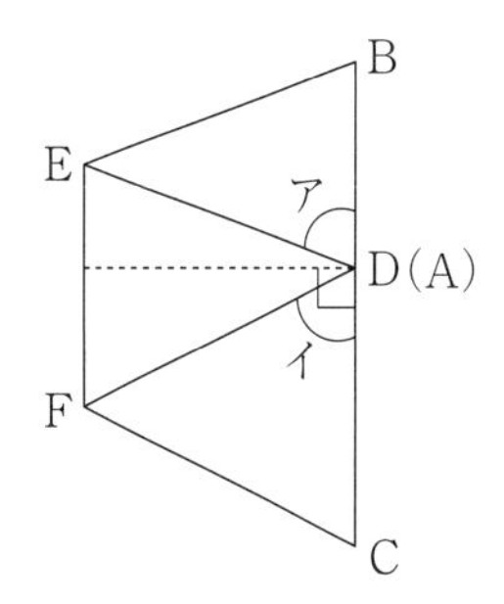

10 図で印のついた角の大きさの和を求めなさい。（　　　度）

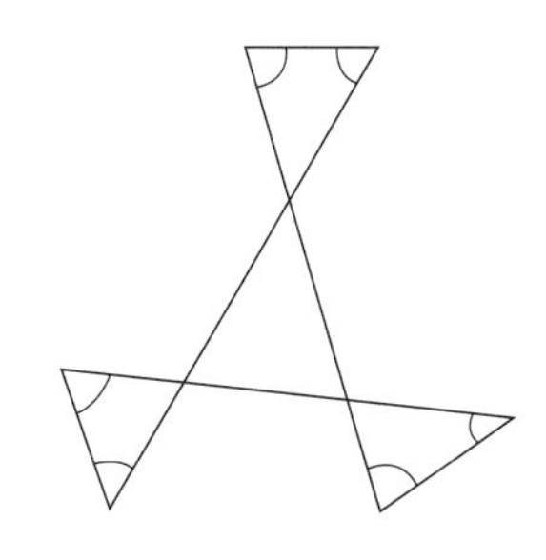

日々トレ 23

所要時間

点　　分　　秒

問題に条件がない時は，$\square$にあてはまる数を答えなさい。

1　$54 - 36 \div 9 - 3$　（　　　）

2　$29 \times 1.7 - 2.9 \times 6.6 - 0.29 \times 54$　（　　　）

3　$11 \div \{2 - 1 \div (1 - 1 \div \square)\} = 12$

4　$4.53\text{m}^2 + 4800\text{cm}^2 = \square\text{m}^2$

5　毎時 1 km で流れる川をボートで 4 km こぎ上るのに 2 時間かかった人が，その半分の力でもとの場所までこぎ下るためには，何時間何分かかりますか。（　　時間　　分）

6　食塩水 75g の中に食塩が 1.5g 入っています。同じ濃(こ)さの食塩水 135g の中には何 g の食塩が入っていますか。（　　　g）

7 整数をある規則に従って，下の図のようにA，B，Cを使って表すことにします。

1… A A A A A　　2… B A A A A　　3… C A A A A

4… A B A A A　　5… B B A A A　　6… C B A A A

7… A C A A A　　8… B C A A A　　9… C C A A A

10… A A B A A

B B B A A が表す整数を答えなさい。(　　　)

8 右の図の平行四辺形ABCDの面積が48cm^2，BE：EC＝1：2であるとき，四角形CDFEの面積を求めなさい。(　　　cm^2)

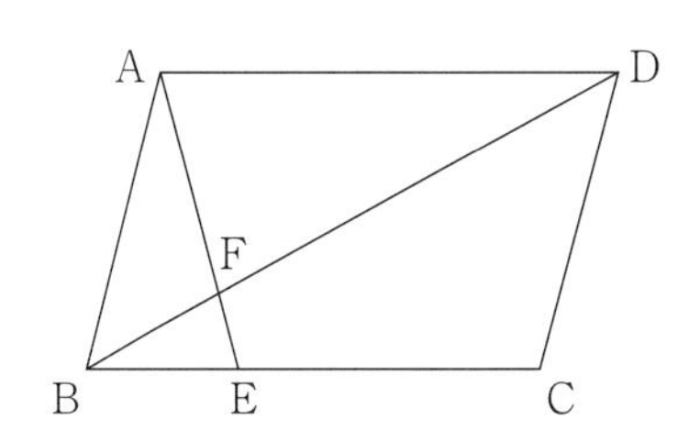

9 図は長方形を対角線で折り返したものです。このとき，アの角度は何度ですか。(　　　度)

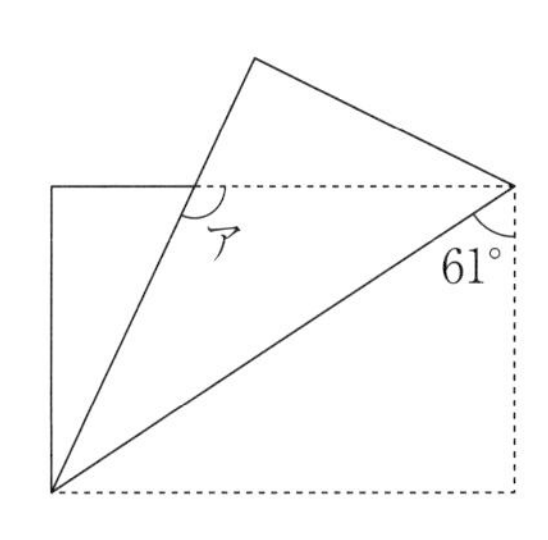

10 右の図の印をつけた角の大きさの合計を求めなさい。(　　　度)

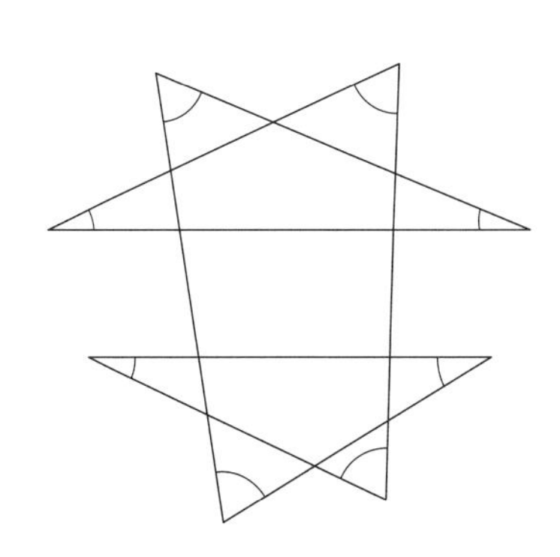

日々トレ 24

所要時間

点　　分　　秒

問題に条件がない時は，□にあてはまる数を答えなさい。

1　$38 - 8 \times 2 + 24 \div 4 - 12 \times 2$　（　　　）

2　$176 \times 0.6 + 1.76 \div \frac{1}{8} - 17.6 \times 4.5$　（　　　）

3　$\left(\square \div 2.2 + 1\frac{1}{3} \right) \times 0.3 = \frac{5}{11}$

4　$\square$ km × 500m ＝ 15ha

5　静水時での速さが同じ 2 せきの船があります。それぞれ，A 地点，B 地点から同時に出発します。図 4 のグラフは，2 せきの船が出発した時間と A 地点からの距離の関係を表したものです。船がすれ違うのは出発してから何時間後ですか。

（　　　時間後）

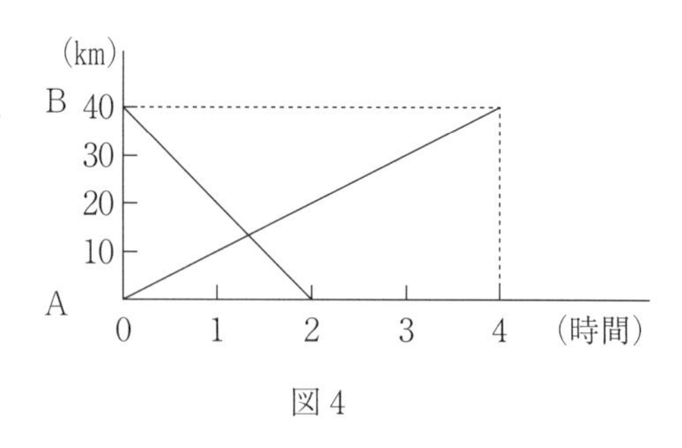

図 4

6　10 %の食塩水が 200g あります。このうち，□g を 5 %の食塩水と入れかえたところ，こさは 8 %になりました。

7 整数をある規則に従って，下の図のようにA，B，Cを使って表すことにします。

1…AAAAA	2…BAAAA	3…CAAAA
4…ABAAA	5…BBAAA	6…CBAAA
7…ACAAA	8…BCAAA	9…CCAAA
10…AABAA		

114を表すA，B，Cの並びを答えなさい。［　　　　　］

8 四角形ABCDは平行四辺形で，面積は$24cm^2$です。点Eは辺DCの上にあり，DEとECの長さの比は1：2です。辺BCをのばした直線とAEをのばした直線が交わった点をFとします。三角形DEFの面積は何cm^2ですか。（　　　cm^2）

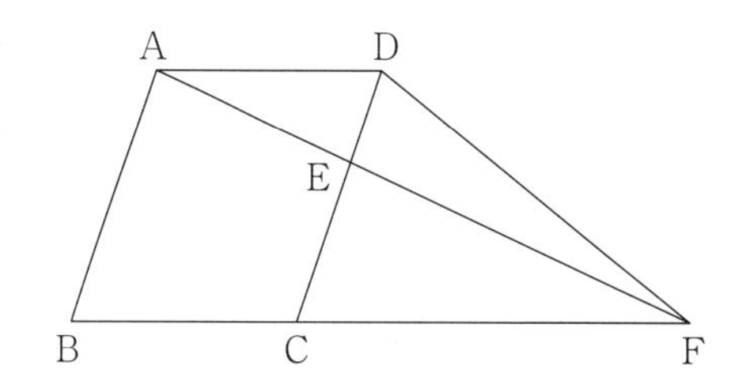

9 右の図のように，点A，D，E，Fは円周上にあります。また，点Oは円の中心で，AB＝CDとします。角㋐の大きさを答えなさい。

（　　　度）

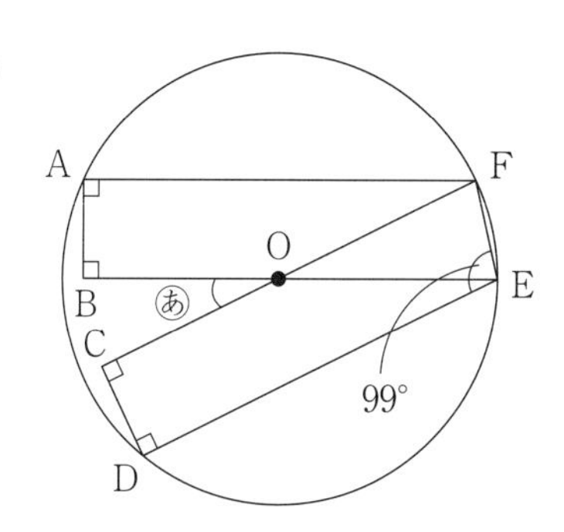

10 右の図の印をつけた角の大きさの和は何度ですか。（　　　度）

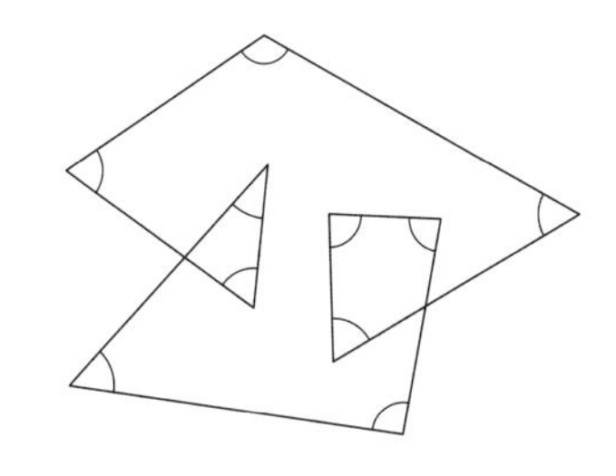

日々トレ 25

所要時間
点　分　秒

問題に条件がない時は，□にあてはまる数を答えなさい。

1　$5 \times 3 - 12 \div 4$　（　　　）

2　$326 \div 0.25 - 32.6 \times 32.5 - 3.26 \times 25$　（　　　）

3　$120 \div \{3 \times (\square - 16 \div 2)\} = 8$

4　$0.048\text{m}^3 - \square\text{cm}^3 = 44\text{L}$

5　12％の食塩水250gに24％の食塩水を加えてある濃(こ)さの食塩水を作るつもりが，誤って同量の水を加えたため5％の食塩水ができました。作りたかった食塩水の濃さは何％ですか。（　　　％）

6　ある商品を1個200円で何個か仕入れました。この商品に原価の2割の利益をつけて売ったところ，20個が売れ残りましたが，利益は9600円ありました。この商品を何個仕入れたか求めなさい。

（　　　個）

7 ある４人の人たちについて，次の文章をよく読んで，問いに答えなさい。

ア：４人の所持金の合計は1500円である。

イ：所持金が，一番多い人と一番少ない人の差は450円である。

ウ：所持金の多さが２番目の人と３番目の人の所持金の合計は700円である。

このとき，所持金が一番多い人の金額を求めなさい。(　　　円)

8 右の図の斜線部分の面積を求めなさい。(　　　cm^2)

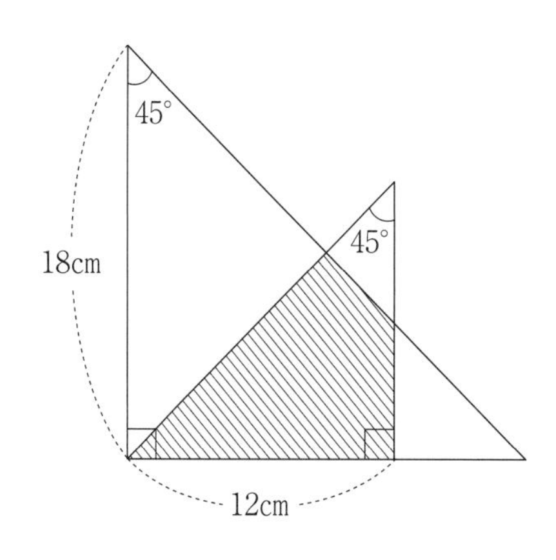

9 図は，１辺の長さが16cmの同じ正方形を２つ重ねたものです。重なっている部分の面積は何cm^2ですか。(　　　cm^2)

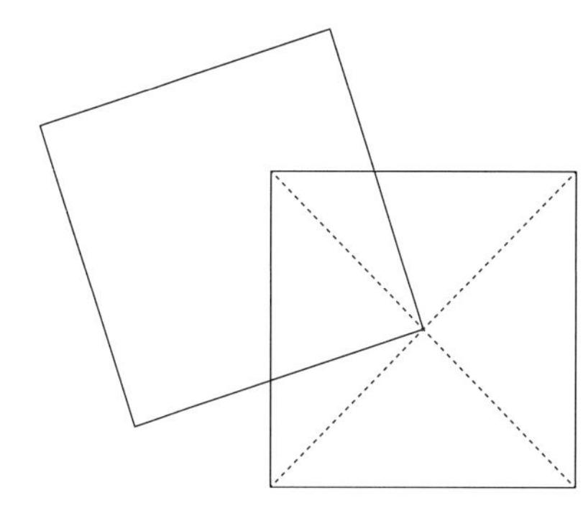

10 厚さ１cmの長方形の板を組み合わせて，右の図のような入れものを作りました。この入れものの容積が$10800cm^3$のとき，□に入る数はいくつですか。(　　　)

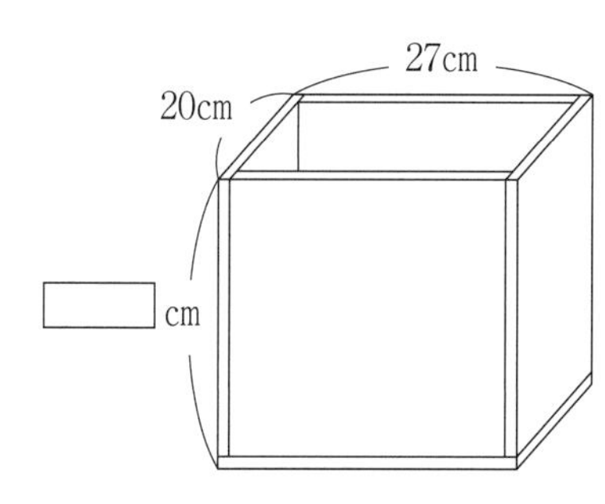

日々トレ 26

所要時間
点　分　秒

問題に条件がない時は，□にあてはまる数を答えなさい。

1　$8.2 - 3.5 = (\quad)$

2　$23 \times 0.5 + 2.3 \times 4 - 0.23 \div \frac{1}{70}$　(　　)

3　$6\frac{1}{4} \div (1 + \square) \times 2 - 9 = 1$

4　$0.025m^3 = 35dL + \square L + 2700mL + 3800cm^3$

5　8％の食塩水300gと6％の食塩水200gを混ぜて500gの食塩水を作りました。この食塩水を火にかけて水を蒸発（じょうはつ）させたところ，12％の食塩水になりました。水を何g蒸発させましたか。

（　　g）

6　原価□円の商品に3割増しの定価をつけ，その後，定価の2割引きで売ったところ，利益は34円でした。

7　2，4，6のような3つの連続する偶数（ぐうすう）があります。この3つの数の和が378のとき，一番大きい数はいくつですか。（　　　）

8　図は1辺の長さがそれぞれ4 cm，3 cmの直角二等辺三角形を重ねたものです。斜線部分の面積は［　　　］cm^2です。

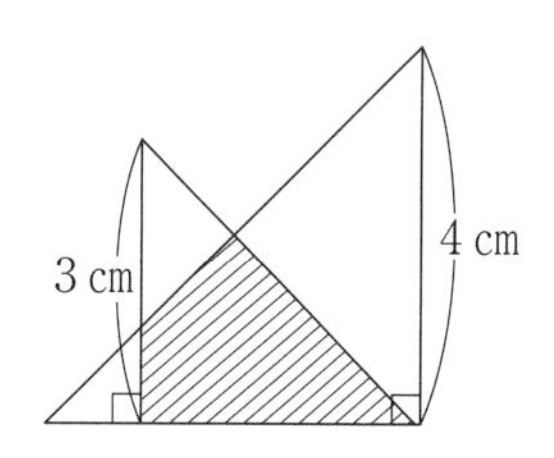

9　右の図のように，長方形の形をした土地の中に，道が2本あります。畑の面積は何aですか。（　　　a）

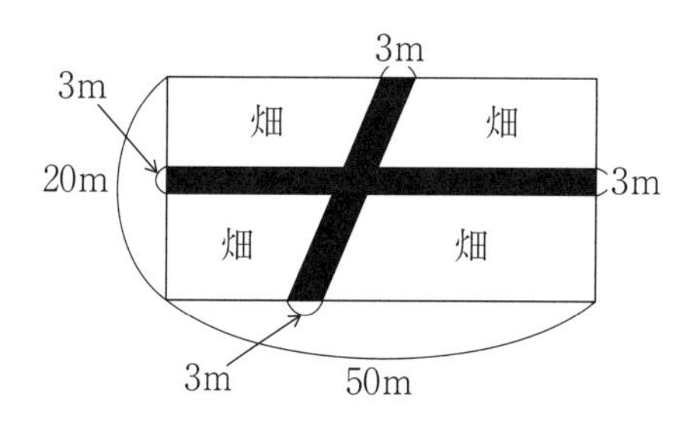

10　右の立体は，いくつかの直方体をぴったりと組み合わせたものです。この立体の体積は何cm^3でしょう。（　　　cm^3）

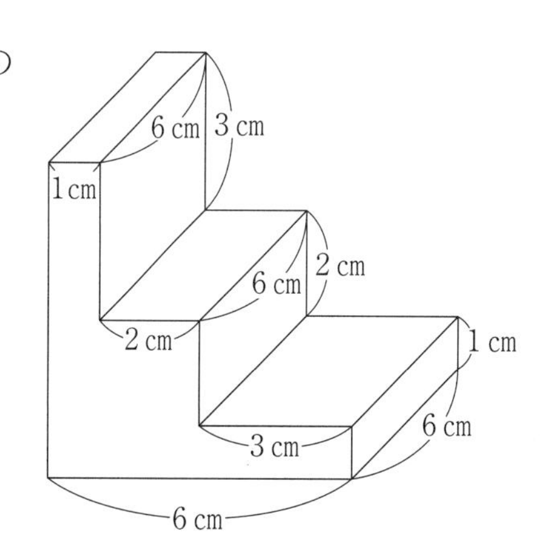

日々トレ 27

所要時間

点　　分　　秒

問題に条件がない時は，[　　　]にあてはまる数を答えなさい。

1　$7.79 \div 3.8 \times 0.6$　（　　　）

2　$66 \times 66 - 55 \times 55 + 44 \times 44 - 33 \times 33 - 22 \times 22$　（　　　）

3　$\dfrac{3}{4} - \left(\dfrac{5}{12} + \boxed{} - \dfrac{3}{8}\right) \times \dfrac{3}{2} = \dfrac{1}{2}$

4　12 時間 34 分 56 秒 = [　　　] 秒

5　濃度(のう)の分からない食塩水 100g があります。そこに，10 %の食塩水 250g と水 50g を加えると 8 %の食塩水になりました。もとの食塩水の濃度は何%ですか。（　　　%）

6　[　　　] 円で仕入れた商品に 25 %の利益を見込(こ)んで定価をつけました。この商品を定価の 100 円引きで売ると 82 円の利益があり，この商品を定価の [　　　] %引きで売ると，91 円の損が出ます。

7　A，B，Cの3つの数があります。AとBの和が41，BとCの和が69，BはCより25小さいとき，A，B，Cの3つの数をそれぞれ求めなさい。A（　　　）　B（　　　）　C（　　　）

8　図のように，2つの直角二等辺三角形を重ねました。かげのついた部分の面積は［　　　］cm^2 です。

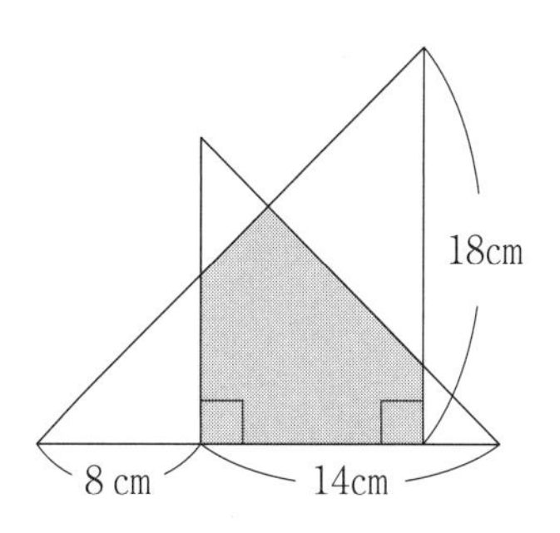

9　右の図のななめ線の部分の面積を求めなさい。（　　　cm^2）

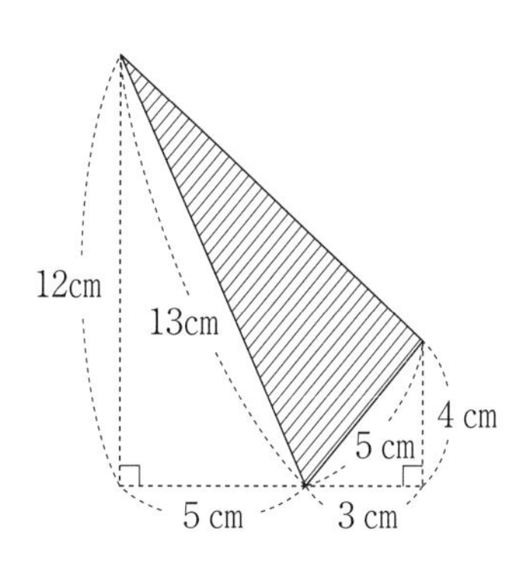

10　図のような直方体を組み合わせた立体の体積を求めなさい。

（　　　cm^3）

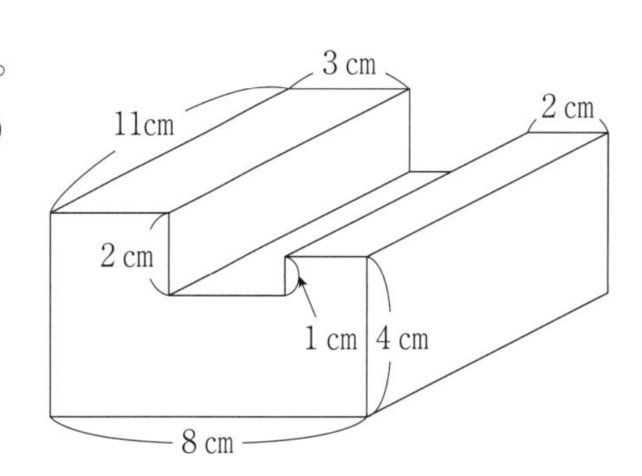

日々トレ 28

所要時間
点　　分　　秒

問題に条件がない時は，□にあてはまる数を答えなさい。

1　48.7 ÷ 12.5　(　　　)

2　12 × 1.7 − 2.4 × 8　(　　　)

3　$\frac{1}{2} + \frac{1}{2} \times \left(3\frac{1}{2} \div \frac{4}{3} - \square\right) = 1\frac{5}{8}$

4　4月27日が木曜日のとき，同じ年の11月9日は，下の①～⑤のうち□です。

①　月曜日　　②　火曜日　　③　水曜日　　④　木曜日　　⑤　金曜日

5　運動場にひいた長さ75mの直線上に両端(はし)を含めて端から端まで5mおきに旗を立てました。立て終わったあとに，あと10本の旗がみつかり，その旗を加えてもう一度等しい間をあけて旗を立てなおしたら，旗と旗の間は□mになりました。

6　ある遊園地では10時ちょうどに開園をします。開園前に540人の行列ができており，開園後も1分間に9人ずつの人が行列の後ろに並んでいきます。開園と同時に入場口Aから1分間に15人ずつ入場を始めました。とちゅうで1分間に12人ずつ入場できる入場口Bも開けたところ，行列は10時40分になくなりました。入場口Bは10時何分に開けましたか。(10時　　　分)

7　今，父の年齢(れい)は41才で，3人の息子の年齢の和は17才です。3人の息子の年齢の和が父の年齢と同じになるのは，今から何年後ですか。（　　　年後）

8　右の図のように，半円と直角三角形が重なっています。アとイの部分の面積が等しいとき，ABの長さは何cmですか。（円周率は3.14として計算しなさい）（　　　cm）

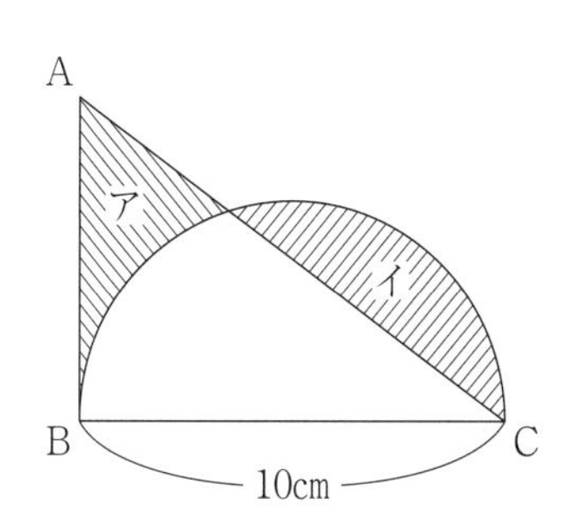

9　右の図は，直方体から，底面が台形の四角柱を切り取ったものです。この立体の体積は何cm^3ですか。（　　　cm^3）

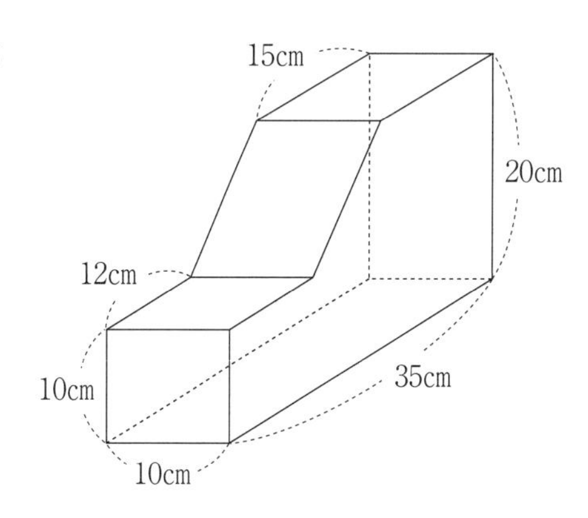

10　ある塔の真下から何mか離れた地点Bより塔の先端を見上げると45°でした。そこから塔に向かってまっすぐ30m歩いた地点Cが，塔の影の先端部分でした。この時刻に，60cmの棒を地面に対して垂直に立てたときの影の長さが20cmならば，塔の高さは何mと考えられますか。ただし，目の高さは考えないものとします。（　　　m）

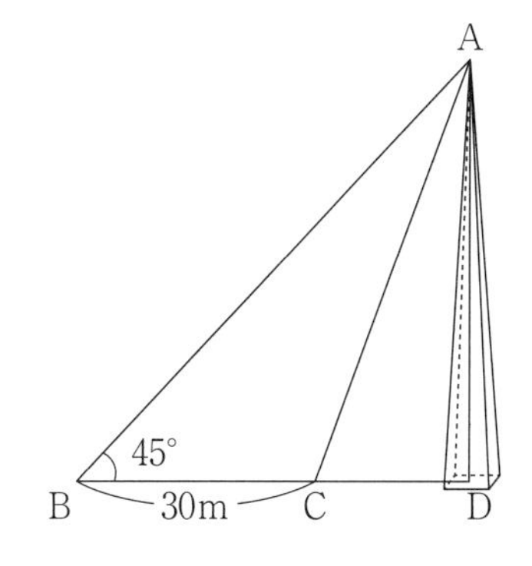

日々トレ 29

所要時間

点　　分　　秒

問題に条件がない時は，□にあてはまる数を答えなさい。

1　$0.29 \times 15 + 5.92 \div 3.7 - 1.35$　（　　　）

2　$6.28 \times 3 + 3.14 \times 8 - 6.28 \times 2$　（　　　）

3　$4\frac{1}{2} \times \left(\square + \frac{1}{3}\right) - 1.5 - \frac{3}{4}$

4　今日，2016 年 1 月 16 日は土曜日です。リオデジャネイロオリンピックの開会式が行われる 2016 年 8 月 5 日は何曜日ですか。（　　　）

5　右のような台形の土地があります。この土地のまわりにくいを打つことにします。頂点には必ずくいを打ち，くいとくいの間の長さはどこも等しくすると，くいは最も少なくて何本必要ですか。

（　　　本）

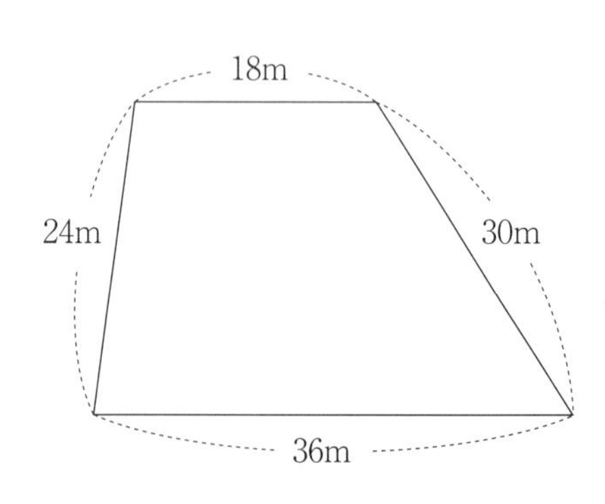

6　ある池には川が流れこんでいて，一定の量ずつ水が増えています。池にはいくつかの排水口（はいすいこう）があり，これを開閉することによって池の水の量を調整しています。すべての排水口から一定時間に流れる水の量は同じであるとします。いま，排水口を 8 か所開けると 30 時間で池の水は空（から）になり，排水口を 10 か所開けると 20 時間で池の水は空（から）になります。池に流れこむ水と流れ出す水を同じ量にするには，排水口を何か所開ければいいですか。（　　　か所）

7　現在，母の年れいは35才で，2人の子どもの年れいは15才と8才です。母の年れいと2人の子どもの年れいの和が同じになるのは［　　　］年後です。

8　右の図で色のついた部分の面積を求めなさい。円周率は，3.14とします。
（　　　cm^2）

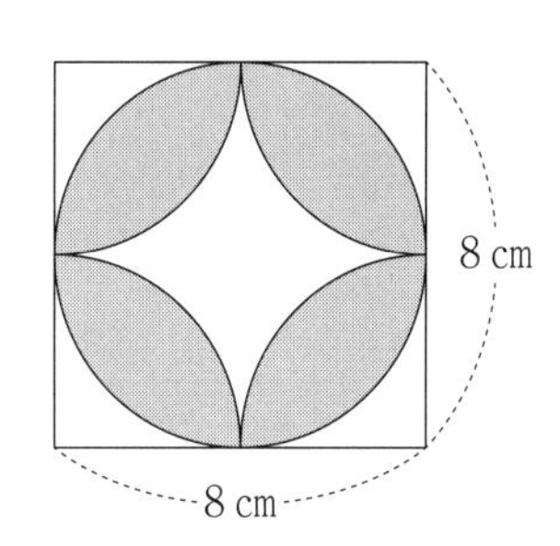

9　右の四角柱の体積は［　　　］cm^3，表面積は［　　　］cm^2 です。

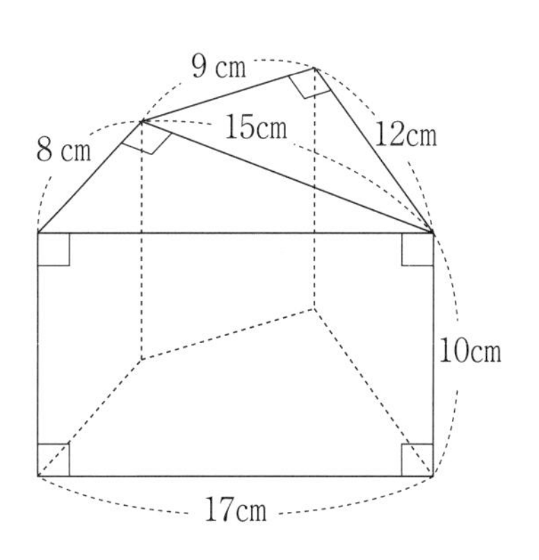

10　右の図のように高さ15mの樹木があります。20m離（はな）れたところにあるかべにうつった樹木の影の高さは7mでした。もし，このときかべがなければ，地面に映る樹木の影は何mになるか答えなさい。（　　　m）

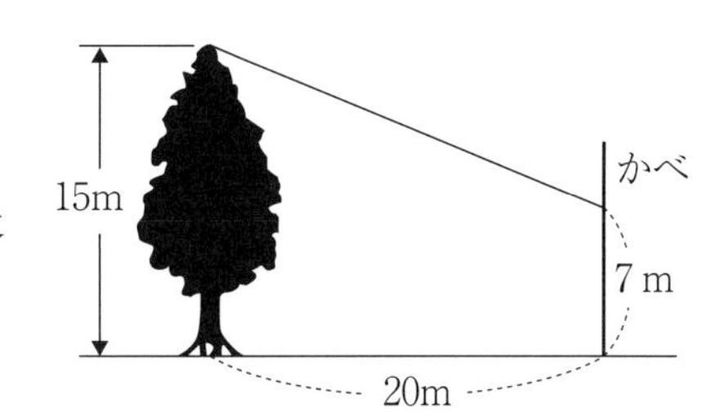

日々トレ 30

所要時間
点　　分　　秒

問題に条件がない時は，□にあてはまる数を答えなさい。

1　$11.6 \times 5 - 9.2 \times 2$　（　　　）

2　$16 \times 3.14 - 5 \times 9.42 + 12.56$　（　　　）

3　$\left\{1 + \frac{1}{2} \times \left(\frac{1}{2} \div \square + 1.5\right) \times 4\right\} - \frac{3}{2} = 3$

4　たて 300m，横 480m の長方形の土地に，20 頭の牛を飼っている牧場があります。牛 1 頭あたりの面積は何 m^2 ですか。（　　　m^2）

5　右の図のように正六角形状に玉を並べます。一番外側にある玉の数が 156 個のとき，玉は全部で□個あります。

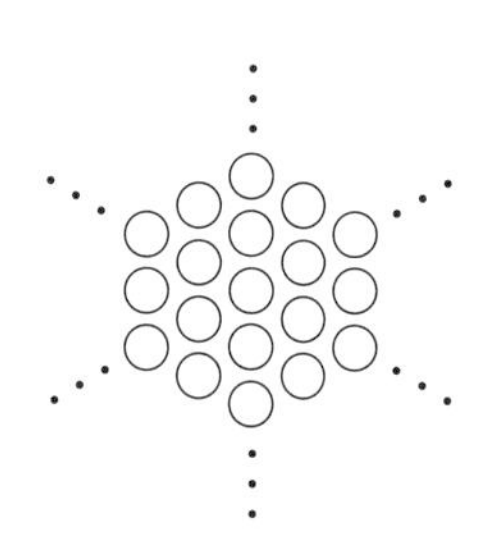

6　ある牧草地では一定の割合で草が増えていて，どの牛も毎日同じ量の草を食べています。10 頭の牛では 100 日で草を食べつくし，30 頭の牛では 20 日で草を食べつくします。□頭以下の牛だと何日経（た）っても草を食べつくすことはありません。□に当てはまる最も大きな整数を答えなさい。（　　　）

7　私には6才年上の姉がいます。10年後に私の年れいと姉の年れいの比が4：5になります。現在の私の年れいは何才ですか。(　　　才)

8　図のように，半径6cmの円が2つ重なっています。太線部分の長さは□cmです。ただし，円周率は3.14とします。

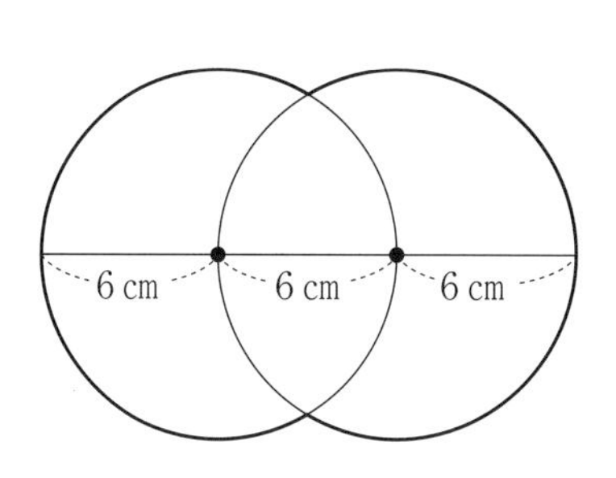

9　右の図は直方体と三角柱を組み合わせてできた立体です。この立体の体積を求めなさい。(　　　cm^3)

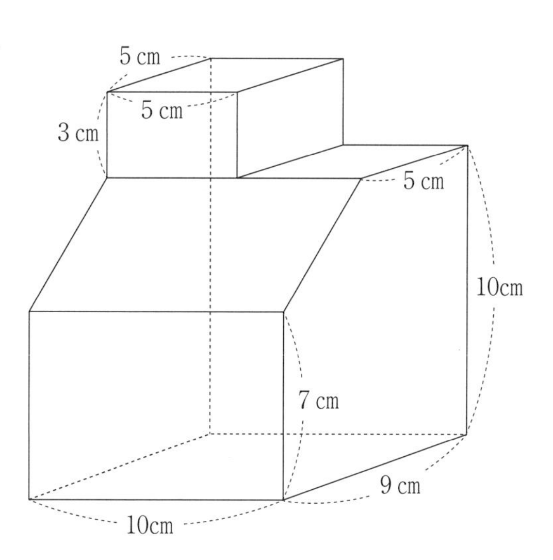

10　右の図で，ABとPQとCDは平行です。このとき，PQの長さは何cmか求めなさい。(　　　cm)

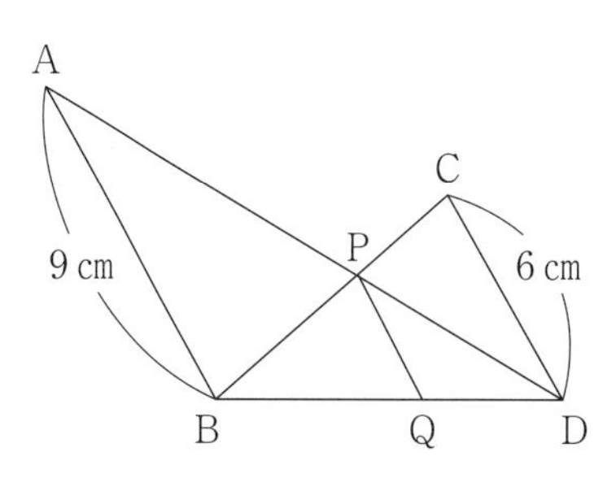

日々トレ 31

所要時間

点　　分　　秒

問題に条件がない時は，□にあてはまる数を答えなさい。

1　$(201.9 - 20.19) \div \{3.1 - 0.1 \times (1 + 3 + 3 \times 3)\} \times (3 - 1)$　（　　　）

2　$(0.17 \times 5 - 0.85 \times 0.85) \div 0.51$　（　　　）

3　$\dfrac{5}{7} - \left\{\dfrac{5}{6} - \left(\square \div 8.75 + \dfrac{3}{7}\right)\right\} = \dfrac{2}{3}$

4　コップに水を入れて重さをはかると500gでした。$\dfrac{1}{3}$の水を捨てて重さをはかると380gでした。コップの重さは何gですか。（　　　g）

5　10円玉15枚，50円玉3枚，100円玉1枚があります。これらのお金で，200円をちょうど支払う方法は何通りありますか。（　　　通り）

6　□個のみかんを箱につめます。1箱に7個ずつつめるとみかんが4個あまり，1箱に12個ずつつめると7個しか入らない箱が1箱と空の箱が8箱できます。

7 次のように数字がある規則にしたがってならんでいます。

1，1，2，1，2，3，1，2，3，4，1，2，…

このとき，5個目の3は左から［　　　］番目にあります。

8 平行四辺形ABCDの辺CDの真ん中の点をEとし，AEとBDが交わる点をFとします。このとき，三角形ABFと三角形AFDの面積の比を，最も簡単な整数の比で表すと［ア　　］：［イ　　］です。

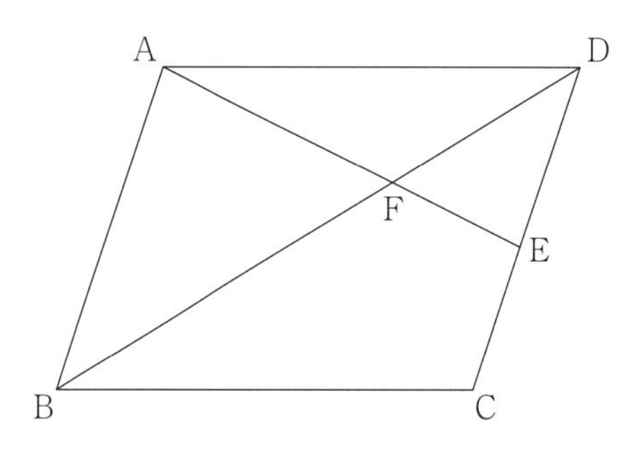

9 右の図の立体は底面の半径が3cmの円柱と底面の半径が3cmの円すいを組み合わせて作ったものです。次の問に答えなさい。ただし，円周率は3.14とします。

① 表面積を求めなさい。（　　　cm^2）

② 体積を求めなさい。（　　　cm^3）

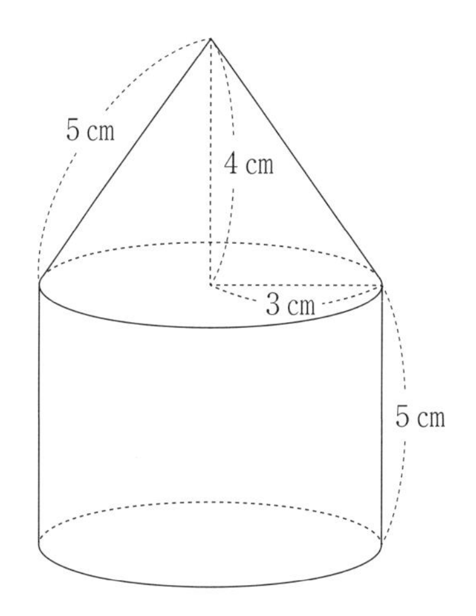

10 右の図のような長方形ABCDがあります。いま，点PがA，点QがBにあって，点Pは秒速2cm，点Qは秒速3cmの速さで長方形の辺上を同時に移動し始めます。点PはA→D→C→B→A，点QはB→A→D→C→Bの順に進むとき，点Qが点Pに追いつくのは移動し始めてから何秒後ですか。（　　　秒後）

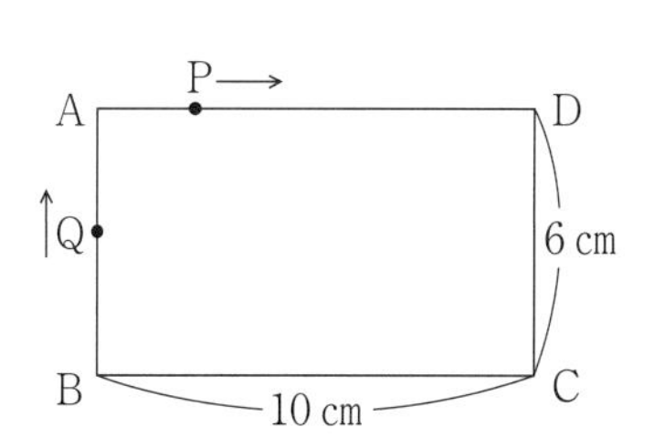

日々トレ 32

所要時間
点　分　秒

問題に条件がない時は，□にあてはまる数を答えなさい。

1　$96.5 \div (82.9 - 15.9 \times 4)$　（　　　）

2　$3.14 + 6.28 + 15.56 - 18.84 + 21.98 - 25.12 + 28.26$　（　　　）

3　$\left(1\frac{1}{12} - \square \times 1.05\right) \div 1.25 = \frac{4}{15}$

4　家から 1800m はなれた駅に分速 60m で歩いて向かいました。とちゅうで忘れ物に気づき，分速 120m で走って戻りその 3 分後，家から駅まで分速 100m で走って向かったところ予定していた時間に着きました。忘れ物に気づいたのは家から何 m の地点ですか。（　　　m）

5　円周を 8 等分する点 A，B，C，D，E，F，G，H があります。このうち，3 点を選んで三角形を作るとき，二等辺三角形になるのは何通りですか。

（　　　通り）

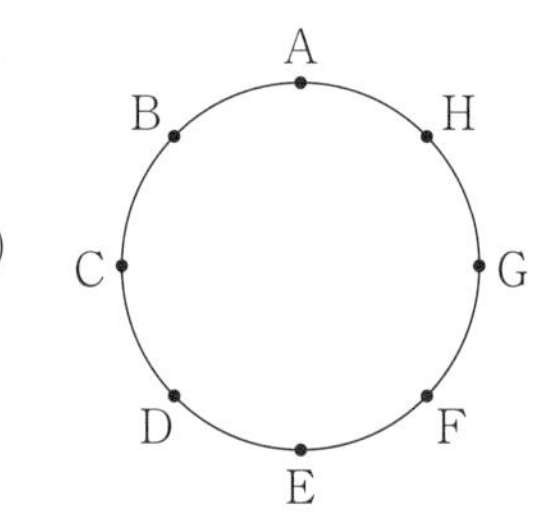

6　5000 円札を持ってチョコレートを買いに行きました。A 店のチョコレートは 1 個 350 円で売られていたため，予定していた個数を買うには 250 円足りませんでした。B 店では，予定していた個数を買うことができ，200 円余りました。B 店のチョコレートは 1 個何円で売られていましたか。

（　　　円）

7 次の数の列(a)と(b)はそれぞれあるきまりにしたがって並んでいます。

(a) 2，4，8，16，……，4096

(b) 4，8，16，32，……，8192

(ア) 「(b)の数の列の和」と「(a)の数の列の和」との差を求めなさい。(　　　)

(イ) 「(b)の数の列の和」を求めなさい。(　　　)

8 右の図で，AD と BC と EF は平行です。EF の長さは何 cm ですか。(　　　cm)

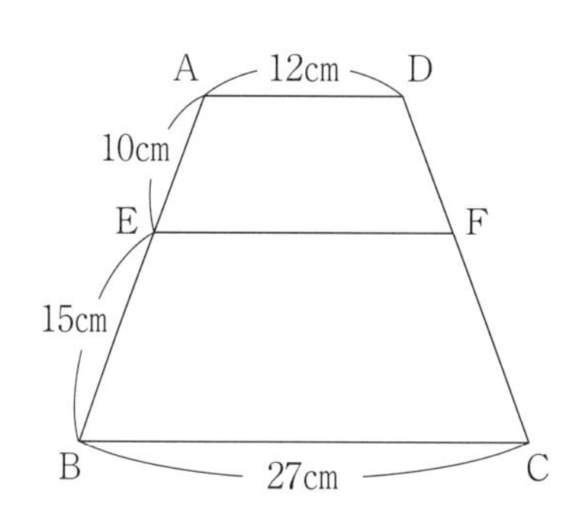

9 円すいの展開図が右の図のようになりました。㋐の角度は［　　　］°です。ただし，円周率は 3.14 とします。

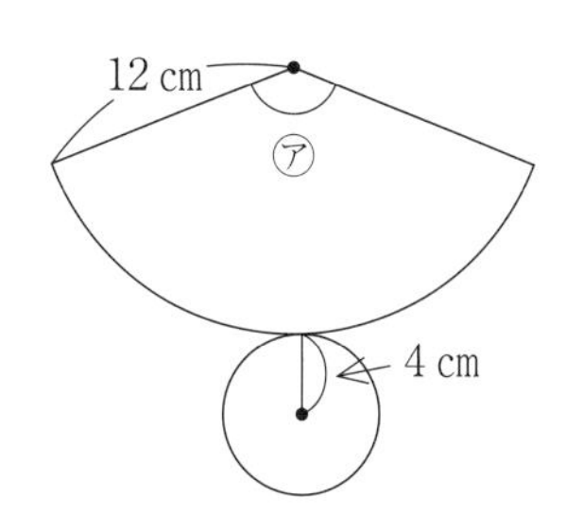

10 右の図のような，AB = 10cm，BC = 14cm の直角三角形 ABC があります。点 P が辺 AB 上を点 B から点 A まで秒速 1 cm の速さで動き，点 Q は辺 BC 上を点 C から点 B まで秒速 1.7cm の速さで動くとき，4 秒後の三角形 PBQ の面積は何 cm^2 か求めなさい。

(　　　cm^2)

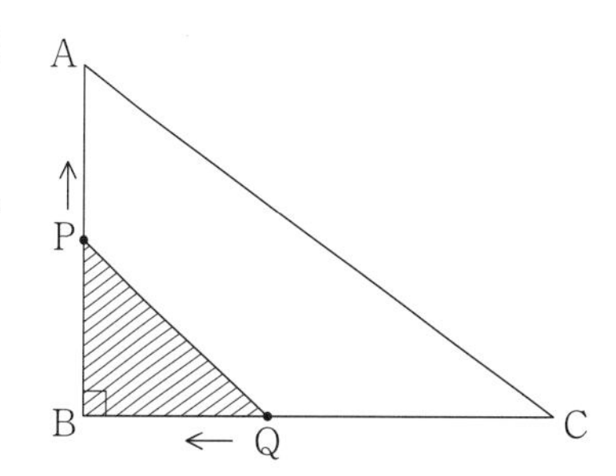

日々トレ 33

所要時間　点　分　秒

問題に条件がない時は，□にあてはまる数を答えなさい。

1 $(0.12 \times 3.4 \times 5 + 6.78) \div 9$ （　　　）

2 $(41 \times 0.36 + 0.6 \times 3.6 - 0.37 \times 36) \times 100$ （　　　）

3 $(315 - \square \div 5 - 14) \times 2 + 123 = 417$

4 $\frac{5}{6} : \square = 7.5 : 18$

5 右の図のように立方体を 3 個横につなげて並べます。A 地点から B 地点まで，立方体の辺上を行くとき，最短の道筋は何通りあるか答えなさい。（　　　通り）

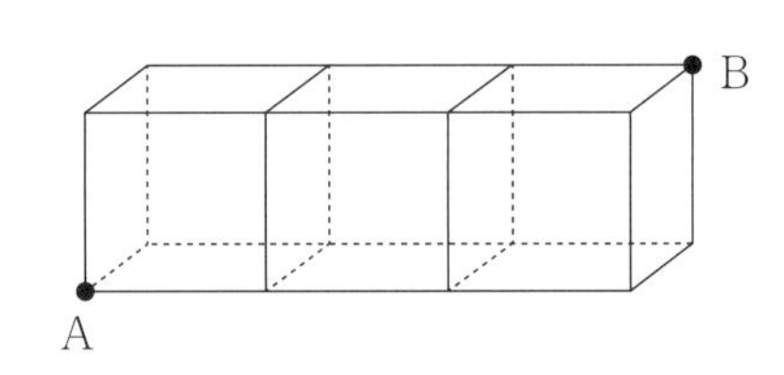

6 学校で出た冬休みの宿題を，A くんは 1 日に 2 ページずつ進めましたが，最終日は 9 ページ進めて，宿題を終わらせました。同じ宿題を B さんは 1 日に 3 ページずつ進めたので，最終日の 1 日前にちょうど終わりました。このとき宿題のページ数は□ページです。

7　KYOTOKYOTOKYOTO……というように，「KYOTO」という文字をくり返し並べたとき，はじめからかぞえて99番目の文字は［　　　］です。また，「O」だけをかぞえて99番目にある「O」は，すべての文字をはじめからかぞえて［　　　］番目です。

8　右の図で，3つの直線(あ)，(い)，(う)は平行です。EFの長さは［　　　］cmです。

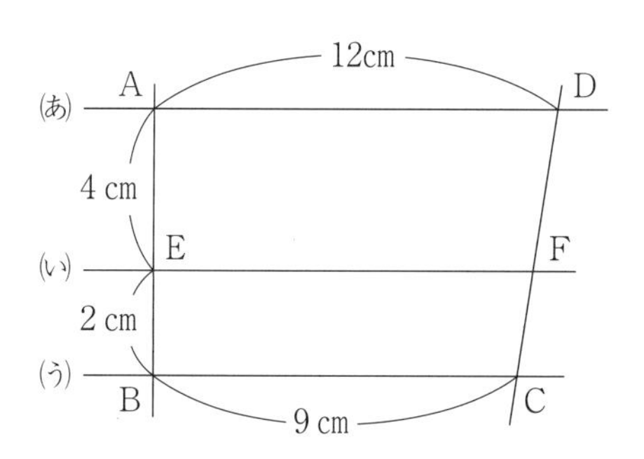

9　図のような直方体において，面AEFB，面BFGC，面CGHDの上を通り，頂点Aから頂点Hまで進む道のりが最短となるように太線を引きました。このとき，アとイの角の大きさの和を答えなさい。(　　　度)

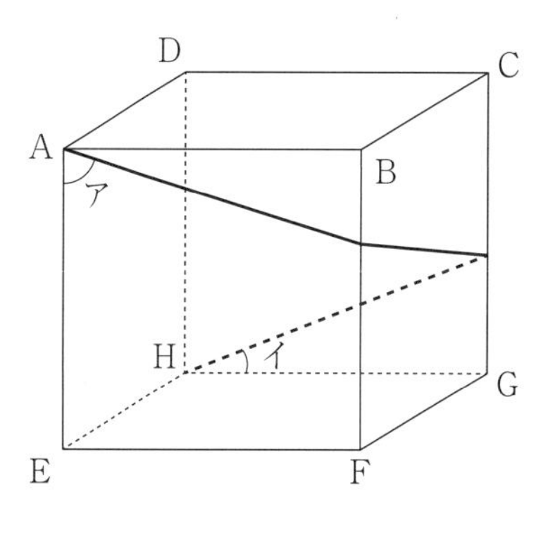

10　図のような長方形ABCDがあります。点Pは頂点Aを出発し，辺AD上を毎秒2cmの速さで1往復します。点Qは頂点Cを出発し，辺BC上を毎秒1cmの速さで頂点Bまで移動します。四角形PQCDの面積が2回目に120cm^{2}になるのは，P，Qが同時に出発してから何秒後ですか。(　　　秒後)

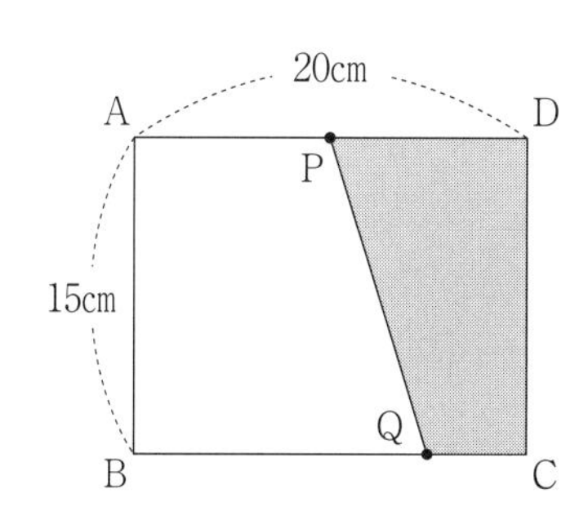

日々トレ 34

所要時間　　点　　分　　秒

問題に条件がない時は，□にあてはまる数を答えなさい。

1　$(17 - 12 \div 3 \times 4) \times 3 \div 5 - 0.23$　（　　　）

2　$1\frac{1}{17} \times 385 - 22\frac{11}{17}$　（　　　）

3　$\{4 + 5 \times (\square \div 5 - 2)\} \div 3 = 8$

4　14400円を，Aさん，Bさん，Cさんの3人で，3：4：5の割合で分けると，Cさんがもらう金額は□円になります。

5　周の長さが1500mの円形の池があり，周上の地点Aから聖(たかし)さん，光(ひかる)さん，学(まなぶ)さんの3人が同時に歩き出します。聖さんは時計まわりに毎分120mの速さ，光さんは時計まわりに毎分45mの速さ，学さんは反時計まわりに毎分80mの速さでそれぞれ歩き続けます。

聖さんがA地点を出発してから池の周りを1周するまでの間に，光さん，聖さん，学さんがこの順に時計まわりに並び，かつ聖さんが光さんと学さんのちょうど真ん中にくるのは，3人が出発してから何分後ですか。（　　　分後）

6　はじめ，A君の持っているお金は，B君の持っているお金の $\frac{3}{4}$ より500円多かったです。いま，A君が350円，B君が200円使ったので，A君とB君の持っているお金は同じになりました。はじめ，A君は□円持っていました。

7　くつ下3足と手ぶくろ1組の値段は1675円で，手ぶくろ1組の値段は，くつ下2足の値段よりも50円高いです。くつ下1足の値段は何円ですか。（　　　円）

8　図は正三角形を2つ組み合わせた図形です。このとき，アの角度は何度ですか。（　　　度）

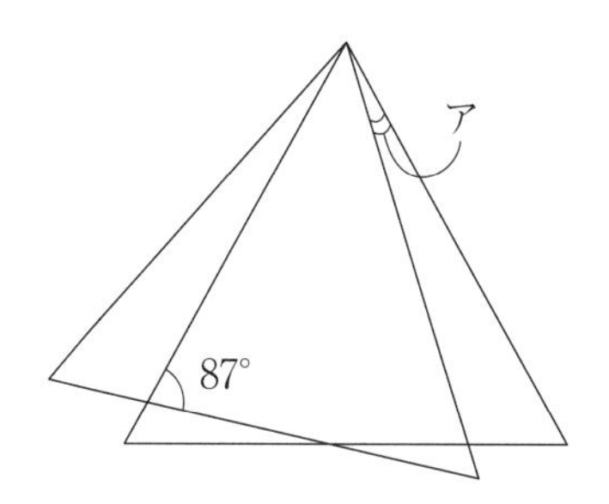

9　右の図のような平行四辺形ABCDがあります。AE：EDが2：3のとき，FG：GDを最も簡単な整数の比で答えなさい。（　　：　　）

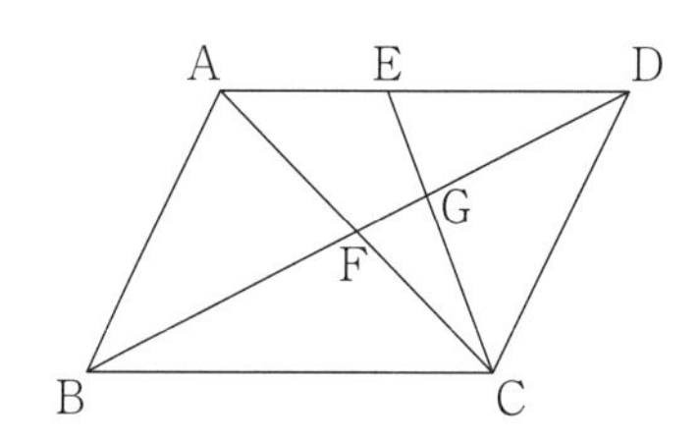

10　右の図のように，BDの長さが9cmの正方形ABCDがあります。頂点Bを中心に60度回転させたときの正方形が，点線で表された正方形です。このとき，2辺BC，DCが通過した部分の面積の合計は何cm^2ですか。ただし，円周率は3.14とします。（　　　cm^2）

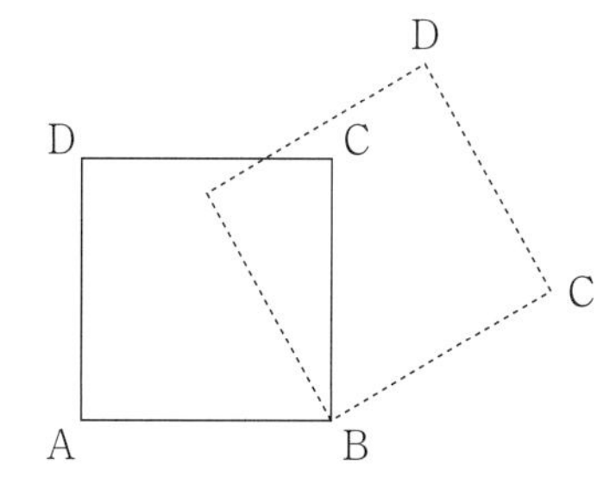

日々トレ 35

所要時間

点　分　秒

問題に条件がない時は, $\square$ にあてはまる数を答えなさい。

1　$8 - 4 \times 0.25$ (　　　)

2　$1.73 \times 2.51 - 1.73 \times 1.63 + 0.88 \times 1.27$ (　　　)

3　$\left\{6.25 - \dfrac{20}{3} \times (\square - 3.4)\right\} \div \dfrac{3}{4} = 3$

4　3つの内角の大きさの比が1：2：3の三角形があります。三角形の内角でもっとも大きいものは $\square$ °です。

5　姉と妹の2人が学校に向かって家を出発しました。最初2人は分速60mで歩いていましたが, 姉は家を出てから6分後に忘れ物に気づき, 分速180mで走って家まで取りに帰りました。そして, 姉は家に着いてから2分後に忘れ物を持って再び分速180mで走って学校に向かい妹と同時に学校に着きました。下のグラフは2人が家を出発してからの時間と, 道のりの関係を表したものです。このとき, グラフの ア にあてはまる数を答えなさい。(　　　)

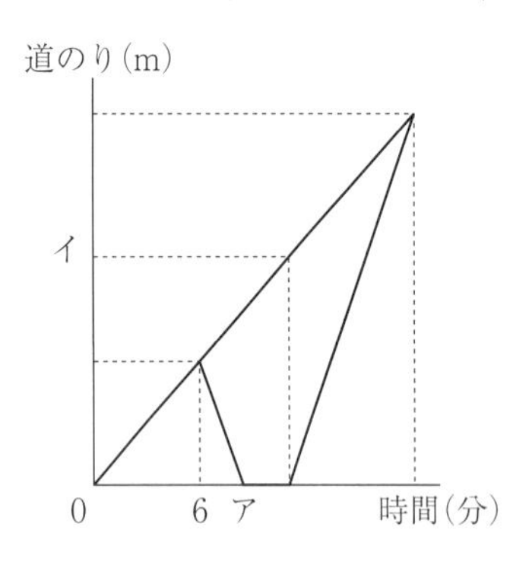

6　2つの容器A, Bに同じ量の水を入れたところ, Aには容積の $\dfrac{4}{5}$, Bには容積の $\dfrac{3}{4}$ だけ入りました。その後, AがいっぱいになるまでBの水をAに移すと, Bには18L残りました。Bの容積は何Lですか。(　　　L)

7 ノート1冊と鉛筆5本を買うと500円になり，ノート2冊と鉛筆6本を買うと704円になります。ノート何冊かと鉛筆10本を買って2300円になりました。ノートは何冊買いましたか。(　　　冊)

8 右の図で，三角形ABCと三角形AEDは合同です。ⓐの角の大きさを求めなさい。(　　　度)

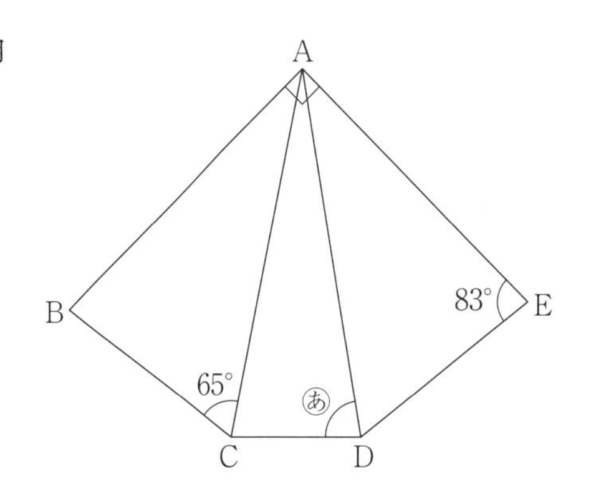

9 右の図のように直角三角形ABCと正方形CDEFがあります。ADの長さは何cmですか。(　　　cm)

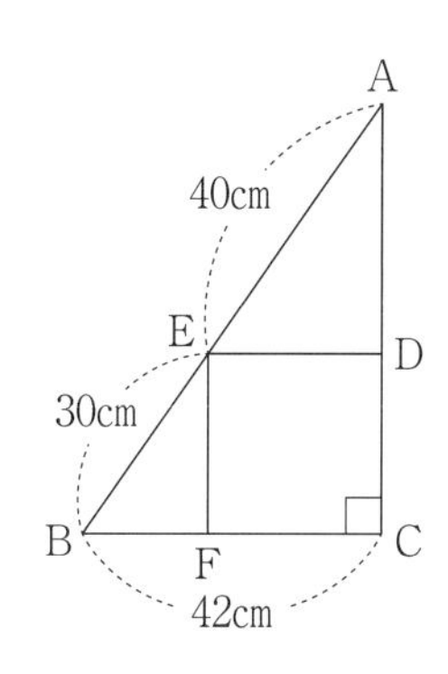

10 図1の図形㋐は，点Oを中心とする半径3cmの半円です。図2のように，この図形㋐を，点Aを中心として点Oがもとの図形㋐の太線の上にくるまで反時計まわりに回転させます。このとき，太線が通った部分の面積を求めなさい。ただし，円周率は3.14とします。(　　　cm^2)

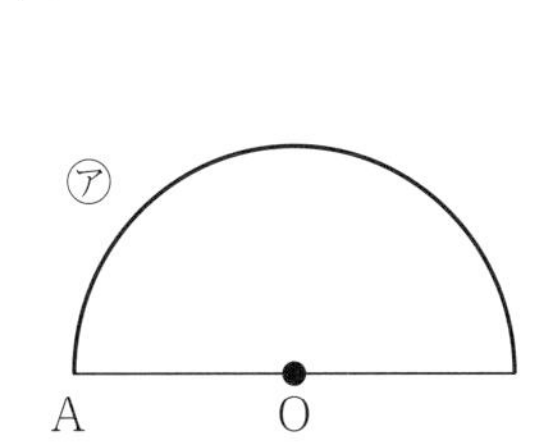

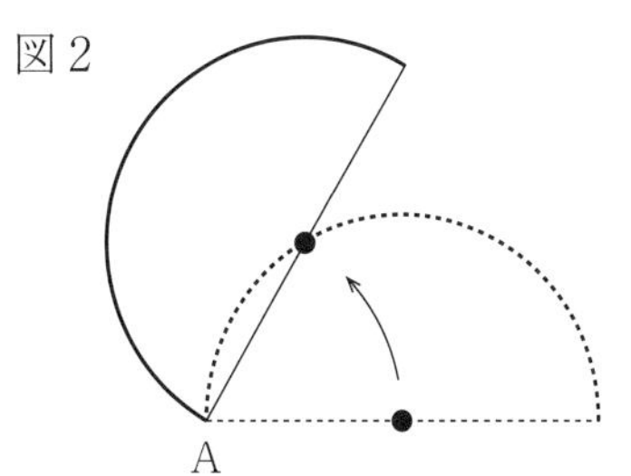

日々トレ 36

所要時間

点　分　秒

問題に条件がない時は，□にあてはまる数を答えなさい。

1　$0.125 \times 0.75 + 0.25 \div (0.875 - 0.375) - 0.5 \times 0.625$　（　　　）

2　$4.7 \times 1.3 + 2.5 \times 4.7 + 3.8 \times 5.3$　（　　　）

3　$6.25 \times \left\{3\frac{1}{2} + (4.2 - \square) \div \frac{1}{3}\right\} = 50$

4　A，B，C の 3 人のおこづかいを調べると，A と B の 2 人の平均は，3 人の平均より 90 円多いことがわかりました。C のおこづかいは A と B の 2 人の平均より □ 円少ないです。

5　A 地点から 10km 離（はな）れた B 地点の間を兄は車で，弟は自転車で移動しました。右のグラフは，A 地点からの距離（きょり）と時間の関係を表したものです。このとき，弟が引き返してくる兄と出会ったのは，弟が出発してから何分後か求めなさい。ただし，兄と弟はそれぞれ一定の速さで移動するものとします。（　　　分後）

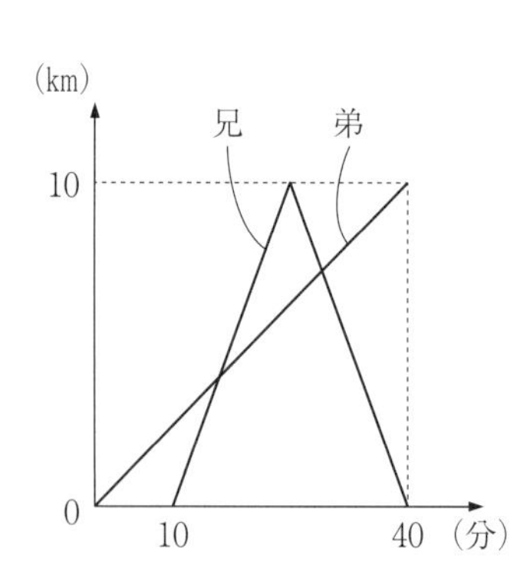

6　ある日のテーマパークでは，全体の入場者の $\frac{3}{7}$ が男性で，それらの男性のうち 65 %が子どもでした。大人の男性が 8400 人だったとき，全体の入場者は何人ですか。（　　　人）

7　どら焼きとようかんを組み合わせて箱に入れたお菓子(かし)セットを作ります。ただし，どのセットを作る場合にも同じ金額の箱代がかかります。どら焼きとようかんをそれぞれ2個，4個にすると1150円になり，6個，2個にすると1250円になり，4個，5個にすると1620円になります。このことから箱代は［(ア)］円になることがわかります。

また，どら焼きとようかんを3個，3個にすると［(イ)］円になります。

(ア)(　　　)　(イ)(　　　)

8　右の図は，同じ形の三角形を2つ組み合わせた図形です。このとき，アの角度は何度ですか。(　　　度)

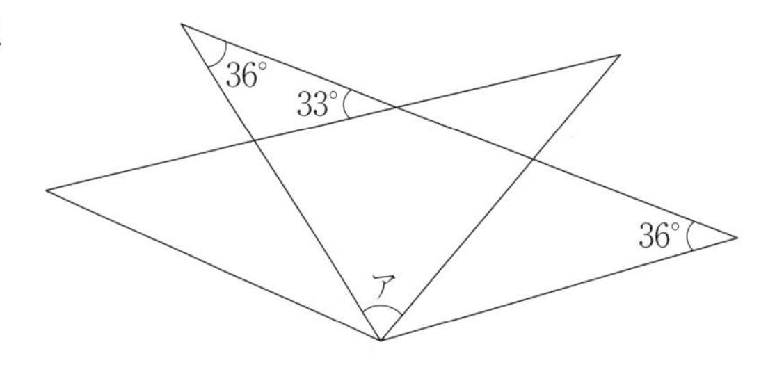

9　正三角形ABCを折ってできた図があります。FはAが移った点で，BC上にあります。

BF = 24cm, FC = 6cm, DF = 21cmのとき，ECの長さは［　　］cmになります。

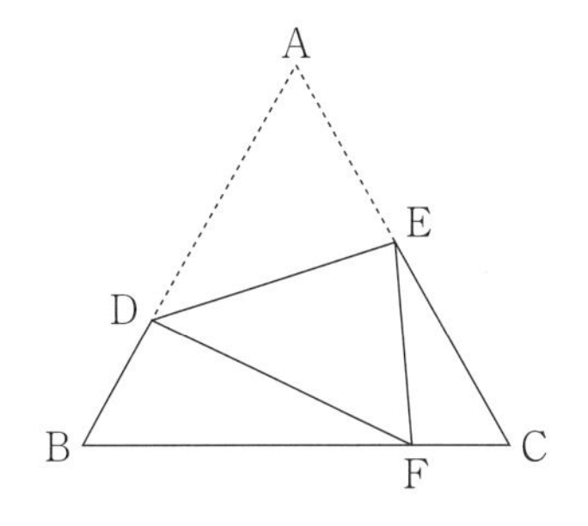

10　右の図のように，半径3cmの2つの円でできた図形のまわりにそって，半径3cmの円Pが図のAの位置からBの位置まで矢印の方向に動きます。円Pが通過してできる図形の面積を求めなさい。ただし，円周率は3.14とします。(　　　cm^2)

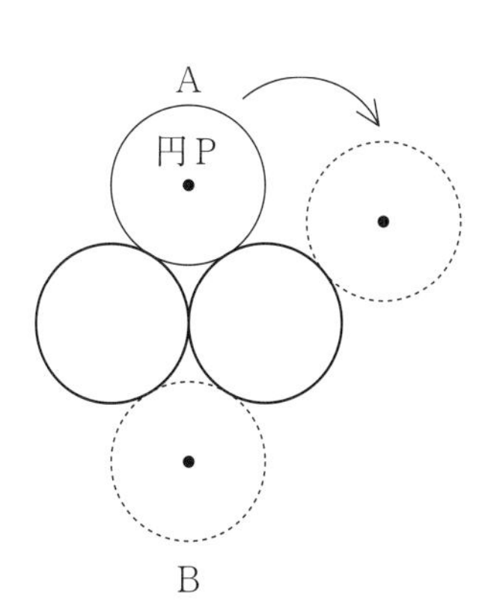

日々トレ 37

所要時間

点　　分　　秒

問題に条件がない時は，□にあてはまる数を答えなさい。

1　$1\frac{3}{5}+2\frac{1}{10}-3\frac{7}{15}$　(　　　)

2　$(0.375\times24+2.5\times0.625\times16)\times19-25\times12+125\times16-1.4\times190$　(　　　)

3　$3.5\times\left(\square-\frac{1}{3}\right)\div\left(2\frac{7}{12}-0.25\right)+0.5=1\frac{1}{2}$

4　次の帯グラフを円グラフで表すとき，算数の部分の中心角は何度ですか。(　　　度)

国語	算数	理科	社会	体育
23%	15%	32%	13%	17%

5　時計を午前 9 時 00 分から午前 11 時 00 分まで観察しました。長針と短針のつくる角のうち，小さいほうの角の大きさが 30 度となるのは あ 回あり，2 回目の時刻は 9 時 い 分です。

6　ある仕事を太郎君が一人ですると 28 日かかり，花子さんが一人ですると 42 日かかります。二人でこの仕事をやり始めましたが，太郎君は 7 日間旅行をしたために，ちょうど □ 日でこの仕事を完成させました。

7 列車Aは列車Bより速く動きます。列車Aと列車Bが向かい合う方向に動くとき，出会ってからすれ違いが終わるまで5秒かかりました。また，列車Aと列車Bが同じ方向に動くとき，追いついてから追い越しが終わるまでに10秒かかりました。このとき，列車Aの速さと列車Bの速さの比を，もっとも簡単な整数を用いて答えなさい。Aの速さ：Bの速さ（　　：　　）

8 図のように，向かい合う面の数の合計が7になるさいころを，道にそって転がしていきます。転がった先の場所で，さいころの上を向いている面の数を考えます。例えば，㋐の場所では6です。このとき，次の問いに答えなさい。

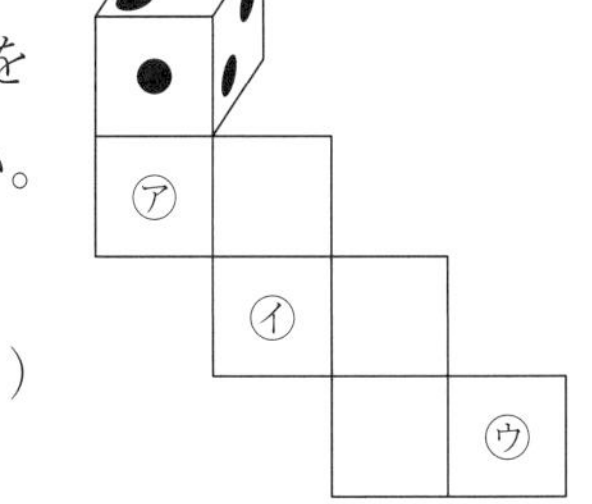

① ㋑の場所では，さいころの上を向いている面の数はいくつですか。

（　　　）

② ㋒の場所では，さいころの上を向いている面の数はいくつですか。

（　　　）

9 右の図の三角形を直線アのまわりに1回転させてできる立体の体積は［　　　］cm^3 です。ただし，円周率は3.14とします。

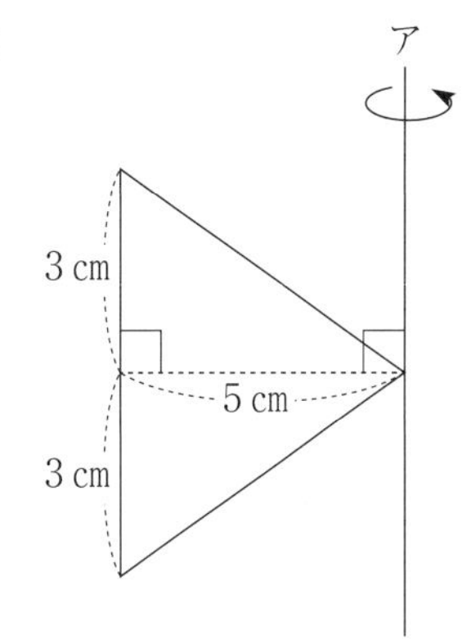

10 図は円柱をななめに切ってできた立体です。この立体の体積は何 cm^3 ですか。ただし，円周率は3.14とします。（　　　cm^3）

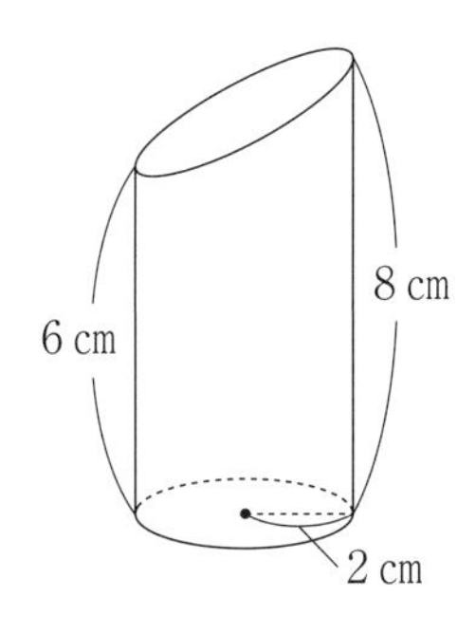

日々トレ 38

所要時間
点　分　秒

問題に条件がない時は，□にあてはまる数を答えなさい。

1　$\frac{17}{15}-\frac{3}{10}$　(　　　)

2　299 × 19 ＋ 301 × 21 ＋ 299 × 21 ＋ 301 × 19　(　　　)

3　$2\frac{1}{3}\times\left(3\frac{2}{7}-\square\right)\div3\frac{1}{3}=\frac{5}{4}$

4　[A，B]＝A × A ＋ B × B ＋ A × B というルールで計算します。

このとき $\frac{[[3,\ 673],\ [673,\ 3]]}{[6,\ 1346]\times[1346,\ 6]}=\square$ です。

5　1日に3分遅(おく)れる時計があります。この時計をある日の午前8時に正しい時刻に合わせました。その日の午後6時には ア 分 イ 秒遅(おく)れています。

6　ある水そうに，Aの蛇口(じゃぐち)から10分間水を入れたところ，水そうの $\frac{4}{7}$ まで水が入りました。その後，Bの蛇口から水を入れると水そうは5分でいっぱいになりました。AとBの蛇口を同時に使って，空の水そうに水を入れると水そうは何分でいっぱいになりますか。(　　　分)

7 列車が秒速15mで走り，780mの長さのトンネルを通りぬけるのに1分12秒かかります。この列車の長さは［　　　］mです。

8 図のように，上の目の数字が1の状態のサイコロがマス上を左上のマスから時計回りにすべらずに転がっていきます。ちょうど1周して左上のマスにもどったとき，サイコロの上の目の数字は［　　　］です。

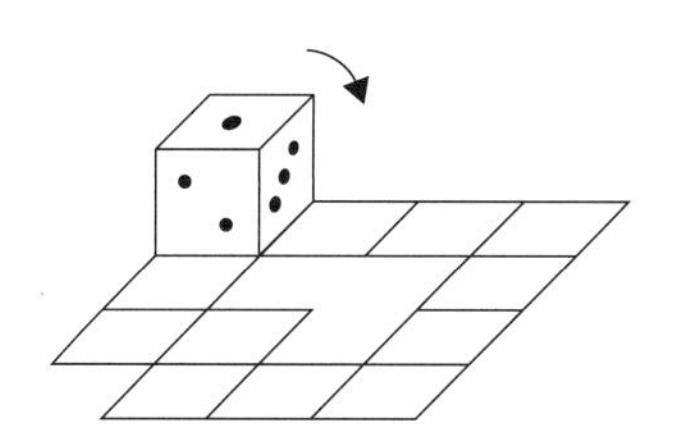

9 右の図形は長方形と正方形を組み合わせたものです。この図形を直線㋐を軸に360°回転させてできる立体の体積は［　　　］cm^3で，表面積は［　　　］cm^2です。ただし，円周率は3.14とします。

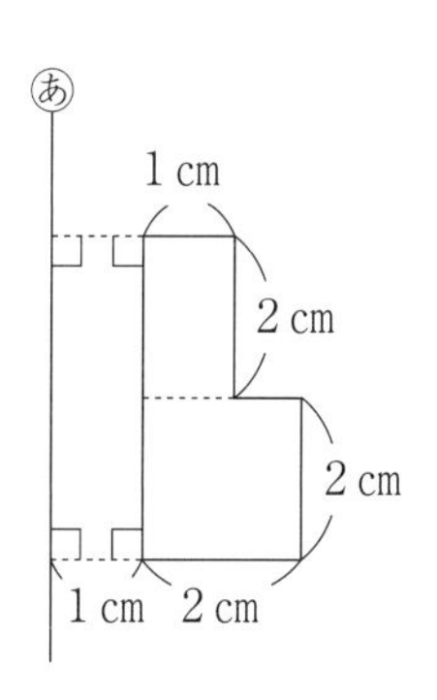

10 右の図のように，2つの円柱を積み重ねた立体があります。この立体の体積と表面積をそれぞれ求めなさい。ただし，円周率は3.14とします。

体積（　　　cm^3）　表面積（　　　cm^2）

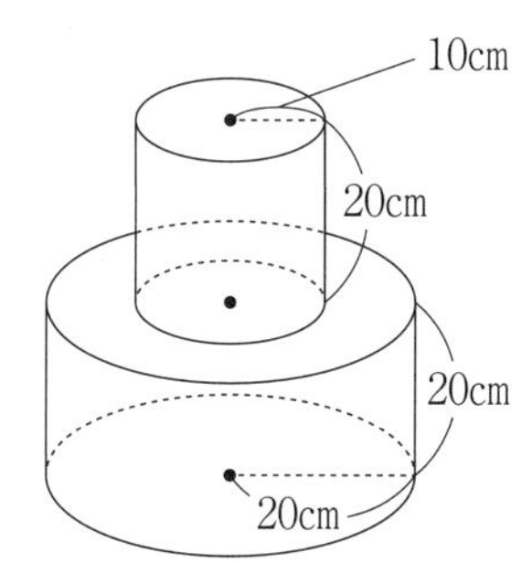

日々トレ 39

所要時間
点　分　秒

問題に条件がない時は，□にあてはまる数を答えなさい。

1　$1 + \frac{1}{2} - \frac{1}{3} + \frac{5}{6}$　（　　　）

2　$18.7 \times 6.73 - 18.7 \times 3.55 - 8.7 \times 3.18$　（　　　）

3　$\frac{1}{8} + \left(\frac{9}{16} \times \square - \frac{3}{4}\right) \times 3 = \frac{5}{4}$

4　たて 120cm，横 132cm の長方形の色画用紙を使って，同じ大きさの正方形の色紙に切り分けます。余りが出ないように切り分けるとき，切り取ることができる一番大きな正方形の1辺の長さは何 cm ですか。また，そのとき色紙は何枚切り取ることができますか。（　　　cm）（　　　枚）

5　右図のように1時から12時までをそれぞれ表す12個の目盛りのついた時計で，ある時刻に長針がちょうど目盛りを指し，長針と短針のなす角度が100°でした。ある時刻は□時□分または□時□分です。（図は一例です。）

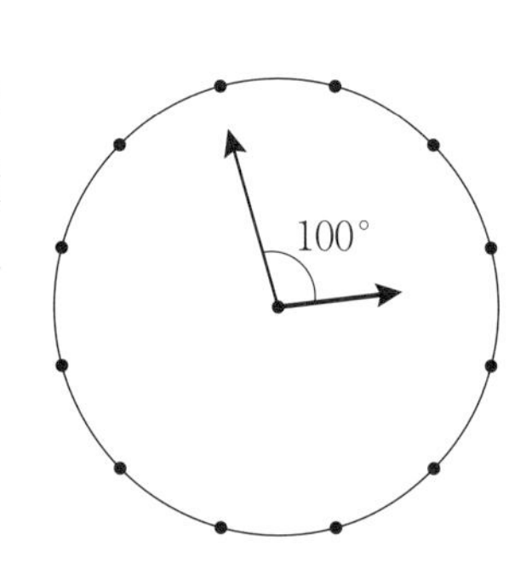

6　Aが1人ですると20日，Bが1人ですると24日かかる仕事があります。この仕事をAが1人で5日したあと，Bが1人で残りの仕事をします。仕事は全部で何日かかるでしょうか。（　　　日）

7 時速100kmで走っている特急列車Aと時速60kmで走っている急行列車Bがあります。東西にのびたトンネルに列車Aが入るのと同時に，反対側から列車Bが入りました。トンネルに入ってから1分30秒後に2つの列車の先頭がすれ違いました。このときトンネルの長さは何kmですか。

（　　　km）

8 向かい合う面の目の数の和が7になっている図のようなサイコロがあります。次の問いに答えなさい。

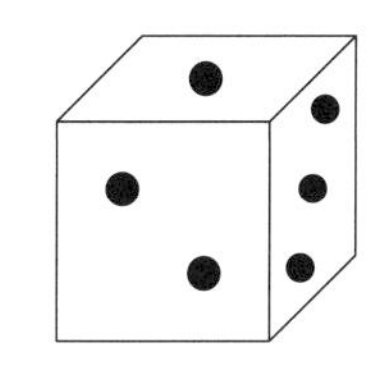

このサイコロを，図のようにカからシまで，すべらないように転がしました。このとき，次の問いに答えなさい。

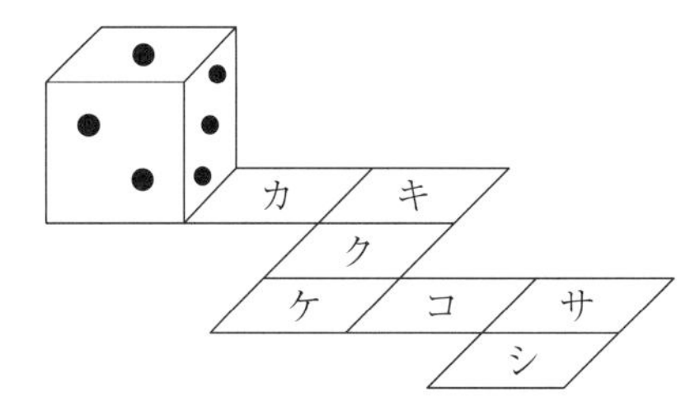

① コの面と重なる目の数はいくつですか。（　　　）

② カからシの面と重なる目の数の合計はいくつですか。

（　　　）

9 右の図形を直線 ℓ のまわりに1回転させて立体を作ります。この立体の体積は何 cm^3 ですか。ただし，円周率は3.14とします。

（　　　cm^3）

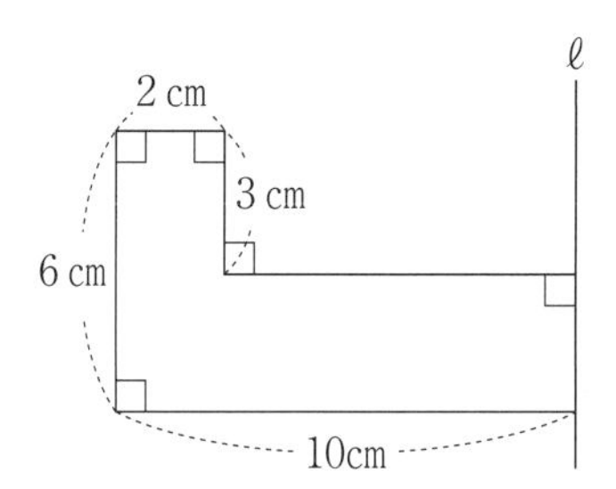

10 右の立体は，直方体を組み合わせたものから，円柱の半分をくりぬいたものです。この立体の体積は［　　　］cm^3 です。ただし，円周率は3.14とします。

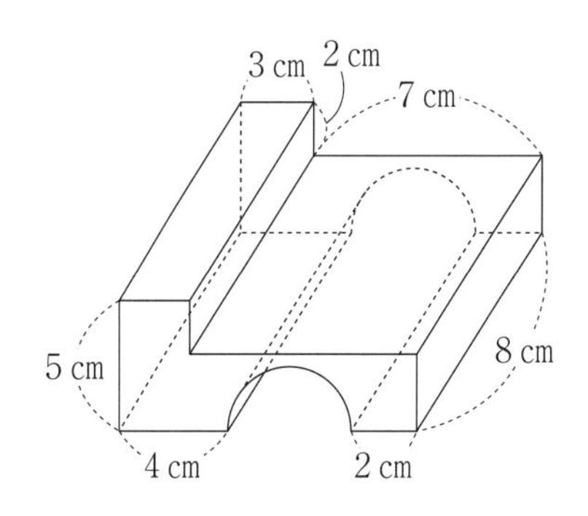

日々トレ 40

所要時間

点　　分　　秒

問題に条件がない時は，□にあてはまる数を答えなさい。

1　$\left(1-\frac{1}{2}\right)+\left(\frac{1}{2}-\frac{1}{3}\right)+\left(\frac{1}{3}-\frac{1}{4}\right)+\left(\frac{1}{4}-\frac{1}{5}\right)$　（　　　）

2　$1.7\times6.7+1.7\times7.2-1.3\times8.5-1.3\times5.4$　（　　　）

3　$37-5\times(15+\square\times3)\div12=17$

4　たてが 10cm，横が 12cm の長方形の画用紙を同じ向きにならべて，できるだけ小さな正方形をつくるとき，長方形の画用紙は□枚必要です。

5　2つの袋 A，B にボールが入っています。はじめ A と B のボールの個数の比は 3：4 でしたが，B から A に 4 個ボールを移すと，A と B のボールの個数の比は 4：3 になりました。ボールを移す前の A の袋にはボールが［ア］個入っていました。また，ボールを移動させた後，さらに A から B にボールを［イ］個移すと，A と B のボールの個数の比は 2：5 になりました。

6　10円硬貨（こうか），50円硬貨，100円硬貨が合わせて 43 枚あり，その合計金額は 1360 円です。10円硬貨と 50円硬貨の枚数が同じとき，10円硬貨は何枚ありますか。（　　　枚）

7　太郎君はＡ町とＢ町の間を往復(おうふく)するのに，船で川を進んでいくことにしました。上りが6時間，下りが2時間かかりました。川の流れが時速2kmのとき，Ａ町とＢ町は，［　　　］km離れています。

8　図のように，1辺8cmの立方体の容器に深さ6cmまで水が入っています。底辺が1辺5cmの正方形で高さが10cmの直方体のおもりを，容器の底につくまでまっすぐ入れると，水は［　　　］cm^3 容器からこぼれます。

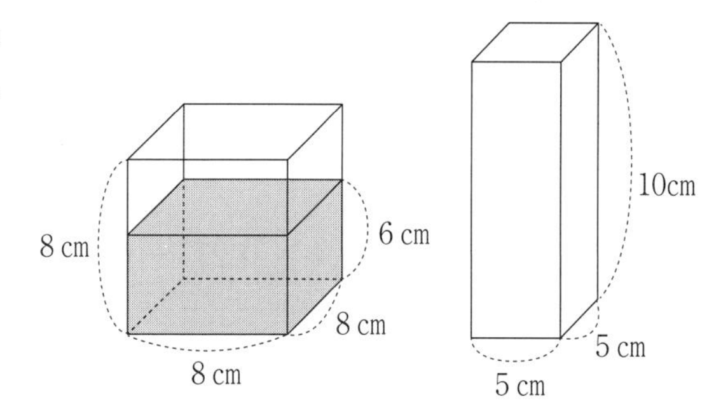

9　右の図は，正方形のまわりに，大きさのちがうおうぎ形をならべてできた図形です。このとき，おうぎ形Ａの面積は，おうぎ形Ｂの面積の何倍になるか答えなさい。ただし，円周率は3.14とします。

（　　　倍）

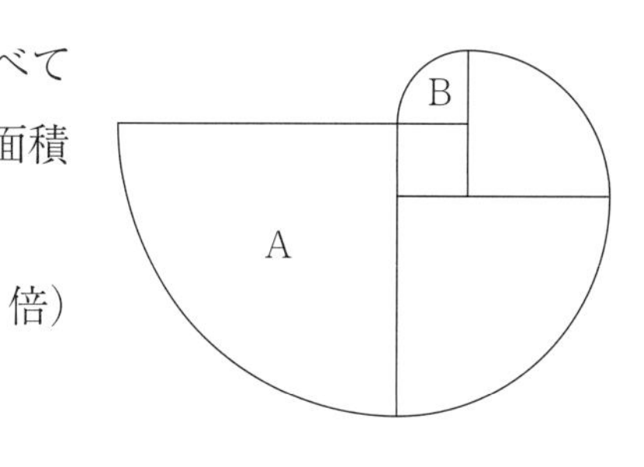

10　右の図のように半径1cm，中心Ｏの円が，長方形の外側をすべらないように転がり1周します。中心Ｏが通ったあとの長さは何cmですか。

円周率は3.14として計算しなさい。（　　　cm）

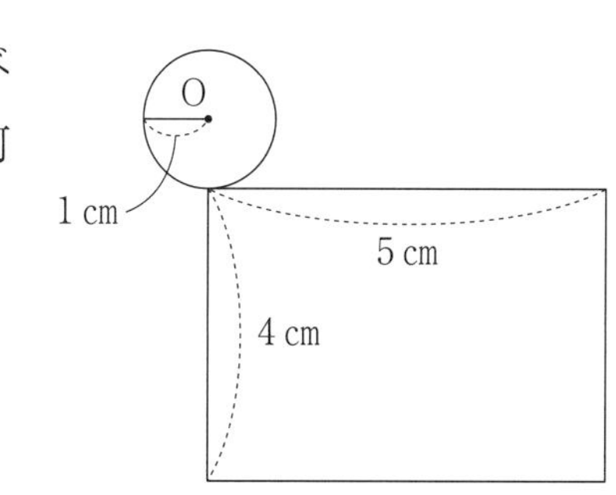

日々トレ 41

所要時間

点　　分　　秒

問題に条件がない時は，□にあてはまる数を答えなさい。

1　$3\frac{5}{8} + 2\frac{5}{12} - \frac{5}{6}$　(　　　)

2　$(2.94 \times 8.3 - 29.4 \times 0.27) \div 0.28$　(　　　)

3　$\left\{(4.3 + \square) \div \frac{5}{2} - \frac{7}{10}\right\} \times 3\frac{1}{3} = 5$

4　0.3km ＋ 756m － 4455cm ＋ 550mm ＝ □ m

5　A さんははじめに□円持っていて，A さんと B さんの所持金の比は 4：1 でした。B さんは A さんから 400 円もらい，その後 B さんは 800 円使いました。すると，A さんと B さんの所持金の比は 7：1 になりました。

6　太郎(たろう)くんは 100 個のキャンディーを持っています。太郎くんがじゃんけんに勝つと 7 個のキャンディーがもらえ，負けると 4 個わたします。20 回じゃんけんをしたら，太郎くんのキャンディーは 97 個になりました。20 回のうち太郎くんは何回負けたか求めなさい。(　　　回)

7 流れの速さが一定である川の上流にA港，下流にB港があり，その距離は12kmです。2そうの船がそれぞれA港，B港を同時に出発しました。右のグラフは，そのときの船の様子を表したものです。

2そうの船は出発してから何分後にすれちがいましたか。

ただし，2そうの船の静水での速さは同じです。（　　　分後）

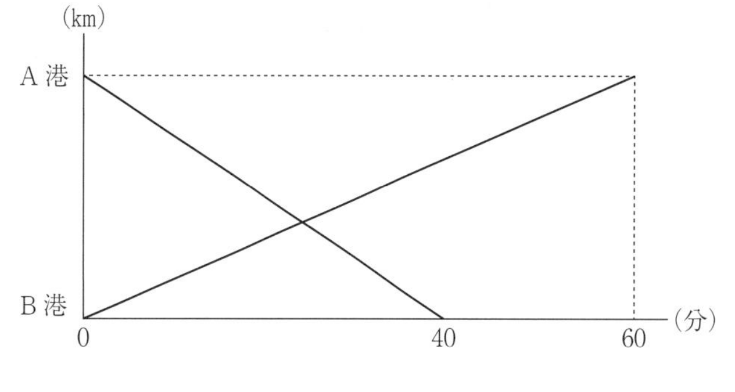

8 図のように，半径5cmの円を底面とする円柱の容器に石が入っています。この容器に0.628Lの水を入れると高さは10cmになります。石の体積は□cm^3です。ただし，円周率は3.14とします。

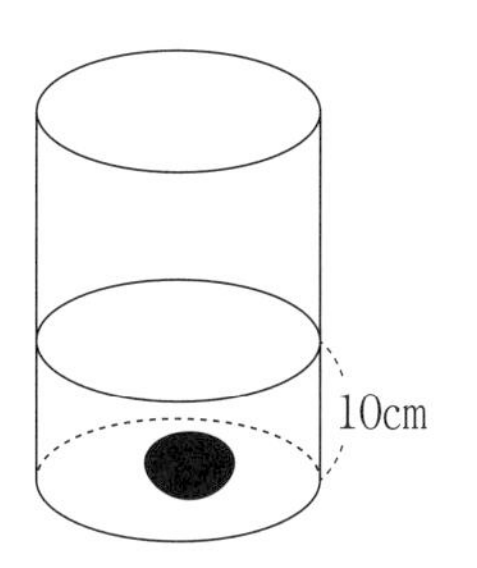

9 一辺の長さが6cmである正方形ABCDにおいて，辺ADのちょうど真ん中の点をMとします。線分BMと対角線ACとの交点をEとするとき，三角形ABEの面積を求めなさい。（　　　cm^2）

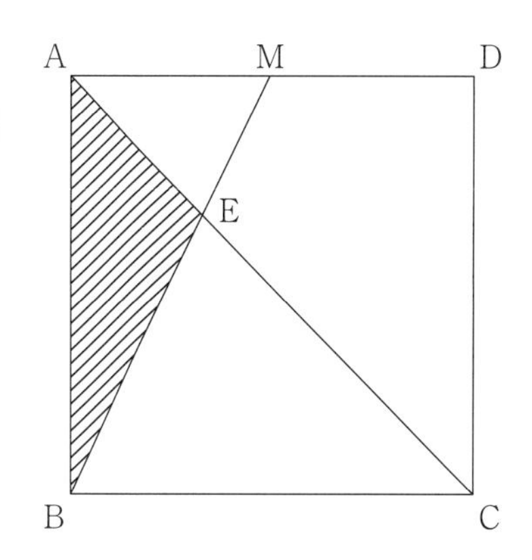

10 右の図のような台形があります。半径1cmの円が台形の外側を周にそって，時計まわりで，すべらずに転がって1周します。このとき，円が通ったあとの面積を求めなさい。ただし，円周率は3.14とします。

（　　　cm^2）

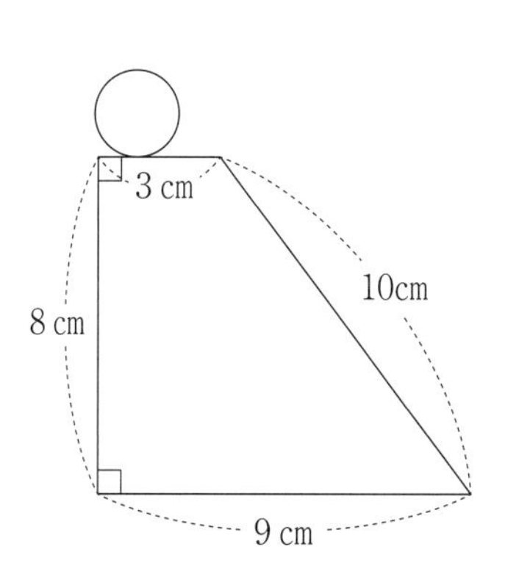

日々トレ 42

所要時間

点　分　秒

問題に条件がない時は，□にあてはまる数を答えなさい。

1　$\dfrac{1}{2 \times 3} + \dfrac{1}{3 \times 4} + \dfrac{1}{4 \times 2}$　（　　　）

2　$2020 \div 19 \times 0.34 - 27 \div 19 \times 3.4 - 8 \div 19 \times 34$　（　　　）

3　$\left\{\left(\square + 1\dfrac{2}{3}\right) \times 2 + 2\dfrac{2}{3}\right\} \div \dfrac{2}{3} = 10$

4　$1.89\text{t} + 60436\text{g} - 1551.118\text{kg} + 682\text{g} = \square\,\text{t}$

5　兄は1500円，弟は800円を持って，本を買いに行きました。兄と弟が3：2の割合でお金を出しあって本を買ったので，残りのお金が5：2の割合になりました。このとき，本の値段は何円か求めなさい。（　　　円）

6　10円玉，100円玉，500円玉の3種類の硬貨が合計17枚あります。これらの合計は2360円です。100円玉は□枚あります。

7 川上にあるA町と川下にあるB町は48km はなれています。この2つの町を往復している船Pと船Qがあります。午前9時にB町からPが，A町からQが同時に出発して，右のグラフのように運航(うんこう)しています。PもQも到着(とうちゃく)地点では30分間停泊(ていはく)します。川の流れの速さは常に一定で，それぞれの船の静水での速さも一定です。船P，Qの静水での速さはそれぞれ時速何kmですか。P（　　　）Q（　　　）

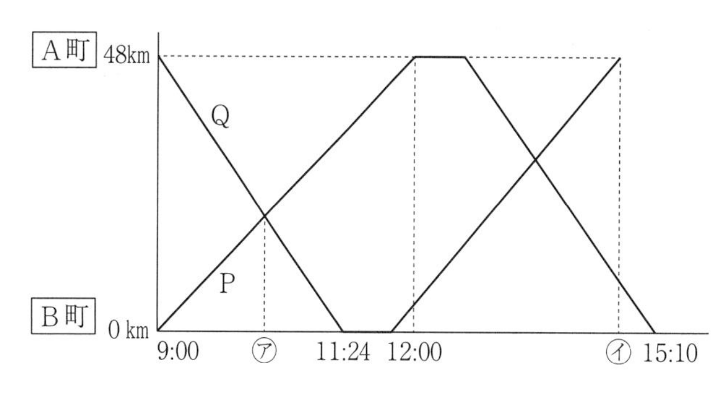

8 図1のような，12cmの深さまで水が入っている直方体の容器に，図2のような直方体をまっすぐ入れていきます。図1の容器からはじめて水があふれるのは，何本目を入れたときですか。

（　　　本目）

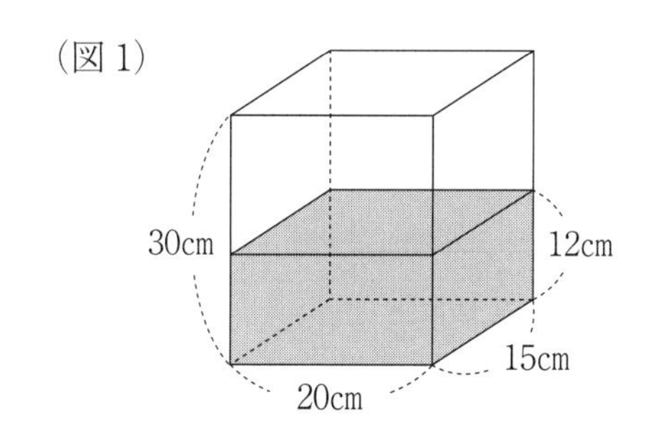

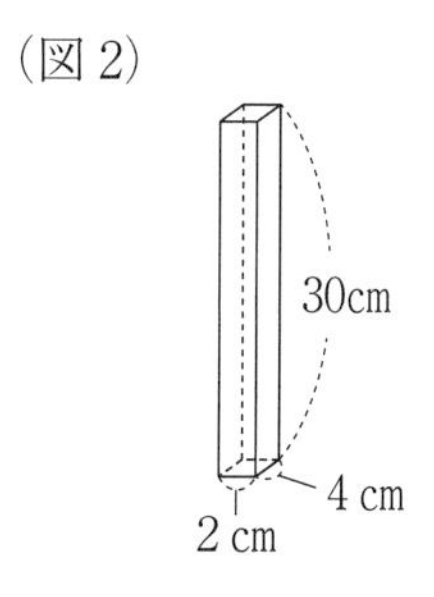

9 右の図の平行四辺形ABCDの面積は63cm^{2}です。AE：ED＝3：2のとき，三角形CDFの面積はいくらですか。（　　　cm^2）

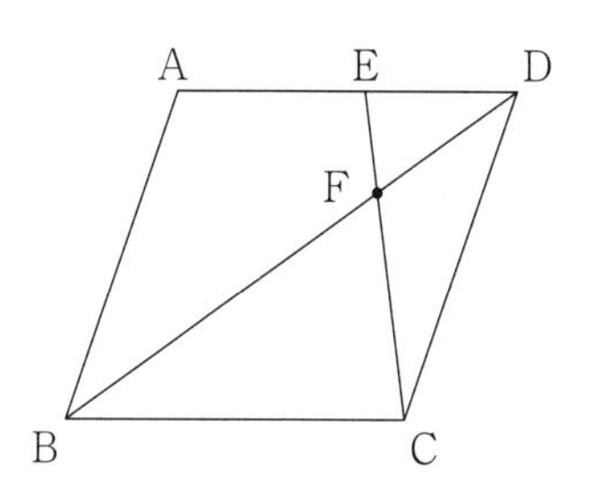

10 右の図のような，長方形から一辺が4cmの正方形を1つ切り取った図形があります。この図形の中に半径が1cmの円があります。この円が図形の中を辺にそって1周するとき，円が通る部分の面積を求めなさい。ただし，円周率は$\frac{22}{7}$とします。（　　　cm^2）

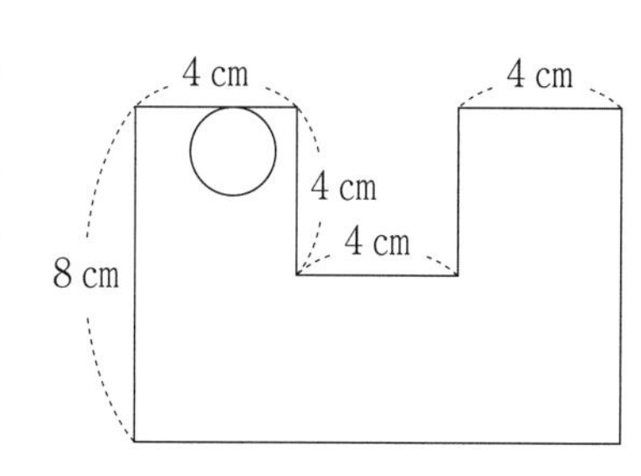

日々トレ 43

所要時間
点　分　秒

問題に条件がない時は，□にあてはまる数を答えなさい。

1　$\frac{3}{8} \div \frac{3}{5} \times \frac{4}{5} = (\quad)$

2　$62 \times 4 + 31 \times 7 - 93 \times 4 - 3.1 \times 30 = (\quad)$

3　$\{8 - (\square + 3) \div 4\} \times 3 = 18$

4　0.03km^2 の $\frac{1}{240}$ 倍は，□ cm^2 の 625 倍です。

5　7 個並んだ正方形に，ある規則によって色をつけ，下の図のように数を表します。

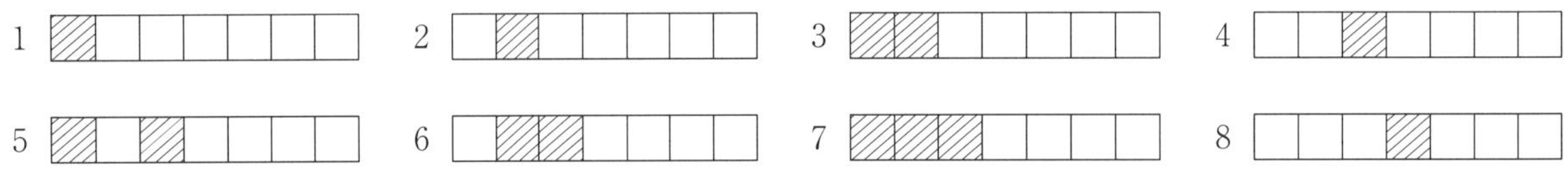

1 ■□□□□□□　2 □■□□□□□　3 ■■□□□□□　4 □□■□□□□

5 ■□■□□□□　6 □■■□□□□　7 ■■■□□□□　8 □□□■□□□

9 ・・・・

60 を表すように色をつけなさい。

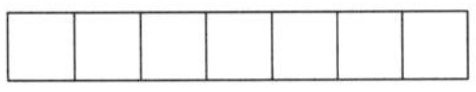

□□□□□□□

6　ある小学校の児童は 600 人で，男子と女子の比が 8：7 です。6 年生 100 人が卒業し，残りの児童のうち，男子は 264 人となりました。卒業した女子は □ 人です。

7 濃度が6％の食塩水 ア g に，濃度が4％の食塩水をいくらか入れてよくかき混ぜると，濃度が5％の食塩水が イ g できます。さらに水を入れてよくかき混ぜると，濃度が3％の食塩水が50g できます。

8 右の図は，正方形を3つ並べ，線を引いたものです。影の部分の面積を求めなさい。（　　　cm^2）

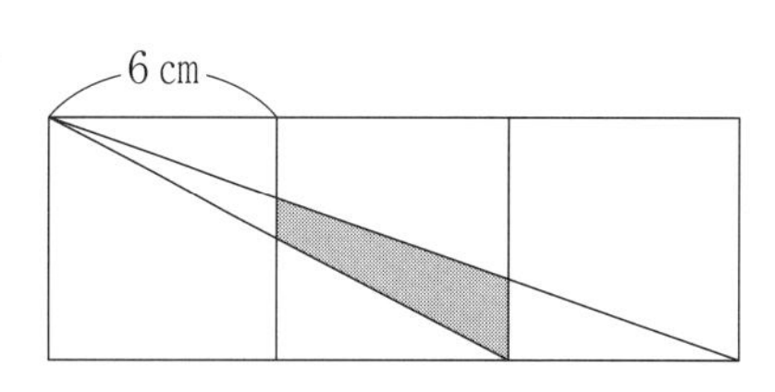

9 右の図は円すいの展開図です。この円すいの底面の円の半径を求めなさい。ただし，円周率は3.14とします。（　　　cm）

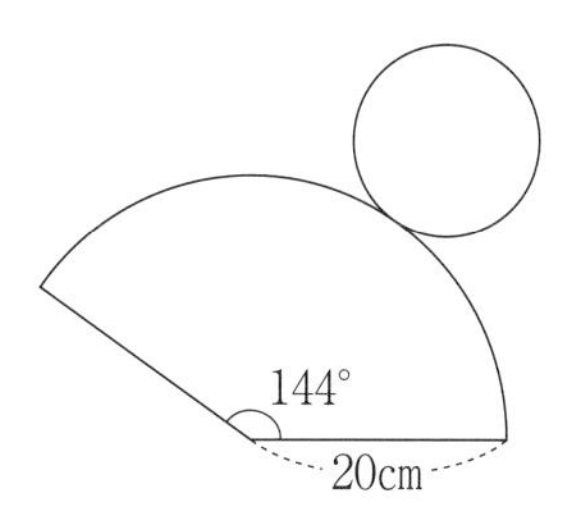

10 右の図のように，たて 6cm，横 6cm，高さ 12cm の直方体 ABCDEFGH を，4点 P，Q，F，H を通る平面で切って2つの立体に分けます。点 P，Q はそれぞれ AD，AB 上にあり，AP ＝ AQ ＝ 4cm であるとき，点 A をふくむ方の立体の体積は　　　cm^3 です。

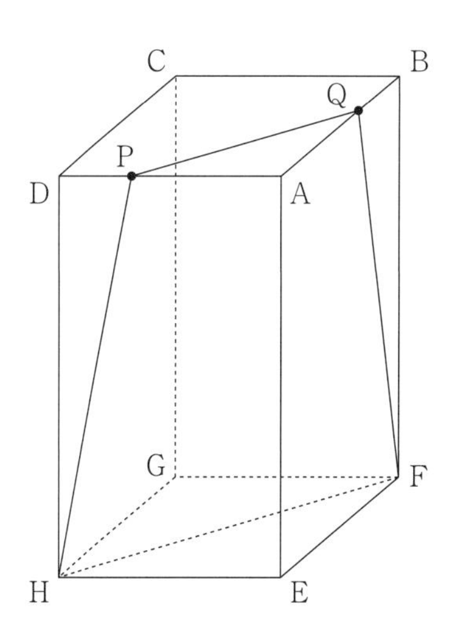

日々トレ 44

所要時間
点　分　秒

問題に条件がない時は，□にあてはまる数を答えなさい。

1　$\frac{3}{10} \div \frac{3}{5} \times \frac{3}{4}$　（　　　）

2　$20.2 \times 0.8 - 0.202 \times 16 - 4.04 \times 1.2$　（　　　）

3　$5 \div \left\{ \left(3\frac{1}{5} - 0.2 \right) \div \square - 5 \right\} = 5$

4　$3.2\text{ha} + 58\text{a} + 2200\text{m}^2 = \square \text{km}^2$

5　$\square \times 6 \times 6 \times 6 + \square \times 6 \times 6 + \square \times 6 + \square = 794$
ただし，□には 0 から 5 までの数字が入ります。

6　折り紙 385 枚を太朗君，次郎君，三郎君の 3 人で分けました。次郎君は太朗君の $\frac{4}{5}$ より 7 枚多かった。三郎君は次郎君の $\frac{3}{7}$ だった。このとき三郎君の折り紙の枚数は□枚です。

7　10 %の濃（こ）さの食塩水が容器に300g 入っています。このうち［　　　］gの食塩水を取り出し，取り出した食塩水と同じ重さの水を容器に入れたところ，容器の食塩水の濃さは6 %になりました。

8　図のような長方形があります。斜線（しゃせん）部分の面積は何 cm^2 ですか。

（　　　cm^2）

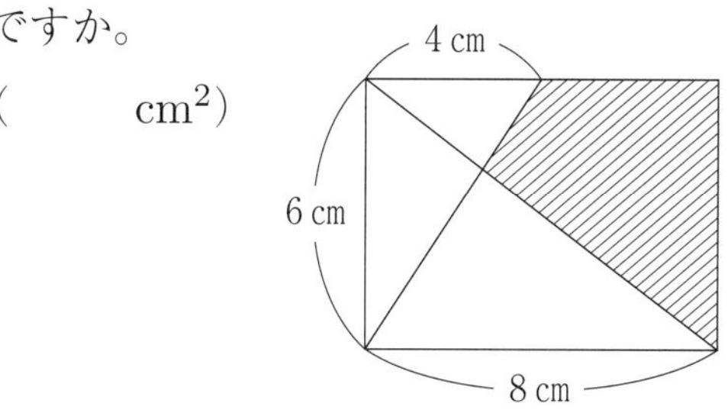

9　右の図は直方体の展開図です。この展開図を組み立てたときにできる直方体の体積は何 cm^3 ですか。（　　　cm^3）

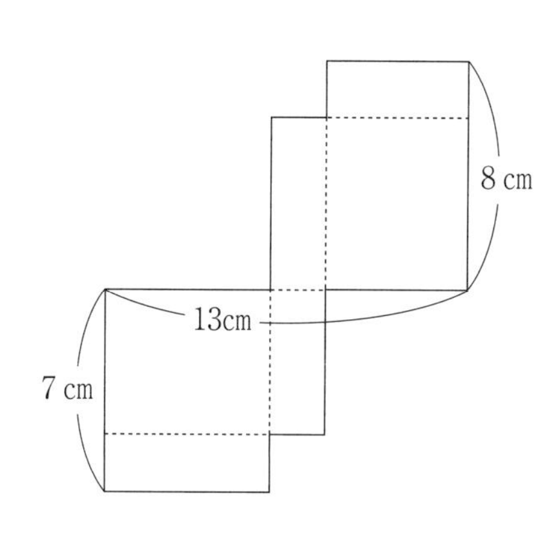

10　右の図のように，直方体を平面で切った立体があります。この立体の体積は［　　　］cm^3 です。

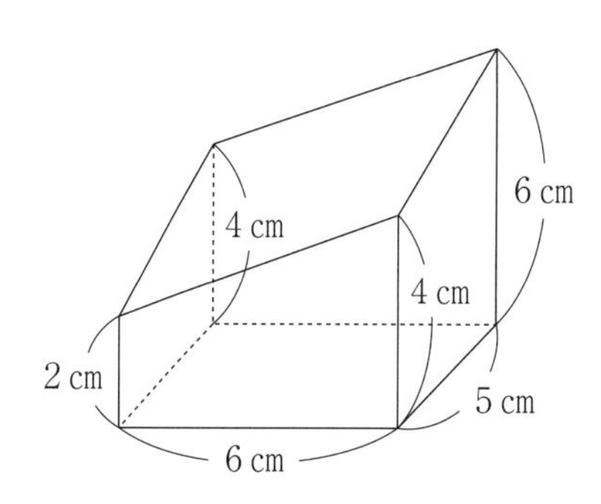

日々トレ 45

所要時間

点　　分　　秒

問題に条件がない時は，□にあてはまる数を答えなさい。

1　$\frac{7}{12} \div 2\frac{5}{8} \times 1\frac{1}{5}$　(　　　)

2　$2019 \times \frac{1}{15} + 201.9 + 1009.5 \times \frac{1}{3}$　(　　　)

3　$2\frac{3}{4} - 2 \div \left\{ \square - 2 \div \left(\frac{5}{6} - \frac{1}{4} \right) \right\} = \frac{5}{12}$

4　お米の量などを測るときには「合(ごう)」という単位を用い，1合は0.18Lです。また，お米を炊(た)くときには，お米の1.2倍の体積の水を入れます。2.5合のお米を炊(た)くときには，水は何cm^3入れますか。

(　　　cm^3)

5　次のように，0，1，2の数字のみからつくられる整数を，1から小さい順に並べます。

1，2，10，11，12，20，21，22，100，101，102，110，…

このとき，2012は何番目にありますか。(　　　番目)

6　1本のリボンをA，B，Cの3つに切ります。Aの長さはBの長さの2倍で，Cの長さはAとBの長さの平均よりも8cm長くなり，Bの長さよりも14cm長くなるとき，Cの長さは□cmです。

7　Aの容器には5％の食塩水が300g，Bの容器には16％の食塩水が200g入っています。AからBへ何gかを移した後，よくかき混ぜ，次に同じ量をBからAへ戻(もど)してよくかき混ぜました。するとAの食塩水の濃(こ)さは9％となりました。最初にAからBへ移した食塩水は何gですか。

（　　　g）

8　右の図は長方形です。斜線部分の面積の合計を求めなさい。

（　　　）

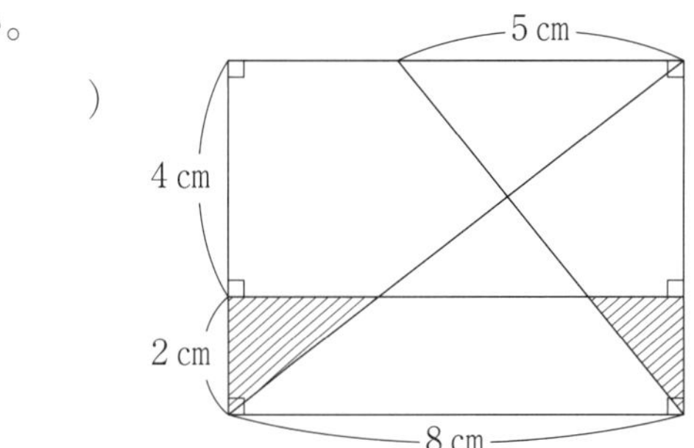

9　右の図は，ある立体の展開図です。この立体の体積を求めなさい。（　　　cm^3）

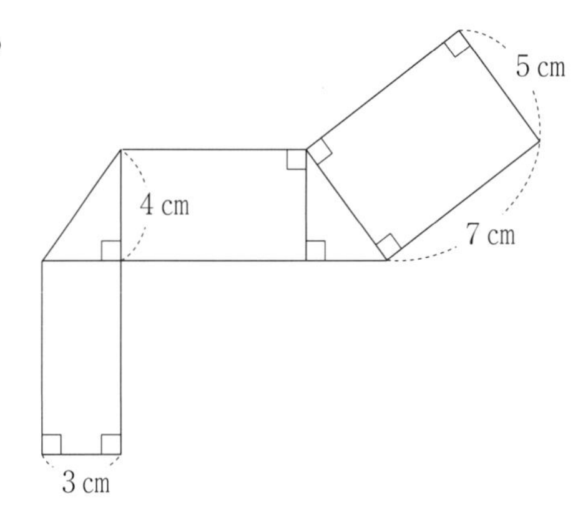

10　図は1辺の長さが6cmの立方体です。この立方体を3つの点A，B，Cを通る平面で切り分けます。点Dを含(ふく)む方の立体の体積は何cm^3ですか。（　　　cm^3）

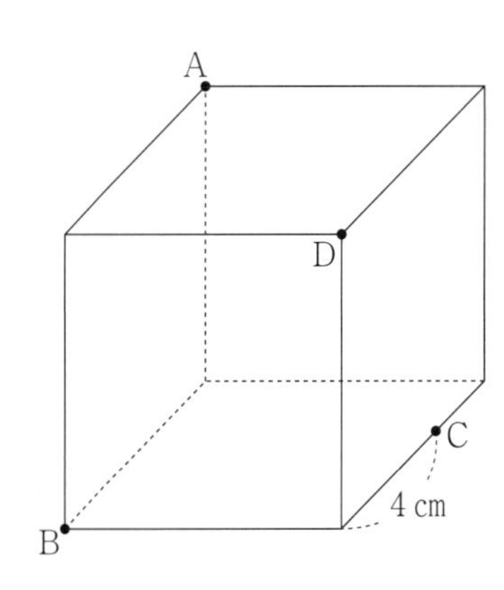

~MEMO~

日々トレ 算数問題集

今日からはじめる受験算数 中学受験

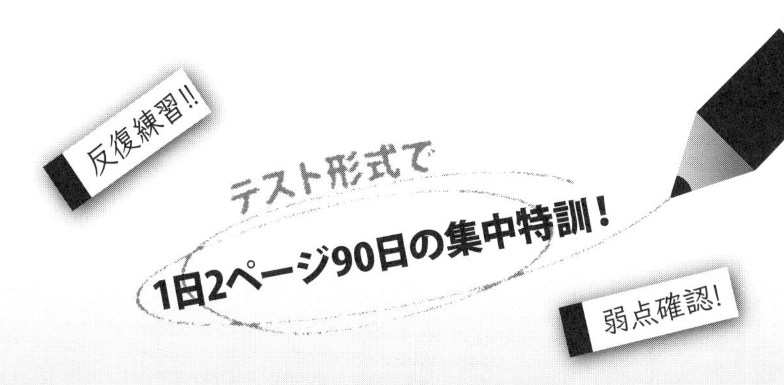

計算問題
中学受験算数の解法が身につく
図形問題
文章問題

反復学習編 2

文章問題

- 数列・規則性
- 植木算・方陣算
- 消去算
- 和差算
- 分配算
- 倍数算
- 年齢算
- 相当算
- 損益算
- 仕事算
- ニュートン算
- 過不足・差集め算
- つるかめ算
- 旅人算
- 通過算
- 流水算
- 時計算
- 場合の数
- こさ
- N 進法

図形問題

- 角度
- 合同と角度
- 多角形と角度
- 三角形の面積
- 四角形の面積
- 直方体の計量
- 円の面積
- 柱体の計量
- 図形と比
- 相似と長さ
- 相似と面積
- 平面図形と点の移動
- 平面図形の移動
- すい体の計量
- 回転体
- 空間図形の切断
- 投影図・展開図
- 立方体の積み上げ
- 水の深さ
- さいころ

日々トレ 46

所要時間
点　分　秒

問題に条件がない時は，□にあてはまる数を答えなさい。

1　$1-\frac{1}{2}+2\times\left(\frac{1}{2}-\frac{1}{3}\right)+3\times\left(\frac{1}{3}-\frac{1}{4}\right)+4\times\left(\frac{1}{4}-\frac{1}{5}\right)$　（　　　）

2　$24.4\times0.6-1.22\times8.9+2.3\times3.66$　（　　　）

3　$7\frac{1}{2}-(3.3+2\div\square)+9.6\times\frac{3}{8}=5$

4　1340mL + 0.57dL − 197cc = □L

5　ある本を，1 日目は全体の $\frac{4}{7}$ を読み，2 日目は残りの $\frac{5}{6}$ を読んだので，残りはあと 30 ページになりました。この本は全部で何ページありますか。（　　　ページ）

6　ある船の静水での速さは，毎秒 5 m です。川の流れの速さが毎秒 3 m のとき，A 地点から上流の B 地点まで 1 往復すると，3 分 20 秒かかります。A 地点から B 地点までのきょりは□m です。

7　兄と弟の所持金の比は13：7でした。兄が120円のボールペンを買ったところ，所持金の比は17：11になりました。兄のはじめの所持金は何円でしたか。(　　　円)

8　右の図で，㋐の角度を求めなさい。(　　　度)

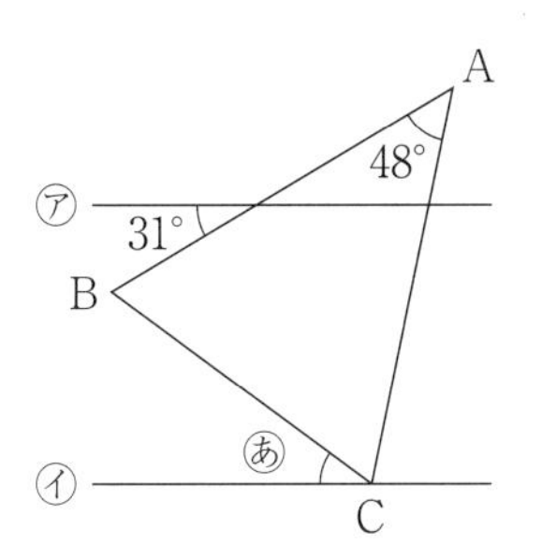

直線㋐と㋑は平行
三角形ABCはAB＝ACの
二等辺三角形

9　右の図の立体は，1辺の長さが6cmの立方体を1つの平面で切ったもので，切り口の形は正六角形になっています。この立体の体積を求めなさい。(　　　cm^3)

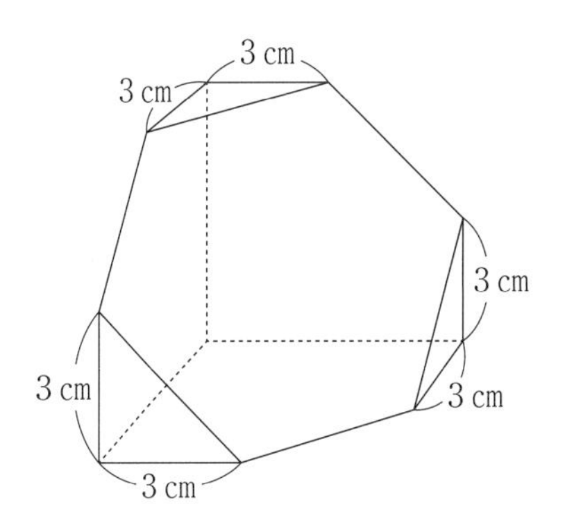

10　1辺の長さが1cmの立方体の積み木を重ねて立体をつくり，正面，真上，右横から見ると，図のように見えました。この立体の体積として考えられるもっとも小さい体積は何cm^3ですか。

(　　　cm^3)

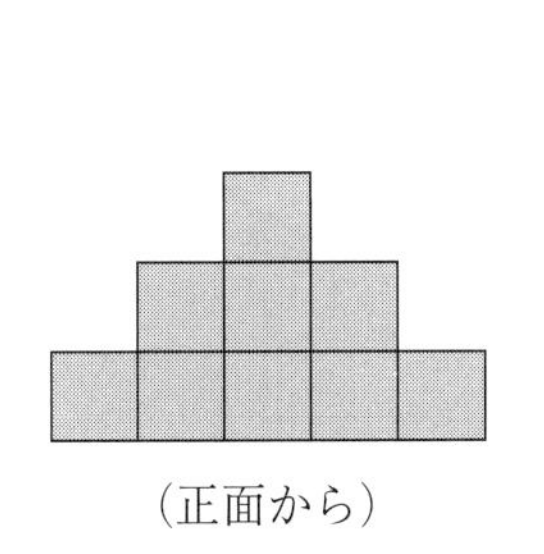
(正面から)

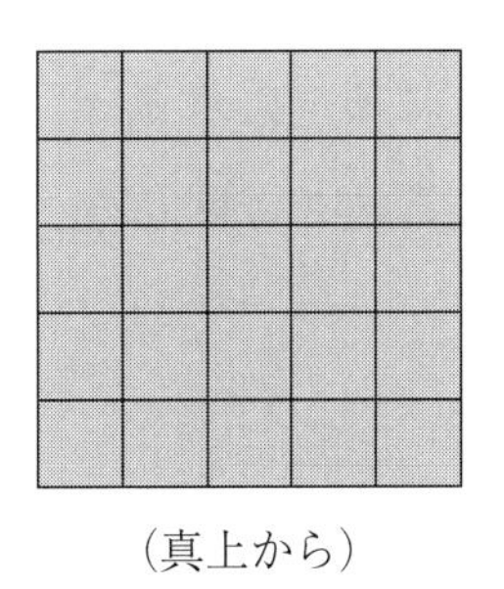
(真上から)

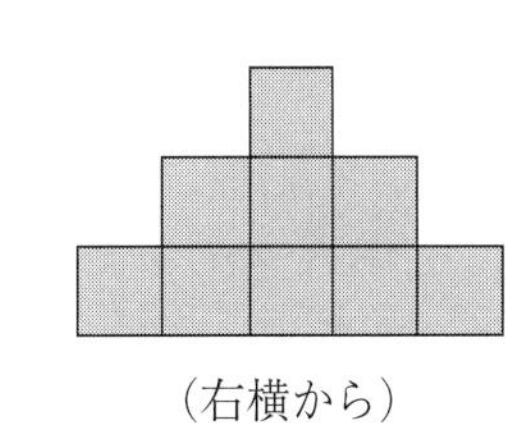
(右横から)

日々トレ 47

所要時間
　　　　点　　　　分　　秒

問題に条件がない時は，□にあてはまる数を答えなさい。

1　$\left(1\frac{2}{7} - \frac{3}{14} \times 1\frac{3}{4}\right) \div 1\frac{1}{2} - \frac{1}{4}$　（　　　）

2　$3.14 \div \frac{1}{6} + 62.8 \times \frac{3}{8} - 15.7 \times \frac{1}{2}$　（　　　）

3　$\left\{29\frac{1}{6} \div \left(\square - \frac{1}{9}\right) - 0.625\right\} \div 21.25 = 3\frac{1}{2}$

4　今の時刻は午前 9 時 45 分です。今から 5 時間 52 分後の時刻は午後［ア］時［イ］分です。

5　同じ長さの 2 本の棒で A，B 2 か所の池の深さを測ります。A では棒の 80 ％が水中に入り，B では 65 ％が水中に入りました。水面から出ている部分の差が 30cm のとき，A の深さは何 cm ですか。

（　　　cm）

6　兄と妹が 360m ある坂を同時に登りました。9 分後に兄が先に頂上に着くと，兄は登るときの 2 倍の速さで坂を下り切り，再び登ると妹と同時に頂上に着きました。兄が最初に登る速さと，再び登る速さは同じです。

右のグラフはそのときのようすを表したものです。兄と妹がすれちがうのは，妹が登り始めてから何分何秒後ですか。（　　分　　秒後）

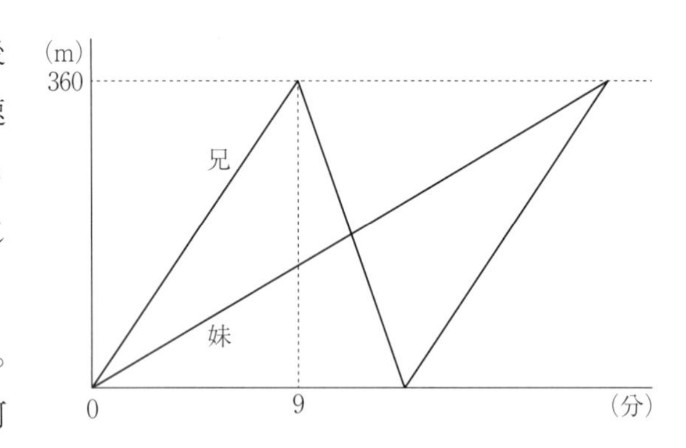

7 長さ120cmのひもを3本に切り分けました。一番長いひもは一番短いひもの3倍より6cm長く，二番目に長いひもは一番短いひもの2倍より12cm短いことが分かりました。一番長いひもの長さは何cmですか。(　　　cm)

8 右の図は，3つの円柱を重ねてできた立体です。それぞれの円柱の底面の半径は，上から2cm，3cm，4cmで，高さはすべて2cmです。この立体の表面積は何cm^2ですか。ただし，円周率は3.14とします。(　　　cm^2)

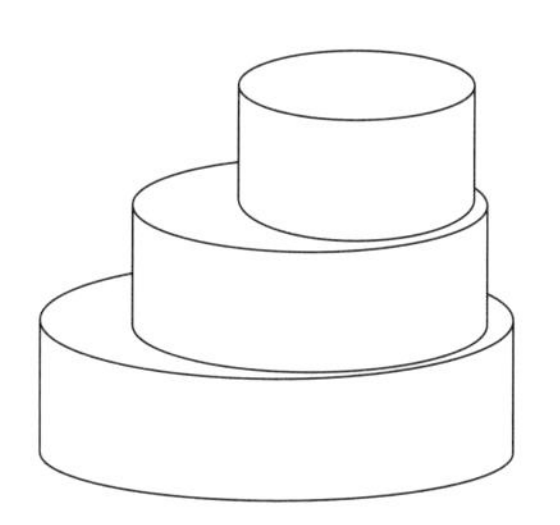

9 右の図で，○印の角度は等しいものとします。この図の三角形を，直線ℓのまわりに1回転させてできる立体の体積はいくらですか。ただし，円すいの体積は(底面積)×(高さ)÷3で求められます。また，円周率は3.14とします。(　　　cm^3)

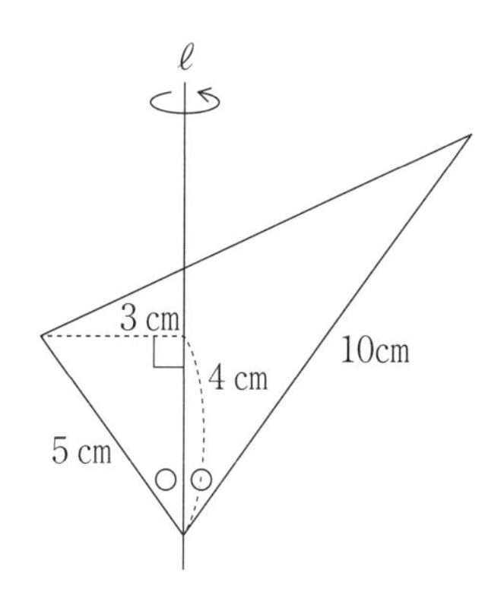

10 図1の展開図を組み立てて作ったサイコロが4個あります。この4個のサイコロを図2のように木の机の上に積みました。「隠(かく)れている（どの方向からも見えない）面」の目の数の和を求めなさい。

(　　　)

図1

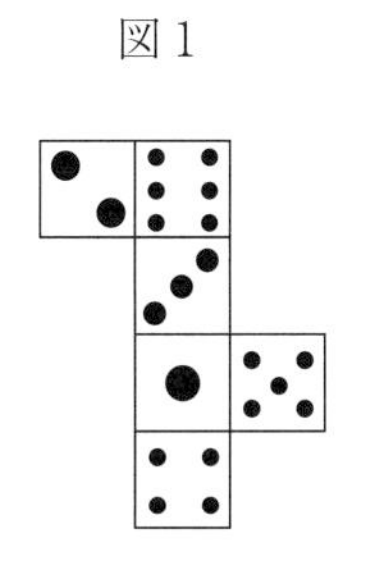

図2

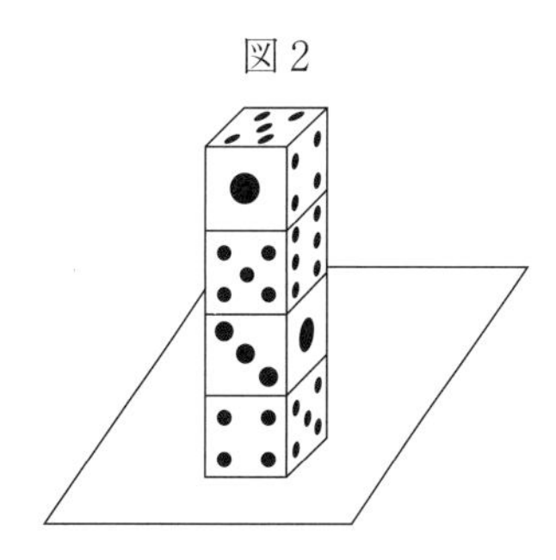

日々トレ 48

所要時間

点　　分　　秒

問題に条件がない時は，［　　］にあてはまる数を答えなさい。

1　$36 \div \left\{ \frac{3}{7} \div \left(\frac{1}{2} + \frac{2}{3} \right) \right\} \times \frac{1}{14}$　（　　　）

2　$0.4 \times 7.4 \times 3 - 3.7 \times 1.8 + 33.3 \div 15$　（　　　）

3　$1\frac{1}{3} - \frac{1}{2} \div \left(\boxed{} \times \frac{5}{3} - 0.375 \right) = \frac{8}{9}$

4　2016年はうるう年です。2016年から2052年までで，うるう年は［　　］回あります。

5　太郎君は，家から図書館まで歩いて行きました。分速50mの速さで歩いて行くつもりでしたが，分速70mの速さで歩いたので，予定よりも10分早く着くことができました。家から図書館までの距離(きょり)は何mですか。（　　　m）

6　1箱8個入り800円と1箱12個入り1080円のおまんじゅうを販売(はんばい)したところ，8個入りのおまんじゅうは［ア　　］箱，12個入りのおまんじゅうは［イ　　］箱売れました。このとき，おまんじゅうは全部で568個売れ，売上金額は52960円になりました。

7 次の図のように，8つの正方形をある決まりによってぬりつぶし，そのぬりつぶし方によって数を表すこととします。

この表し方で，最大でいくらまで表すことができますか。(　　　)

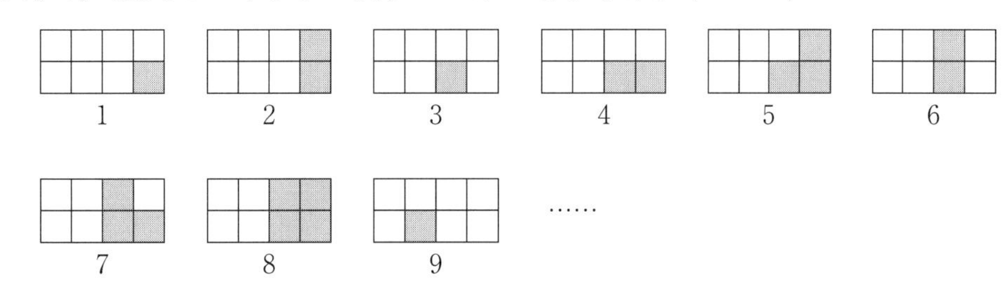

8 図の四角形ABCDは長方形です。かげをつけた部分の面積の和は何m^2ですか。(　　　m^2)

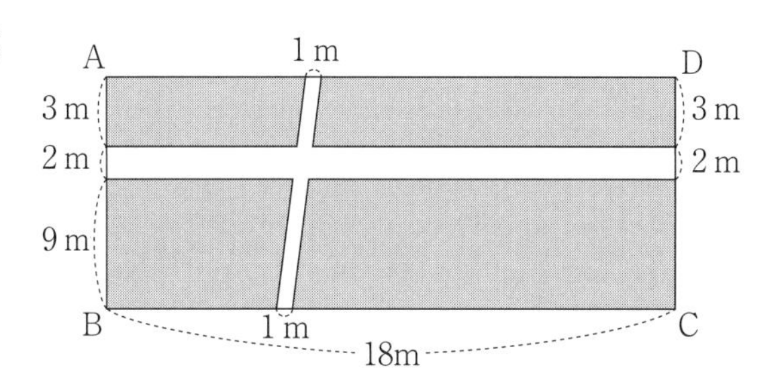

9 右の図のように，底面の半径が3cmの円すいを紙の上に置き，頂点Oを固定して，紙の上をすべらないように転がしたところ，ちょうど4回転でもとの位置に戻(もど)りました。円すいの側面が紙を通った部分の面積を求めなさい。ただし，円周率は3.14とします。(　　　cm^2)

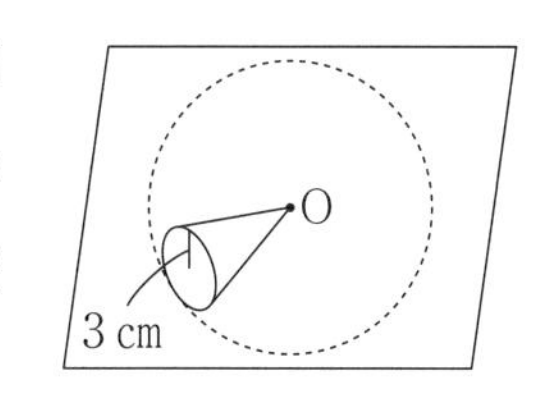

10 右の図は，直角三角形を底面とする三角柱を1つの平面で，ななめに切った立体の見取り図です。斜線部分が切り口です。このとき，この立体の体積は何cm^3か求めなさい。(　　　cm^3)

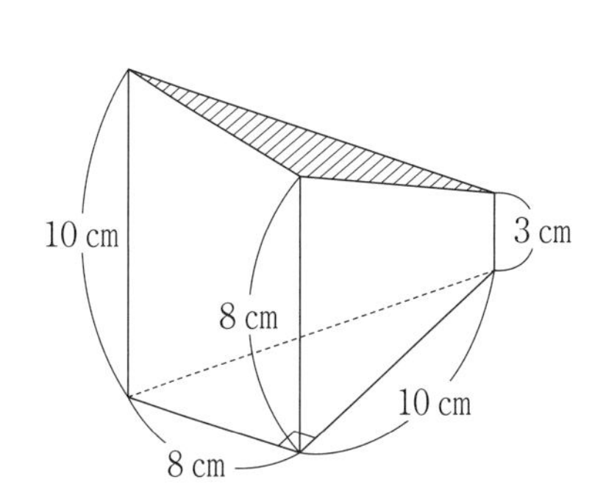

日々トレ 49

所要時間

点　分　秒

問題に条件がない時は，□にあてはまる数を答えなさい。

1　$\frac{9}{5}-\left(3\frac{3}{5}-\frac{7}{3}\times1\frac{1}{14}\right)\div\frac{11}{7}$　(　　　)

2　$0.314\times5\times5-3.14\times\frac{9}{10}+62.8\times0.02$　(　　　)

3　$\left(1\frac{1}{2}+\square\times2\frac{2}{7}\right)\div6\frac{1}{9}=\frac{15}{22}$

4　2020年1月1日は水曜日です。東京オリンピックの開会式が2020年7月24日に行われる予定ですが，開会式当日は何曜日ですか。ちなみに，2020年は閏(うるう)年です。(　　　曜日)

5　□人を各部屋に4人ずつ入れると，すべての部屋が満員になり，各部屋に7人ずつ入れると，空き部屋が7部屋でき，最後の1部屋は5人未満となります。

6　リボンが□cmあります。このリボンを20cm切り取り，残りの$\frac{2}{3}$を使いました。余ったリボンの$\frac{1}{5}$の長さは12cmになりました。

7　15人の作業員が毎日働いてちょうど12日かかる仕事があります。ちょうど30日で終わるだけの人数で，毎日同じ人数ずつ作業員をたのんで仕事にかかりました。16日間過ぎたときに，あと4日間で仕上げなければならなくなりました。作業員の人数をあと何人増やしたらいいでしょうか。

（　　　人）

8　右の図の角アの大きさを求めなさい。ただし，同じ印のついた直線はそれぞれ平行です。（　　　度）

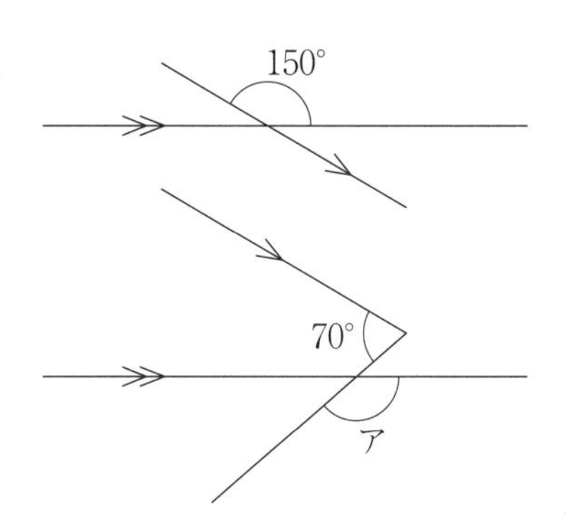

9　図の2つの四角形はともに正方形であるとき，影のついた部分の面積を求めなさい。（　　　cm^2）

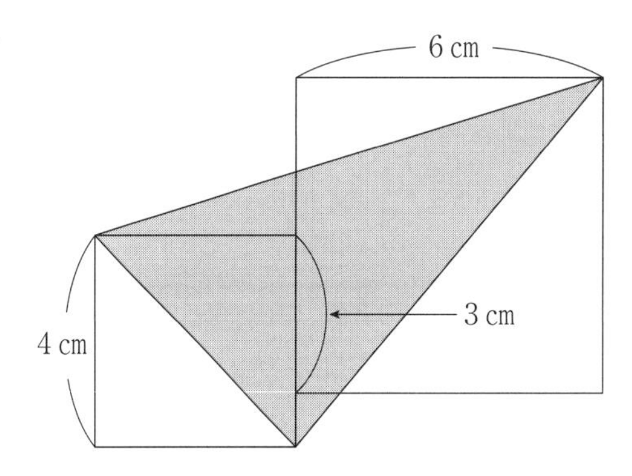

10　図1のように辺ABの長さが4cm，辺BCの長さが6cmの長方形ABCDと頂点Bを中心とした半径4cmのおうぎ形BAEがあります。点Pは頂点Aを出発し，辺AD上を秒速1cmで頂点Dまで進みます。頂点Bと点Pを直線で結びます。

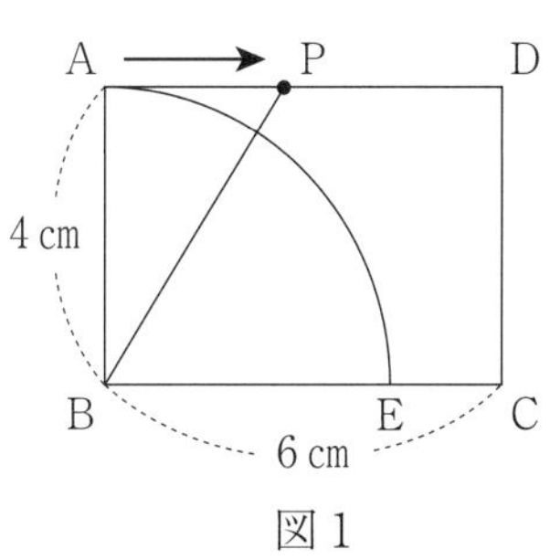

図1

図2において，▭の部分と斜線部分の面積が等しくなるのは，点Pが頂点Aを出発してから何秒後ですか。ただし，円周率は3.14とします。

（　　　秒後）

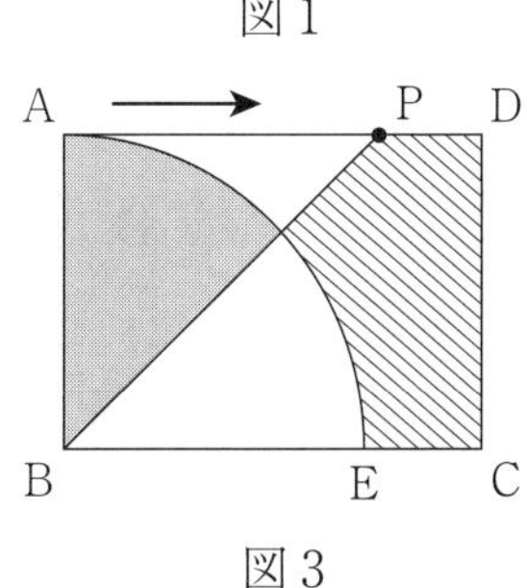

図3

日々トレ 50

所要時間

点　　分　　秒

問題に条件がない時は，□にあてはまる数を答えなさい。

1　$\left\{15 \div 3 - 3 \div \left(\frac{3}{10} + \frac{3}{8}\right)\right\} \times 9$　(　　　)

2　$3100 \times 0.125 + 155 \times 2 + 6.2 \times 35 + 0.31 \times 50$　(　　　)

3　$6 \times 7.2 \times 7.5 \div 3.6 \div \square = 10$

4　びわ湖の水量を 25km^3 とし，東京ドームの容積を 125 万 m^3 とすると，びわ湖の水量は東京ドーム□杯分になります。

5　次の数はある規則にしたがって並んでいます。

3，6，11，18，□，38，51，……

6　A さんと B さんが友人にプレゼントを買うことにしました。A さんは本を買い，B さんは花束を買いました。花束の値段は本の値段の 2 倍より 300 円高かったので，2 人が出した金額が等しくなるように A さんは B さんに 1400 円渡しました。この本の値段は何円ですか。(　　　円)

7　A，B 2 人の所持金の比は最初 2：3 でしたが，2 人とも買い物をして，いくらか使ったので，所持金はそれぞれ 3000 円，4200 円になりました。A，B が使った金額の比が 1：2 のとき，A，B の最初の所持金はそれぞれいくらですか。A（　　　円）　B（　　　円）

8　図のような立体の体積は何 cm^3 ですか。（　　　cm^3）

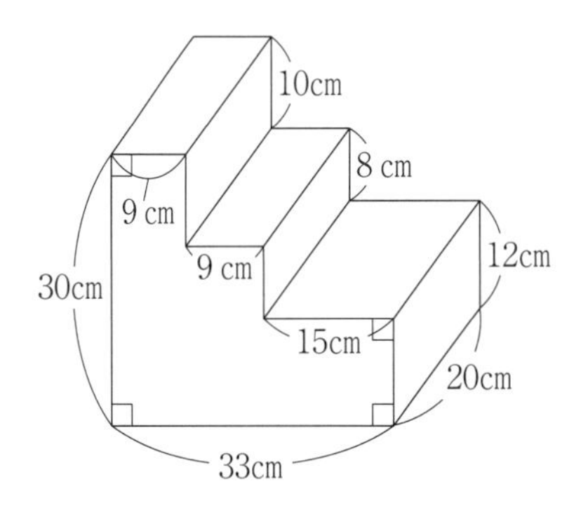

9　図のように長方形の紙を頂点が辺と重なるように折ったところ，●で示した角度は 52 度になりました。角アの大きさを求めなさい。
（　　　度）

ア

10　図 1 のように目の並んださいころが 8 個あります。ただし，さいころの向かい合う面の目の和は 7 です。この 8 個のさいころを，はり合わせる面の目の和が 7 になるように面どうしをはり合わせて図 2 のような立体を作りました。㋐の面の目の数を数字で答えなさい。（　　　）

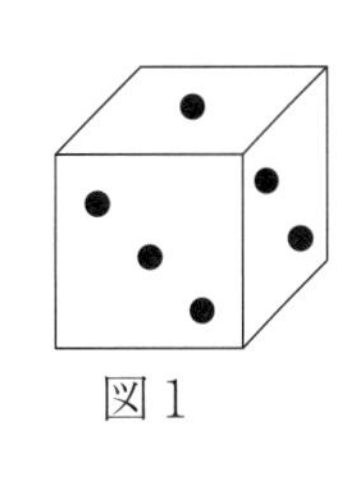
図 1

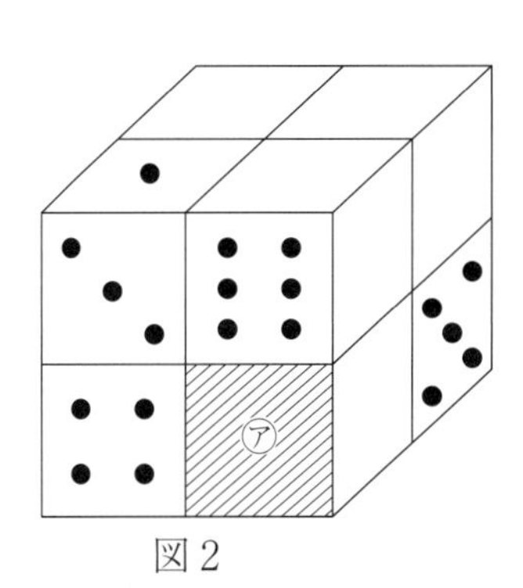

図 2

日々トレ51

所要時間

点　　分　　秒

問題に条件がない時は，□にあてはまる数を答えなさい。

1　$\frac{38}{45} \div \left(\frac{7}{9} - \frac{1}{4}\right) \times \frac{1}{8}$　(　　　)

2　$9.6 \times 3.4 - 3.2 \times 0.6 + 4.8 \times 3.6$　(　　　)

3　$\left(\square \times \frac{2}{3} - \frac{2}{3}\right) \div \frac{2}{3} = \frac{2}{3}$

4　1辺の長さが10cmの正方形があります。1辺の長さを20％増しにすると，面積は何％増しになりますか。(　　　％)

5　ある商品を200個仕入れて，仕入れ値の20％の利益があるように定価をつけて売りました。50個売れ残ったので，定価の30％引きの値段で売ったところ，全部売れて，利益が55000円になりました。この商品1個の仕入れ値はいくらですか。(　　　円)

6　ある仕事はAさんだけですると12日，Bさんだけですると15日かかります。はじめの5日間はAさんだけで，次の2日間はBさんだけで行い，残りは2人で一緒に行いました。始めてから終わるまで何日かかりましたか。(　　　日)

7　啓くんは2000円，お兄さんはいくらかを持って一緒に本を買いに行きました。買い物をするとき，お兄さんは啓くんの2倍の金額を払います。ある値段の本を1冊買うと，啓くんの残りのお金がお兄さんの残りのお金の半分になり，もう1冊同じ値段の本を買うと啓くんの残りのお金がお兄さんの残りのお金より500円少なくなりました。このとき，本の値段は何円ですか。(　　　円)

8　図の立体の体積は何cm^3ですか。ただし，円周率は3.14とします。

(　　　cm^3)

5 cm

3 cm

3 cm

9　図のように，1辺1cmの立方体を積み上げた立体があります。この立体の表面積は何cm^2ですか。ただし，底面の部分も含みます。

(　　　cm^2)

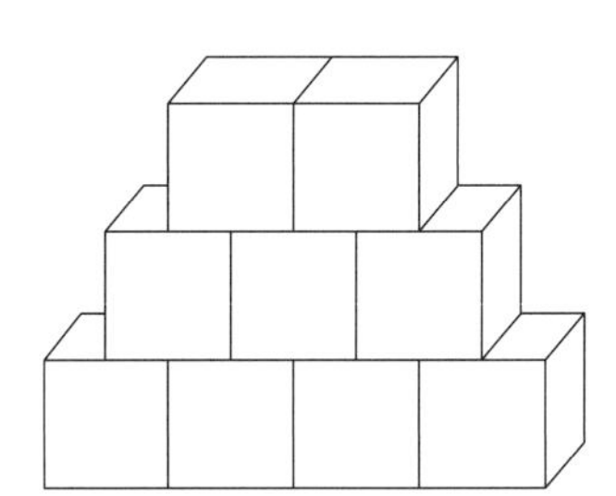

10　図は直方体を組み合わせてできた立体です。この立体の体積を求めなさい。(　　　cm^3)

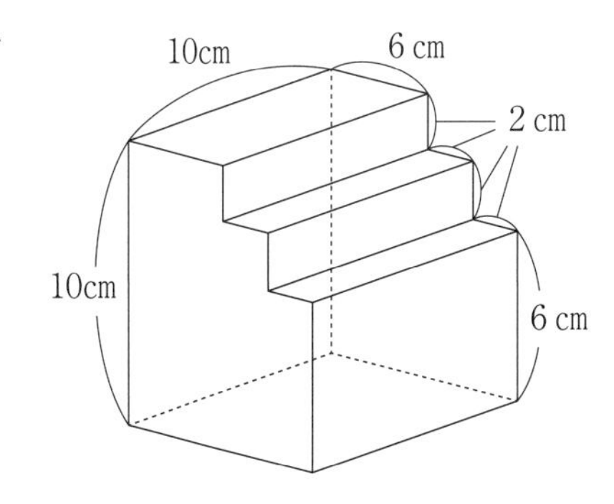

日々トレ 52

所要時間

点　　分　　秒

問題に条件がない時は，□にあてはまる数を答えなさい。

1　$1\frac{2}{3}-\left(1\frac{1}{2}+2\frac{3}{4}\div\frac{11}{2}\right)\div2\frac{4}{13}$　（　　　）

2　$101\times99\times31-102\times98\times31$　（　　　）

3　$1\div\left\{2\div3+\left(4\div\frac{5}{\square}\right)\right\}=\frac{15}{46}$

4　太郎君の家から学校までの道のりは900mです。家から学校まで行くのに，初めは分速160mで走り，途中（とちゅう）から分速60mで歩くとします。家を出てから10分で学校に着くとき，分速160mで走る道のりは□mです。

5　ある商品に仕入れ値の35％の利益を見込（こ）んで2700円の定価をつけました。この商品を定価の15％引きで売ると，利益はいくらになりますか。（　　　円）

6　みかんを皿にのせます。3枚の皿には5個ずつ，4枚の皿には6個ずつ，残りの皿には7個ずつのせると，みかんは32個余ります。また，すべて8個ずつのせなおすと，みかんは8個余ります。このとき，みかんは全部で□個あります。

7 長さ270mの列車Aが，踏切（ふみきり）で待っている人の前を通過するのに30秒かかり，秒速21mの列車Bとすれちがうのに20秒かかりました。このとき，列車Bの長さは何mですか。（　　　m）

8 たてが7cm，横が10cm，高さが6cmの直方体から一部を切り取って，右の図のような立体をつくりました。図の面㋐，㋑，㋒はどれも長方形です。この立体の体積を求めなさい。（　　　cm^3）

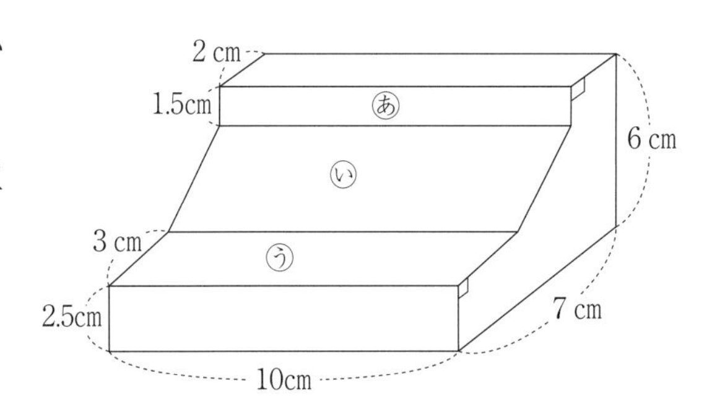

9 1辺6cmの立方体をある平面で切断し，真正面，真上，真横から見たところ，下図のようになりました。この立体の体積を求めなさい。ただし，角すいの体積は（底面積）×（高さ）÷3です。

（　　　cm^3）

3cm　　3cm　　4cm

真正面　　真上　　真横

10 図のように，半径5cmの円を並べたとき，外側の太線の長さは何cmですか。ただし，円周率は3.14とします。（　　　cm）

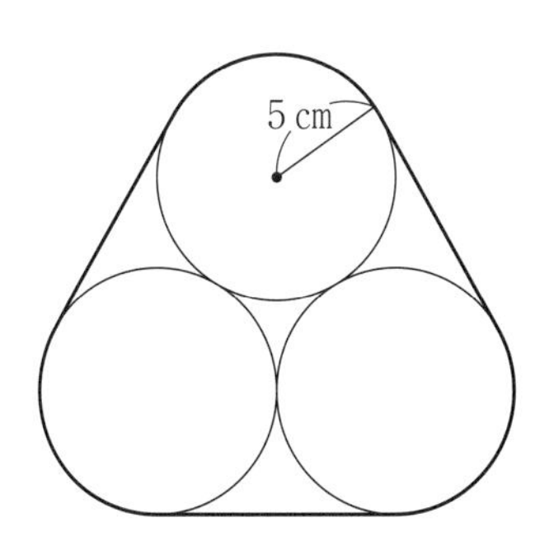

日々トレ 53

所要時間

点　　分　　秒

問題に条件がない時は，□にあてはまる数を答えなさい。

1　$\left(\frac{1}{5}+\frac{2}{3}\right)\times\frac{1}{2}-\left(\frac{2}{5}-\frac{1}{3}\right)\div\frac{2}{3}$　(　　　)

2　(253 × 91 ＋ 1001 × 27) × 2　(　　　)

3　7 で割ると，商が 13，あまりが 4 となる整数は□です。

4　1.3 : $\frac{13}{2}$ を最も簡単にすると□である。

5　川の上流地点 A と下流地点 B までの 45km の間を船が往復します。川を上るときの速さは下るときの速さの $\frac{3}{5}$ 倍で，上るのにかかった時間は下るのにかかった時間より 3 時間多かったとき，川の流れの速さは時速□km です。ただし，静水時での船の速さは一定とします。

6　2 つの貯金箱 A，B があります。貯金箱 A には□枚，貯金箱 B には□枚のコインが入っています。両方の箱に 20 枚ずつコインを入れると，箱 A と箱 B に入っているコインの枚数の比は 5 : 2 になりました。続けて両方の箱に 20 枚ずつコインを入れると，箱 A と箱 B に入っているコインの枚数の比は 2 : 1 になりました。次に，箱 A から箱 B に□枚のコインを移すと，箱 A と箱 B に入っているコインの枚数の比は 3 : 2 になりました。

7　A 君は 15 才，お父さんは 43 才です。A 君の年令がお父さんの年令の $\frac{1}{8}$ であったのは，何年前ですか。（　　　年前）

8　右の図は，直方体と三角柱をあわせた立体です。この立体の体積を求めなさい。（　　　cm^3）

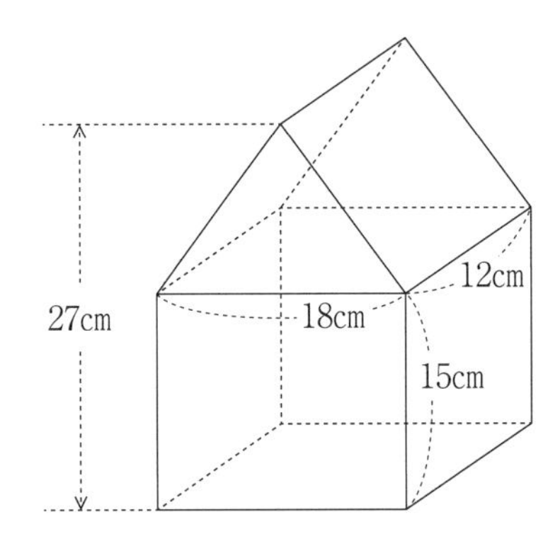

9　右の図において，長方形「あ」の面積は $17cm^2$，長方形「い」の面積は $26cm^2$，長方形「う」の面積は $51cm^2$ であり，AB の長さは 17cm，BC の長さは 10cm，CD の長さは 6 cm です。このとき，しゃ線部分の面積を求めなさい。ただし，右の図の辺の長さは正確にかかれてはいません。（　　　cm^2）

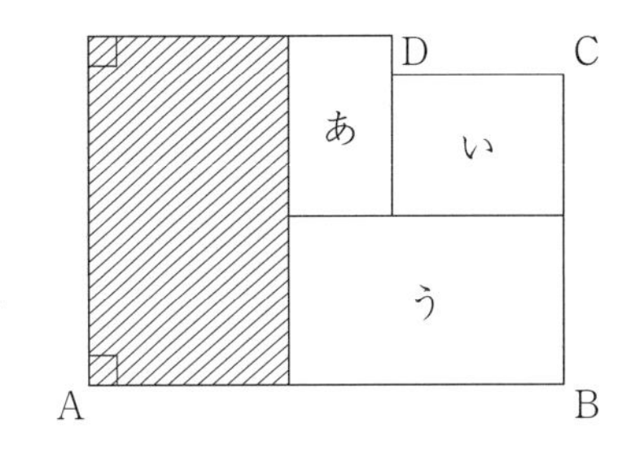

10　右の図のように，正方形の形をした庭の周りに幅 3 m の道を作ると，道の面積は $156m^2$ になりました。庭の 1 辺の長さは［　　　］m です。

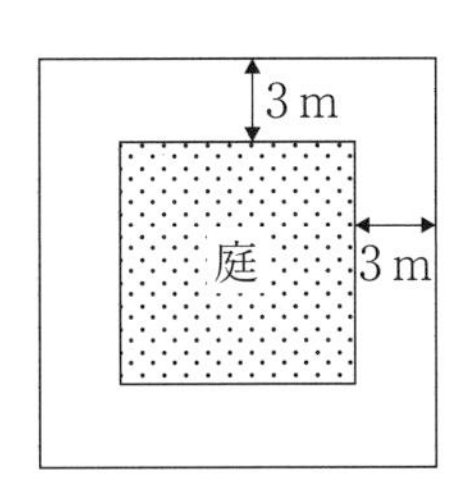

日々トレ 54

所要時間　　点　　分　　秒

問題に条件がない時は，□にあてはまる数を答えなさい。

1　$\left(\dfrac{2}{3}+\dfrac{2}{5}\right)\times\left(1-\dfrac{1}{4}-\dfrac{1}{8}\right)$　（　　　）

1　$2020\times2020-2019\times2021$　（　　　）

3　$2018+1\div13\times\square=29+513\times4-11$

4　2種類の品物A，Bがあります。A6個の重さとB10個の重さは同じで，A8個の重さはB12個の重さより4kg重くなります。Aの品物1個の重さは何kgですか。（　　　kg）

5　時計の長針と短針の関係について，4時36分ちょうどのとき，長針と短針が作る小さい方の角の大きさは何度ですか。（　　　度）

6　A，B，Cの3つのおもりがあります。AとBのおもりの重さの和は51g，BとCのおもりの重さの和は67g，AとCのおもりの重さの和は38gです。このとき，Aのおもりの重さは□gです。

7　定価の２割引きで売ると150円のもうけになり，定価の３割引きで売ると60円の損になる品物があります。この品物の仕入れ値は何円ですか。（　　　円）

8　４つの直角三角形A，B，C，Dを組み合わせて右の図のような四角形をつくりました。Aの面積が$1\,\text{cm}^2$，Bの面積が$2\,\text{cm}^2$，Cの面積が$3\,\text{cm}^2$のとき四角形の面積を求めなさい。（　　　cm^2）

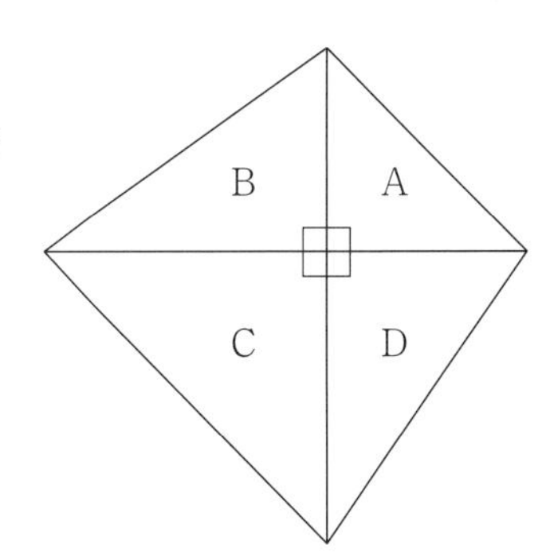

9　右の図１は，辺ABと辺ACの長さが等しい二等辺三角形ABCと，辺ACと87°で交わる直線ℓがかいてあります。図２は，図１の三角形ABCを直線ℓで折り返した図がかいてあります。角xの大きさを求めなさい。（　　　度）

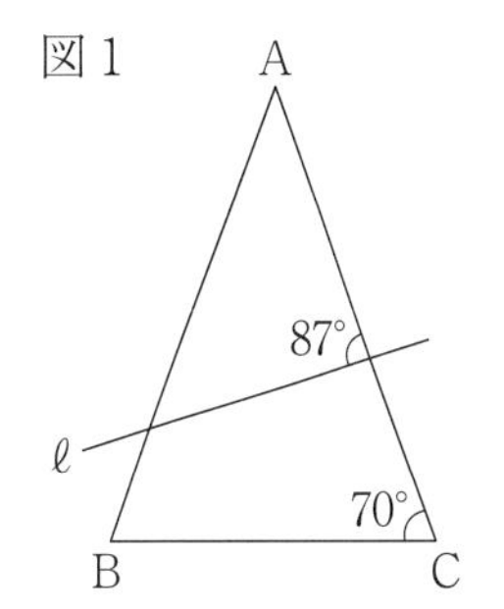

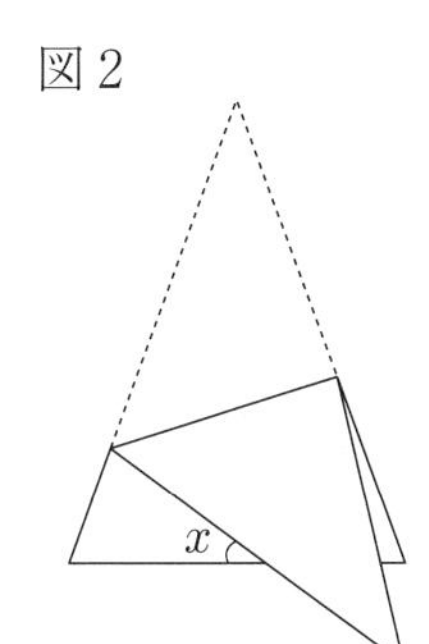

10　図のように，直径1cmの円を６個並べ，その周囲をひもで囲みました。円と円の間はぴったりとくっついており，ひもはたるんでいないものとします。このとき，ひもの長さを求めなさい。ただし，円周率は3.14とします。（　　　cm）

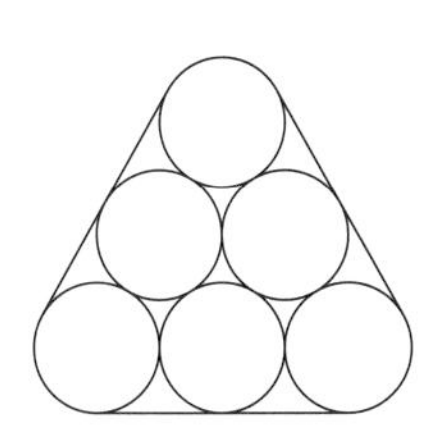

日々トレ 55

所要時間
点　分　秒

問題に条件がない時は，[　　]にあてはまる数を答えなさい。

1　$1\frac{1}{5} \div \frac{4}{7} \times \frac{5}{7} - \left(\frac{6}{7} - \frac{5}{14}\right)$　（　　　）

2　$42 \times \left(\frac{1}{3} - \frac{2}{7}\right)$　（　　　）

3　$2.3 - 6 \div \frac{1}{2} \times \square \div 1\frac{3}{7} = \frac{1}{5}$

4　A，B，Cの3人が持っているお金の合計は11100円です。AとBが持っているお金の比は3：8，AとCが持っているお金の比は2：5です。お金を一番多く持っている人は[　　]で[　　]円持っています。

5　りんご3個とみかん2個の値段は500円，りんご5個とみかん4個の値段は880円です。りんご1個の値段は[　　]円です。

6　一日のうち，時計の長針と短針のつくる角が直角になるのは，全部で[　　]回あります。

7　2台のモノレールが30km離(はな)れたA駅とB駅の間を走っています。2台のモノレールは同じ速さで走っており，駅で10分とまります。下の図は，9時から10時30分までの間の2台のモノレールの動きを表したものです。このとき，図のアに当てはまる時刻は何時何分ですか。（　　時　　分）

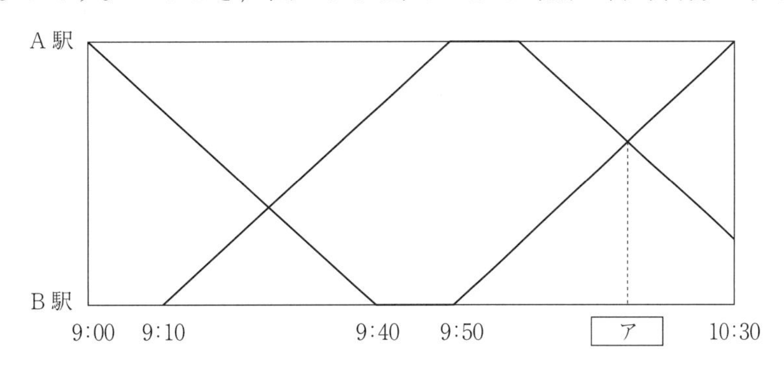

8　右の図で，三角形ABCの面積は$72cm^2$です。三角形ACEの面積が$18cm^2$，ADの長さが14cmのとき，DEの長さを求めなさい。

（　　　cm）

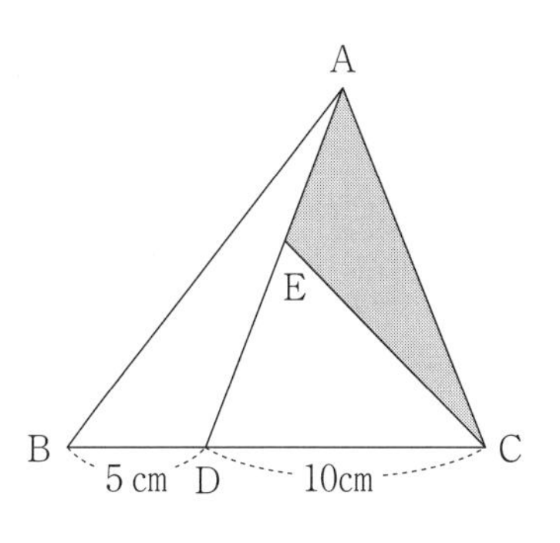

9　図のように，平行四辺形ABCDがあります。AB上にAE：EB＝7：3となるように点Eをとります。三角形FECの面積が$14cm^2$のとき，平行四辺形ABCDの面積は何cm^2ですか。

（　　　cm^2）

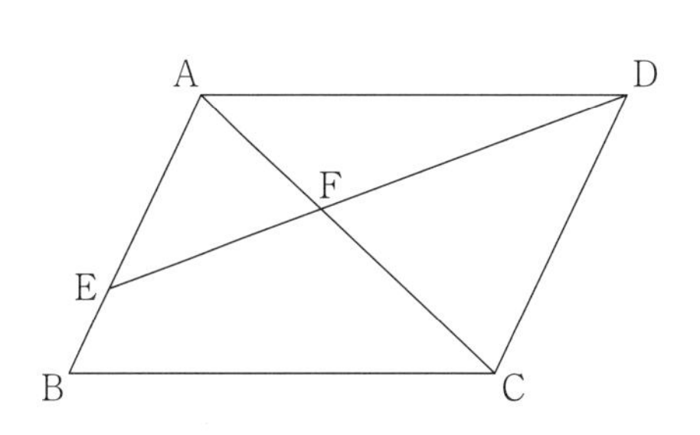

10　平行四辺形ABCDの面積は$20cm^2$です。直線EHは辺ADに平行で，AEとEBは同じ長さです。ななめ線の部分の面積を求めなさい。（　　　cm^2）

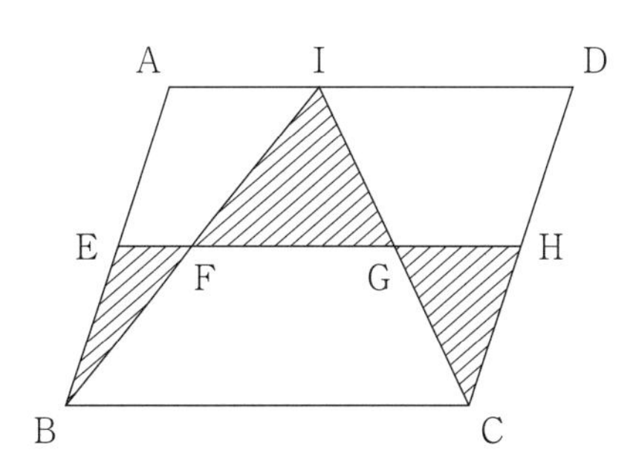

日々トレ 56

所要時間

点　　分　　秒

問題に条件がない時は，［　　］にあてはまる数を答えなさい。

1　$1 + \frac{1}{2} \div \frac{2}{3} \times \frac{3}{4} - \frac{4}{5} \times \frac{5}{6} \div \frac{6}{7}$　（　　　）

2　$77 \div 66 \times 55 \div 44 \times 33 \div 22 \times 11$　（　　　）

3　$8 + 24 \div \{(27 - \boxed{}) \times 3\} = 12$

4　男子何人かと女子 6 人がテストを受けました。男子だけの平均点は 79 点，女子だけの平均点は 83 点で，男女合わせた全員の平均点は 80.5 点でした。このとき，テストを受けた男子は何人ですか。（　　　人）

5　兄と弟の所持金の比は 5：3 でしたが，兄は 600 円，弟は 200 円もらったので，2 人の所持金の比は 2：1 になりました。兄のはじめの所持金は［　　］円です。

6　ある池の周りに花を植えていきます。5 m おきに植えていくと，7 m おきに植えていくときよりも 24 本多くなりました。どちらの場合もぴったりと植えることができました。この池の周りは［　　］m です。

7　1個60円のみかんと1個100円のりんごを何個かずつ買って1260円になる予定でしたが，個数を逆にして買ったため120円安くなりました。はじめ，みかんは何個買う予定でしたか。

（　　　個）

8　図は，円柱から，高さの同じ直方体をくりぬいた立体です。ただし，円周率は3.14とします。

①　この立体の体積を求めなさい。（　　　cm^3）

②　この立体の表面積を求めなさい。（　　　cm^2）

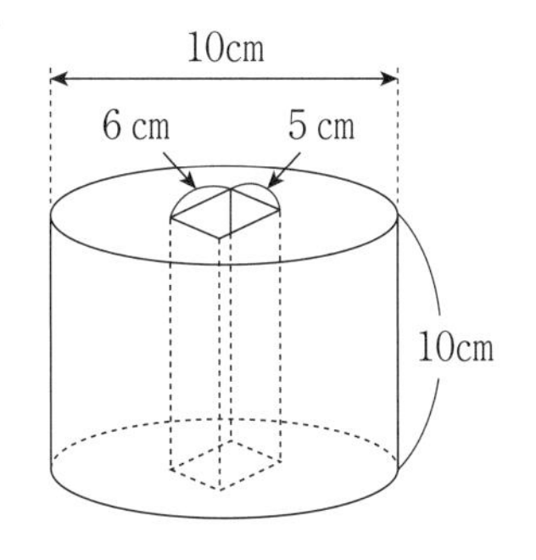

9　右の図において，三角形ABDと三角形BCEの面積の比を，もっとも簡単な整数の比で答えなさい。（　　：　　）

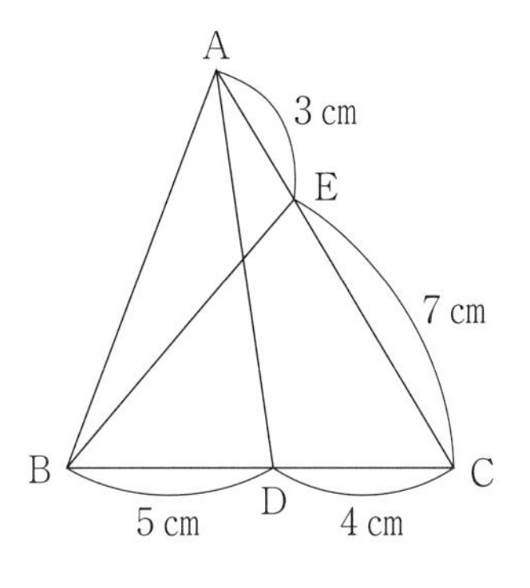

10　図のように，大きな直方体から小さな直方体を取り除きました。表面積は［ア　　］cm^2で，体積は［イ　　］cm^3です。

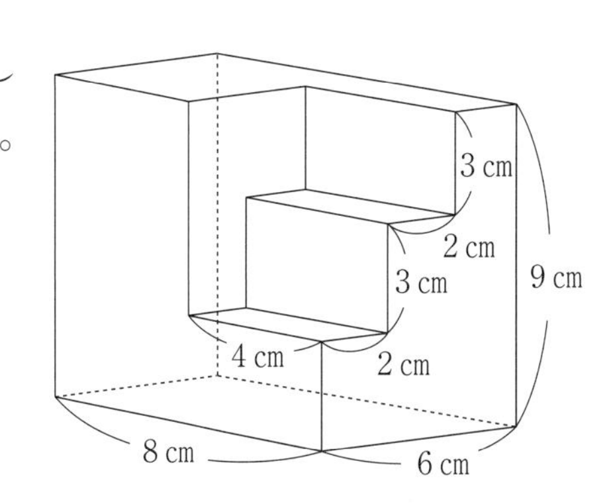

日々トレ 57

所要時間
点　　分　　秒

問題に条件がない時は，□にあてはまる数を答えなさい。

1　$1\frac{5}{6} \div \left(2\frac{1}{5} - \frac{1}{3}\right) \times \frac{14}{5}$　（　　　）

2　$33 \times 33 + 88 \times 88 - 66 \times 66 - 11 \times 11$　（　　　）

3　$8.9 - \left(5 + \square \times 1\frac{4}{5}\right) = 2.3$

4　折れ線グラフに表すとよいものはどれですか。次の(ア)～(ウ)の中から選び，記号で答えなさい。

（　　）

(ア)　水を温めているときの水の温度の変わり方
(イ)　午前 10 時の小学校のいろいろな場所の気温
(ウ)　ゆり子さんの小学校の学年ごとの子どもの数

5　1 個の重さが［ア］g のおもり A と，1 個の重さが［イ］g のおもり B があります。おもり A 15 個の重さとおもり B 8 個の重さの合計は 300g です。また，おもり A 5 個の重さとおもり B 4 個の重さは同じです。

6　連続する 4 つの整数の和が 206 であるとき，一番大きい数は□です。

7 川の上流にあるA地点とそこから30kmはなれた下流のB地点との間を船が往復しています。右のグラフはこの船の行き来のようすを表しています。A地点を8時に出発する船と，B地点を8時に出発する船が2回目に出会うのは何時何分ですか。ただし，川の流れの速さは一定とし，また，水の流れのないときの船の速さも一定とします。（　　時　　分）

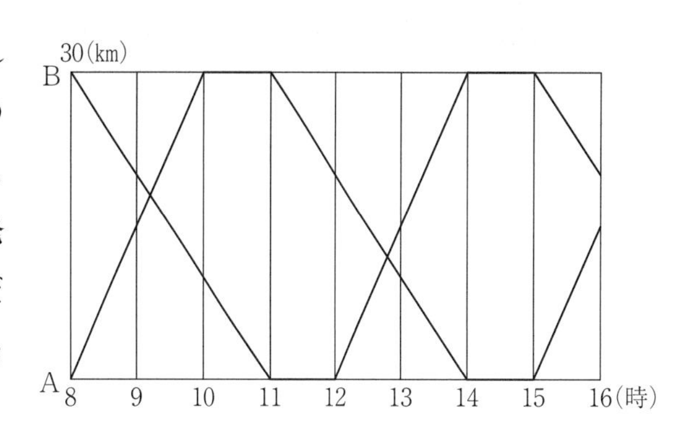

8 図のような，底面がおうぎ形である柱体の展開図を組み立てて立体をつくります。この立体の体積は何cm^3ですか。ただし，円周率は3.14とします。（　　　cm^3）

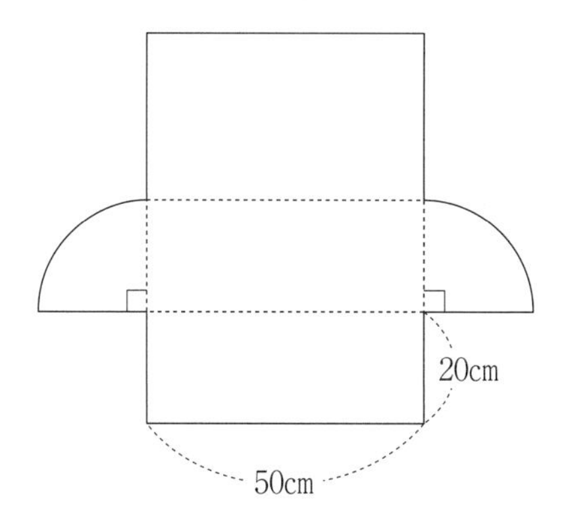

9 下の図はある立体の展開図です。この展開図に含まれる角のうち小さいほうはすべて90°です。このとき，もとの立体の体積を求めなさい。（　　　）

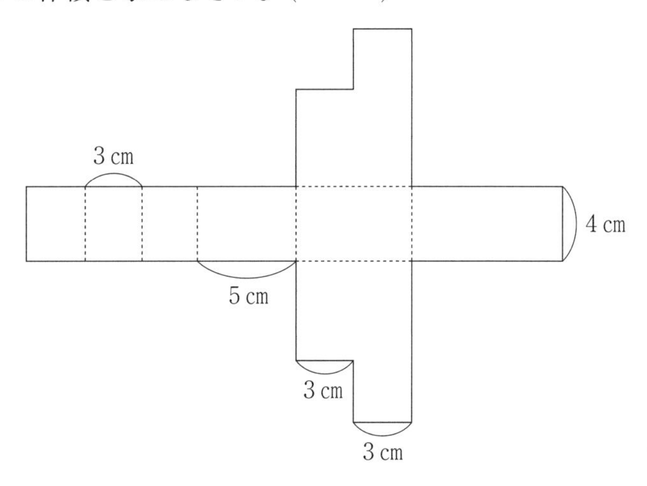

10 図は，おうぎ形と正方形を組み合わせた図です。㋐と㋑の面積が等しいとき，ⓐの長さを求めなさい。ただし，円周率は3.14とします。

（　　　cm）

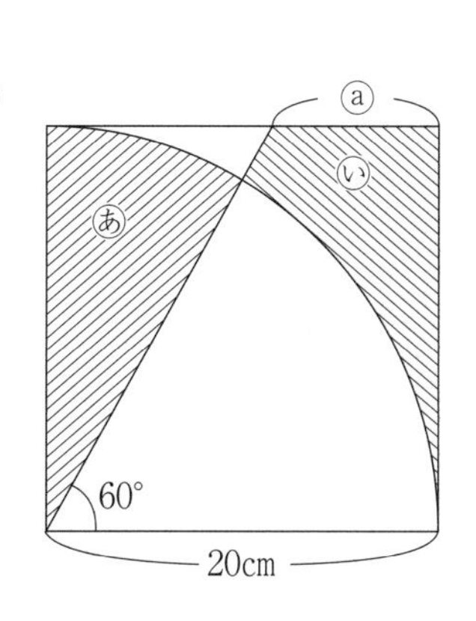

日々トレ 58

所要時間
点　分　秒

問題に条件がない時は，□にあてはまる数を答えなさい。

1　$\left(4\frac{3}{8}\times\frac{16}{21}+\frac{3}{4}\right)\div\frac{7}{8}$　（　　　）

2　$\left(\frac{3}{4}-\frac{2}{3}+\frac{5}{8}-\frac{1}{6}\right)\times 24$　（　　　）

3　$9.6+(10-\square)\div\frac{5}{13}=20$

4　記号〈a ｜ b〉は整数 a と b の公約数の和を表します。たとえば，〈12 ｜ 16〉＝1＋2＋4＝7です。□にあてはまるもっとも大きな3けたの数を答えなさい。

〈25 ｜ □〉＝31

5　現在，母の年れいは40才で，2人の子どもの年れいは12才と10才です。母の年れいが2人の子どもの年れいの合計と等しくなるのは，今から何年後ですか。（　　　年後）

6　10円玉と100円玉と500円玉が合わせて15枚あり，これらの合計金額は3230円です。500円玉は何枚ありますか。（　　　枚）

7　5時から6時の間で時計の長針と短針が重なるのは［　　］時［　　］分［　　］秒です。割り切れないときは分数で答えなさい。

8　右の図のような AB ＝ AC の二等辺三角形の面積が $4\,\text{cm}^2$ のとき，AB ＝［　　］cm です。

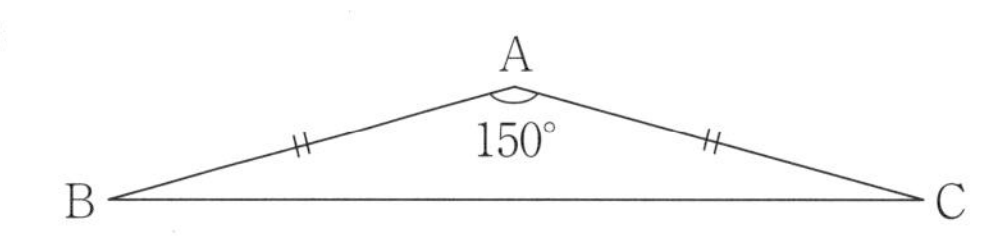

9　下の図のような長方形 ABCD があります。点 P は点 B を出発して，点 C，D を通り点 A まで長方形の辺上を一定の速さで動きます。下のグラフは，点 P が点 B を出発してからの時間（秒）と三角形 ABP の面積（cm^2）の関係を表しています。このとき，三角形 ABP の面積が 36cm^2 になるのは，点 P が点 B を出発してから何秒後と何秒後ですか。式・考え方もあわせて答えなさい。

（　　　秒後と　　　秒後）

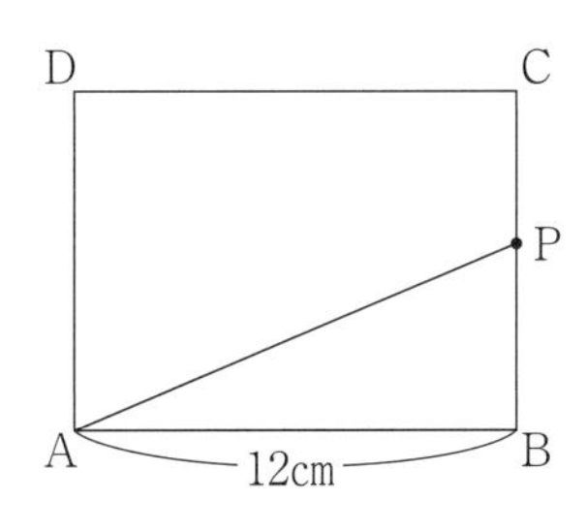

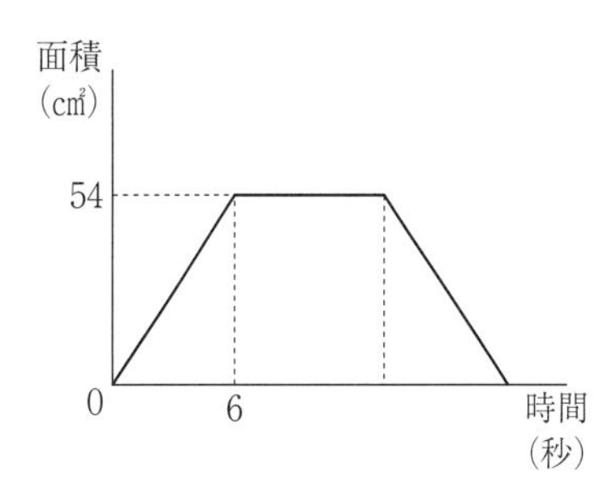

10　［図1］のような1辺の長さが4 cm の立方体の向かい合った面から面まで，切り口が1辺の長さが2 cm の正方形の穴をまっすぐあけた立体がある。

穴はどの面から見ても，正面から見ると［図2］のように見える。

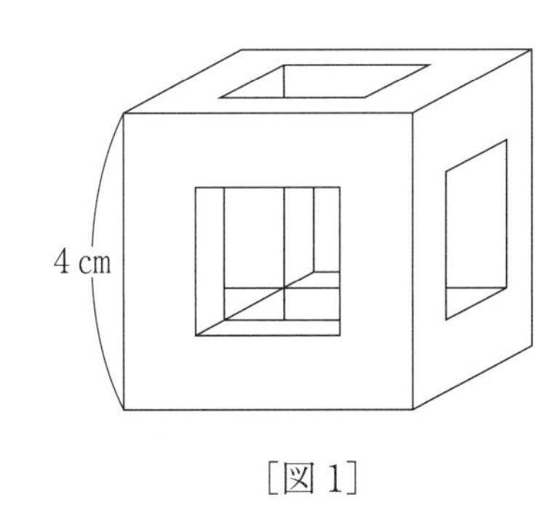

［図1］

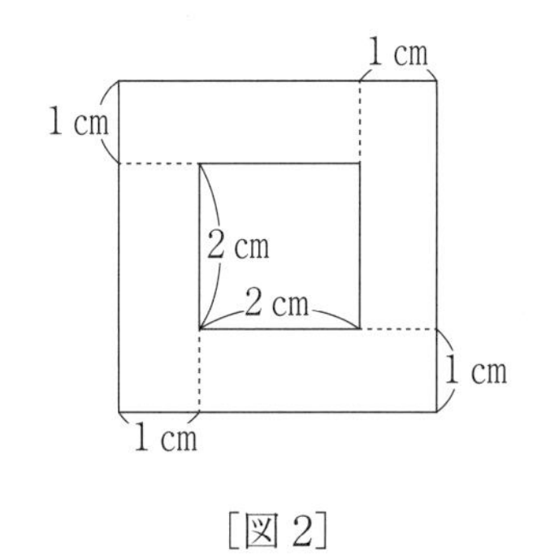

［図2］

［図1］の立体の表面積を求めなさい。（　　　cm^2）

日々トレ59

所要時間

点　　分　　秒

問題に条件がない時は，□にあてはまる数を答えなさい。

1　$\frac{7}{18} \times \left\{ 1\frac{11}{14} - \left(2\frac{4}{7} - \frac{7}{4} \right) \right\}$　（　　　）

2　$\frac{1}{2} - \frac{1}{4} - \frac{1}{8} - \frac{1}{16} - \frac{1}{32} - \frac{1}{64} - \frac{1}{128} - \frac{1}{256} - \frac{1}{512} - \frac{1}{1024}$　（　　　）

3　$2\frac{1}{3} \times \left(\square + \frac{1}{4} \right) \div \frac{7}{12} = 2\frac{2}{3}$

4　約数の個数が3個である整数を小さいものから4つ並べたとき，それらの和は□です。

5　兄が30分で歩く道のりを，妹は45分かかります。その道のりを，妹が出発してから8分後に兄が出発しました。兄が妹に追いつくのは，兄が出発してから何分後ですか。（　　　分後）

6　流れがないところでは分速350mで進む船があります。この船が川の上流にあるA町と下流にあるB町の間を，上ったり下ったりしています。A町とB町の間の道のりを求めなさい。（　　　km）

7　なしを2個と，りんごを3個買うと代金は790円です。なし1個の値段（ねだん）はりんご1個の値段より30円安いです。このとき，なし1個の値段は［　　　］円です。

8　右の立体の体積を求めなさい。（　　　cm³）

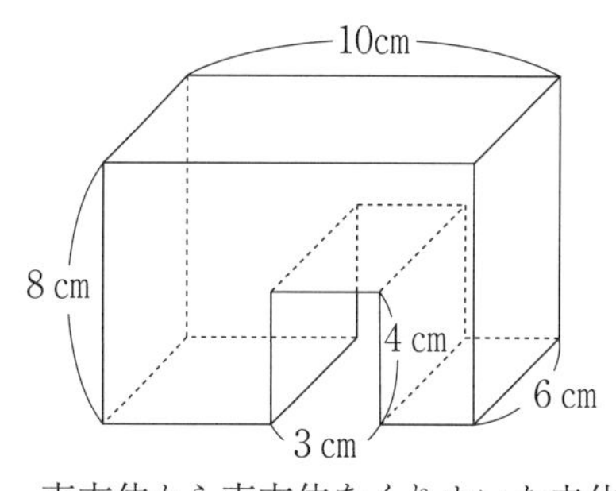

直方体から直方体をくりぬいた立体

9　右の図の角㋐の大きさを求めなさい。（　　　度）

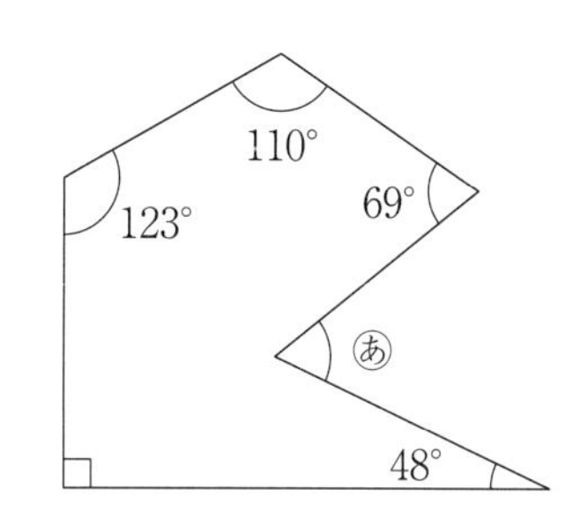

10　図のように，小さな立方体をはり合わせてできたくずれない大きな立方体があります。斜線（しゃせん）部分を真っ直（す）ぐくり抜（ぬ）くと，残った小さな立方体は［　　　］個です。

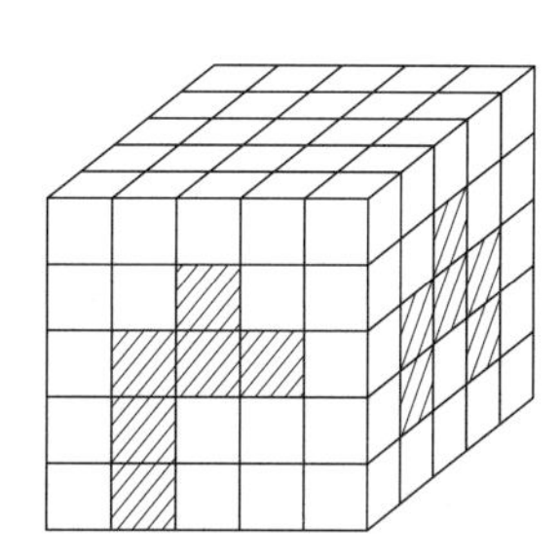

日々トレ 60

所要時間
点　分　秒

問題に条件がない時は，□にあてはまる数を答えなさい。

1　$1\frac{2}{3}-\frac{5}{6}\div\left\{17\div6\div\left(1\frac{1}{3}-\frac{1}{5}\right)\right\}$　（　　　）

2　$\left(\frac{11}{18}-\frac{5}{12}\right)\times36$　（　　　）

3　$(\square+7)\div2-\{40-(3\times8-1)\}=6$

4　ある3けたの整数を4で割ると3余り，7で割ると6余る。このような3けたの整数のうち最も小さいものは□である。

5　仕入れ値が□円の商品に，3割の利益を見こんで定価をつけましたが，売れなかったので20 %引きで売ったところ，48円の利益となりました。

6　一面に草が生えている牧場があります。この牧場は，毎日一定の量で草が生えてきます。ここに牛を32頭放牧すると20日で草を食べつくします。また，40頭放牧すると15日で食べつくします。この牧場で牛を□頭放牧すると，24日で食べつくします。

7　1本20円のエンピツと1個30円の消しゴムを組み合わせて，ちょうど200円分買うときの買い方は□通りである。ただし，エンピツのみ・消しゴムのみでもよいものとし，消費税は考えないものとする。

8　1辺の長さが1cmの立方体を30個使って，右の図のように積み重ねました。この立体の表面積を求めなさい。（　　　cm^2）

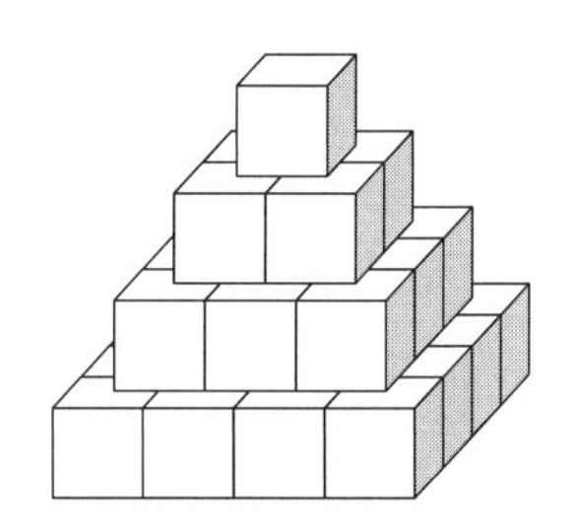

9　図1のような長方形ABCDがあり，辺BC上に点Eがあります。点Pは，Aを出発し，Bを通りCまで一定の速さで動きます。図2のグラフは，点PがAを出発してからの時間と三角形APEの面積の関係を表したものです。このとき，辺BEの長さは何cmですか。（　　　cm）

図1

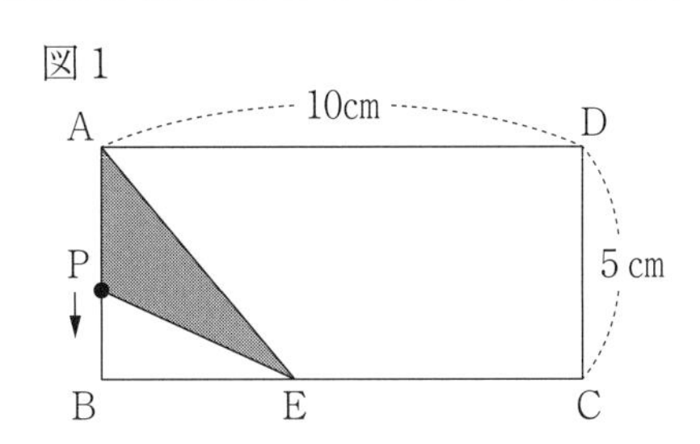

図2

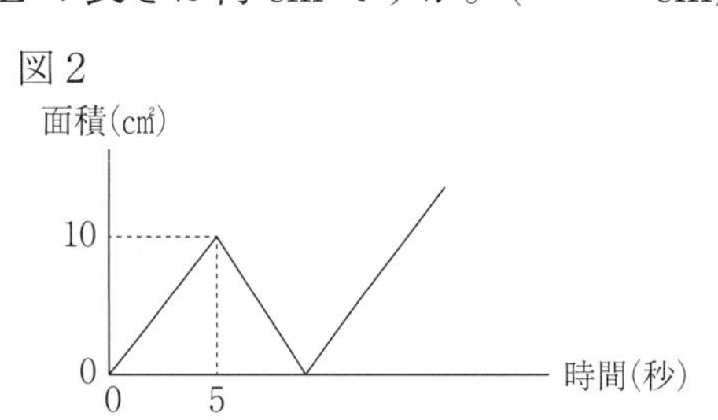

10　右の図のように2枚の三角定規を重ねたとき，角アの大きさを求めなさい。

（　　　度）

45°
60°
55°
ア

日々トレ 61

所要時間

点　　分　　秒

問題に条件がない時は，□にあてはまる数を答えなさい。

1　$\frac{5}{8} \div \left(\frac{1}{3}+\frac{1}{4}\right)-\frac{1}{7}$　(　　　)

2　$\left(1\frac{1}{2}-\frac{1}{3}-\frac{2}{5}-\frac{5}{7}\right)\times 210$　(　　　)

3　$\left\{(\square + 2.85)\div 4\frac{1}{8}-\frac{2}{5}\right\}\times 11.25 = 6$

4　2016年1月16日は土曜日です。158日前は□曜日です。

5　川にそって40kmはなれている2地点A，Bがあり，その2地点間を往復する船があります。上りにかかる時間は，下りにかかる時間の3倍です。

また，2地点間を船が往復するのにかかる時間は4時間でした。

このとき，川の流れの速さは毎時□kmです。

6　大小2つのさいころをふって，目の和が6の倍数になる場合は何通りありますか。(　　　通り)

7　A 地点から B 地点までの道のりが 30m，B 地点から C 地点までの道のりが 78m，C 地点から A 地点までの道のりが 72m の三角形の形をした公園があります。三角形 ABC の辺の上に等しい間かくで木を植えます。3 つの地点 A，B，C に必ず木を植えるとき，次の問いに答えなさい。

① 植える木をもっとも少ない本数にするとき，木と木の間かくを何 m にすればよいか答えなさい。
（　　　m）

② ①の間かくで木を植えるとき，木は何本必要か答えなさい。（　　　本）

8　右の図は，正方形と対角線と円の一部を組み合わせた図形です。しゃ線をつけた部分の面積は，合わせて ＿＿＿ cm^2 です。ただし，円周率は 3.14 とします。

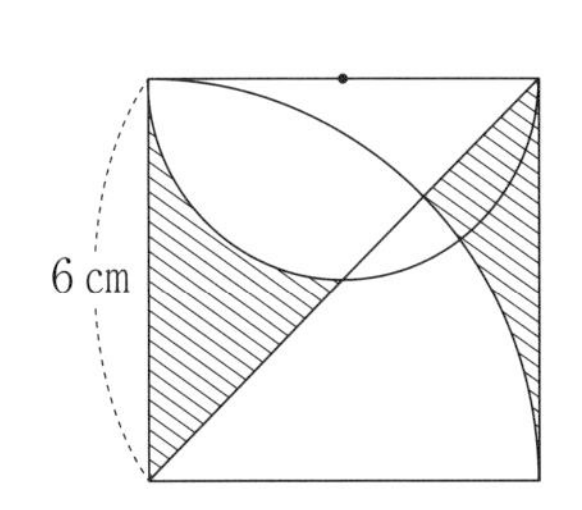

9　次の立体の体積と表面積をそれぞれ求めなさい。体積（　　　cm^3）　表面積（　　　cm^2）

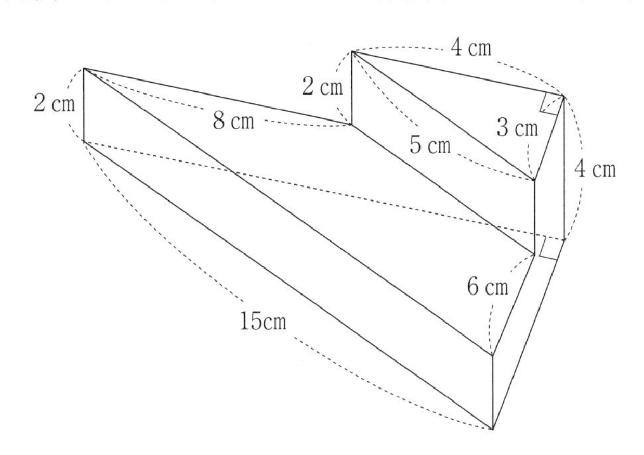

10　図のように，2 種類の三角定規あ，いを何枚かずつ組み合わせたものがある。三角定規あは直角二等辺三角形である。このとき，角 A の大きさは ＿＿＿ °である。

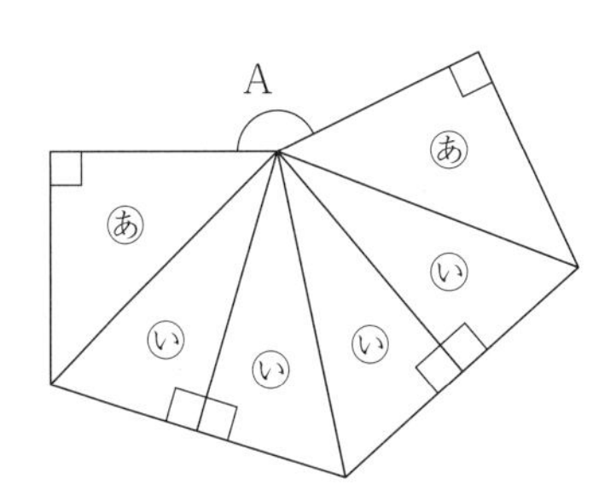

日々トレ62

所要時間

点　　分　　秒

問題に条件がない時は，□にあてはまる数を答えなさい。

1　$\frac{4}{13}+0.7$ を計算しなさい。(　　　)

2　$(91+4\times5\times7-14\times14)\div7$　(　　　)

3　$1\frac{1}{3}\times\frac{5}{8}\div\left(2\frac{1}{2}-\square\right)=5$

4　P 地点から Q 地点まで行きは時速 15km，帰りは時速 25km で移動しました。往復の平均の速さは時速何 km ですか。(時速　　　km)

5　池の周囲を A さんと B さんがサイクリングをします。2 人が同じ向きにそれぞれ一定の速さで同じ地点から同時に出発しました。A さんが 1 周したとき，B さんはまだ 1 周しておらず，A さんの後方 700m のところを走っていました。B さんが 1 周したとき，A さんは 2 周目で B さんの前方 900m のところを走っていました。池の周囲の長さは何 m ですか。(　　　m)

6　平野牧場では毎日，一定の量で草が生えます。平野牧場にポニー 8 頭を放牧すると 5 日で草を食べつくします。ポニー 5 頭を 6 日放牧した後，ポニー 3 頭をさらに放牧すると，全部で 8 日で草を食べつくしました。平野牧場にポニー 3 頭を放牧すると，何日で草を食べつくしますか。ただし，どのポニーも 1 日に食べる草の量は同じです。(　　　日)

7 小学5年生と小学6年生がいて，6年生の人数の方が5年生の人数よりも［ア　　　］人だけ多いとします。［イ　　　］個のおかしを配るのに，5年生には1人3個ずつ，6年生には1人4個ずつ配ると4個余りました。

また，5年生には1人4個ずつ，6年生には1人3個ずつ配ると12個余りました。ただし，おかしの個数は60個より多く，70個より少ないとわかっています。

8 右の図のような一辺が2cmの正方形を4つ組み合わせた図形を，直線ℓのまわりに360°回転させてできる立体の体積は［あ　　　］cm^3で，表面積は［い　　　］cm^2です。円周率は3.14とします。

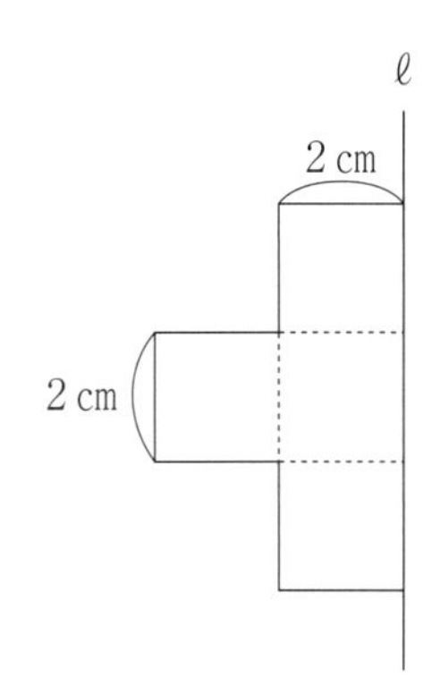

9 右の図で，点Oは円の中心です。このとき，㋐の角の大きさは何度ですか。（　　　度）

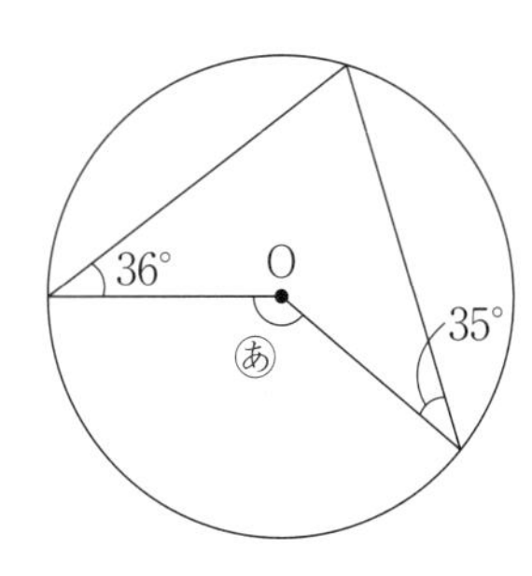

10 1mの棒を地面に垂直に立てると，棒のかげの長さが1.2mになります。このとき，右の図のように，木から12mはなれている壁（かべ）にできた木のかげは，1.5mでした。もし，壁がなければ，地面にできる木のかげの長さは［あ　　　］mです。また，この木の高さは［い　　　］mです。

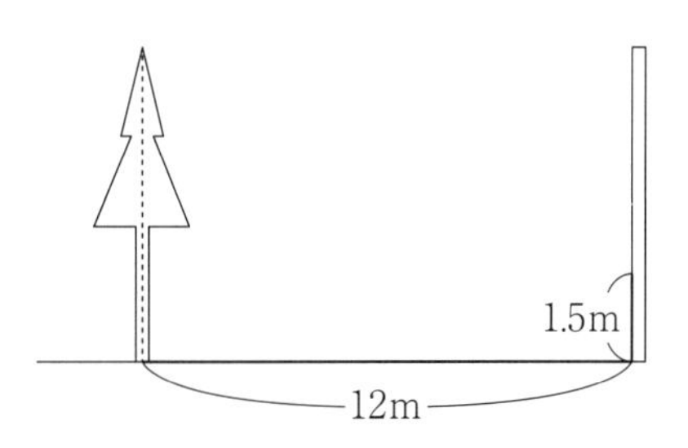

日々トレ63

所要時間
点　分　秒

問題に条件がない時は，□にあてはまる数を答えなさい。

1　$\frac{9}{11}+0.3-\frac{1}{3}$　（　　　）

2　$2019\div201-39\times2\div13\div(11\times13-9)$　（　　　）

3　$30-\{(\square-3)\times2\}\div3=6$

4　『a・b』は，a，b 2つの数の最小公倍数と最大公約数の積を表すものとする。
例えば，『4・6』＝ 12 × 2 ＝ 24 である。このとき，『24・60』＝ □ である。

5　まさし君は夏休みに道のりで140km先にある目的地を歩いて目指す旅に出ることにしました。
1日目は20km進む，2日目は20km進む，3日目は10kmもどる，4日目は20km進む，5日目は20km進む，6日目は10kmもどる，7日目は20km進む…，と続けていったとき，まさし君が目的地にたどり着くのは何日目ですか。（　　　日目）

6　右の図のように○や●を6個使って数を表すことにします。このとき，○○●●●●はいくつですか。（　　　）

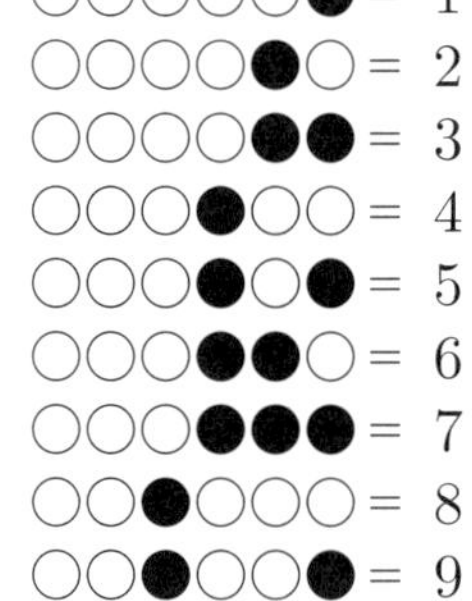

7　5人のグループを2人と3人に分ける方法は［　　　］通りあります。

8　右の図で，EF の長さは何 cm ですか。

（　　　　cm）

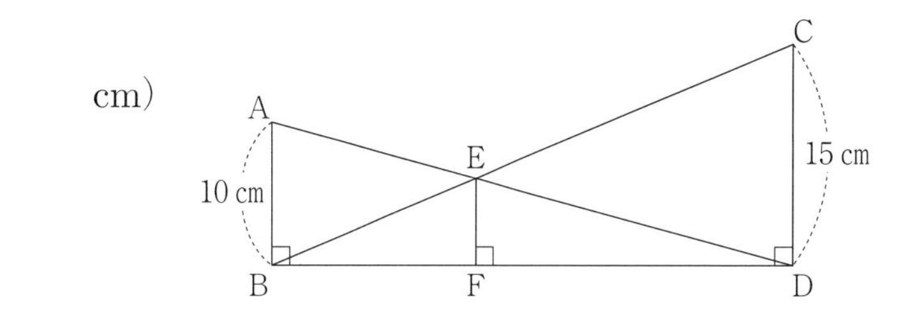

9　右の図は立方体の展開図です。この展開図を組み立てたとき，頂点 B と重なる頂点をすべて答えなさい。（　　　）

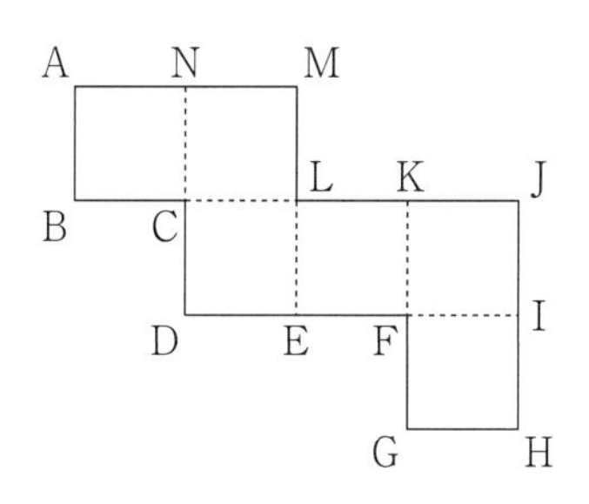

10　右の図形の面積を求めなさい。（　　　　cm^2）

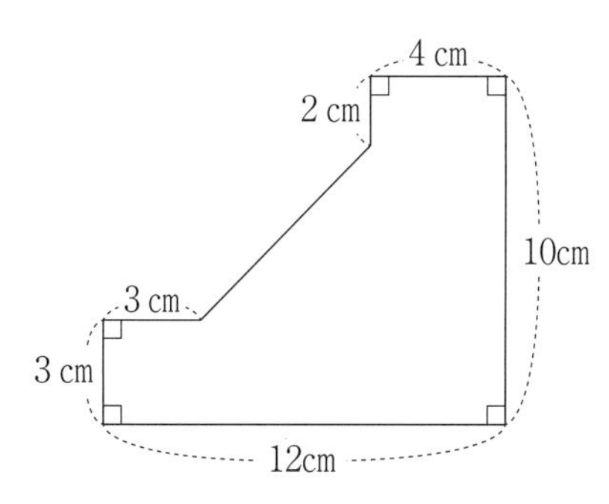

日々トレ 64

所要時間
点　分　秒

問題に条件がない時は，□にあてはまる数を答えなさい。

1　$\left(0.375+1\frac{1}{4}\right)\div\left(3\frac{3}{4}-\frac{1}{2}\right)\times 20$　（　　　）

2　$0.12\times 1.2\div 12$　（　　　）

3　$\frac{5}{3}\div\left\{4\times(1.5-\square)-1\frac{7}{6}\right\}=\frac{2}{3}$

4　□円のお菓子に消費税 8 %がかかると 702 円になります。

5　たて 3 cm，横 6 cm の長方形の紙がたくさんあります。右の図のように，のりしろが 1 cm になるようにそれらを横につないでいきます。全体の横の長さを 146cm にするには，長方形の紙は何枚必要ですか。

（　　　枚）

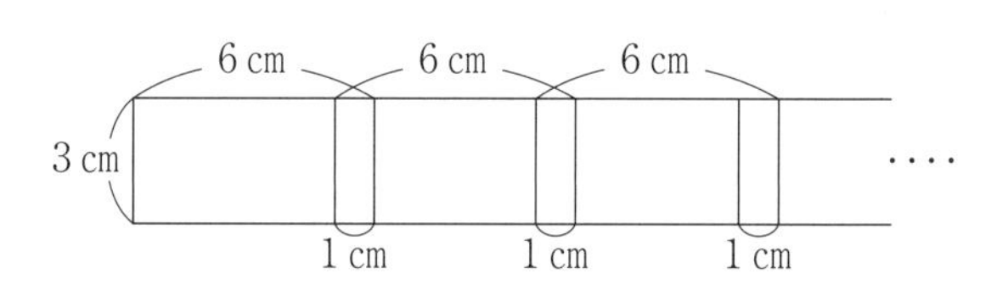

6　お菓子（かし）が 120 個あります。みきさん，さくらさん，ともえさんですべて分けたところ，さくらさんはみきさんの 2 倍よりも 3 個多く，ともえさんはさくらさんの $\frac{3}{7}$ 倍でした。ともえさんのお菓子の個数を求めなさい。（　　　個）

7　1周3200mの遊歩道の同じ地点にAさんとBさんがいます。Aさんが分速60mで歩きはじめてから9分後に，Bさんが分速80mでAさんと反対回りに歩きはじめました。2人がはじめて出会うのは，Bさんが歩きはじめてから何分後でしょう。（　　　分後）

8　右の図は，1辺の長さが10cmの正方形の中におうぎ形をかいたものです。かげをつけた部分の面積を求めなさい。ただし，円周率は3.14とします。（　　　cm^2）

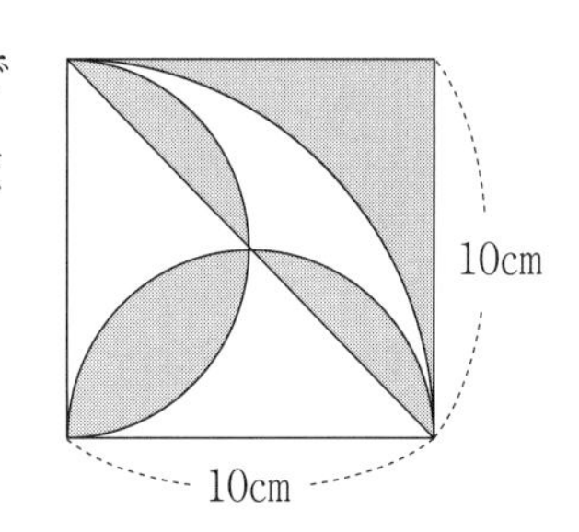

9　右の図は，たて6cm，横12cmの長方形と，半円2つを組み合わせたものである。このとき，斜線（しゃせん）部分の周りの長さ（太線部分）は，［　　　］cmである。ただし，円周率は3.14とします。

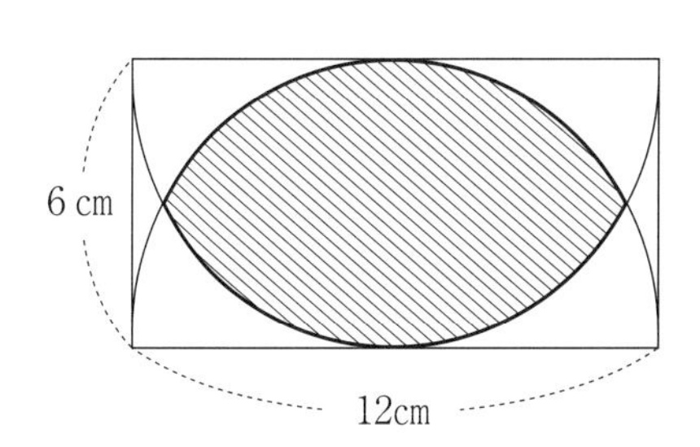

10　右の図で直線ℓを軸として長方形を1回転させ，立体を作りました。この立体の表面積を求めなさい。ただし，円周率は3.14とします。（　　　cm^2）

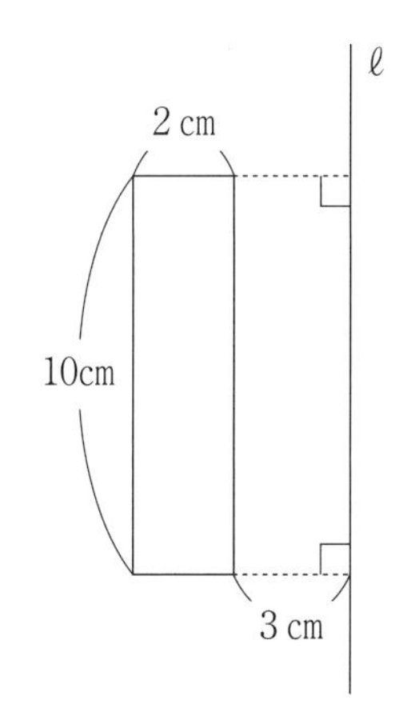

日々トレ 65

所要時間

点　　分　　秒

問題に条件がない時は，□にあてはまる数を答えなさい。

1　$\left(3\frac{2}{3}+\frac{7}{9}\right)\div\frac{2}{3}-6\frac{11}{18}$　（　　　）

2　$4446\times6.5-5555\times3.9-3333\times1.3-1111\times2.6$　（　　　）

3　$\left\{\left(\frac{8}{7}+\square\right)\times35-3\right\}\times\frac{1}{13}=5$

4　A ∗ B を A ∗ B = A × B − A − B と定めるとき，(4 ∗ 6) ∗ 3 = □。

5　あるきまりにしたがって，下の図のように整数を表すことにしました。

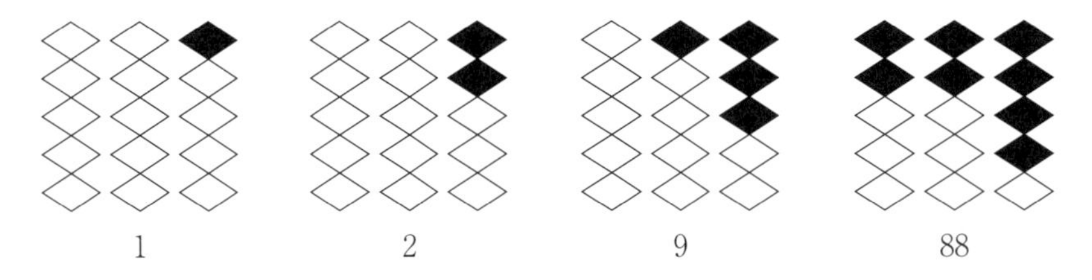

159 を表す図を作りなさい。

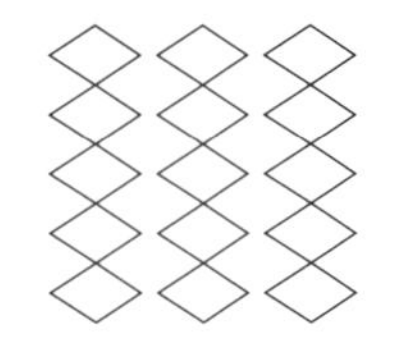

6　ある鉄橋を，列車 A が秒速 20m の速さでわたり始めます。この 5 秒後に反対側から列車 B が秒速 24m の速さでわたり始めます。その後，2 つの列車は鉄橋のちょうど真ん中で出会いました。鉄橋の長さは□m です。

7　1冊120円のノートAと1冊150円のノートBを，AとBの冊数の比が1：2になるように買ったところ，代金の合計が60060円になりました。ノートAは何冊買いましたか。（　　　冊）

8　右の図で，斜(しゃ)線部分の面積の和は何cm^2ですか。（　　　cm^2）

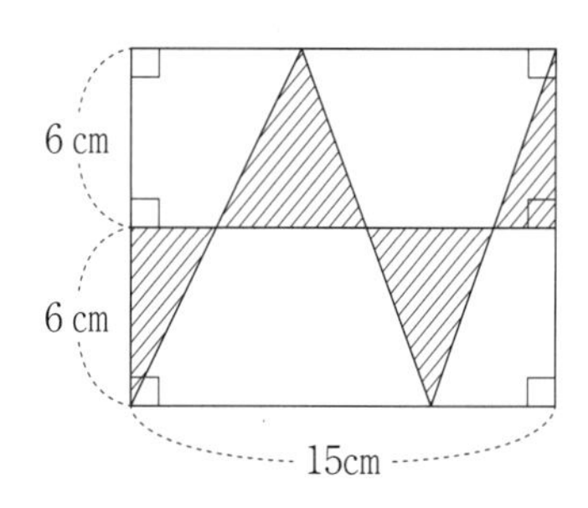

9　右の図の角㋐の大きさを求めなさい。ただし，•は角Bを3等分，×は角Cを3等分したものです。（　　　度）

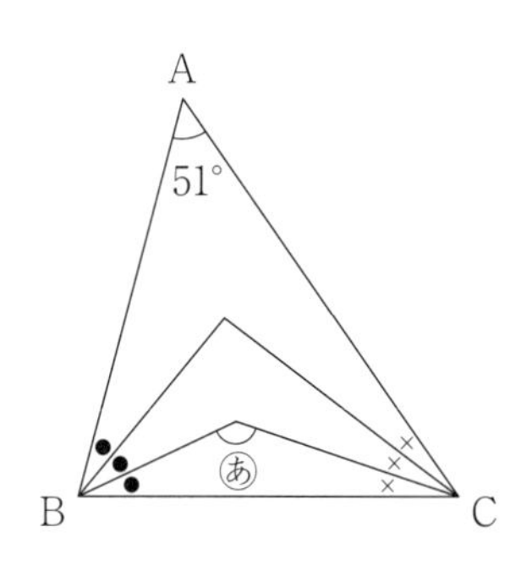

10　図のような直角三角形ABCがあります。AD＝DE＝EBであり，DF，EG，BCは互いに平行です。四角形DEGFの面積が$100cm^2$のとき，直角三角形ABCの面積を求めなさい。（　　　cm^2）

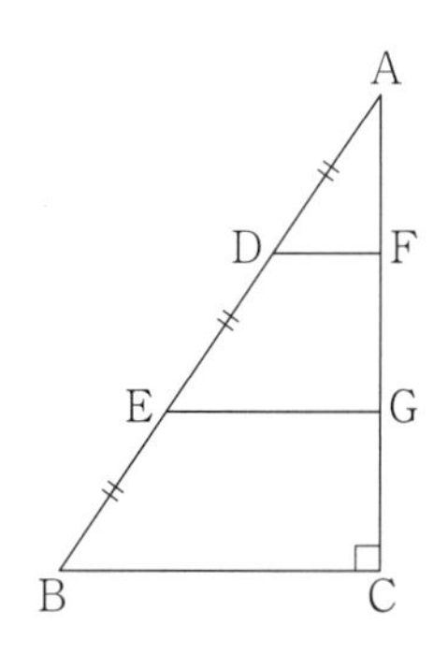

日々トレ 66

所要時間　　点　　分　　秒

問題に条件がない時は，□にあてはまる数を答えなさい。

1　$\frac{1}{12}+\frac{7}{8}\div 6.8\times\left(3\frac{1}{3}-1\frac{1}{15}\right)$　（　　　）

2　$\square+\frac{1}{3}+\frac{1}{5}+\frac{1}{7}+\frac{1}{9}=1+\frac{4}{3}+\frac{6}{5}+\frac{8}{7}+\frac{10}{9}$

3　$3+\left(\frac{1}{2}\times 2\frac{2}{3}-\square\right)\div\frac{2}{3}=3\frac{1}{15}$

4　3つの数 40，74，125 を［ア］でわると，余りはすべて同じ［イ］です。

5　0と1を使ってつくった数を，小さい順に並べると

0，1，10，11，100，101，110，111，1000，…

となります。最初から数えて 15 番目の数は□です。

6　ある品物［ア］個を，仕入れ値の合計 7200 円に 40 ％の利益を見込(こ)んで 1 個 42 円で売ったところ，［イ］個売れ残りました。そのため，利益は 1620 円になりました。

7　6％の食塩水と14％の食塩水を混ぜると10.5％の食塩水が800gできました。このとき，混ぜた6％の食塩水の量は［　　　］gです。

8　右の図のように，1辺の長さが1cmの立方体をあわせて，1辺の長さが4cmの立方体を作りました。黒く塗(ぬ)られた部分を反対側までくり抜(ぬ)いたとき，残った立体の表面積を求めなさい。ただし，くり抜いても立体はくずれないものとします。（　　　cm^2）

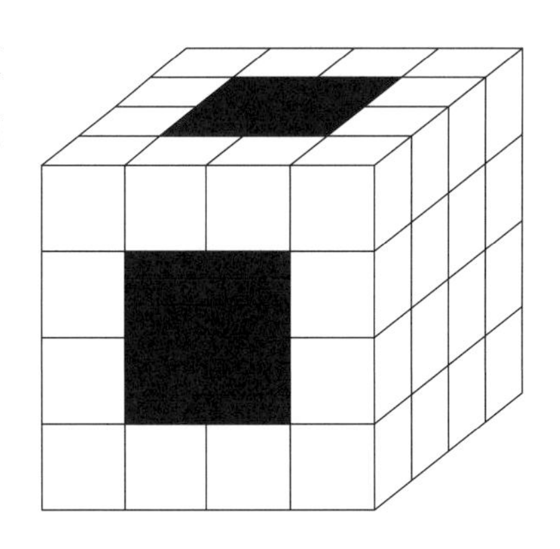

9　右の図は，ある立体の展開図です。この立体を組み立てたときの体積を求めなさい。ただし，円周率は3.14とします。

（　　　cm^3）

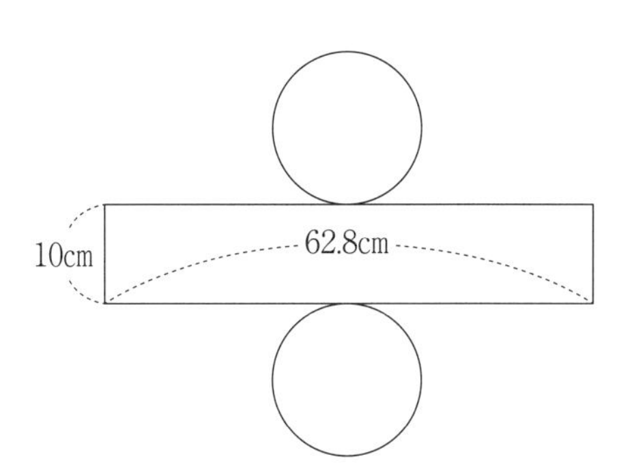

10　右の図で斜(しゃ)線部分の面積を求めなさい。（　　　cm^2）

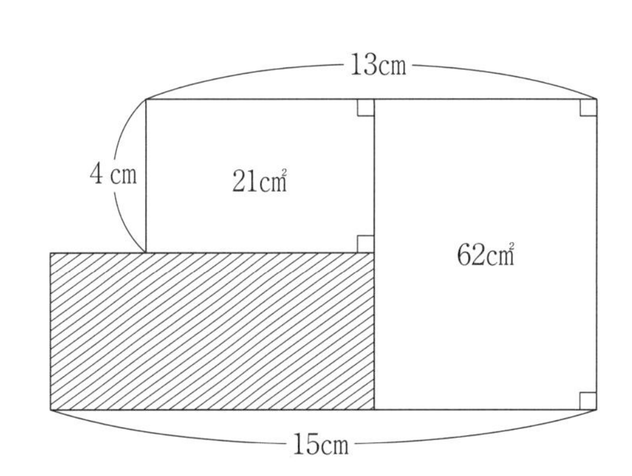

日々トレ 67

所要時間

点　　分　　秒

問題に条件がない時は，□にあてはまる数を答えなさい。

1　$\frac{1}{3} \div \left(1.2 - \frac{2}{3}\right) - 1\frac{4}{5} \times \left(\frac{1}{3} - \frac{1}{4}\right)$　（　　　）

2　$1009 + 554 \times 3 + 455 \times 3 - 200 \times 10.09$　（　　　）

3　$\left\{\left(1 - \frac{5}{9}\right) \div \square - \frac{1}{2}\right\} \times 6 = 5$

4　A，B，C，D，E，Fの6人がテストを受け，平均点は68点でした。しかし，BとCの答案に採点ミスがあり，Bの得点は8点，Cの得点は10点上がりました。平均点は何点になりましたか。

（　　　点）

5　太郎（たろう）君が，今日から毎日150円ずつ貯金すると，毎日100円ずつ貯金するより20日早く目標の貯金額に達します。このとき，太郎君の目標の貯金額は何円か求めなさい。（　　　円）

6　1周200mの流れるプールがあります。J子さんは流れにそって，G子さんは流れに逆らって同じ地点から同時に泳ぎ始めました。泳ぎ始めてから2人が最初に出会うまでに泳いだ道のりの差は52mです。流れのないプールではJ子さんは毎分80m，G子さんは毎分70mの速さで泳ぎます。2人が最初に出会ったのは泳ぎ始めてから□分□秒後で，流れの速さは毎分□mです。

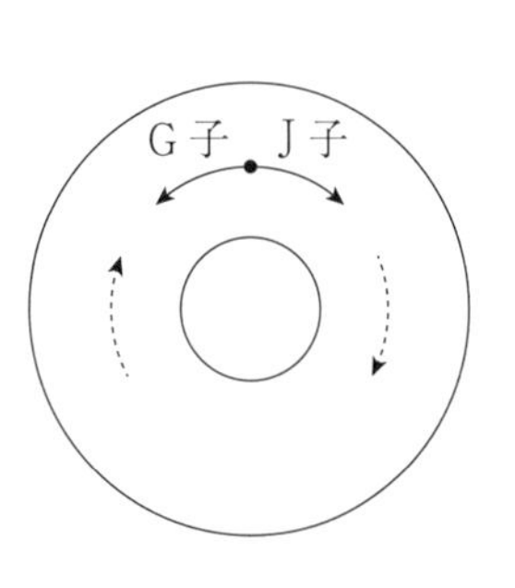

7 現在，春子さんの年令は母の年令の $\frac{1}{4}$ です。3年前，父の年令は現在の母と同じで，春子さんは父の年令の $\frac{1}{5}$ でした。現在の春子さんは［　　　］才です。

8 下の図は1辺の長さが1cmの立方体をいくつかはり合わせて作った立体を，真上，真正面，真横から見たものです。

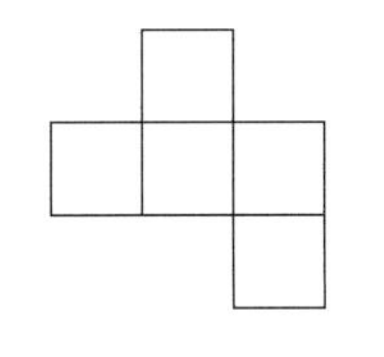
真上から

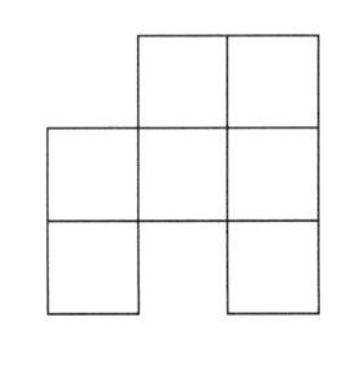
真正面から

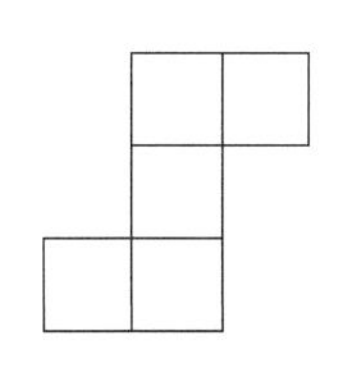
真横から

この立体に1辺の長さが1cmの立方体をいくつかはり合わせて立方体を作ります。はり合わせる立方体は少なくとも［　　　］個必要です。

9 図のようなかげがついた直角三角形を直線ABを軸として1回転させてできる立体の体積は何 cm^3 ですか。円すいの体積は，(底面積)×(高さ)× $\frac{1}{3}$ となります。ただし，円周率は3.14とします。(　　　cm^3)

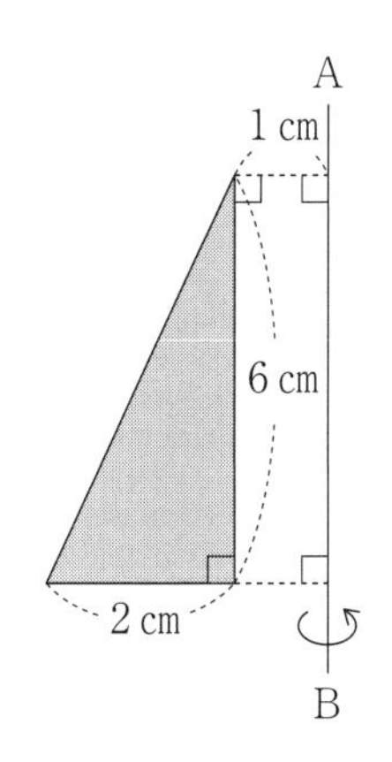

10 右の図は大きさのちがう2つの円柱の半分をはり合わせた立体です。この立体の体積は［　　　］cm^3，表面積は［　　　］cm^2 です。ただし，円周率は3.14とします。

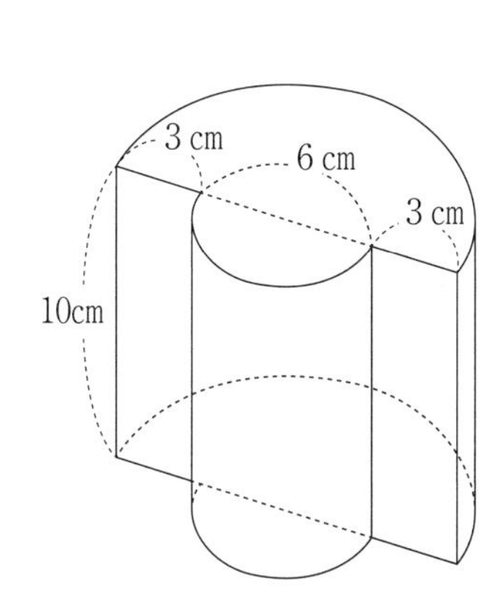

日々トレ 68

所要時間

点　　分　　秒

問題に条件がない時は，□にあてはまる数を答えなさい。

1　$\frac{2}{3}+\frac{1}{6}\times\left(1.25-\frac{1}{2}\right)$　(　　　)

2　$(145+92+107+113+128+75)\div0.2$　(　　　)

3　次の□にあてはまる数を求めなさい。

$\frac{4}{5}\times\left(1-\frac{2}{5}\div\square\right)=\frac{3}{5}$

4　2016年の1月は，1日が金曜日で31日まであります。よって，この月の日曜日は，合計で□分間あります。

5　太郎くんが財布を持ってある商品を買いに行きました。ところが，消費税が8％のときは，60円のおつりが返ってくるはずでしたが，消費税が10％になったので50円足らなくなってしまいました。財布に入っている金額は何円ですか。(　　　円)

6　A，B，Cの3人が自動車を運転して，それぞれ時速80km，時速70km，時速50kmの速さで高速道路を走ります。AとBは東京を出発して神戸まで走り，Cは神戸を出発して東京まで走ります。3人は同時にそれぞれ東京と神戸を出発しました。とちゅうでAとCがすれちがってから20分後に，BとCがすれちがいました。東京から神戸までのきょりは何kmですか。(　　　km)

7 白と黒の碁石(ごいし)を並べて次のように数が表されるとき，右の碁石の並べ方で表される数を答えなさい。(　　　)

				○

1＝	○				
2＝	●				
3＝		○			
4＝	○	○			
5＝	●	○			
6＝		●			
7＝	○	●			
8＝	●	●			
9＝			○		
10＝	○		○		
11＝	●		○		
12＝		○	○		

8 図1のように直方体の形をした容器に水が入っています。図2は，この容器をかたむけて正面から見た図です。入っている水の量を求めなさい。

(　　　cm^3)

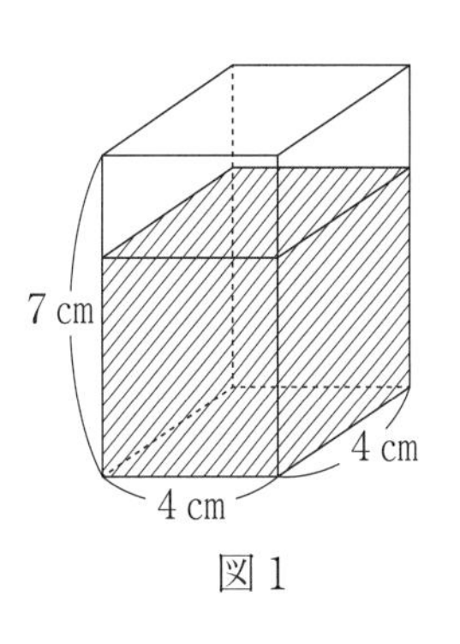

図1

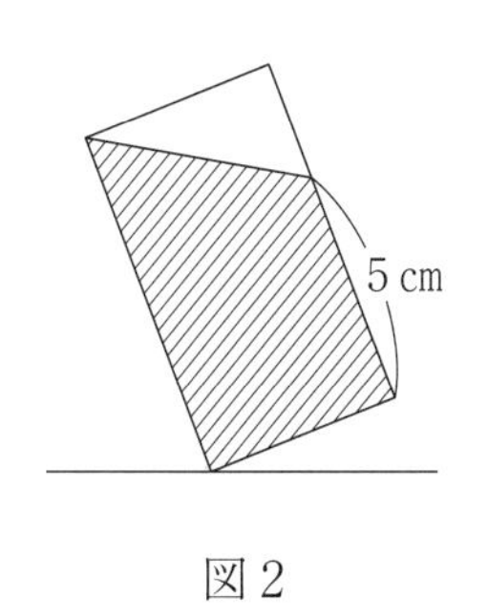

図2

9 右の図は，大きな直方体から小さい直方体をいくつか切り取った立体です。この立体の体積は［　　　］cm^3 です。

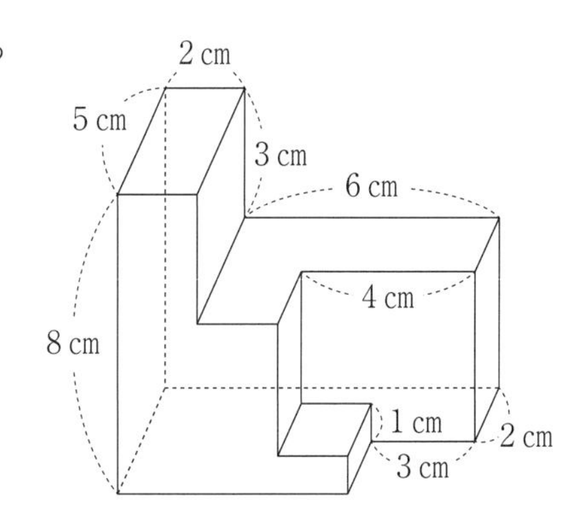

10 図1のように，直角二等辺三角形ABCを頂点Cを中心として110°回転させて直角二等辺三角形A′B′Cをつくりました。そして，図2のように点AとA′，点BとB′をそれぞれ結びます。㋐，㋑の角の大きさはそれぞれ何度ですか。㋐(　　　度)　㋑(　　　度)

図1

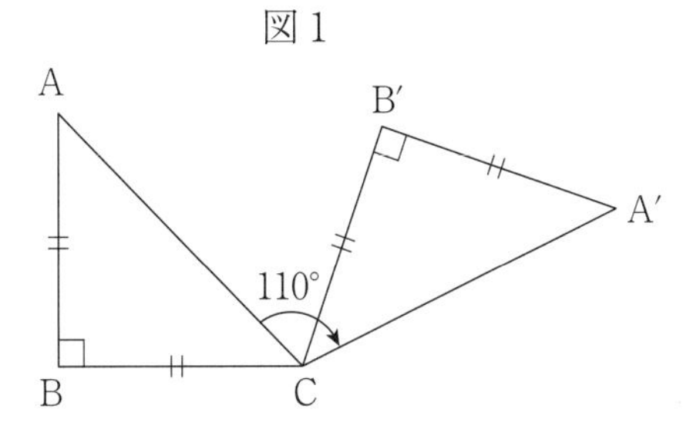

図2

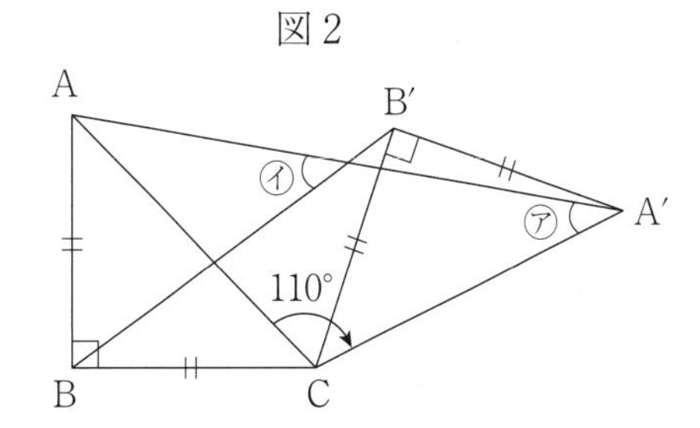

日々トレ69

所要時間
点　分　秒

問題に条件がない時は，□にあてはまる数を答えなさい。

1　$(3 - 0.25) \times \frac{3}{13} \div 4\frac{2}{13}$　(　　　)

2　234 + 243 + 324 + 342 + 423 + 432　(　　　)

3　$\left(1\frac{3}{4} \div \boxed{} + \frac{1}{4}\right) \div 3\frac{1}{4} - \frac{1}{12} = \frac{1}{4}$

4　30人のクラスで100点満点の算数と国語のテストを行いました。次のグラフは，その結果を表したものです。ただし，各区間は○○点以上△△点未満として書かれたものです。

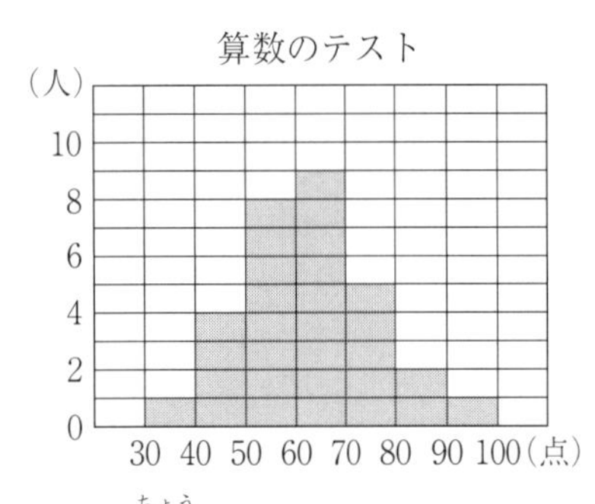

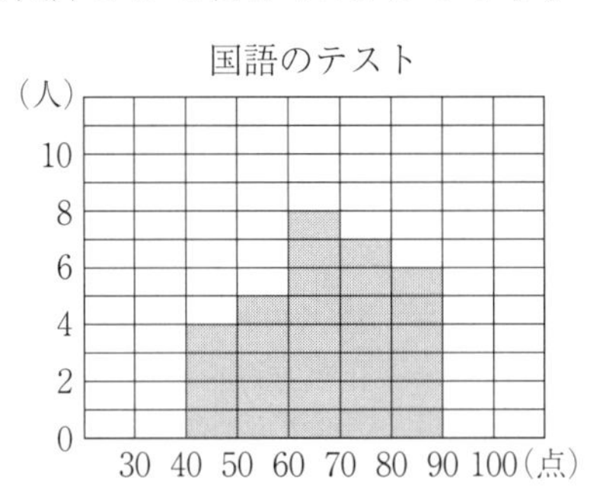

2つのグラフの特徴(ちょう)を表した文章としてふさわしいものを，次の(ア)から(エ)の中からすべて選び記号で答えなさい。(　　　)

(ア)　算数，国語ともに60点以上70点未満の区間の人数が一番多い。
(イ)　算数ができる人は国語もできる傾(けい)向にある。
(ウ)　算数の最高点は90点台で，国語の最高点は80点台である。
(エ)　算数，国語ともに上から10番目の点数は70点台である。

5　1，2，3，4，5の5枚のカードの中から2枚取り出してならべてできる2けたの数のうち，4の倍数は全部で□個あります。

6　120mのまっすぐな道の片側に端(はし)から端まで3m間隔(かんかく)で木を植えます。その後，同じ道上に端から端まで4m間隔で花を植えます。すでに木が植えられているところには花は植えません。このとき，植えられる花は何本ですか。ただし，木，花の太さは考えないものとします。(　　　本)

7　5時から6時の間で，短針と長針とのなす角が120°となる時刻のうち，遅い方の時刻は5時［　　　］分です。

8　右の図のように，1辺の長さが1cmの立方体をあわせて，1辺の長さが4cmの立方体を作りました。黒く塗（ぬ）られた部分を反対側までくり抜（ぬ）いたとき，残った立体の体積を求めなさい。ただし，くり抜いても立体はくずれないものとします。（　　　cm^3）

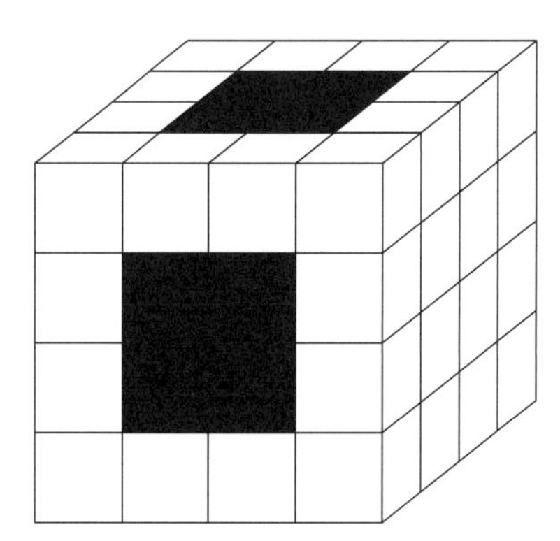

9　右の図は，長方形を2つ組み合わせたものです。かげをつけた図形を直線ABを軸（じく）として1回転させたときにできる立体の体積は［　　　］cm^{3}です。ただし，円周率は3.14とします。

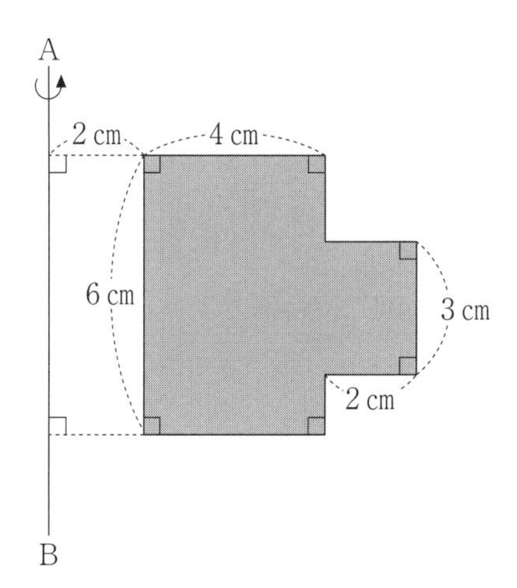

10　右の図は，1辺の長さが9cmの立方体です。Pは辺ADのまん中の点，Qは辺CDのまん中の点です。このとき，次の問いに答えなさい。

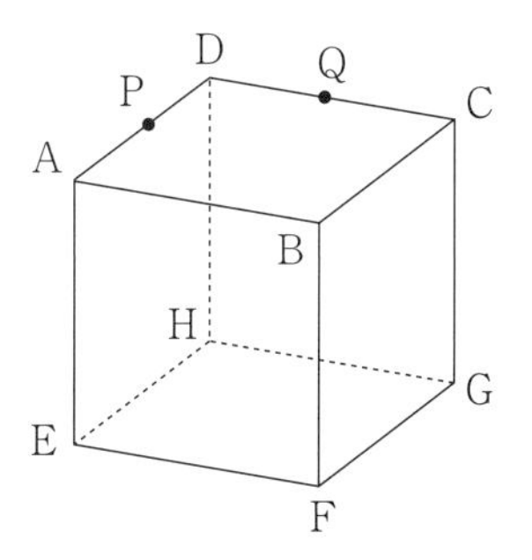

①　この立方体を，3点E，P，Qを通る平面で切ると，断面にできる平面図形の辺は展開図にどのようにかくことができますか。次の展開図に合うようにかきなさい。

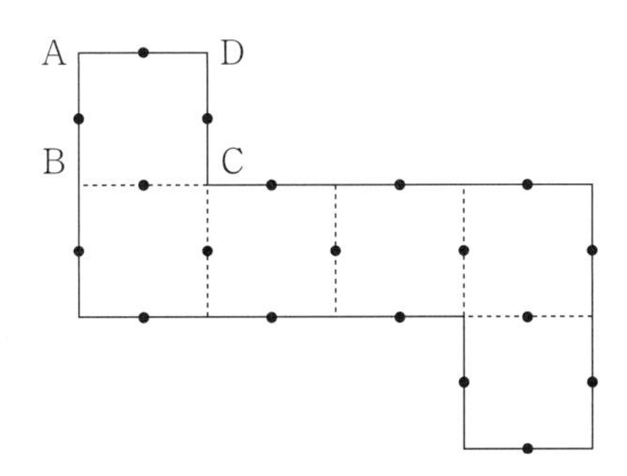

• はすべて辺のまん中の点です

②　この立方体を，3点E，P，Qを通る平面で切り分けるとき，頂点Bをふくむ立体の体積を求めなさい。（　　　cm^3）

日々トレ 70

所要時間

点　　分　　秒

問題に条件がない時は，□にあてはまる数を答えなさい。

1　$0.875 \div 3\frac{1}{4} \times 2 + \left(1.5 + \frac{1}{22}\right) \div 8.5 - 0.25 \div \left(1\frac{1}{24} - \frac{2}{3}\right)$　（　　　）

2　$(24 + 49 + 74 + 99 + 126 + 151 + 176 + 201) \div 9$　（　　　）

3　$84 - 64 \div \{3 \times (\square + 5) \div 6\} = 68$

4　ある施設(しせつ)の入場料は，こども5人分とおとな3人分とが同じ金額です。こども10人，おとな4人で入場したところ，合わせて3500円になりました。こども1人の入場料は□円です。

5　プリン3個とゼリー4個を買うと750円，プリン5個とゼリー7個を買うと1280円でした。プリンとゼリーを6個ずつ買うと代金は何円ですか。（　　　円）

6　アメが100個あります。Cさんは A さんの2倍より5個多くもらい，B さんは A さんの2倍より10個少なくもらいました。A さんはアメを何個もらいましたか。（　　　個）

7　原価に500円の利益を見こんで定価をつけた品物を，定価の2割引きで売ったところ，利益は120円になりました。この品物の原価を求めなさい。また，400円の利益を見こんで定価をつけ2割引きで売ると利益はいくらになるか，求めなさい。原価（　　　円）　利益（　　　円）

8　正五角形と正三角形が図のように重なり合っています。角アの大きさは何度ですか。（　　　度）

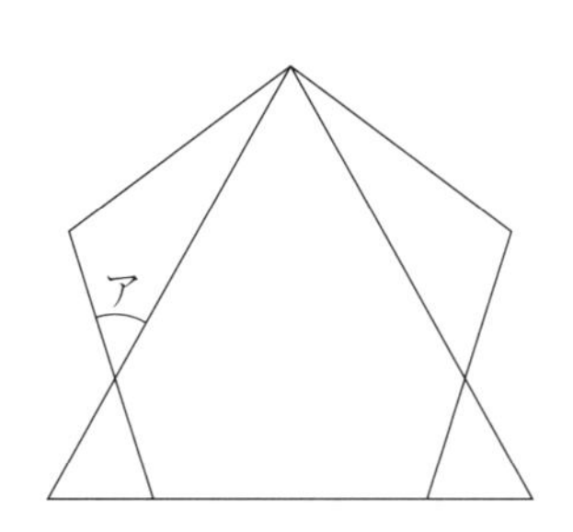

9　右の図のように，直方体の箱にリボンを結びます。結び目には20cm使います。リボンは［　　　］cm必要です。

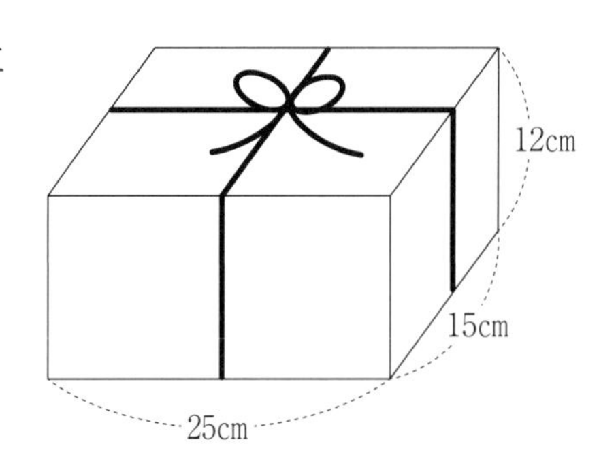

10　右の図のような1辺20cmの正方形ABCDの辺上を，点Pは点Aから反時計回りに毎秒2cmの速さで，点Qは点Aから時計回りに毎秒1cmの速さで動きます。点Pと点Qは同時に出発しました。

① 点Pと点Qが出発してから8秒たったときの三角形PQAの面積を求めなさい。（　　　cm^2）

② 点Pと点Qが出発してから15秒たったときの三角形PQAの面積を求めなさい。（　　　cm^2）

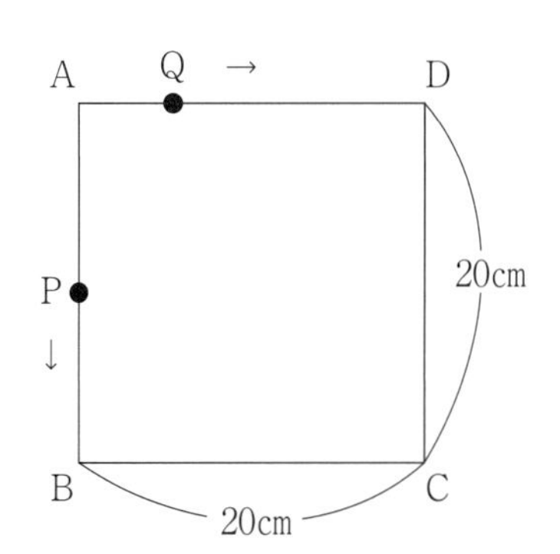

日々トレ 71

所要時間　　点　　分　　秒

問題に条件がない時は，□にあてはまる数を答えなさい。

1　$3\frac{1}{6} + \frac{1}{3} \times 0.2 - 0.5$　（　　　）

2　$93 - 89 + 83 - 71 + 59 - 53 + 50 - 47 + 41 - 29 + 17 - 11 + 7$　（　　　）

3　$\left(\frac{21}{6} - \square \div \frac{1}{8}\right) \div \frac{2}{5} - \frac{1}{3} = 1\frac{1}{3}$

4　うるう年の１月１日は□曜日なので，８月８日は月曜日です。

5　A 君は現在６才で，A 君のお父さんは 30 才です。□年後，A 君と A 君のお父さんの年れいの比は２：３になります。

6　秒速 18m，長さ 120m の電車と，電車の $\frac{2}{3}$ の速さの貨物列車が，すれ違うのに９秒かかりました。貨物列車の長さは何 m ですか。（　　　m）

7 ある駅で改札を始めたとき，168 人の行列がありました。行列の人数はその後も一定の割合で増えていきます。改札口が1つのときは84分で行列がなくなり，改札口が2つのときは24分で行列がなくなります。改札口が3つのときは［　　　］分で行列がなくなります。

8 図のように1辺が2cmの正五角形の1つの頂点に，長さ10cmの糸ABの一方のはしを固定します。糸がたるまないように，左回りに五角形に巻きつけたとき，糸の先端(せんたん)Bが動いたあとの線の長さは何cmですか。ただし，円周率は3.14とします。（　　　cm）

9 小さな立方体を右の図のように，接着剤でくっつけて大きな立方体を作ります。その後，正面と横から右の図のように十字の形になるように反対側までトンネルをくりぬきました。このとき，くりぬかれた小さな立方体は［　　　］個です。

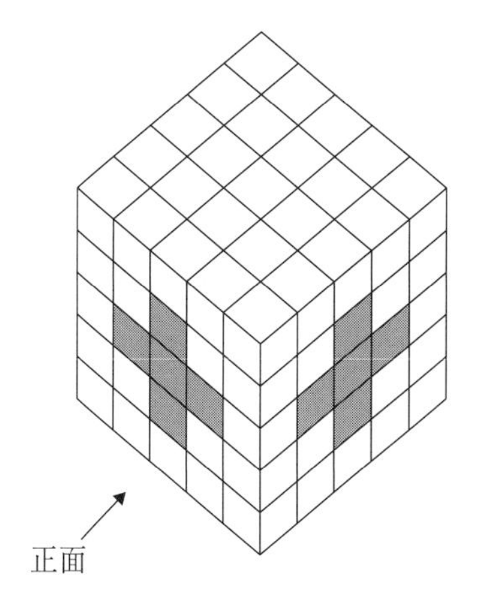

10 右の図はADとBCが平行な台形ABCDで，ADの長さは10cm，BCの長さは14cmです。ACとBDが点Oで交わり，三角形AODの面積が$50cm^2$のとき，台形ABCDの面積を求めなさい。（　　　cm^2）

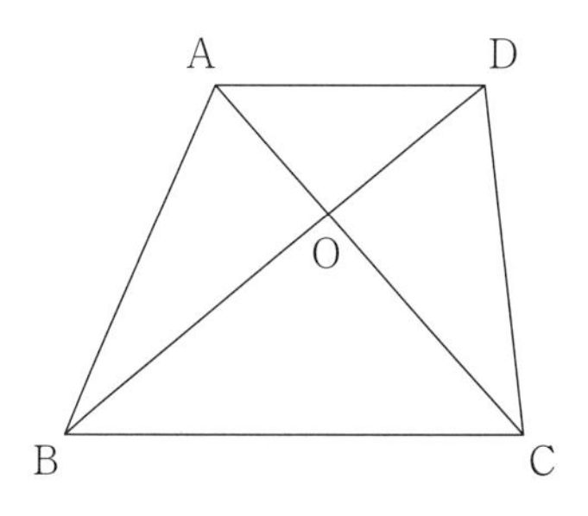

日々トレ 72

所要時間
点　分　秒

問題に条件がない時は，[　　] にあてはまる数を答えなさい。

1　$\left(1\frac{2}{5}-\frac{1}{7}\right)\div\frac{4}{7}-0.2$　(　　　)

2　$0.8\times(25\times7.2-4.7\times25)$　(　　　)

3　$\dfrac{15}{\boxed{}\times7-64}\div\dfrac{1}{3}=7\dfrac{1}{2}$

4　1から100までの整数のうち，7を加えると5の倍数となり，5を加えると7の倍数となる数をすべて答えなさい。(　　　　)

5　Dさんはきのう遊園地に入るため，所持金の $\frac{7}{10}$ を使い入場券を買いました。そして今日，おこづかい1000円をもらって買い物に行き，今日の所持金の $\frac{4}{5}$ を使うと500円残りました。きのう買った遊園地の入場券は [　　] 円です。

6　デパートで果物を買います。りんご1つ，みかん2つ，ぶどう3つを買うと650円です。また，りんご3つ，みかん2つ，ぶどう1つを買うと550円です。このデパートでりんご1つ，みかん1つ，ぶどう1つを買うと [　　] 円です。

7　ワタル君は7日間かけて，ある仕事の $\frac{3}{10}$ を終えました。その後，残りの仕事を16日間で仕上げました。毎日同じ時間仕事をしましたが，最終日のみ他の日より2時間多く仕事をしました。ワタル君は最終日に何時間仕事をしたか求めなさい。(　　　時間)

8　右の図において，点Pは直線BD上を動きます。APとCPの長さの和が最小になるとき，BPの長さは何cmですか。

(　　　cm)

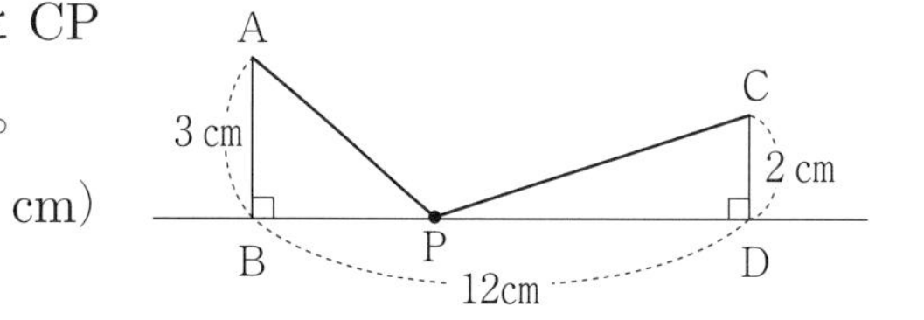

9　図のように2つの直角二等辺三角形が重なっているとき，かげをつけた部分の面積は何 cm^2 ですか。(　　　cm^2)

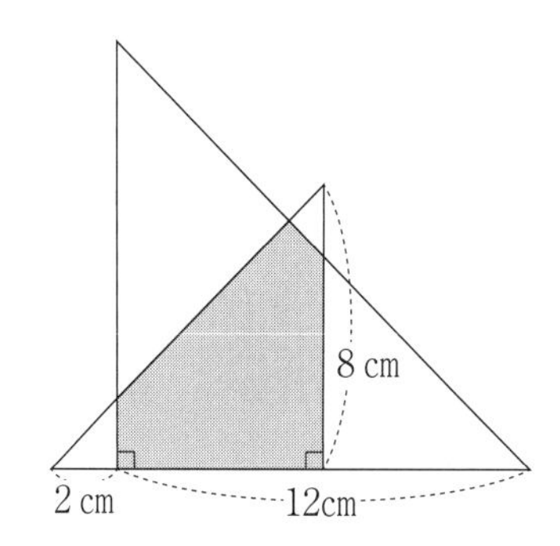

10　右の図のように，半径10cm，中心角60°のおうぎ形ABCを，直線上をすべらないようにころがします。このとき，おうぎ形が通ったあとの斜線(しゃせん)部分の面積は□cm^2 です。ただし，円周率は3.14とします。

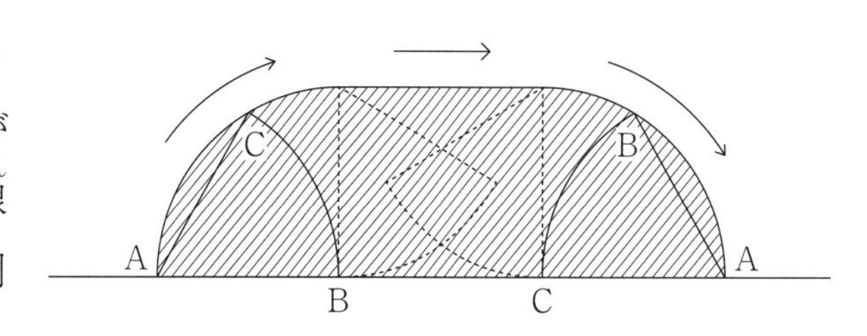

日々トレ 73

所要時間

点　　分　　秒

問題に条件がない時は，□にあてはまる数を答えなさい。

[1] $\dfrac{3}{10} \div \left\{0.125 + \left(\dfrac{1}{3} - \dfrac{1}{5}\right) \times \dfrac{5}{16}\right\} \div 0.36$ （　　　）

[2] $(2017 - 20.17) \div 2.017$ （　　　）

[3] $2 - \left(\square - \dfrac{3}{4}\right) \div 3.75 = 1\dfrac{2}{5}$

[4] ある中学校の1年生の男子と女子の生徒数の比は19：24でした。男子が何人か転校してきたので男女の比が5：6になり，1年生全体の生徒数は308人になりました。転校してきた生徒は何人か答えなさい。（　　　人）

[5] 濃度がわからない2つの食塩水AとBがあります。Aを77g，Bを55g取り出してかき混ぜたところ，9.4％の食塩水ができました。また，Aを36g，Bを45g取り出してかき混ぜたところ，8.9％の食塩水ができました。Aの濃度は何％ですか。（　　　％）

[6] 1，1，2，1，2，3，1，2，……のように規則的に数が並んでいます。はじめて10が現れるのは何番目ですか。（　　　）

7 遊園地の入口に開園前から550人の行列ができています。開園後は，毎分10人の人がこの行列に加わっていきます。入場口を3か所にすると，50分で行列がなくなりました。この行列を22分でなくすには，入場口を何か所にすればよいですか。(　　　か所)

8 右の四角形ABCDは台形です。この台形の面積は何cm^2ですか。

(　　　cm^2)

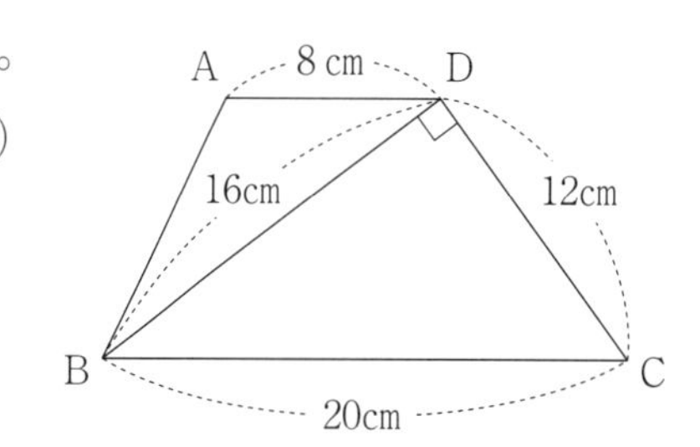

9 右の図のような，深さ90cmの直方体の水そうに水道管を使って一定の割合で水を入れます。水道管を1本使うと，水面は毎分4cmずつ高くなります。はじめの7分間は同じ水道管を2本使い，そのあとは水道管を1本使って水を入れます。このとき，水を入れ始めてから9分後の水面の高さは何cmか求めなさい。

(　　　cm)

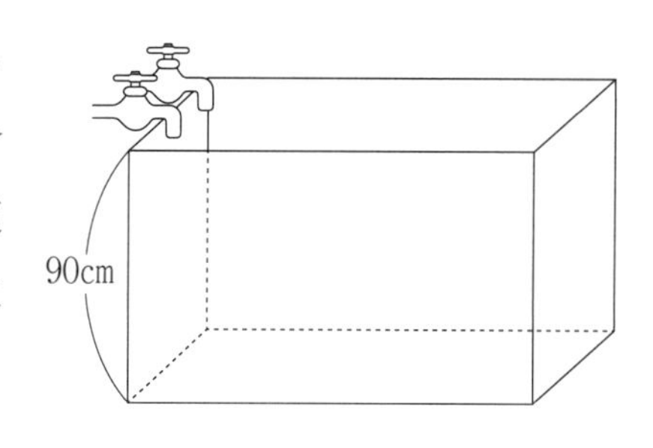

10 右の図は，1辺6cmの立方体から，3辺の長さが，2cm，2cm，6cmの直方体を3つ取り除いた形をした容器です。この容器に水をいっぱいになるまで入れました。このとき，次の各問に答えなさい。

① 何cm^3の水が入っているか求めなさい。(　　　cm^3)

② この容器を，辺ABを地面につけながら45°かたむけて，水をいくらかこぼしました。その後，容器をもとにもどしたとき，水面の高さを求めなさい。(　　　cm)

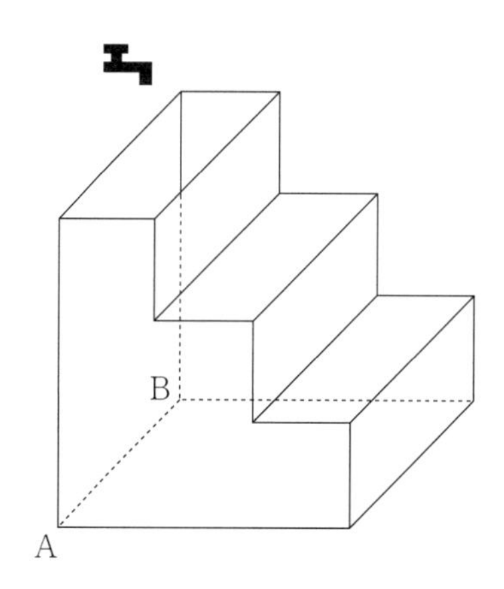

日々トレ 74

所要時間
点　　分　　秒

問題に条件がない時は，$\square$ にあてはまる数を答えなさい。

1　$2.4 + \left(2 - 1\frac{1}{4}\right) \times 0.5 \div \frac{5}{8}$　（　　　）

2　$55 \times 10 - 11 \times 49$　（　　　）

3　$\left(1\frac{4}{5} + \square \div \frac{3}{13}\right) \div 1\frac{3}{4} = 4$

4　A さんが家から学校まで往復しました。行きは分速 120m で走って，帰りは歩きました。往復の平均の速さは分速 90m でした。A さんの歩く速さは分速何 m ですか。（分速　　　m）

5　8 年前，父と A 君の年令の比は 5：1 で，現在，父と A 君の年令の比は 3：1 です。A 君は現在 $\square$ 才です。

6　定価で売れば，1 個につき 540 円の利益がある品物を，11 %引きで 10 個売ると，6 %引きで 5 個売ったときと同じ利益になります。この品物の定価は，1 個いくらですか。（　　　円）

7 ある池の周りをA君とB君は同じ地点から同時に，一定の速さで反対方向に進み始めたところ，2分15秒で出会いました。その後，A君は向きを変えてB君と同じ方向に進んだところ，出会ってから5分24秒でB君に後ろから追いつきました。A君の速さが分速85mのとき，B君の速さは分速何mですか。(分速　　　m)

8 右の図のような三角形ABCがあります。点Dは辺ABを3等分した点のうちAに近い方の点で，点Eは辺ACを2等分した点です。このとき，三角形DBEと三角形EBCの面積の比を最も簡単な整数の比で表しなさい。

(　　：　　)

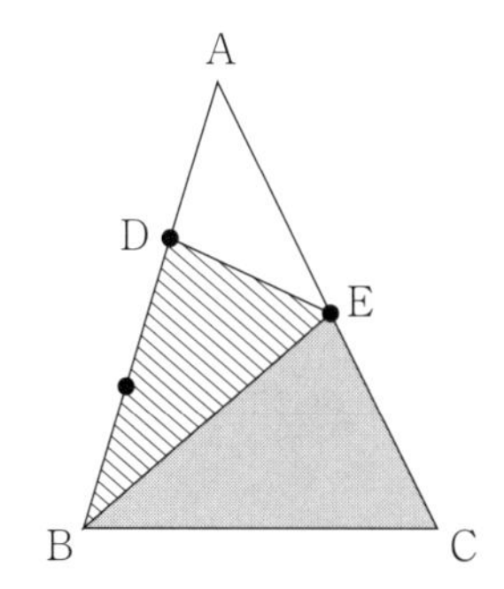

9 右の図のように，1辺が1cmの立方体を7段積んだとき，表面積は［　　　］cm^2です。

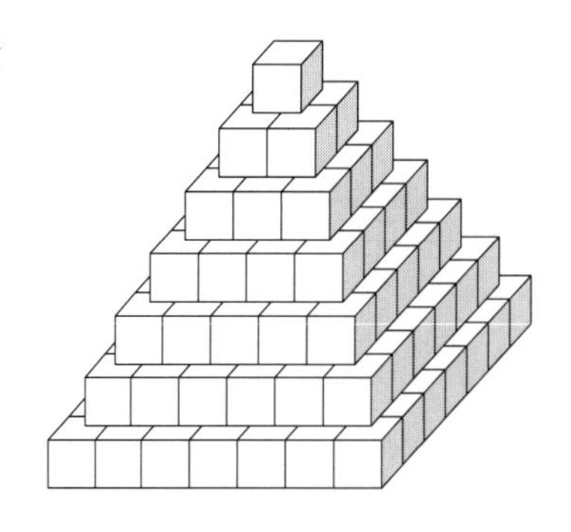

10 図のような立体があります。この立体の表面積は何cm^2ですか。ただし，円周率は3.14とします。(　　　cm^2)

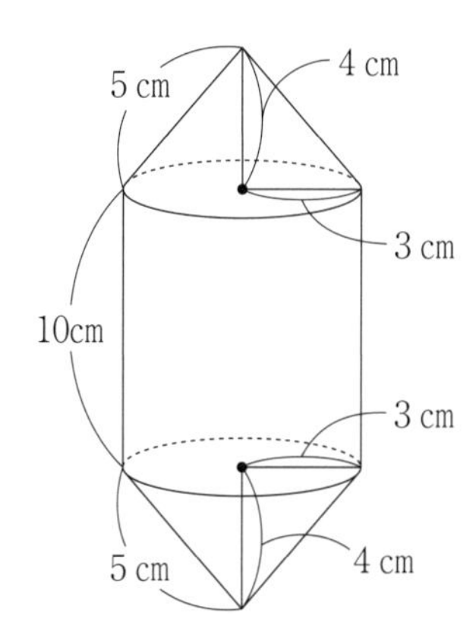

日々トレ 75

所要時間
点　分　秒

問題に条件がない時は，□にあてはまる数を答えなさい。

1　$0.25 \div \frac{1}{8} + 0.3 \times \frac{5}{8} \div \frac{3}{16}$　(　　　)

2　$2.017 \times 1.983 + 0.017 \times 0.017$　(　　　)

3　$\frac{1}{2} + \frac{1}{2} \times \left(3\frac{1}{2} \div \frac{4}{3} - \square\right) = 1\frac{5}{8}$

4　2016 年 4 月 1 日は金曜日です。2016 年 11 月 27 日は□曜日です。

5　4 人でリレーのチームを作ります。4 人が走る順番は全部で□通りあります。

6　ある列車は，全長 80m の鉄橋を渡るのに 20 秒かかる。列車の速さを 2 倍にすると，全長 580m の鉄橋を渡るのに 30 秒かかる。この列車の長さは□m である。

7　3％と11％の食塩水を混ぜ合わせて8％の食塩水を200gつくりました。混ぜた3％の食塩水は何gですか。（　　　g）

8　左の円柱と，右の円すいと半球を組み合わせた立体の体積が等しい。これを利用して，半径3cmの球の体積を求めなさい。ただし，円周率は3.14とします。（　　　cm^3）

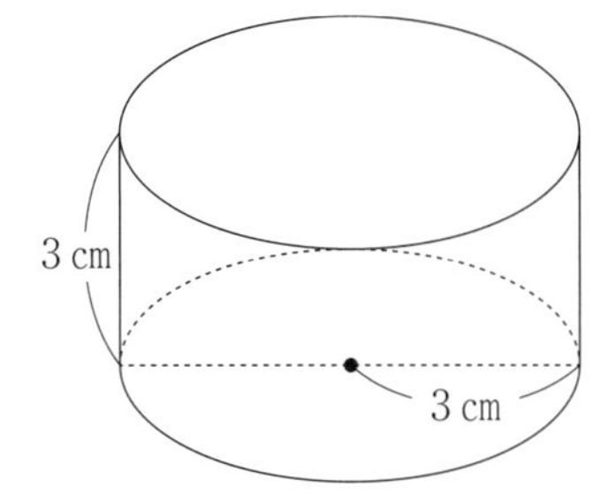

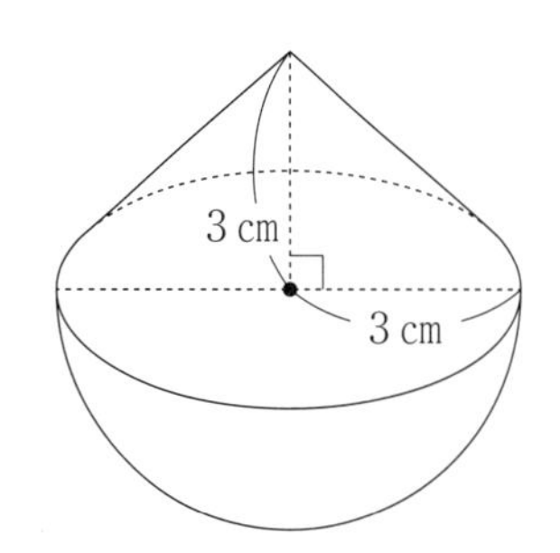

9　右の平行四辺形ABCDで，点Pは辺ADのまん中の点，点Qは辺CDを3等分した点のうち点Cに近い方の点です。平行四辺形ABCDの面積が144cm^2のとき，かげをつけた部分の面積は何cm^2ですか。（　　　cm^2）

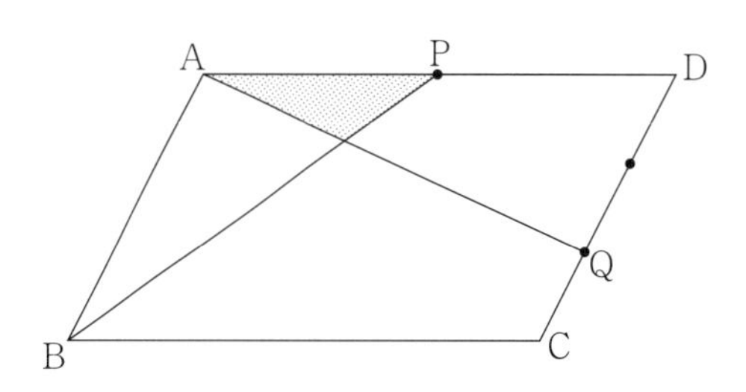

10　サイコロは向かい合う面の目の数をたすと7になっています。2個のサイコロを図のように机の上に並べたとき，どの方向から見ても見えない4つの面の目の数の合計は，最も大きいとき［　　　］になります。

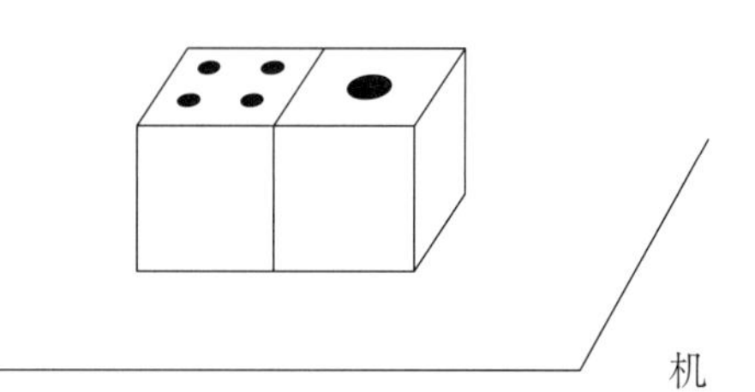

日々トレ 76

所要時間

点　　分　　秒

問題に条件がない時は，□にあてはまる数を答えなさい。

1　$\left(4\frac{1}{3} - 0.2\right) \div 6.2$　(　　　)

2　$9876 + 7654 + 5432 - 876 - 6754 - 5342 + 9$　(　　　)

3　$\left(\boxed{} \times 0.31 + 2\frac{2}{5}\right) \div \frac{43}{18} = 3.6$

4　6 で割っても 16 で割っても 3 余る整数のうち，200 にもっとも近い整数を求めなさい。(　　　)

5　叡子さんは持っていたお金の $\frac{2}{5}$ より 30 円多く使いました。次に，その残りの $\frac{5}{6}$ より 15 円少なく使ったので，残りは 40 円になりました。はじめに持っていたお金は何円ですか。(　　　円)

6　12 %の食塩水が 600g あります。この食塩水のうち 100g をすてて，かわりに水を 100g 入れると，食塩水は□%になります。

7 兄と弟の所持金の比は13：11でしたが，兄が弟に867円渡すと，所持金の比は3：13になりました。はじめの兄の所持金はいくらでしたか。(　　　円)

8 右の図のような，底面が直角三角形で高さが3cmの三角柱があります。BG：GC＝1：1，EH：HF＝1：2です。この三角柱を3点A，G，Hを通る平面で切るとき，頂点Bを含(ふく)む立体の体積を求めなさい。(　　　cm^3)

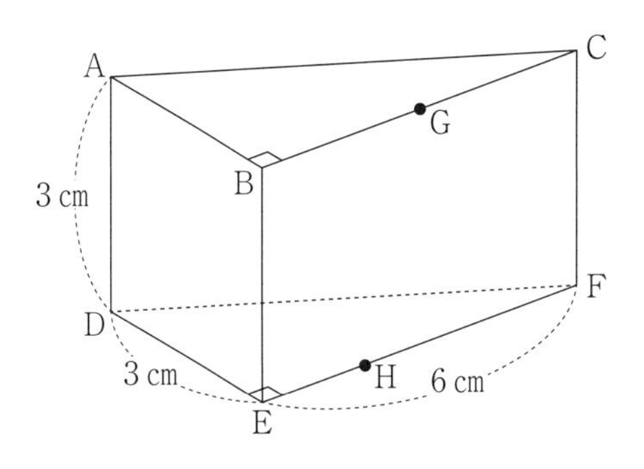

9 半径10cmで高さ30cmの円柱のカップと半径6cmで高さ30cmの円柱のおもりがあり，カップにはいくらかの水が入っています。

カップの中におもりを底まで垂直に沈(しず)めると，カップの水面の高さが16cmになりました。

カップには，はじめ高さ何cmまで水が入っていたか答えなさい。ただし，円周率は3.14とします。(　　　cm)

10 下の〈図1〉，〈図2〉のように，正方形と三角形が重なっています。Ⓐ，Ⓘの角の大きさを求めなさい。Ⓐ(　　　度)　Ⓘ(　　　度)

〈図1〉

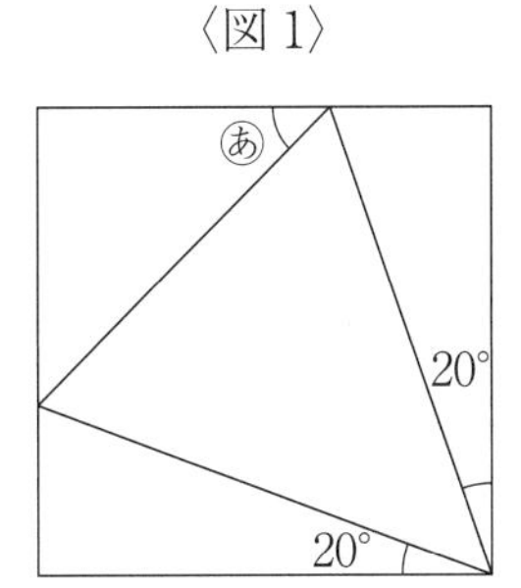

〈図2〉

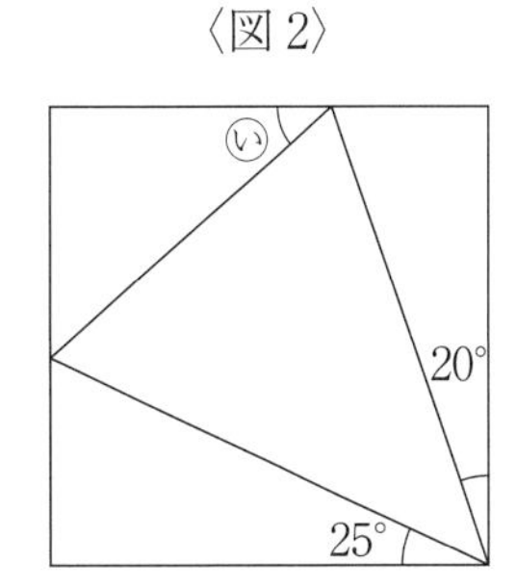

日々トレ77

所要時間
点　分　秒

問題に条件がない時は，$\boxed{}$ にあてはまる数を答えなさい。

1　$\frac{11}{12} - \left\{0.375 \div \left(0.75 - \frac{3}{20}\right) + 0.25\right\}$　(　　　)

2　$0.29 \times 87 - 0.58 \times 6.5 - 1.16 \times 16$　(　　　)

3　$164 \div \{3 + (\boxed{} \times 3 - 7 \times 7) - 12\} = 20.5$

4　A，B，Cの3人があるテストを受けたところ，AとBの平均点は71.5点，BとCの平均点は76.0点，AとCの平均点は79.5点でした。このとき，Cの点数は $\boxed{}$ 点です。

5　ある商品に原価の3割の利益を見込(こ)んで定価をつけました。売れなかったので1割引きで売ったところ，利益が170円でした。この商品の原価は $\boxed{}$ 円です。

6　車両の長さが131mで時速72kmの一定の速さで走る普通(ふつう)列車と，車両の長さが245mで時速86.4kmで一定の速さで走る特急列車が並行(へいこう)する線路の上を同じ向きに走っています。あるトンネルに普通列車が完全に入ったときに，同じトンネルに特急列車が入り始めました。また，特急列車がトンネルから完全に出たときに普通列車はトンネルから出始めました。トンネルの長さは何mですか。(　　　m)

7　1日目は1ページ，2日目は2ページ，3日目は4ページ，4日目は7ページ，5日目は11ページだけ本を読む。このように本を読めば，15日目は［　　　］ページだけ本を読むことになる。

8　図のような底面の半径が1cmで母線の長さが6cmの円すいがあります。点Aから点Aまで側面を1周するように糸をかけるとき，糸の長さが最も短くなるのは何cmのときですか。ただし，円周率は3.14とします。（　　　cm）

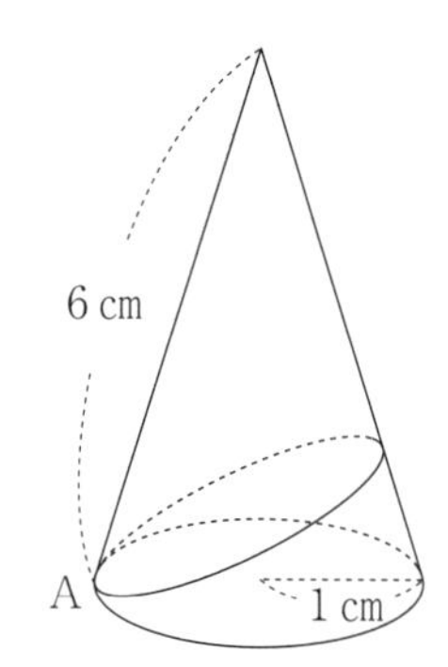

9　右図のような縦6cm，横12cmの長方形の外側に，1辺の長さが3cmの正三角形が接しています。正三角形をすべらないように転がし，長方形の辺上を1周させてもとの位置まで戻します。このとき，点Pが動いた長さは何cmですか。ただし，円周率は3.14とします。（　　　cm）

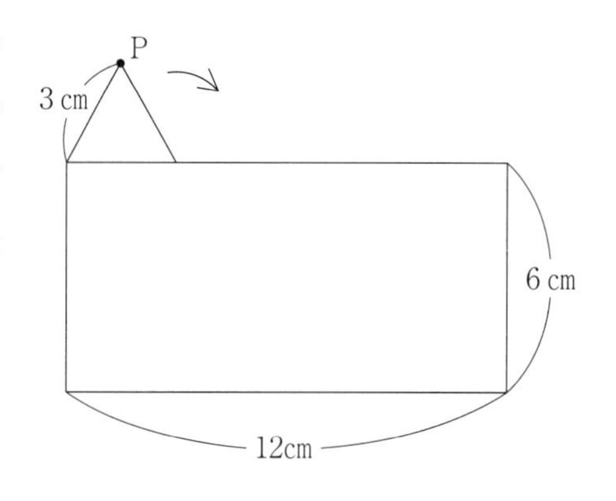

10　右の図形は半径3cmの円5つでできています。半径3cmの円がその図形の外側に沿って1周するとき，円の中心が描（えが）く線の長さは何cmか答えなさい。ただし，円周率は3.14とします。（　　　cm）

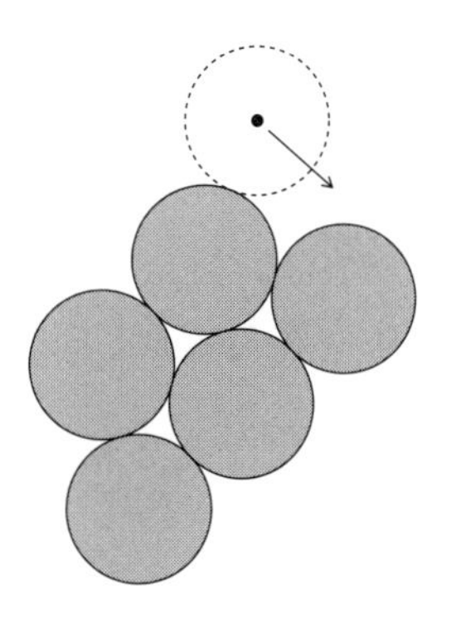

日々トレ 78

所要時間
点　分　秒

問題に条件がない時は，□にあてはまる数を答えなさい。

1　$\left\{\left(0.5-\dfrac{1}{3}\right)\div 0.25+0.4\times\left(\dfrac{1}{3}+0.5\right)\right\}\times 28$　(　　　)

2　$\dfrac{1}{2\times 3}+\dfrac{1}{3\times 4}+\dfrac{1}{4\times 5}+\dfrac{1}{5\times 6}+\dfrac{1}{6\times 7}+\dfrac{1}{7\times 8}$　(　　　)

3　$2017-\{39-(\boxed{}+6)\div 4\}\times 58=161$

4　3000円で仕入れた品物に原価の2割増しの定価をつけましたが，売れなかったので定価の2割引きで売りました。このとき，売り値を求めなさい。(　　　円)

5　濃度3％の食塩水が600gあります。水を□g蒸発させると，濃度7.2％の食塩水になりました。

6　2つの数［ア］と［イ］のたし算をする計算をまちがえてひき算をしたので，答えは41になりました。これは正しい答えの$\dfrac{1}{5}$です。ただし，［ア］にあてはまる数は［イ］にあてはまる数より大きいものとします。

7　川の下流のA地点と上流のB地点を船が往復します。A地点からB地点に上るのに56分，B地点からA地点に下るのに40分かかります。流れのないところを進む船の速さと川の流れの速さはどちらも一定とするとき，流れのないところを進む船の速さは川の流れの速さの何倍ですか。

（　　　倍）

8　台の上に3つのさいころが正面から見るとすべて5の目になるように並べています。このとき，上の面の目の数の合計は全部で［　　］種類あります。ただし，どのさいころも向かい合った目の数は合わせて7です。

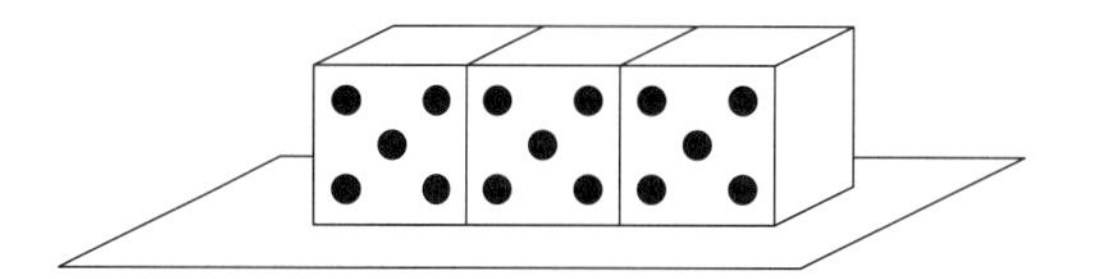

9　右の図は正方形ABCDの頂点Bが点Eに重なるように折りまげたものです。辺ADと辺EFは平行です。角GAEの大きさが22°のとき，アの角の大きさを求めなさい。（　　　度）

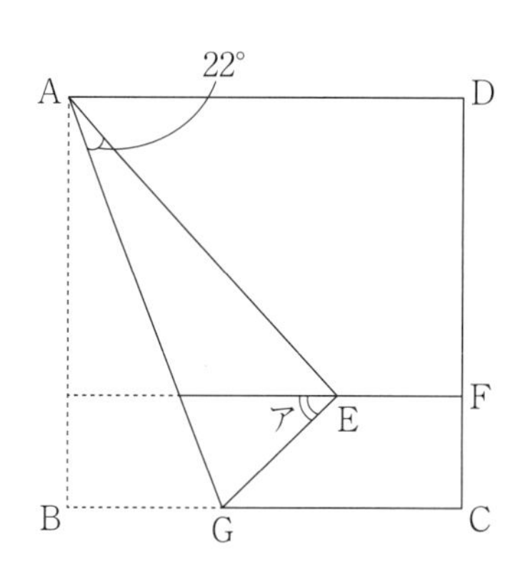

10　図のような台形ABCDの面積は［　　］cm^2です。

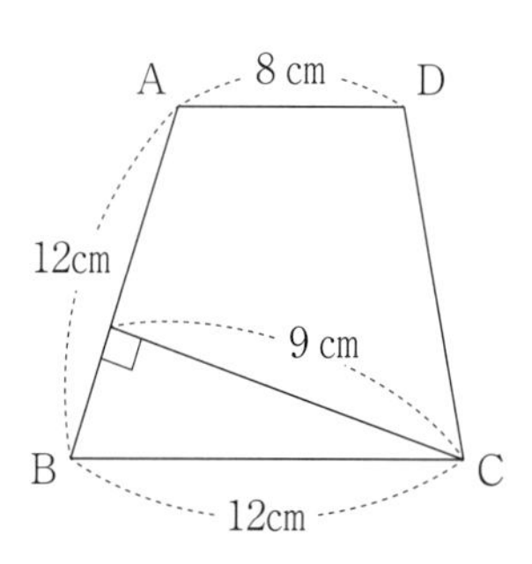

日々トレ 79

所要時間

点　　分　　秒

問題に条件がない時は，$\square$ にあてはまる数を答えなさい。

1　$0.25 \times 5 + \frac{1}{2} \div \frac{5}{2} - 0.45$　（　　　）

2　$\frac{1}{1 \times 3} - \frac{1}{3 \times 5} - \frac{1}{5 \times 7} - \frac{1}{7 \times 9}$　（　　　）

3　$\left\{(3 + \square) \times 2 - \frac{1}{2}\right\} \div 3 = 2$

4　3で割ると2余り，4で割ると3余り，7で割ると6余る数があります。このような数のうち，最も小さい数はいくつか求めなさい。（　　　）

5　図のように，正方形のタイルを規則的に並べていきます。このとき，7番目には正方形のタイルは何個並んでいますか。（　　　個）

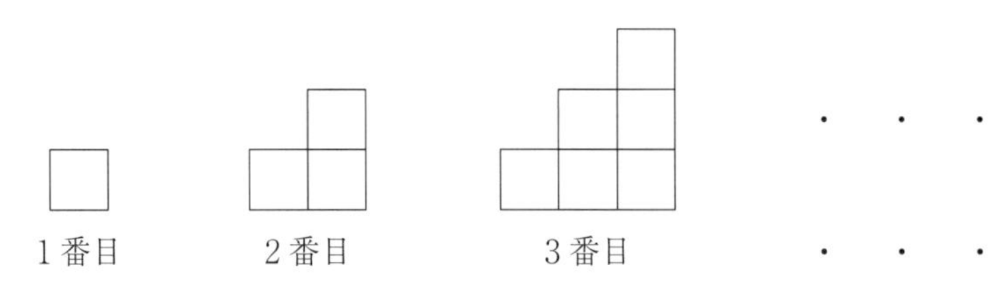

6　子どもが何人かいて，長いすが何脚（きゃく）かあります。長いす1脚に5人ずつ座（すわ）ると2人だけが座れませんでした。あとから子どもが4人やってきたので，長いす1脚に7人ずつ座っていったところ，最後の長いすには何人かが座り，さらにだれも座っていない長いすが1脚残りました。最初にいた子どもは何人ですか。考えられるものをすべて答えなさい。（単位はかかなくてかまいません）

（　　　　）

7 容積が600Lの水そうに，同じ2本のじゃ口から一定の割合で水を入れます。また，この水そうの底面には穴が開いていて，一定の割合で水が外に流れ出ます。

空の水そうに，じゃ口を1本だけ使って水を入れると，40分で満水になり，空の水そうに，じゃ口を2本だけ使って水を入れると，15分で満水になります。

満水の状態でじゃ口を止めたとき，そこから何分で空になりますか。（　　　分）

8 図のように，BC = 20cmの三角形ABCと半径1cmの円Pがあります。円Pを三角形ABCの辺にそって離れることなく三角形ABCの内側を一周させると，三角形ABCの内側で円Pが通らなかった部分は，頂点A，B，Cの近くと中央の三角形DEFの，合わせて4つあり，その面積は全部で16.86cm^{2}でした。EF = 8cmのとき，三角形ABCの面積を求めなさい。ただし，BCとEFは平行であるとします。また，円周率は3.14とします。（　　　cm^2）

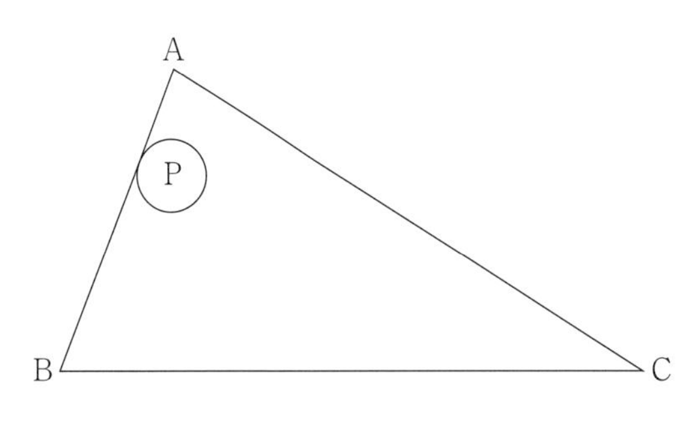

9 図1のように，30cmの高さまで水を入れた直方体の水そうがあります。水がこぼれないようにしっかりとふたをして，図2のようにこの水そうをたおしたとき，水の高さは何cmになりますか。

（　　　cm）

40cm　30cm　20cm　30cm
図1

20cm　30cm　40cm
図2

10 右の図のように，中心が同じ3つの円があります。円の半径は，それぞれ2cm，4cm，6cmです。また，これらの円は直線によって8等分されています。色のついた部分▭の面積は何cm^{2}ですか。ただし，円周率は3.14とします。（　　　cm^2）

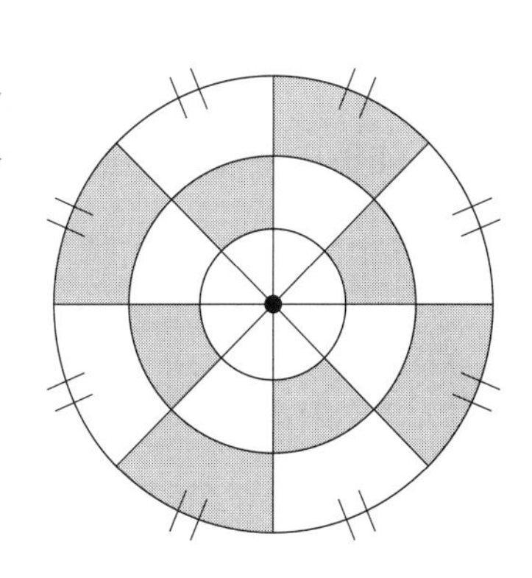

日々トレ 80

所要時間　　点　　分　　秒

問題に条件がない時は，$\square$にあてはまる数を答えなさい。

1　$\left(3\frac{1}{4}-1\frac{5}{6}\right)\times\left(1\frac{3}{8}-0.175\right)\div 0.85$　（　　　）

2　$\frac{1}{3\times 5}+\frac{1}{5\times 7}+\frac{1}{7\times 9}+\frac{1}{9\times 11}$　（　　　）

3　$1\frac{5}{8}-\left\{\left(\frac{16}{3}+\square\right)\div 6\frac{2}{3}-2\right\}=0.875$

4　ある中学校で1年生の得意教科を調べ，円グラフに表しました。数学は国語の2倍で，英語は国語より28人多く，その他の教科が得意な人は48人でした。このとき中学1年生全員の人数は何人ですか。

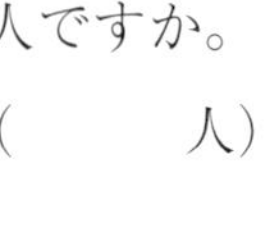

（　　　人）

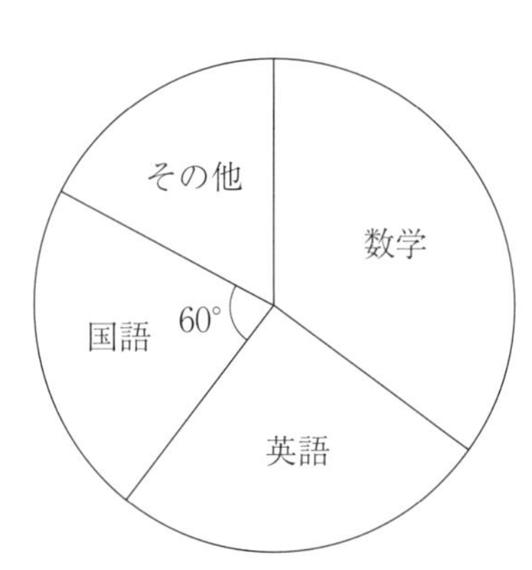

5　4％の食塩水300gに，水を100g混ぜると$\square$％の食塩水になります。

6　ある仕事をするのにAさん1人では15日，Bさん1人では10日，Cさん1人では12日かかります。AさんとBさん2人で4日間この仕事をしたあと，残りをCさん1人でしました。Cさんは何日仕事をしたでしょう。（　　　日）

7 長さ220mの急行列車と長さ140mの普通(ふつう)列車が反対側から来てすれちがうとき，出会ってから離(はな)れるまで9秒かかります。また，この急行列車と普通列車が同じ向きに進むとき，急行列車が普通列車に追いついてから完全に追いぬくまで36秒かかります。急行列車と普通列車の速さはそれぞれ秒速何mですか。急行列車(秒速　　　m)　普通列車(秒速　　　m)

8 右の図のように，辺ADと辺BCが平行な台形ABCDがあります。直線PQは台形ABCDの面積を2等分しています。DQ＝5cmのとき，APの長さは何cmですか。(　　　cm)

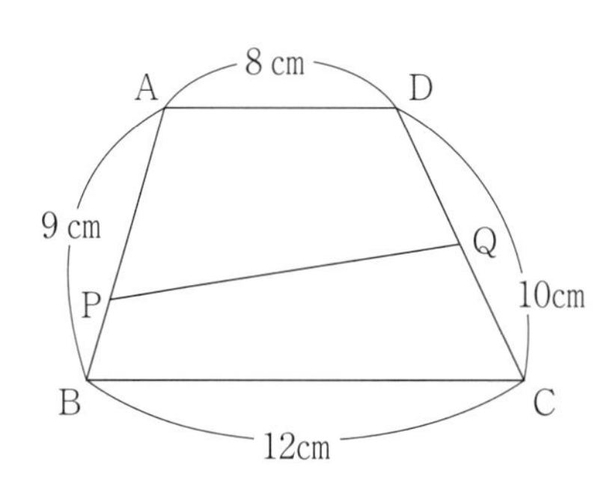

9 右の図で，立体アはすべての辺の長さが2cmである三角すいです。立体イは底面が正方形である四角すいで，辺の長さはすべて1cmです。立体アのP，Q，RはそれぞれAB，AC，ADの真ん中の点です。このとき，4つの点A，P，Q，Rを頂点とする三角すいの体積は立体アの体積の あ 倍です。また，立体イの体積は立体アの体積の い 倍です。

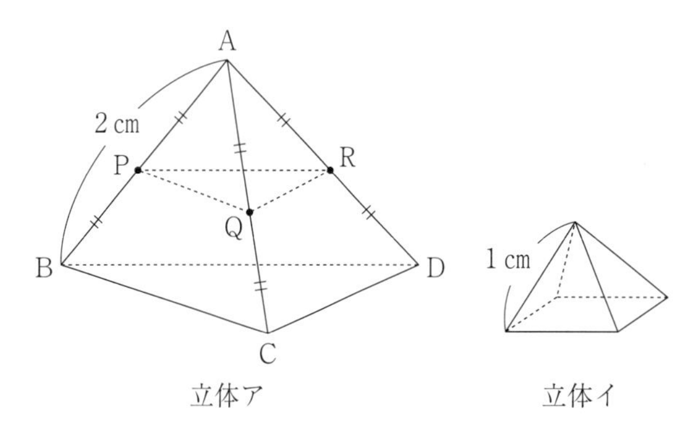

10 右の図で印をつけた角をすべてたすと　　　°になります。

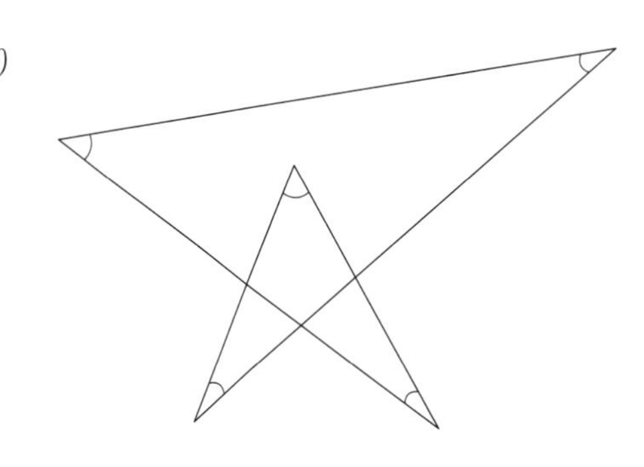

日々トレ 81

所要時間

点　　分　　秒

問題に条件がない時は，□にあてはまる数を答えなさい。

1 $0.125 \div \frac{3}{4} \times 1\frac{1}{3} - \frac{2}{9}$　（　　　）

2 $\frac{1}{1 \times 3} + \frac{1}{2 \times 4} + \frac{1}{3 \times 5} + \frac{1}{4 \times 6} + \frac{1}{5 \times 7} + \frac{1}{6 \times 8} + \frac{1}{7 \times 9} + \frac{1}{8 \times 10}$　（　　　）

3 $\frac{1}{3} + 2 \times (0.375 - \square \div 6) = 0.875$

4 たてが108cm，横が144cmの長方形の紙の上に，大きさが同じ正方形の折り紙をすきまなくはるとき，折り紙の枚数をできるだけ少なくするには，折り紙は□枚必要です。

5 図は3時□分の時計を表しています。このとき，3時ちょうどから長針が動いた角度は，㋐の角度の2倍です。

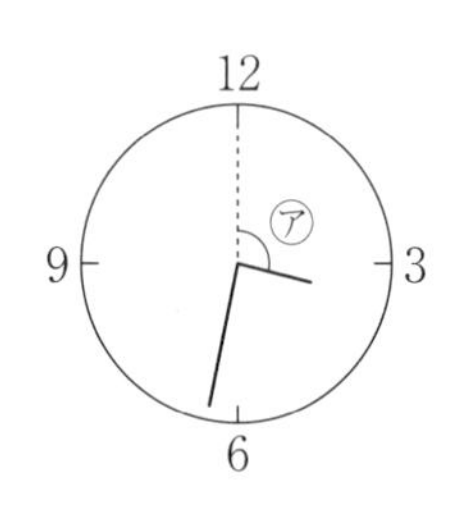

6 いま持っているお金で，りんごとみかんを12個ずつ買うと3600円かかって，さらにお金が残ります。残ったお金でりんごをもう1個買おうとすると25円足りませんが，みかんをもう1個買おうとすると35円余ります。いま持っているお金はいくらですか。ただし，消費税は考えないものとします。（　　　円）

7　1問正解すると3点をあたえ，1問まちがえると2点減点するというルールで計算問題を30問解いたところ，得点が75点になりました。このとき，まちがえた問題は［　　　］問です。

8　右の図は，一組の三角定規を重ねて作った図形です。
角㋐の大きさを求めなさい。（　　　度）

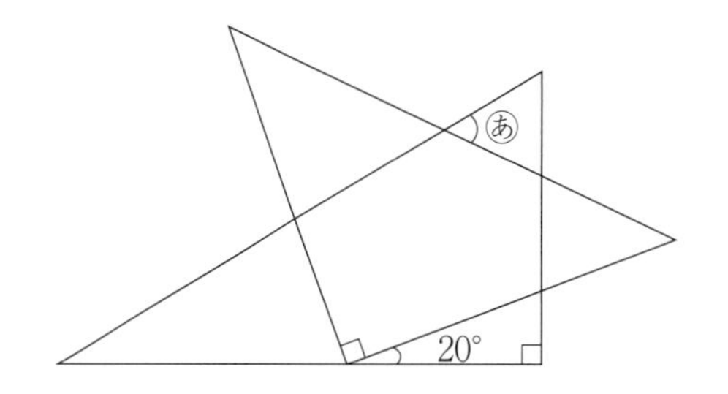

9　右の図の四角形ABCDは長方形で，点Aと点Dと点Eは1本の直線で結ぶことができます。しゃ線をつけた部分の面積は［　　　］cm^2 です。

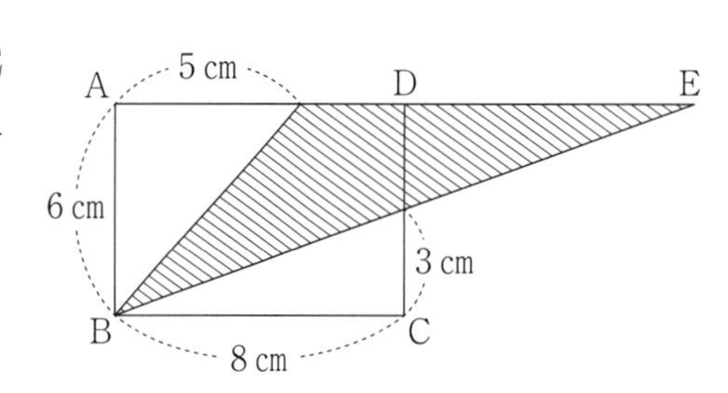

10　右の図の斜線(しゃせん)部分の面積は長方形ABCDの面積の何倍ですか。
（　　　倍）

日々トレ 82

所要時間

点　分　秒

問題に条件がない時は，$\square$ にあてはまる数を答えなさい。

1　$\left(1\frac{2}{3}-0.75\right)\times\left(\frac{3}{11}+0.125\times24\right)-2.8$　(　　　)

2　$\frac{1}{12\times13}+\frac{2}{13\times15}-\frac{1}{14\times15}$　(　　　)

3　$\left\{\left(\frac{5}{12}-\frac{2}{7}\right)\times\square+2\frac{1}{5}\right\}\div1.1=5\frac{2}{21}$

4　A 地点と B 地点の間を往復するのに，行きは時速 7 km の速さで 1 時間 30 分かかり，帰りは行きと同じ道を時速 3 km の速さで帰ってきました。道のり全体の平均の速さは時速何 km ですか。

(時速　　　km)

5　ある小学校の 6 年生のうち，男子は学年全体の $\frac{3}{5}$ より 6 人少なく，女子は学年全体の $\frac{4}{7}$ より 18 人少ないです。このとき，6 年生は $\square$ 人です。

6　長さ 4 m の木材を端(はし)から 80cm ずつに切り分けます。1 回切るのに 3 分かかり，1 回切ったら 2 分休むことにすると，全部切り終わるのに何分かかりますか。(　　　分)

7 ある遊園地では，1つの窓口で午前10時から入場券を売り出します。ある日，午前10時に窓口にはすでに160人が入場を待っていました。その後，この遊園地には毎分1人の割合で来園し，午前11時20分に入場を待っている人はいなくなりました。もし2つの窓口で午前10時から入場券を売り始めていたら，午前 ア 時 イ 分に待っている人はいなくなります。

8 ㋐の角度を求めなさい。（　　　度）

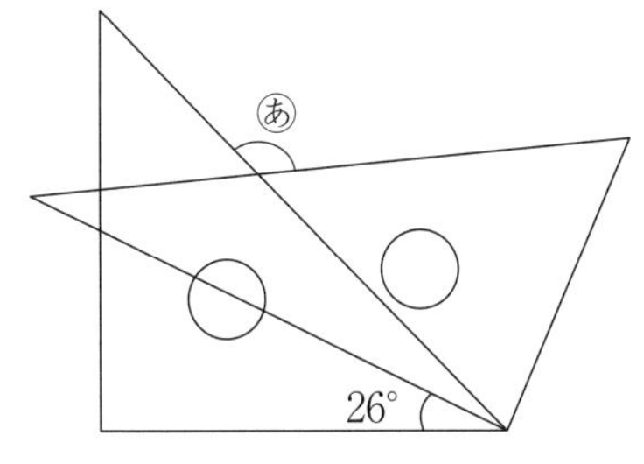

1組の三角じょうぎを重ね合わせたもの

9 長方形ABCDの面積は45cm^{2}です。CHの長さが6cmのとき，BEの長さは　　　cmです。

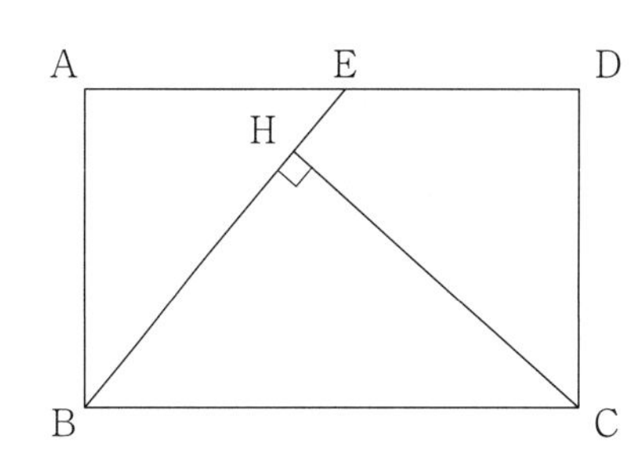

10 右の図のように高さ9mの街灯（がいとう）から8m離（はな）れた所に，高さ3m，幅（はば）が4mの壁（かべ）があります。壁によって影（かげ）になっている部分の体積は　　　m^{3}です。ただし，街灯の大きさや壁の厚さは考えないものとします。

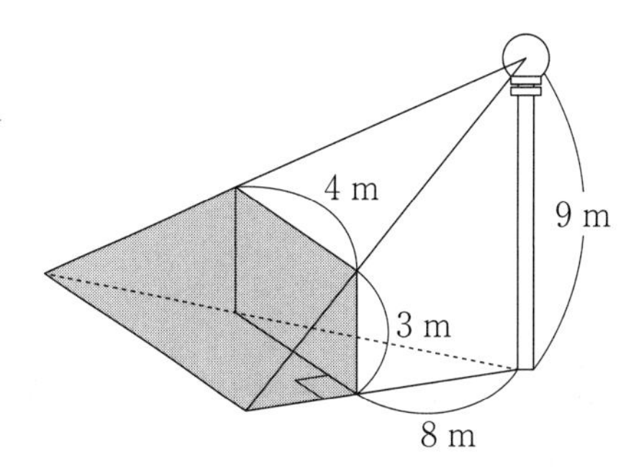

日々トレ 83

所要時間

点　　　分　　　秒

問題に条件がない時は，□にあてはまる数を答えなさい。

1　$\left(\frac{3}{2}+0.25\right)\times\frac{5}{13}\div\left(\frac{4}{3}-\frac{5}{9}\right)$　（　　　）

2　$1-2\times\left(\frac{1}{4}\times\frac{1}{6}+\frac{1}{6}\times\frac{1}{8}+\frac{1}{8}\times\frac{1}{10}\right)$　（　　　）

3　$\{2020\div(\square-13)+7\}\div6=18$

4　原価 1000 円の商品に 4 割の利益を見込んで定価を決め，定価の 1 割引きで売ることにしました。売値は消費税込みでいくらになるかを求めなさい。ただし，消費税は 10 %とします。（　　　円）

5　右の図のように，左下の A 地点から右上の B 地点まで最短の経路で進むとき，何通りの進み方がありますか。ただし，×のところは通ることはできません。（　　　通り）

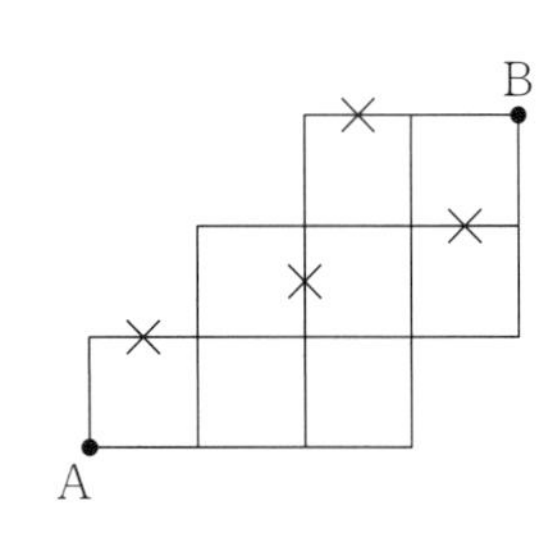

6　4 %の食塩水 1000g に食塩を 24g 加えました。つぎに，この食塩水の重さが半分になるまで水を蒸発させました。できた食塩水の濃度（のうど）は何%ですか。（　　　%）

7 川の下流にA地点，上流にB地点があり，A地点とB地点の距離(きょり)は30kmです。2時間でA地点からB地点まで行く船があります。ある日，途中(とちゅう)でエンジンが故障し，30分間流されてしまったので，その日はB地点まで行くのに2時間42分かかりました。川の流れの速さは時速何kmですか。(　　　km)

8 図の正方形と2つの正三角形の1辺の長さは同じです。図の角 x は何度ですか。(　　　度)

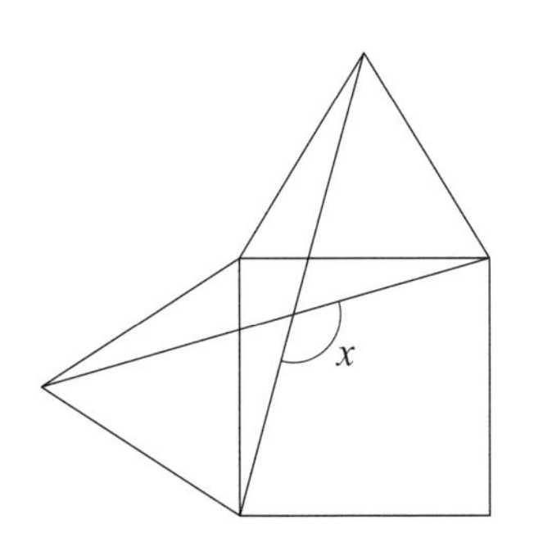

9 右の図は，3辺の長さが5cm，7cm，10cmの三角形ABCを，点Cを中心に時計回りに120°回転させたようすを表したものです。円周率を3.14とするとき，しゃ線部分の面積は［　　　］cm^2 です。

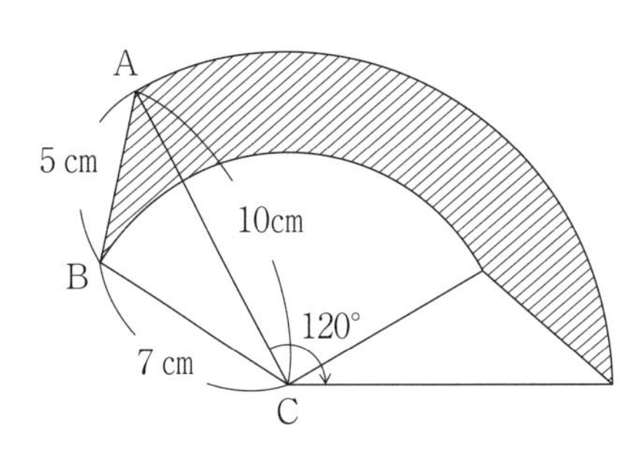

10 点Oは円の中心である。角アの大きさを求めなさい。(　　　度)

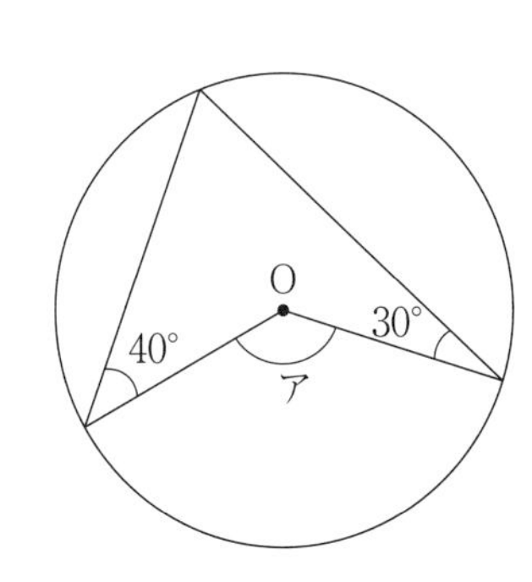

日々トレ 84

所要時間

点　　分　　秒

問題に条件がない時は，□にあてはまる数を答えなさい。

1　$\frac{7}{12} \div 0.4 \times \frac{6}{5} + \frac{6}{5} \div (1.2 \times 0.8)$　(　　　)

2　$\frac{1}{2 \times 2 - 1} + \frac{1}{4 \times 4 - 1} + \frac{1}{6 \times 6 - 1} + \frac{1}{8 \times 8 - 1}$　(　　　)

3　$17 : 23 = 13 : \left(17 + \frac{\square}{17}\right)$

4　1 × 2 × 3 ×…× 10 のように，1 から 10 までの整数をすべてかけた数を 10!と表すことにします。たとえば，5!は 1 × 2 × 3 × 4 × 5 を表します。このとき，(6!) ÷ (4!) ÷ (2!)を計算しなさい。

(　　　)

5　壊(こわ)れた置き時計と壊れた腕(うで)時計があります。置き時計は 1 時間で 2 分早まり，腕時計は 1 時間で 2 分遅れます。ちょうど正午にこの 2 つの時計の針を正確に合わせました。この日，置き時計が午後 4 時 39 分になるとき，腕時計は午後何時何分になるか求めなさい。(午後　　時　　分)

6　赤玉，白玉，青玉がそれぞれいくつかあります。これらの玉を下の図のように，赤玉 3 個，白玉 2 個，青玉 3 個の順に並(なら)べていきます。76 個並べたとき，白玉は全部で□個並んでいます。

7 原価が250円のペンを何本か仕入れ，原価の2割増しの定価で500本売れました。何本か売れ残ったので，それらを定価の2割引きですべて売ったところ，利益は15350円でした。最初に仕入れたペンの本数は何本ですか。（　　　本）

8 図で，ぬりつぶした部分の面積は何cm^{2}ですか。ただし，円周率は3.14とします。（　　　cm^2）

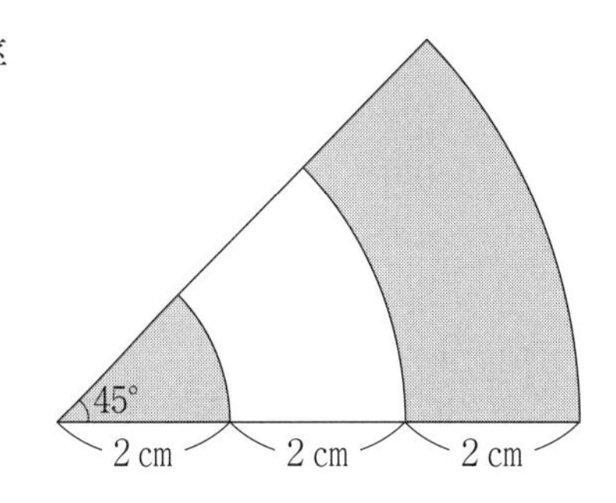

9 右の図は，長方形と正三角形を重ねたものです。アの角の大きさは何度ですか。（　　　度）

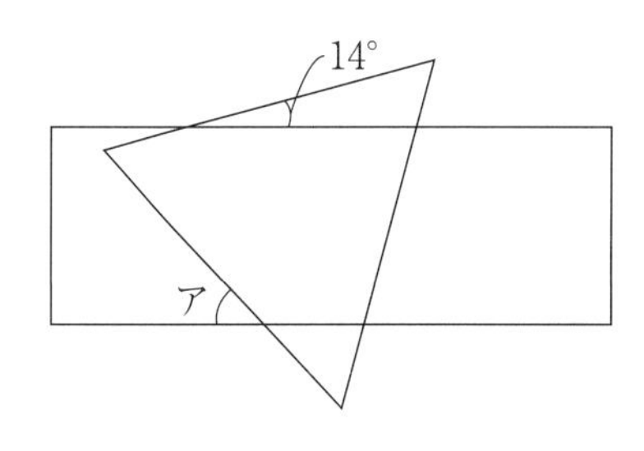

10 右の図のような，底面は一辺の長さが5 cmの正方形で，高さが12cmの直方体ABCD—EFGHがあります。辺CG上の点Cから4 cmのところに点Iをとります。また，辺BFのまん中の点をJ，辺DHのまん中の点をKとします。点I，点J，点Kを通る平面で直方体を切ったとき，次の問いに答えなさい。

① 切り口はどのような図形になるか，下のア～エの中から選び，記号で答えなさい。（　）

ア　正方形　　イ　二等辺三角形　　ウ　ひし形　　エ　台形

② 底面EFGHを含む立体の体積を求めなさい。（　　　cm^3）

日々トレ 85

所要時間
点　分　秒

問題に条件がない時は，□にあてはまる数を答えなさい。

1　$\frac{2}{3} \times \left\{ \frac{7}{2} \times \frac{3}{4} - \left(2.25 - \frac{1}{2} \right) \right\} \div \frac{3}{8}$　（　　　）

2　$\frac{1}{30} + \frac{1}{42} + \frac{1}{56} + \frac{1}{72}$　（　　　）

3　$\left(4.5 - \square \times \frac{1}{4} \right) \div 1\frac{1}{2} = 1\frac{2}{3}$

4　一日に 80 分遅（おく）れる時計 A と一日に 48 分進む時計 B があり，正午にこの 2 つの時計を正確な時刻に合わせました。この日，時計 A が午後 4 時 15 分を示すとき，正しい時刻は午後［ア］時［イ］分で，時計 B は午後［ウ］時［エ］分を示します。

5　ある容器に濃度（のう）8 %の食塩水が 200g 入っていましたが，その容器の食塩水をこぼしてしまいました。そこで，濃度 3 %の食塩水を，こぼした量と同じだけ入れて，もとの量にすると，濃度は 7.3 %になりました。こぼした食塩水は何 g ですか。（　　　g）

6　現在の A 君の年れいは兄の年れいの $\frac{1}{3}$ で，兄と姉の年れいの和は 30 才です。3 年後には A 君の年れいは姉の年れいの $\frac{3}{5}$ になります。現在の A 君は何才ですか。（　　　才）

7　6人でちょうど30日間かかる仕事を初めの5日間は7人で行い，次の6日間は8人で行いました。残りの仕事をその次の9日目で完成させるためには，最低何人で仕事をする必要がありますか。

（　　　人）

8　右の図のように，長方形に正三角形が重なっています。角㋐の大きさは［　　　］度です。

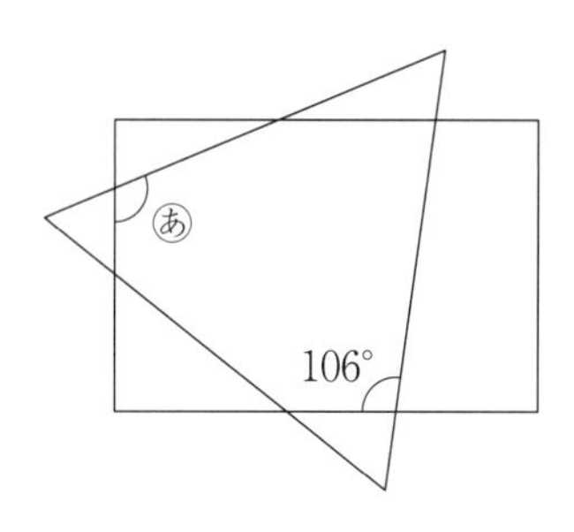

9　右の図のような直角三角形ABCの中にしゃ線部分のような正方形があります。正方形の1辺の長さは何cmですか。（　　　cm）

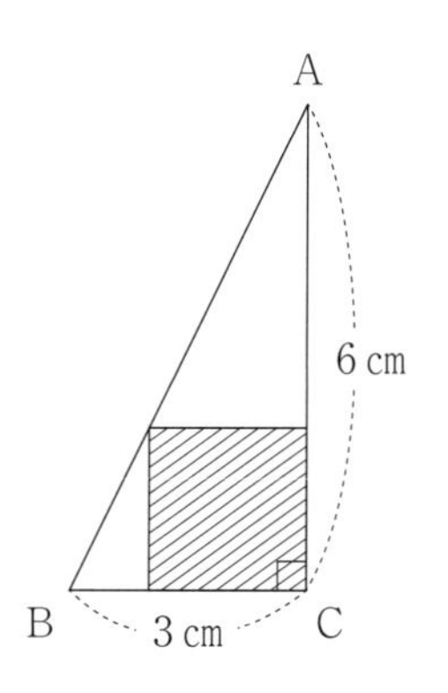

10　図の平行四辺形ABCDを，直線ACを軸（じく）として1回転させてできる立体の体積は何cm^3ですか。ただし，円周率は，3.14とします。

（　　　cm^3）

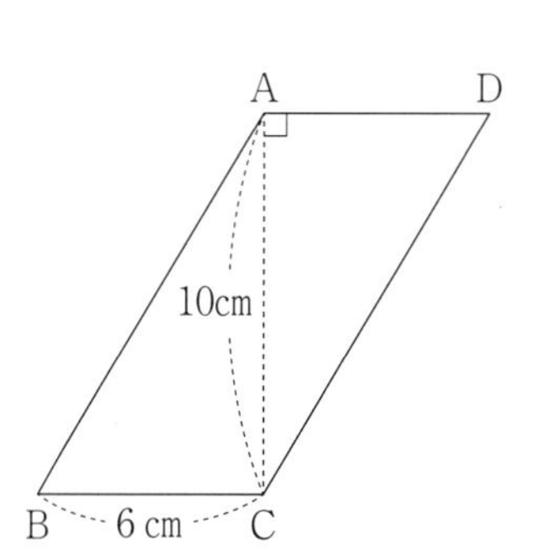

日々トレ 86

所要時間

点　　分　　秒

問題に条件がない時は，□にあてはまる数を答えなさい。

1　$3 - \left(2\frac{3}{7} - 1.5\right) \div 1.3$　(　　　)

2　$\frac{1}{2} + \frac{1}{6} + \frac{2}{15} + \frac{3}{40} + \frac{5}{104}$　(　　　)

3　$(7 \times 21 - 6 \times 3) \div (\square - 11) = 9$

4　ある品物に仕入れ値の4割増しの定価をつけましたが，売れなかったので定価の2割引きで売ったところ売値は4900円でした。この品物の仕入れ値はいくらですか。(　　　円)

5　時速90kmの特急電車が鉄橋を24秒で通過し，時速72kmの急行電車は29秒で通過しました。特急電車は急行電車より□m長いことが分かります。

6　ある空(から)の水そうを満水にするのに，ポンプAを1本使うと54分，ポンプBを1本使うと90分かかります。この水そうが空の状態から，ポンプAを3本とポンプBを4本同時に使うと，何分で満水になりますか。(　　　分)

7 ある店の１日の営業時間は，閉店している時間より140分長かったそうです。この日のこの店の営業時間は［　　　］分です。

8 底面が直角三角形である三角柱の形をした容器に，水が［　　　］L入っています。この水が入った容器を，右の図のように水平な面の上に置いたところ，水の深さは20cmとなりました。

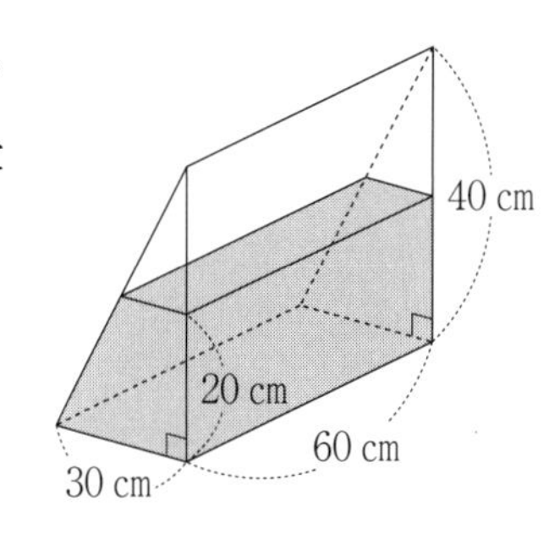

9 右の図の三角形を直線アのまわりに１回転させてできる立体の体積は［　　　］cm^3です。ただし，円周率は3.14とします。

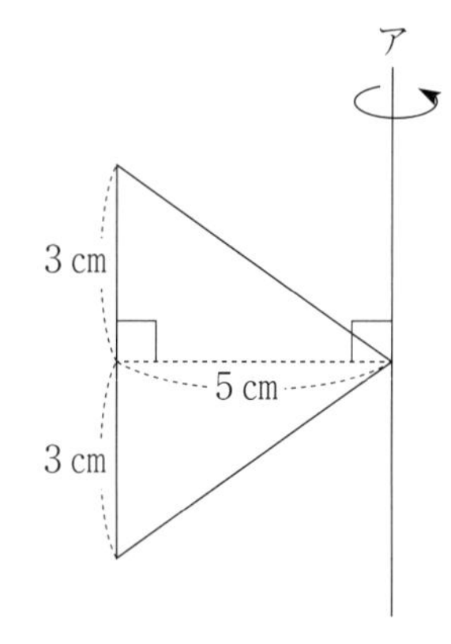

10 右の図のように，角Bと角Cをそれぞれ半分に分ける線が交わるとき，角㋐の大きさを求めなさい。（　　　度）

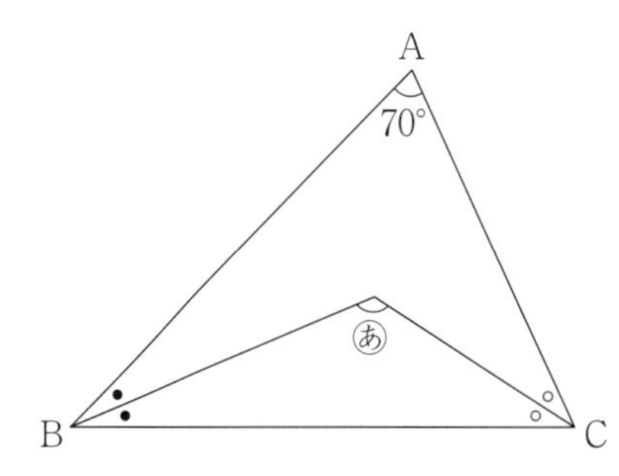

日々トレ 87

所要時間
点　分　秒

問題に条件がない時は，□にあてはまる数を答えなさい。

1　$0.5 - \left(\frac{3}{4} - \frac{5}{9} \times 0.6\right) \div 5$　(　　　)

2　$\left(\frac{19}{20} - \frac{18}{19}\right) \div \left(\frac{18}{19} - \frac{17}{18}\right) \times \left(\frac{17}{18} - \frac{16}{17}\right) \div \left(\frac{16}{17} - \frac{15}{16}\right)$　(　　　)

3　$52 - 4 \times (\square - 26) \div 7 = 8$

4　4で割ると1余り，5で割ると2余る数で100に最も近い整数は何ですか。(　　　)

5　列車が一定の速さで走っています。この列車が長さ2400mのトンネルに完全に隠（かく）れている時間は36秒でした。また，この列車が長さ1500mの橋をわたり始めてから，わたり終わるまでに，24秒かかりました。このとき，列車の長さは□mです。

6　40個のおはじきを，縦5個ずつ，横8個ずつの長方形に並べました。1番外側全てのおはじきを数えるとおはじきは□個あります。

7　一定の速さで流れる川にそったA地点（上流）とB地点（下流）を船㋐と船㋑が往復します。右のグラフは，船㋐と船㋑が同時に出発してからの時間とB地点からの距離（きょり）の関係を表したものです。2せきの船が2回目に出会うのは，B地点から何kmのところですか。（　　　km）

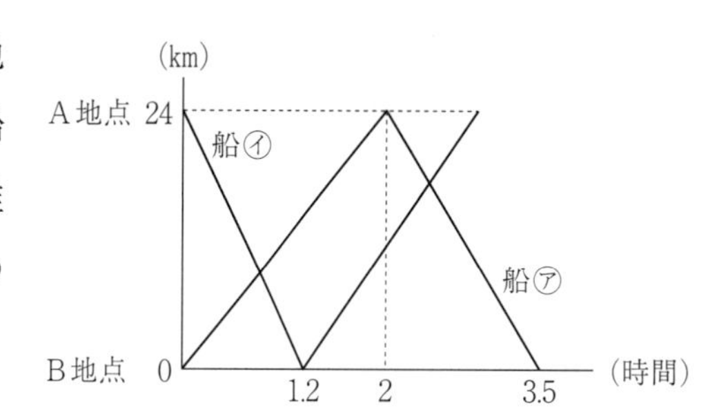

8　右の図のように，1辺が1cmの立方体を13個つなげてできた立体があります。この立体の表面積を求めなさい。

（　　　cm^2）

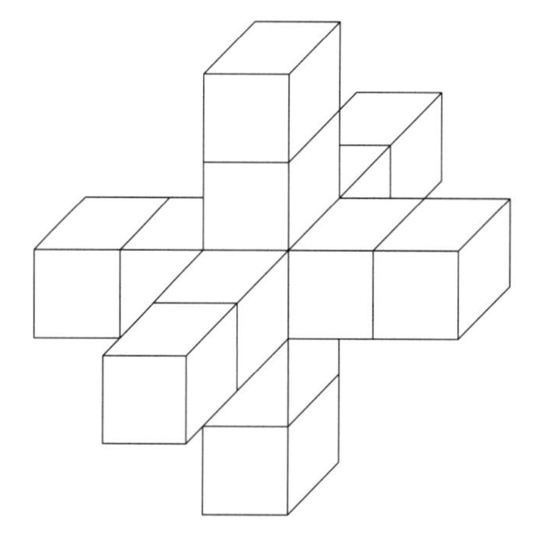

9　右の図のように，地面からの高さ4.9mの街灯（がい）があります。街灯から3mはなれた所に，身長1.4mのBさんが立っています。街灯によるBさんの影（かげ）の長さは ア m になります。Bさんがさらに イ m はなれると影の長さが1.4mになります。

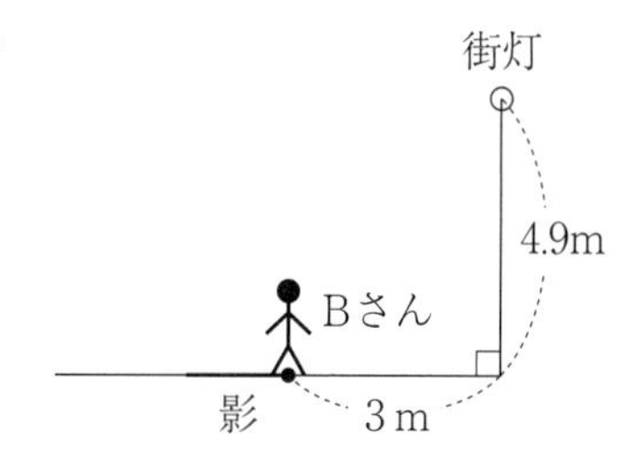

10　右の図のように，1辺が10cmの正方形を点Oを中心に45°回転させます。斜線部分の面積は何cm^2ですか。円周率は3.14として計算しなさい。（　　　cm^2）

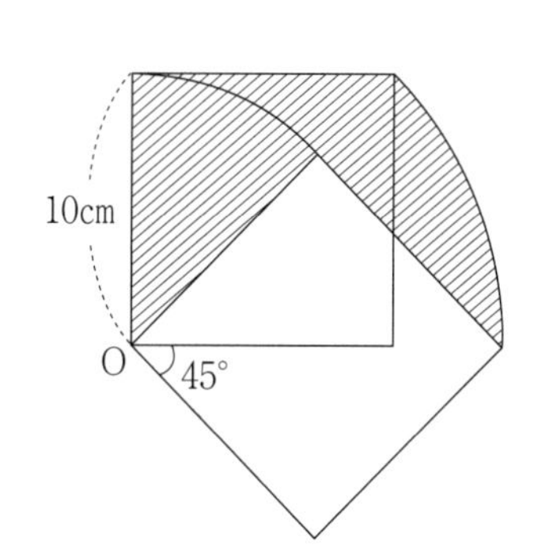

日々トレ 88

所要時間

点　　分　　秒

問題に条件がない時は，□にあてはまる数を答えなさい。

1 $\left\{\frac{7}{12} - \left(0.9 - \frac{2}{3}\right)\right\} \times \frac{1}{7}$　（　　　）

2 $\frac{2}{10 \times 11} + \frac{2}{11 \times 12} + \frac{2}{12 \times 13} + \frac{2}{13 \times 14} + \frac{2}{14 \times 15} + \frac{2}{15 \times 16}$　（　　　）

3 $\{(\square - 20 \times 19) \div 11 - 5\} \div 12 = 12$

4 マラソンは 42.195km を走るのにかかる時間を競う競技で，世界記録は 2 時間 1 分 39 秒です。この記録を出した選手が一定の速さで走っていたとすると，50m を走るのに□秒かかります。
小数第 3 位を四捨五入した数で答えなさい。

5 ボールペン 21 本とえんぴつ 14 本を買うと，2170 円になります。ボールペン 1 本の値段は，えんぴつ 1 本の値段より 20 円高くなっています。このとき，ボールペン 1 本の値段は何円ですか。
（　　　円）

6 1 本 120 円の缶ジュースと 1 本 150 円のペットボトルを合わせて 12 本買い，2000 円出したところ，440 円のおつりがありました。缶ジュースを何本買いましたか。（　　　本）

7　A駅のホームは長さが80mあり，B駅のホームは長さが100mあります。急行列車がA駅のホームを通過(つうか)するのに4.5秒かかり，B駅のホームを通過するのに5秒かかりました。この急行列車の長さは何mですか。（　　　m）

8　長方形ABCDの中に四角形PQRSがあります。右の図のように，四角形の各頂点から垂直な直線を引いたところ，1辺が3cmの正方形ができました。四角形PQRSの面積は[　　　]cm^2です。

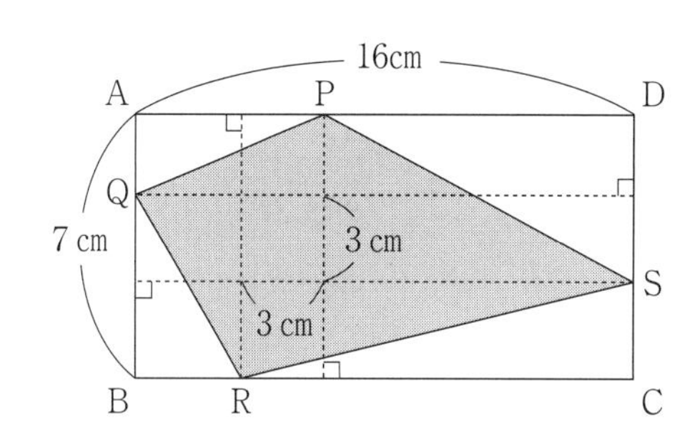

9　1辺の長さが2cmの正五角形ABCDEと長さが10cmの糸があります。この正五角形の頂点Aには糸の一方の端が固定してあり，辺にそってちょうど1周糸を巻きつけてあります。この糸をたるまないように，下の図1のようにほどいていきます。糸のもう一方の端を点Pとし，点Pが下の図2のようにB，A，Pがまっすぐになるような位置にくるまでほどいたとき，点Pが動いたあとの長さは何cmですか。ただし，円周率は3.14とします。（　　　cm）

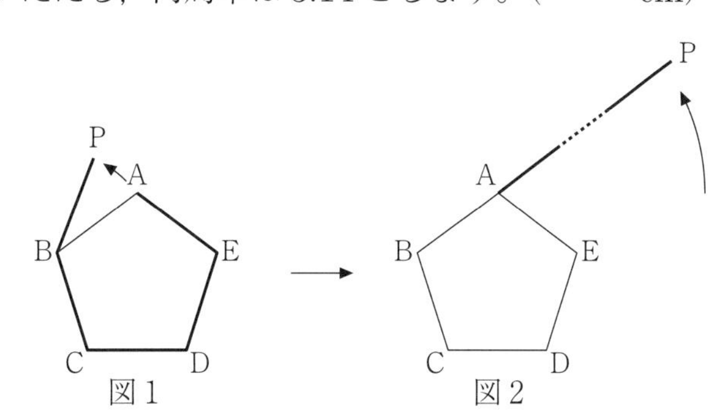

10　右の図のような正五角形があります。角アの大きさを求めなさい。

（　　　度）

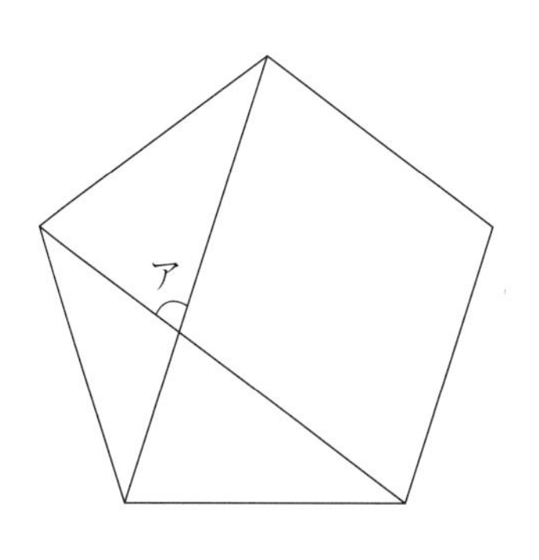

日々トレ 89

所要時間
点　　分　　秒

問題に条件がない時は，□にあてはまる数を答えなさい。

1 $\dfrac{1}{1+\dfrac{1}{1+\dfrac{1}{1+0.25}}}$ （　　）

2 10 + 20 + 30 +…+ 2000 + 2010 + 2020 （　　）

3 200 ÷〔4 ×｛200 ÷ 5 −（10 + □）｝〕−（2 + 10 ÷ 2）× 2 = 11

4 ある品物を定価の１割引きで売ると100円の利益になり，定価の３割５分引きで売ると300円の損をします。この品物の定価を求めなさい。（　　円）

5 公園を１周するのに，みおさんは10分，かすみさんは15分かかります。２人が公園の入り口を反対方向に同時に出発したとき，２人が初めて出会うのは，出発してから何分後ですか。

（　　分後）

6 Ａ君，Ｂ君，Ｃ君の身長の平均は158cmです。Ａ君の身長はＢ君の身長より４cm低く，Ｃ君の身長はＢ君の身長より10cm高いです。Ａ君の身長を求めなさい。（　　cm）

7 ビーカーAに3％の食塩水300g，ビーカーBに7％の食塩水400gがあります。それぞれ100gずつ減らすのに，ビーカーAの食塩水はそのまま100gを捨て，ビーカーBの食塩水は加熱し100gの水を蒸発させました。この2つのビーカーの溶液を混ぜたとき，その食塩水の濃度は何％になりますか。（　　　％）

8 図のように，1辺6cmの正方形が2つ重なっています。このとき，ぬりつぶした部分の面積は何cm^2ですか。（　　　cm^2）

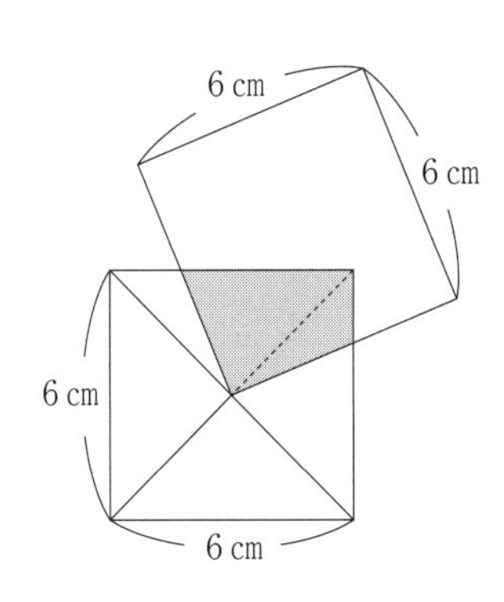

9 右の図の四角形ABCDの面積は［　　　］cm^2です。

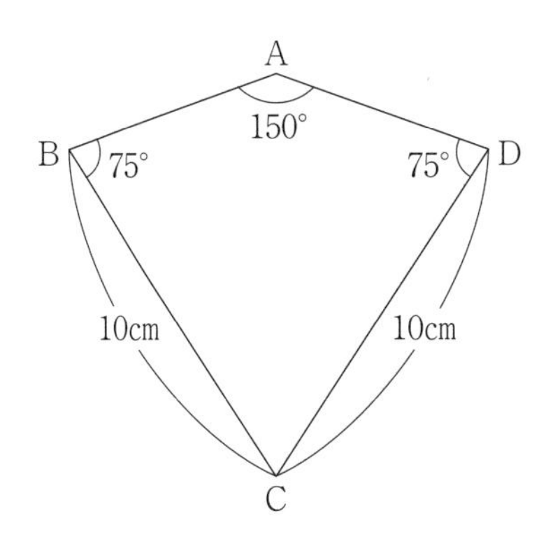

10 図1の立体は，1辺が10cmの立方体に穴(あな)をあけたものです。どの面も図2のようになっていて，それぞれの穴は1辺が4cmの正方形を底面とする直方体を反対の面までくりぬいたものです。この立体の体積は何cm^3ですか。（　　　cm^3）

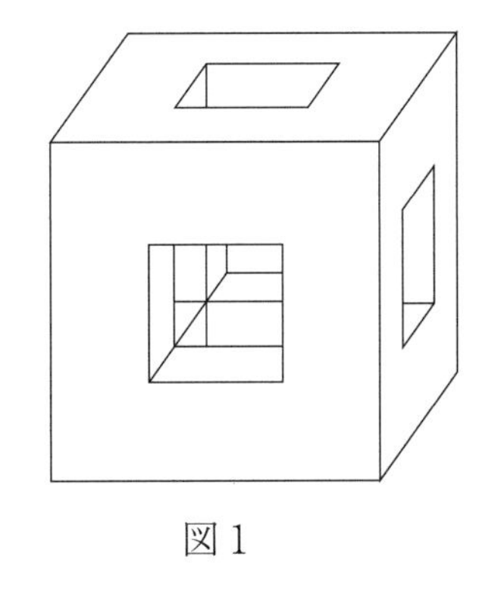

図1

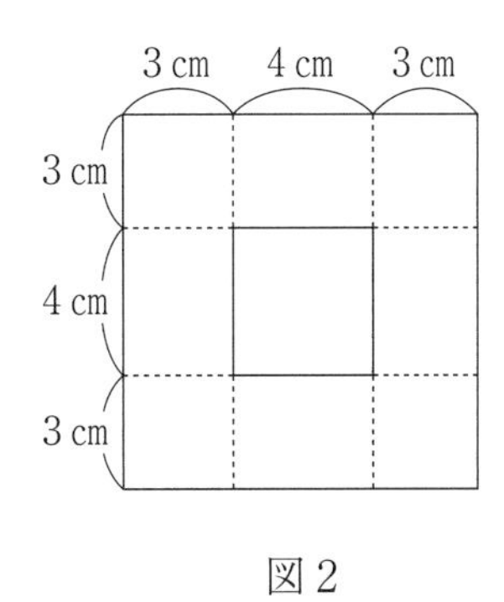

図2

日々トレ 90

所要時間

点　　分　　秒

問題に条件がない時は，$\square$ にあてはまる数を答えなさい。

1　$\left\{1\frac{3}{8} + 3.5 - \left(2 \div 1\frac{1}{3} + 7.5\right) \times \frac{5}{16}\right\} \times \frac{4}{11}$　（　　　）

2　$1 \times 1 \times 1 + 3 + 5 + 3 \times 3 \times 3 + 13 + 15 + 17 + 19 + 5 \times 5 \times 5 + 31 + 33 + 35 + 37 + 39 + 41$　（　　　）

3　$\left\{(0.625 + \square) \div 4\frac{2}{5} + 1\right\} \times \frac{4}{7} + 1\frac{1}{4} = 2$

4　9 でわると 6 余り，7 でわると 4 余り，5 でわると 2 余る整数のうちで，最(もっと)も小さい数は何ですか。（　　　）

5　全部で 80 個のボールを A，B，C の 3 つの箱に分けて入れました。箱に入っているボールの個数は，B が A より 14 個少なく，B と C の個数の比は 7：8 です。A の箱に入っているボールの個数は何個ですか。（　　　個）

6　牛肉は 100g で 340 円，ぶた肉は 100g で 160 円です。2 種類の肉を合わせて 1200g 買ったところ 2640 円になりました。牛肉は何 g 買いましたか。（　　　g）

7　1，10，11，100，101，110，111，1000，1001，1010，1011，1100，……というように，規則的に数字が並んでいます。このとき，はじめから数えて15番目の数字を答えなさい。（　　　）

8　【図1】のように，立方体の一部に色をつけます。【図2】は展開図です。残りの部分をぬりなさい。

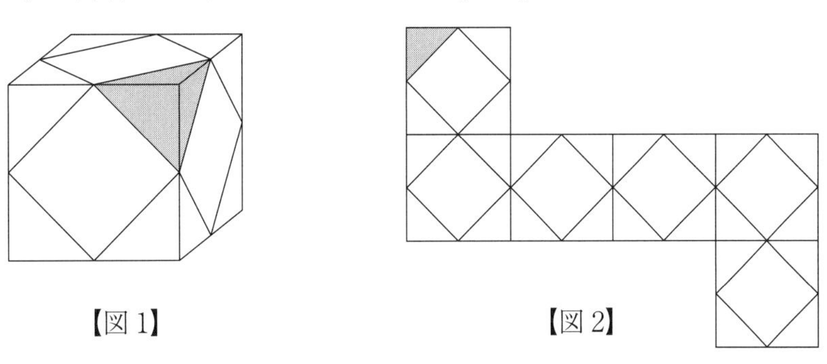

【図1】　　【図2】

9　図のような長方形と台形を組み合わせた図形を，直線ABを軸（じく）として1回転してできる立体の表面の面積は［ア］．［イ］cm^2です。

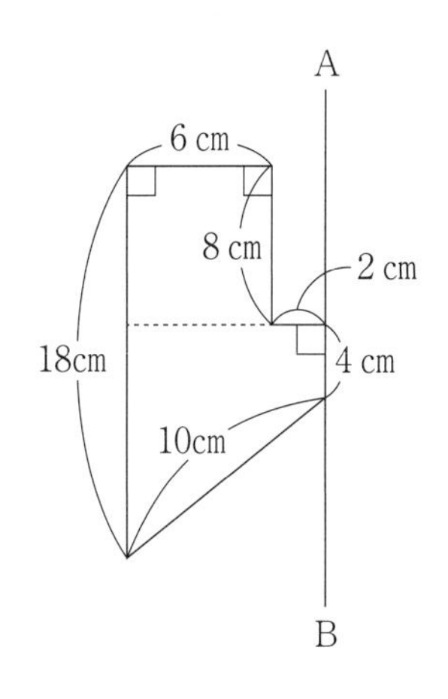

10　1辺の長さが12cmの正方形の紙があります。この紙を図の点線で折り曲げて三角すいを作るとき，出来上がる三角すいの体積は何cm^3ですか。

（　　　cm^3）

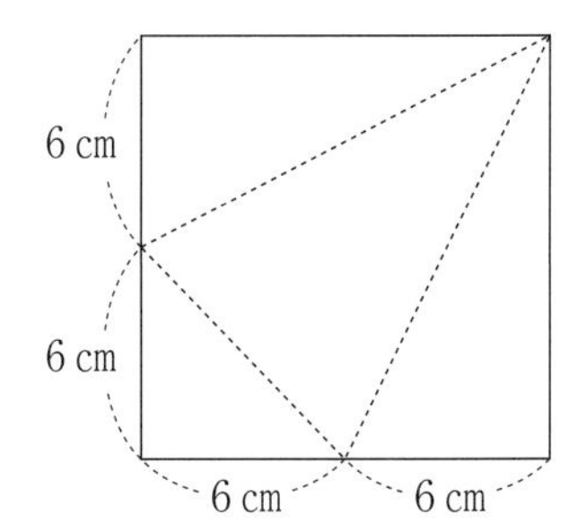

~MEMO~

解答・解説

第1回

1 130928　2 14　3 $\frac{4}{45}$　4 140650　5 2　6 435　7 （大人）750（円）（こども）400（円） 8 36（度）　9 41　10 60（度）

解　説

2 与式 $= 1.4 \times (2.7 + 7.3) = 1.4 \times 10 = 14$

3 $\frac{8}{5} - \left(\square + \frac{4}{9}\right) \div \frac{32}{21} = 9 \div 7\frac{1}{5} = 9 \times \frac{5}{36} = \frac{5}{4}$ だから，$\left(\square + \frac{4}{9}\right) \div \frac{32}{21} = \frac{8}{5} - \frac{5}{4} = \frac{7}{20}$ で，$\square + \frac{4}{9} = \frac{7}{20} \times \frac{32}{21} = \frac{8}{15}$　よって，$\square = \frac{8}{15} - \frac{4}{9} = \frac{4}{45}$

4 42.195km ＝ 4219500cm より，$4219500 \div 30 = 140650$（本）

5 $\frac{1}{9999} = 1 \div 9999 = 0.00010001\cdots$ より，$\frac{1234}{9999} = \frac{1}{9999} \times 1234 = 0.12341234\cdots$ となり，小数第 1 位から {1，2，3，4} の 4 つの数がくり返し並ぶ。$2018 \div 4 = 504$ 余り 2 より，小数第 2018 位の数は，このくり返しの 2 番目の数で，2。

6 木と木の間の数は，$30 - 1 = 29$（か所）なので，$15 \times 29 = 435$（m）

7 大人，$2 + 3 = 5$（人）とこども，$3 + 2 = 5$（人）で入場すると，$2700 + 3050 = 5750$（円）かかるので，大人 1 人とこども 1 人で入場すると，$5750 \div 5 = 1150$（円）かかる。よって，大人 2 人とこども 2 人で入場すると，$1150 \times 2 = 2300$（円）なので，大人 1 人の入場料は，$3050 - 2300 = 750$（円）で，こども 1 人の入場料は，$2700 - 2300 = 400$（円）

8 右図の(イ)は，$180° - 128° = 52°$　(ウ)は，$180° - (72° + 52°) = 56°$
(エ)は，$180° - 56° = 124°$　よって，(ア)は，$180° - (124° + 20°) = 36°$

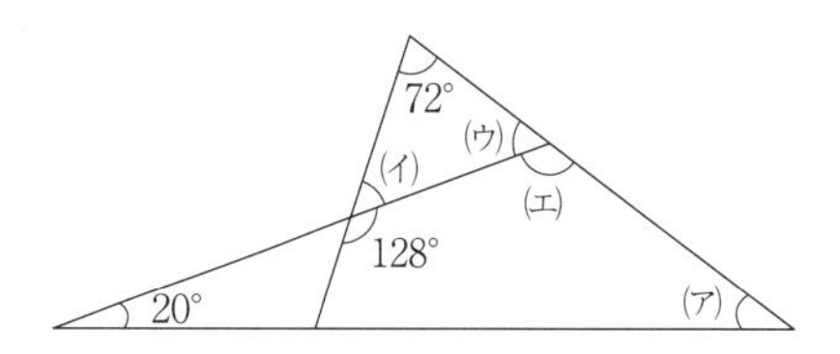

9 右図のように，直線 a，b と平行な直線 c を引くと，平行線の性質より，角イの大きさは 19° で，正三角形の 1 つの角の大きさは 60° なので，角ウの大きさは，$60° - 19° = 41°$　平行線の性質より，角アの大きさは角ウの大きさと等しいので，41°。

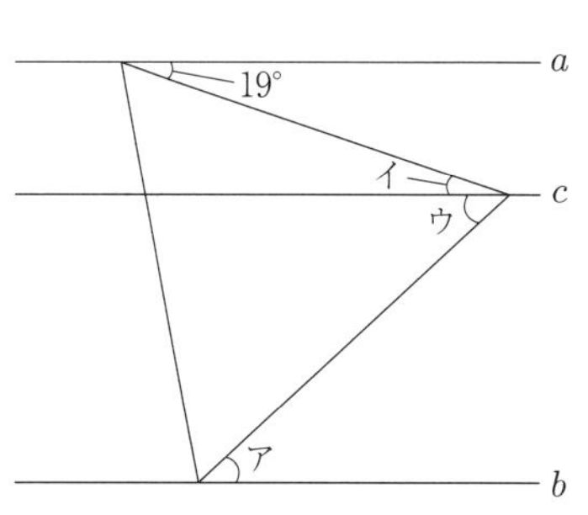

10 右図の三角形 ABC は AB と AC の長さが等しい二等辺三角形なので，角イの大きさは，$(180° - 90° - 60°) \div 2 = 15°$　よって，角アの大きさは，$90° - 15° \times 2 = 60°$

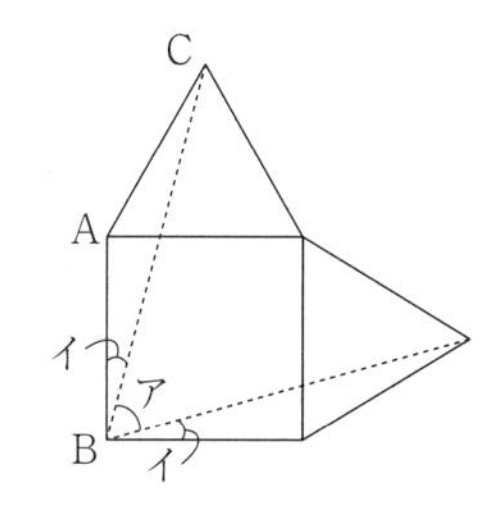

第2回

1 1933　2 1400　3 $\frac{3}{7}$　4 200000（分の1）　5 6062　6 131　7 150（円）　8 35　9 241
10 36

解説

1 与式 $= 3952 - 2019 = 1933$

2 与式 $= (12 + 43 - 15) \times 35 = 40 \times 35 = 1400$

3 $1\frac{1}{14} \div \square - 1\frac{3}{5} = 2\frac{1}{10} \div 2\frac{1}{3} = \frac{21}{10} \times \frac{3}{7} = \frac{9}{10}$ より，$1\frac{1}{14} \div \square = \frac{9}{10} + 1\frac{3}{5} = \frac{9}{10} + \frac{16}{10} = \frac{5}{2}$　よって，$\square = 1\frac{1}{14} \div \frac{5}{2} = \frac{15}{14} \times \frac{2}{5} = \frac{3}{7}$

4 16t ＝ 16000kg ＝ 16000000g より，80g は 16t の，$80 \div 16000000 = \frac{1}{200000}$

5 1番目の数が5で，2番目以降は3ずつ増えているから，2020番目の数は，$5 + 3 \times (2020 - 1) = 6062$

6 1m ＝ 100cm より，8m は，$100 \times 8 = 800$（cm）なので，切り分けたときにできる40cmの木材は，$800 \div 40 = 20$（本）で，切り分ける部分はこの間の部分なので，$20 - 1 = 19$（か所）　休けいは，この19回切るときの間にとるので，その回数は，$19 - 1 = 18$（回）　よって，全部切り終わるのにかかる時間は，$5 \times 19 + 2 \times 18 = 131$（分）

7 りんごを，$2 + 3 = 5$（個）と，みかんを，$2 + 1 = 3$（個）と，なしを，$5 + 4 = 9$（個）買うと，$1150 + 1040 = 2190$（円）　よって，なし，$9 - 6 = 3$（個）の値段は，$2190 - 1740 = 450$（円）なので，なし1個の値段は，$450 \div 3 = 150$（円）

8 円の中心Oと円周上の2点を結んでできる三角形は二等辺三角形だから，㋐の角の大きさは，$\{180° - (180° - 70°)\} \div 2 = 35°$

9 右図のように直線㋐と直線㋑と平行な直線を引くと，角ア ＝ 24°，角イ＋角ウ ＝ 180°，角エ ＝ 180° − 143° ＝ 37° より，角 x と y の和は，24° ＋ 180° ＋ 37° ＝ 241°

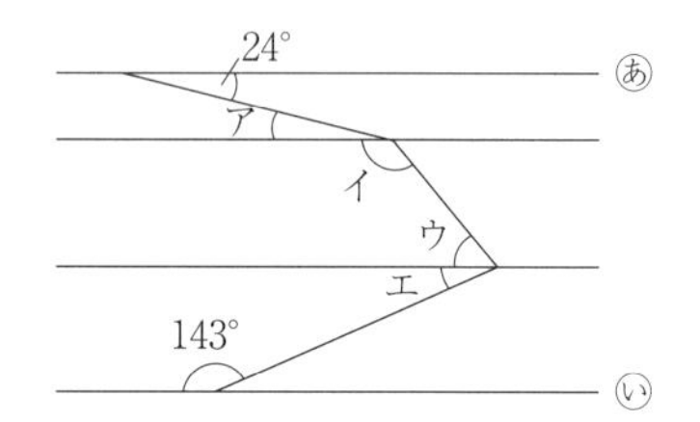

10 五角形の5つの角の大きさの和は，$180° \times (5 - 2) = 540°$ で，正五角形の1つの角の大きさは，$540° \div 5 = 108°$ なので，右図で，角イ ＝ 360° − 108° ＝ 252°，角エ ＝ 角オ ＝ 108°　角アと角ウの大きさは等しいので，五角形の角より，角ア ＝ $(540° - 252° - 108° \times 2) \div 2 = 36°$

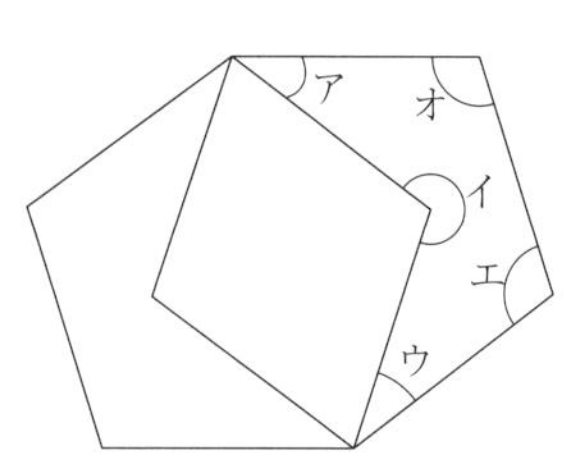

第3回

1 2182　2 6.9　3 $\frac{10}{3}$　4 0.0333　5 $\frac{25}{39}$　6 ① 82（cm^2）　② 9.6（cm）　7 1300　8 36
9 54（度）　10 96

解　説

1 与式＝ $4301 - 2119 = 2182$

2 与式＝ $(5.6 - 2.6) \times 2.3 = 3 \times 2.3 = 6.9$

3 $\left(2\frac{1}{6} + \square \times \frac{1}{4}\right) \times \frac{5}{12} = 1 + \frac{1}{4} = \frac{5}{4}$ より，$2\frac{1}{6} + \square \times \frac{1}{4} = \frac{5}{4} \div \frac{5}{12} = \frac{5}{4} \times \frac{12}{5} = 3$ から，
$\square \times \frac{1}{4} = 3 - 2\frac{1}{6} = \frac{5}{6}$　よって，$\square = \frac{5}{6} \div \frac{1}{4} = \frac{5}{6} \times 4 = \frac{10}{3}$

4 $1\,\mathrm{m}^2$ は $10000\mathrm{cm}^2$ より，$333 \div 10000 = 0.0333\ (\mathrm{m}^2)$

5 分子と分母に分けて考えると，分子は奇数が 1 から小さい順に並び，分母は 3 の倍数が 3 から小さい順に並んでいる。13 番目の奇数は，$2 \times 13 - 1 = 25$，13 番目の 3 の倍数は，$3 \times 13 = 39$ だから，求める分数は，$\frac{25}{39}$。

6 ① 重なった部分は，$10 - 1 = 9$（か所）あるから，テープの横の長さは，$5 \times 10 - 1 \times 9 = 41$ (cm)　よって，面積は，$41 \times 2 = 82\ (\mathrm{cm}^2)$
② 輪にすると，紙の枚数と重なった部分の数は等しくなる。よって，輪の長さは，$5 \times 15 - 1 \times 15 = 60$ (cm)　したがって，円の半径は，$60 \div 3.14 \div 2 = 9.55\cdots$ より，9.6cm。

7 2 つの買い方の代金の差は，$2500 - 2100 = 400$（円）で，これは，みかん，$15 - 10 = 5$（個）の値段。よって，みかん 1 個の値段は，$400 \div 5 = 80$（円）で，みかん 10 個の値段は，$80 \times 10 = 800$（円）なので，りんご 10 個の値段は，$2100 - 800 = 1300$（円）

8 三角形 BCD は二等辺三角形なので，角 BDC ＝ 72°　三角形 DAB も二等辺三角形なので，角 ADB ＝ 180° － 72° ＝ 108° より，角ア＝（180° － 108°）÷ 2 ＝ 36°

9 AB，CD，EF に平行な直線を右図のように 2 本ひく。平行線と角の大きさの関係より，○の角の大きさは 35° で，右図の角アの大きさも 35°。また，角イの大きさは，58° － 39° ＝ 19° で，角ウの大きさも 19°。よって，求める角の大きさは，35° ＋ 19° ＝ 54°

10 右図において，折り返して重なる角より，角イ＝角ウ＝（180° － 52°）÷ 2 ＝ 64° だから，三角形 ADE で，角エ＝ 180° － 74° － 64° ＝ 42°　角エ＝角オなので，角ア＝ 180° － 42° × 2 ＝ 96°

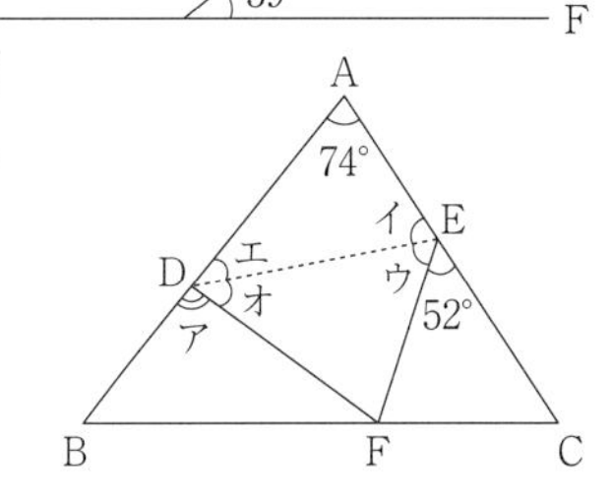

第4回

1 486　2 2400　3 113　4 10　5 6.67（と）1.76　6 170（円）　7 1120（円）　8 80（度）
9 24 (cm^2)　10 16 (cm^2)

解　説

1 与式＝ $633 - 147 = 486$

2 与式＝ $(81 + 119) \times 12 = 200 \times 12 = 2400$

3 $1 \div \{1 - 1 \div (1 + 1 \div \square)\} = 115 - 1 = 114$ より，$1 - 1 \div (1 + 1 \div \square) = 1 \div 114 = \frac{1}{114}$ とな

るから，$1 \div (1 + 1 \div \boxed{}) = 1 - \frac{1}{114} = \frac{113}{114}$ で，$1 + 1 \div \boxed{} = 1 \div \frac{113}{114} = \frac{114}{113}$ より，$1 \div \boxed{} = \frac{114}{113} - 1 = \frac{1}{113}$　よって，$\boxed{} = 1 \div \frac{1}{113} = 113$

4 $1\,m^2 = 10000cm^2$，$1\,ha = 10000m^2$ より，与式$= 2.53m^2 + 1.35m^2 + 6.12m^2 = 10m^2$

5 大小 2 つの数を大きい順に A，B とすると，B に 4.91 を加えると A になるので，A の 2 倍は，$8.43 + 4.91 = 13.34$　よって，大小 2 つの数のうち，大きい方の数は，$13.34 \div 2 = 6.67$ で，小さい方の数は，$6.67 - 4.91 = 1.76$

6 兄と弟の持っている金額の合計は，$1080 + 570 = 1650$（円）だから弟の持っている金額が，$(1650 - 50) \div (3 + 1) = 400$（円）になればよい。よって，弟が兄にわたす金額は，$570 - 400 = 170$（円）

7 やすひろ君の比を 4 にそろえると，$3 : 2 = 6 : 4$ となるので，$9 : 4$ と $6 : 4$ における，$9 - 6 = 3$ にあたるのが 840 円。よって，やすひろ君の所持金は，$840 \div 3 \times 4 = 1120$（円）

8 六角形の 6 つの角の和は 720° なので，$720° - (110° + 123° + 90° + 48° + 69°) = 280°$　よって，角㋐の大きさは，$360° - 280° = 80°$

9 正方形 ABCD の中にある三角形の面積は，$6 \times (6 - 2) \div 2 = 12$（$cm^2$）なので，$6 \times 6 - 12 = 36 - 12 = 24$（$cm^2$）

10 右図のように，斜線部分を直角三角形 ABC と直角三角形 ACD に分ける。このとき，$AB = 8 - 4 = 4$（cm），$BC = 8 - 3 = 5$（cm）だから，直角三角形 ABC の面積は，$4 \times 5 \div 2 = 10$（cm^2）　また，$AD = 20 - 14 = 6$（cm），$DC = 10 - 8 = 2$（cm）だから，直角三角形 ACD の面積は，$6 \times 2 \div 2 = 6$（cm^2）　よって，斜線部分の面積は，$10 + 6 = 16$（cm^2）

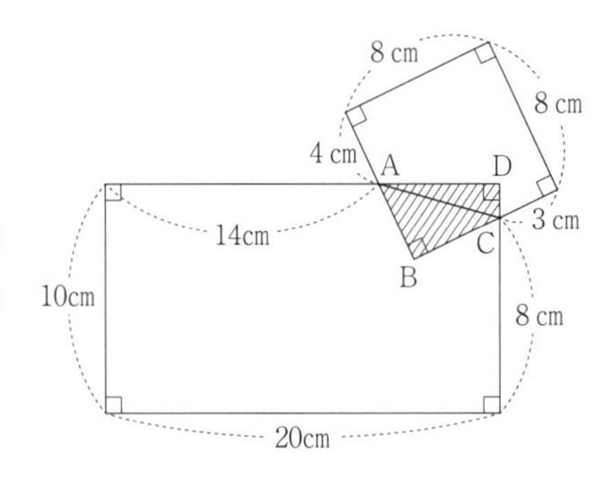

第5回

1 1855　2 4.8　3 $\frac{1}{2}$　4 1120（L）　5 180　6 135　7（矢野さん）1500（円）（西村さん）500（円）
8 24（度）　9 30（cm^2）　10 106

解　説

2 与式$= 2.4 \times 9.3 - 2.4 \times 7.3 = 2.4 \times (9.3 - 7.3) = 2.4 \times 2 = 4.8$

3 $2.1 \times \left(\frac{2}{3} - \boxed{}\right) = 0.3 + 0.05 = 0.35$ より，$\frac{2}{3} - \boxed{} = 0.35 \div 2.1 = \frac{7}{20} \times \frac{10}{21} = \frac{1}{6}$　よって，$\boxed{} = \frac{2}{3} - \frac{1}{6} = \frac{1}{2}$

4 $3.2m^3 = 3200L$ だから，$3200 \times 0.35 = 1120$（L）

5 ケーキとプリンを 1 個ずつ買うと，$1200 \div 4 = 300$（円）　ケーキはプリンより 60 円高いので，ケーキ 1 個の値段は，$(300 + 60) \div 2 = 180$（円）

6 A と B の個数の比は，$A : B = 1 : 2$　また，A と C の個数の比は，$A : C = 1 : 1.5 = 2 : 3$　したがって，A を 2 にそろえると，$A : B : C = 2 : 4 : 3$ となる。よって，比の，$4 - 3 = 1$ が 15 個を表すので，$15 \times (2 + 4 + 3) = 135$（個）

7 はじめに西村さんが持っていたお金を①円とすると，最後に西村さんが持っているお金は(①＋ 300)円。はじめに矢野さんが持っていたお金は，①× 3 ＝③(円)なので，最後に矢野さんが持っているお金は(③＋ 100)円で，最後に西村さんが持っているお金の 2 倍は，(①＋ 300)× 2 ＝②＋ 600 となり，これが等しいので，①＝ 500 とわかる。よって，はじめに持っていたお金は，西村さんが，500 × 1 ＝ 500 (円)で，矢野さんが，500 × 3 ＝ 1500 (円)

8 正五角形の 1 つの角の大きさは 108°。右図のように，1 つの頂点からひいた 2 本の対角線によってできる 1 つの角の大きさは，108° ÷ 3 ＝ 36°　よって，求める角の大きさは，60° － 36° ＝ 24°

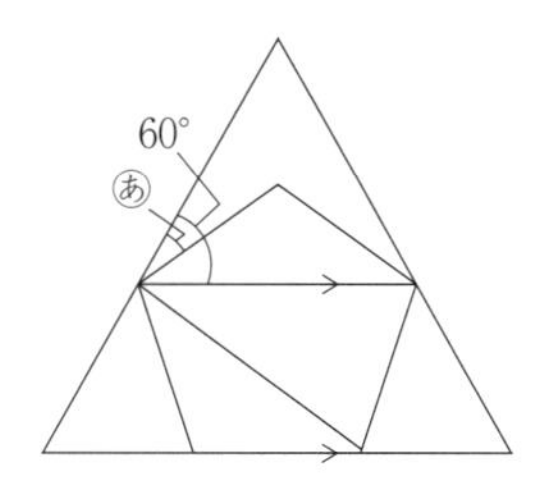

9 CE の長さは，8 － 3 ＝ 5 (cm)なので，三角形 BCE の面積は，10 × 5 ÷ 2 ＝ 25 (cm)　三角形 BCE と三角形 BFE は合同なので，ななめ線の部分の面積は，8 × 10 － 25 × 2 ＝ 30 (cm^2)

10 2 つの正方形の 1 辺の長さの和は 14cm で，差は 4 cm。したがって，正方形 ABCD の 1 辺の長さは，(14 － 4) ÷ 2 ＝ 5 (cm)で，正方形 CEFG の 1 辺の長さは，14 － 5 ＝ 9 (cm)　よって，求める面積の和は，5 × 5 ＋ 9 × 9 ＝ 106 (cm^2)

第６回

1 47　2 17.3　3 $\frac{7}{16}$　4 (順に) 36，3600　5 75　6 51　7 150 (g)　8 45　9 9 (cm^2) 10 157 (cm^2)

解　説

1 与式＝ 54 － 42 ÷ (16 － 10) ＝ 54 － 42 ÷ 6 ＝ 54 － 7 ＝ 47

2 与式＝ 1.73 × (5.78 ＋ 4.22) ＝ 1.73 × 10 ＝ 17.3

3 $\frac{5}{8} \times \frac{4}{5} - \frac{2}{3} \times \left(\square - \frac{1}{4} \right) = \frac{3}{8}$ より，$\frac{2}{3} \times \left(\square - \frac{1}{4} \right) = \frac{1}{2} - \frac{3}{8} = \frac{1}{8}$ なので，$\square - \frac{1}{4} = \frac{1}{8} \div \frac{2}{3} = \frac{3}{16}$　よって，$\square = \frac{3}{16} + \frac{1}{4} = \frac{7}{16}$

4 1ℓ は 10dℓ だから，3.6ℓ ＝ 36dℓ　また，1ℓ は 1000cm^3 だから，3.6ℓ ＝ 3600cm^3

5 3 人の合計点は，78 × 3 ＝ 234 (点)　A 子さんの点数を 15 点低くし，C 子さんの点数を 6 点高くすると，それぞれ B 君の点数と同じになるので，B 君の点数の 3 倍は，234 － 15 ＋ 6 ＝ 225 (点)　よって，B 君の点数は，225 ÷ 3 ＝ 75 (点)

6 B は A より 3 枚多く，C は A より，9 － 3 ＝ 6 (枚)少ないから，A は，(150 － 3 ＋ 6) ÷ 3 ＝ 51 (枚)

7 両方の容器から同じ重さの水を取り出しても重さの差は変わらないので，水を取り出す前後の比の数の差を，6 － 5 ＝ 1 と，13 － 10 ＝ 3 の最小公倍数の 3 にそろえると，取り出す前の重さの比は，(6 × 3)：(5 × 3) ＝ 18：15　取り出した後の重さの比は 13：10 だから，この比の，18 － 13 ＝ 5 にあたる重さが 100g なので，1 にあたる重さは，100 ÷ 5 ＝ 20 (g)　水を取り出す前の容器 A，B の全体の重さの差は，20 × (18 － 15) ＝ 60 (g)で，これがはじめに容器 B に入っていた水の，1.4 － 1 ＝ 0.4 (倍)にあたるので，はじめに容器 B に入っていた水は，60 ÷ 0.4 ＝ 150 (g)　はじめの容器 B 全体の重さは，20 × 15 ＝ 300 (g)なので，容器の重さは，300 － 150 ＝ 150 (g)

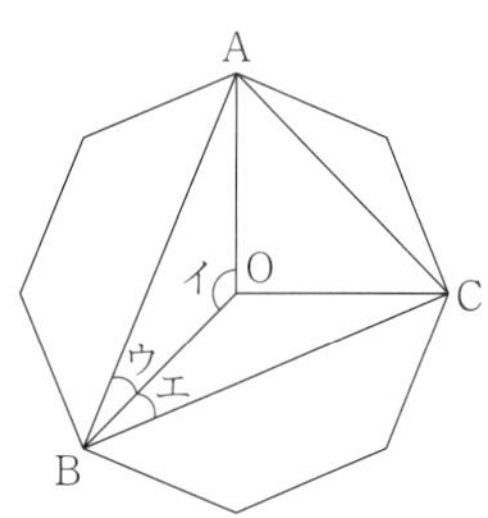

8 右図において，角イ＝ $360° \times \dfrac{3}{8} = 135°$ で，三角形 OAB は二等辺三角形なので，角ウ＝ $(180° - 135°) \div 2 = 22.5°$　同じように，角エ＝ $22.5°$ なので，角ア＝ $22.5° \times 2 = 45°$

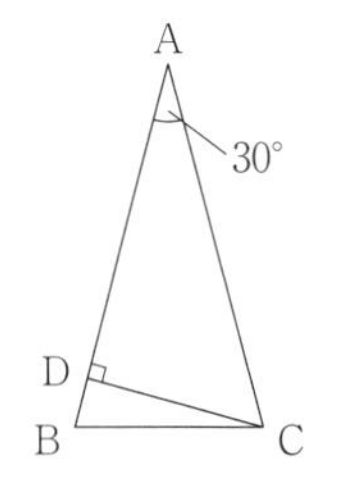

9 右図のように，点 C から AB に垂直な直線 CD をひくと，三角形 ADC は正三角形を 2 等分した直角三角形になるので，CD の長さは AC の長さの半分で，$6 \div 2 = 3$ (cm)　よって，この三角形の面積は，$6 \times 3 \div 2 = 9$ (cm^2)

10 内側の正方形の 1 辺は，$11 - 6 = 5$ (cm)　よって，正方形 ABCD の面積は，$5 \times 5 + 6 \times 11 \div 2 \times 4 = 157$ (cm^2)

第７回

1 1.25　2 90　3 2017　4 1 (分) 44 (秒)　5 15　6 3750　7 150 (円)　8 1.8　9 37.68 (cm)　10 60 (cm^3)

解　説

1 与式＝ $2 - (4 \div 2 - 2 + 1 + 2 \div 4) \div 2 = 2 - (2 - 2 + 1 + 0.5) \div 2 = 2 - 1.5 \div 2 = 2 - 0.75 = 1.25$

2 与式＝ $(5 + 3 - 2) \times 15 = 6 \times 15 = 90$

3 $\dfrac{1}{8} \times \left(\square - \dfrac{7}{4} + \dfrac{3}{4} \right) \div 36 = 1 + 6 = 7$ より，$\dfrac{1}{8} \times (\square - 1) = 7 \times 36 = 252$ となるから，$\square - 1 = 252 \div \dfrac{1}{8} = 2016$　よって，$\square = 2016 + 1 = 2017$

4 1 分＝ 60 秒より，5 分 12 秒は，$60 \times 5 + 12 = 312$ (秒) なので，1 周を走るのにかかった時間は，$312 \div 3 = 104$ (秒)　よって，$104 \div 60 = 1$ あまり 44 より，1 分 44 秒。

5 現在の秋子さんと妹の年令の比は 5：1 で，3 年後の年令の比は 3：1。2 人の年令の差は変わらないので，$5 - 1 = 4$ より，3：1 の比を，3：1 ＝ 6：2 とすると，比の，$2 - 1 = 1$ にあたるのが 3 才。よって，現在の秋子さんの年令は，$3 \times 5 = 15$ (才)

6 持っているお金の $\dfrac{3}{5}$ を使うと残りは，$1 - \dfrac{3}{5} = \dfrac{2}{5}$ に，$\dfrac{5}{6}$ を使うと残りは，$1 - \dfrac{5}{6} = \dfrac{1}{6}$ になるので，2 回お金を使った後の A 君の持っているお金は，最初に持っていたお金の，$1 \times \dfrac{2}{5} \times \dfrac{1}{6} = \dfrac{1}{15}$　最初に持っていたお金の，$\dfrac{1}{3} - \dfrac{1}{15} = \dfrac{4}{15}$ にあたる金額がもらったお金 1000 円になるので，最初に持っていたお金は，$1000 \div \dfrac{4}{15} = 3750$ (円)

7 仕入れ値の，$1 + 0.4 = 1.4$ (倍) が 210 円なので，$210 \div 1.4 = 150$ (円)

8 $(7.2 \times 9 \times 6) \div (6 \times 6 \times 6) = 388.8 \div 216 = 1.8$ (倍)

9 半径が 1 cm，2 cm，3 cm，6 cm の半円の曲線部分の和なので，$(1 \times 2 \times 3.14 \div 2) + (2 \times 2 \times 3.14 \div 2) + (3 \times 2 \times 3.14 \div 2) + (6 \times 2 \times 3.14 \div 2) = (1 + 2 + 3 + 6) \times 3.14 = 37.68$ (cm)

10 四角柱の底面の四角形が台形であるものとして求めると，底面積は，$(2+4)\times 4\div 2=12\,(\mathrm{cm}^2)$だから，体積は，$12\times 5=60\,(\mathrm{cm}^3)$

第8回

1 117　2 110　3 $\dfrac{3}{4}$　4 金　5 10　6 41（枚）　7 37.5　8 8　9 24 (cm^2)　10 28 (cm^3)

解　説

1 与式 $=48+(210-36\div 12)\div 3=48+(210-3)\div 3=48+207\div 3=48+69=117$

2 与式 $=5.5\times(13+17-10)=5.5\times 20=110$

3 $\dfrac{1}{2}-\dfrac{1}{3}\times\left(\dfrac{1}{4}+\square\right)=1\times\dfrac{1}{6}=\dfrac{1}{6}$　よって，$\dfrac{1}{3}\times\left(\dfrac{1}{4}+\square\right)=\dfrac{1}{2}-\dfrac{1}{6}=\dfrac{1}{3}$ より，$\dfrac{1}{4}+\square=\dfrac{1}{3}\div\dfrac{1}{3}=1$　よって，$\square=1-\dfrac{1}{4}=\dfrac{3}{4}$

4 $100\div 7=14$ あまり 2 より，100 日後の曜日は水曜日の 2 日後になるから，金曜日。

5 3 人の子どもの年齢は 2 才ずつ離れているから，3 人の子どもの年齢の和は，まん中の子どもの年齢の 3 倍になる。つまり，まん中の子どもの年齢は 3 人の子どもの年齢の和の $\dfrac{1}{3}$ だから，現在の A さんとまん中の子どもの年齢の比は，$7:(6\div 3)=7:2$ で，18 年後には，$2:(3\div 3)=2:1$ になる。2 人の年齢の差はかわらないから，比の差を 5 にそろえると，$2:1=10:5$　この，$7:2$ と $10:5$ における，$10-7=3$ が 18 年にあたるから，現在のまん中の子どもの年齢は，$18\div 3\times 2=12$（才）　よって，一番年下の子どもの年齢は，$12-2=10$（才）

6 A 君が取った枚数は全体の $\dfrac{1}{3}$ より 15 枚多いから，B 君が取った枚数は全体の，$\dfrac{1}{3}\times\dfrac{4}{5}=\dfrac{4}{15}$ より，$15\times\dfrac{4}{5}+10=22$（枚）多いことになり，C 君が取った枚数は全体の，$\dfrac{4}{15}\times\dfrac{1}{2}=\dfrac{2}{15}$ より，$22\times\dfrac{1}{2}+4=15$（枚）多いことになる。よって，全体の，$1-\left(\dfrac{1}{3}+\dfrac{4}{15}+\dfrac{2}{15}\right)=\dfrac{4}{15}$ が，$15+22+15=52$（枚）にあたるから，全体の枚数は，$52\div\dfrac{4}{15}=195$（枚）で，C 君が取った枚数は，$195\times\dfrac{2}{15}+15=41$（枚）

7 仕入れ値を 1 とすると，定価は，$1\times(1+0.6)=1.6$ と表せる。$1.6\times\square=1$ とすると，$\square=1\div 1.6=\dfrac{5}{8}=0.625$ より，定価の 62.5 %で売れば利益が出なくなる。よって，$100-62.5=37.5$（%）の値引きをしたとき。

8 立方体の 1 辺の長さを 2 倍にすると，底面の正方形の 1 辺の長さが 2 倍になり，底面積は，$2\times 2=4$（倍）で，高さも 2 倍になるから，体積は，$4\times 2=8$（倍）

9 斜線部分は，半径，$8\div 2=4$ (cm)の半円と，半径，$6\div 2=3$ (cm)の半円と，直角をはさむ 2 辺が 8 cm と 6 cm の直角三角形を合わせた図形から，半径，$10\div 2=5$ (cm)の半円を取り除いたものである。よって，面積は，$4\times 4\times 3.14\div 2+3\times 3\times 3.14\div 2+8\times 6\div 2-5\times 5\times 3.14\div 2=8\times 3.14+4.5\times 3.14+24-12.5\times 3.14=24\,(\mathrm{cm}^2)$

10 くりぬいた直方体の体積は，$3\times 3\times 4=36\,(\mathrm{cm}^3)$なので，$4\times 4\times 4-36=28\,(\mathrm{cm}^3)$

第9回

1 53　2 278　3 $\frac{3}{4}$　4 土(曜日)　5 5(年後)　6 90　7 24　8 16：9
9 (面積) 25.12 (cm^2)　(まわりの長さ) 66.24 (cm)　10 (表面積) 480 (cm^2)　(体積) 432 (cm^3)

解説

1 与式 $= 25 + 28 = 53$

2 与式 $= 2.78 \times (59 + 63 - 22) = 2.78 \times 100 = 278$

3 $\frac{8}{3} \times \left(\square + \frac{3}{2} \times \frac{1}{4}\right) = 60 \times 0.05 = 3$ より，$\square + \frac{3}{8} = 3 \div \frac{8}{3} = \frac{9}{8}$　よって，$\square = \frac{9}{8} - \frac{3}{8} = \frac{3}{4}$

4 2021年1月23日を，2020年12月，$31 + 23 = 54$ (日)と考えると，これは2020年12月1日の，$54 - 1 = 53$ (日後)　$53 \div 7 = 7$ 余り4より，これは7週間と4日で，曜日は2020年12月1日の次の日から{水，木，金，土，日，月，火}をくり返すので，2021年1月23日はこのくり返しの4番目の土曜日。

5 3人の年令の和は，$(76 + 50 + 46) \div 2 = 86$ (才)なので，かんなさんは，$86 - 76 = 10$ (才)で，父は，$86 - 46 = 40$ (才)　したがって，父の年令がかんなさんの年令の3倍になるのは，かんなさんが，$(40 - 10) \div (3 - 1) = 15$ (才)のとき。よって，$15 - 10 = 5$ (年後)

6 ひもを2回切り取った後の長さの，$1 - \frac{1}{4} = \frac{3}{4}$ にあたる長さが，$23 + 1 = 24$ (cm)なので，ひもを2回切り取った後の長さは，$24 \div \frac{3}{4} = 32$ (cm)　ひもを1回切り取った後の長さの，$1 - \frac{1}{2} = \frac{1}{2}$ にあたる長さが，$32 - 3 = 29$ (cm)なので，ひもを1回切り取った後の長さは，$29 \div \frac{1}{2} = 58$ (cm)　よって，最初のひもの長さの，$1 - \frac{1}{3} = \frac{2}{3}$ が，$58 + 2 = 60$ (cm)なので，最初のひもの長さは，$60 \div \frac{2}{3} = 90$ (cm)

7 定価で売った分の利益は，$(2750 - 1900) \times (50 - 11) = 33150$ (円)だから，売れ残った分の売値は，$1900 + (35240 - 33150) \div 11 = 2090$ (円)　よって，定価の，$(2750 - 2090) \div 2750 \times 100 = 24$ (%)引き。

8 水の体積は，(容器の底面積)×(水の高さ)で求められるので，$(4 \times 12) : (3 \times 9) = 16 : 9$

9 白い部分は半径2cmの半円4つ，つまり，半径2cmの円2つ。したがって，求める面積は，半径4cmの円から白い部分を取りのぞいた部分の面積なので，$4 \times 4 \times 3.14 - 2 \times 2 \times 3.14 \times 2 = 25.12$ (cm^2)　求めるまわりの長さは，半径4cmの円周と半径2cmの円周2つと8cmの直線部分2つの和になる。よって，$4 \times 2 \times 3.14 + 2 \times 2 \times 3.14 \times 2 + 8 \times 2 = 66.24$ (cm)

10 底面の面積は，$6 \times 8 \div 2 = 24$ (cm^2)　側面の面積は，$18 \times (6 + 10 + 8) = 432$ (cm^2)　よって，表面積は，$24 \times 2 + 432 = 480$ (cm^2)で，体積は，$24 \times 18 = 432$ (cm^3)

第10回

1 16　2 100　3 50　4 5.5　5 3600　6 18(日)　7 20(日)　8 5.4　9 822.68 (m^2)
10 288 (cm^3)

解 説

[1] 与式 $= 20 - 4 = 16$

[2] 与式 $= 20 \times (7.89 - 4.56 + 1.67) = 20 \times 5 = 100$

[3] $\frac{9}{25} \times \left(\square \div \frac{3}{4} - \frac{100}{3}\right) = 136 - 124 = 12$ より，$\square \div \frac{3}{4} - \frac{100}{3} = 12 \div \frac{9}{25} = \frac{100}{3}$ だから，$\square \div \frac{3}{4} = \frac{100}{3} + \frac{100}{3} = \frac{200}{3}$　よって，$\square = \frac{200}{3} \times \frac{3}{4} = 50$

[4] 1 m あたりの値段は，$245 \div 3.5 = 70$ (円)　よって，$385 \div 70 = 5.5$ (m)

[5] この品物 1 個の仕入れ値を 1 とすると，定価は，$1 + 0.2 = 1.2$，定価の 3 割引は，$1.2 \times (1 - 0.3) = 0.84$ になるので，$100 - 25 = 75$ (個)を定価で，25 個を定価の 3 割引で売ったときの利益は，$1.2 \times 75 + 0.84 \times 25 - 1 \times 100 = 11$　よって，この品物 1 個当たりの仕入れ値は，$39600 \div 11 = 3600$ (円)

[6] 仕事全体の量を 1 とすると，1 日に A さんは $\frac{1}{30}$，B さんは $\frac{1}{45}$ の仕事をする。よって，$1 \div \left(\frac{1}{30} + \frac{1}{45}\right) = 18$ (日)

[7] A，B，C がそれぞれで 1 日にくみ出す量の比は，$\frac{1}{15} : \frac{1}{20} : \frac{1}{12} = 4 : 3 : 5$　よって，$(4 + 3 + 5) \times 15 \div (4 + 5) = 20$ (日)

[8] 正方形の面積は，$9 \times 9 = 81$ (cm^2)だから，㋑の面積は，$81 \times \frac{8}{3 + 8 + 9} = 32.4$ (cm^2)　右図で，㋑は高さ 9 cm の平行四辺形だから，$AC = 32.4 \div 9 = 3.6$ (cm)　よって，$AB = 9 - 3.6 = 5.4$ (cm)

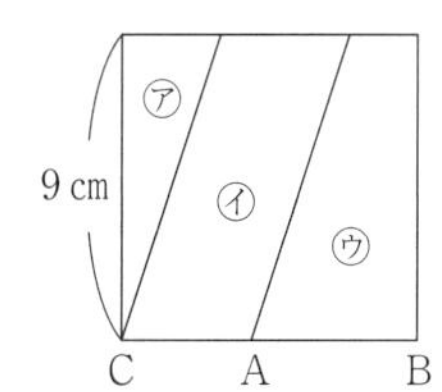

[9] ある点から一定のきょりだけ移動できるので，移動できる部分は半円とおうぎ形を組み合わせた形で，右図の色をつけた部分になる。右図で，アは半径 20m の半円で，面積は，$20 \times 20 \times 3.14 \div 2 = 200 \times 3.14$ (m^2)　残りのおうぎ形の中心角はすべて 90° で，イは半径が，$20 - 6 = 14$ (m)より，面積は，$14 \times 14 \times 3.14 \times \frac{90}{360} = 49 \times 3.14$ (m^2)　ウは半径が，$14 - 10 = 4$ (m)より，面積は，$4 \times 4 \times 3.14 \times \frac{90}{360} = 4 \times 3.14$ (m^2)　AB の長さが，$20 - 6 = 14$ (m)より，エは半径が，$20 - 14 = 6$ (m)より，面積は，$6 \times 6 \times 3.14 \times \frac{90}{360} = 9 \times 3.14$ (m^2)　よって，牛が移動できる部分の面積は，$200 \times 3.14 + 49 \times 3.14 + 4 \times 3.14 + 9 \times 3.14 = 822.68$ (m^2)

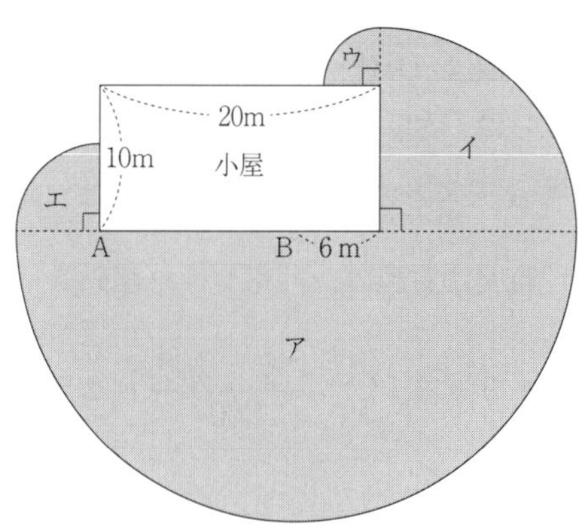

[10] 直角二等辺三角形 ABC が底面，BF が高さの三角すいの体積を求めればよいので，$\left(12 \times 12 \times \frac{1}{2}\right) \times 12 \times \frac{1}{3} = 288$ (cm^3)

第11回

[1] 25　[2] 15.7　[3] $\frac{25}{4}$　[4] 620　[5] 72000 円　[6] 60 (分)　[7] 12000 (円)　[8] 6 (倍)　[9] 251.2 (m^2)
[10] 4 (cm)

解　説

1 与式 $= 15 \div 3 \times 5 = 5 \times 5 = 25$

2 与式 $= (3.12 + 3.13 + 3.15 - 4.4) \times 3.14 = 5 \times 3.14 = 15.7$

3 $3 - \left(\square - \frac{3}{2}\right) \div \frac{7}{4} = \frac{3}{5} \div \frac{21}{10} = \frac{2}{7}$ より，$\left(\square - \frac{3}{2}\right) \div \frac{7}{4} = 3 - \frac{2}{7} = \frac{19}{7}$ だから，$\square - \frac{3}{2} = \frac{19}{7} \times \frac{7}{4} = \frac{19}{4}$　よって，$\square = \frac{19}{4} + \frac{3}{2} = \frac{25}{4}$

4 $1000 \times 0.3 + 800 \times 0.4 = 620$（円）

5 1日目の値段は，$3000 \times (1 + 0.2) = 3600$（円）で，2日目の値段は，$3600 \times (1 - 0.1) = 3240$（円）　よって，$(3600 - 3000) \times 100 + (3240 - 3000) \times 50 = 72000$（円）

6 この水そうの満水の水の量を1とすると，A管とB管の両方を使うと1分間に入る水の量は $\frac{1}{15}$ なので，9分間に入る水の量は，$\frac{1}{15} \times 9 = \frac{3}{5}$ で，水そうにはあと，$1 - \frac{3}{5} = \frac{2}{5}$ の水が入る。A管を使うとこれを8分間で入れることができるので，A管から1分間に入る水の量は，$\frac{2}{5} \div 8 = \frac{1}{20}$　よって，B管から1分間に入る水の量は，$\frac{1}{15} - \frac{1}{20} = \frac{1}{60}$ なので，この空の水そうにB管だけで入れたときに満水になるまでにかかる時間は，$1 \div \frac{1}{60} = 60$（分）

7 お年玉と4ヵ月分のおこづかいの合計は，$3500 \times 4 = 14000$（円）で，お年玉と12ヵ月分のおこづかいの合計は，$1500 \times 12 = 18000$（円）なので，$12 - 4 = 8$（ヵ月分）のおこづかいは，$18000 - 14000 = 4000$（円）となり，毎月のおこづかいは，$4000 \div 8 = 500$（円）　よって，お年玉は，$14000 - 500 \times 4 = 12000$（円）

8 三角形DBEの面積を1とすると，点DはABのまん中の点なので，三角形ABEの面積は，$1 \times 2 = 2$　さらに，AE : AC $= 3 : (3 + 6) = 1 : 3$ より，三角形ABCの面積は，$2 \times 3 = 6$　よって，$6 \div 1 = 6$（倍）

9 正五角形の1つの角の大きさは，$180° \times (5 - 2) \div 5 = 108°$　犬が動くことのできる範囲は右図のかげをつけた部分で，その面積は，$10 \times 10 \times 3.14 \times \frac{360 - 108}{360} + 5 \times 5 \times 3.14 \times \frac{180 - 108}{360} \times 2 = 251.2$（$m^2$）

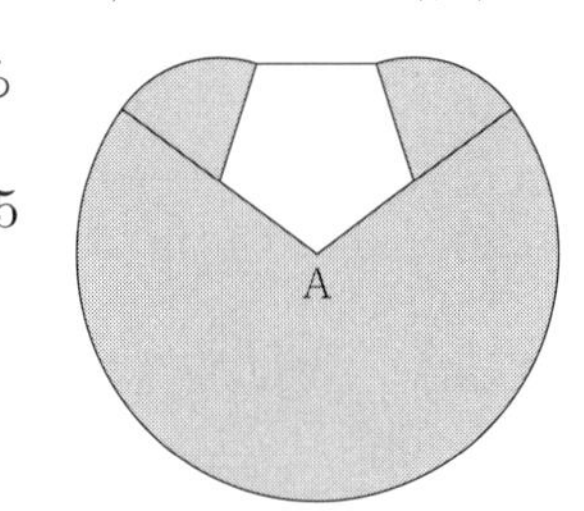

10 三角形FECの面積は，$12 \times 12 - (18 + 6 \times 12 \div 2 \times 2) = 54$（$cm^2$）　底面を変えても体積は変わらないから，$72 \times 3 \div 54 = 4$（cm）

第12回

1 11　2 13.5　3 $\frac{37}{6}$　4 210　5 150（円）　6 9　7 あ．40　い．24　8 78（cm^2）
9 222.94（m^2）　10 $\frac{256}{3}$（cm^3）

解　説

1 与式 $= 15 - 12 + 8 = 11$

[2] 与式 $= (5.38 - 2.38) \times 4.5 = 3 \times 4.5 = 13.5$

[3] $\left(2\frac{3}{8} \times 2\frac{2}{3} - \square\right) \times 5 = \frac{1}{6} + \frac{2}{3} = \frac{5}{6}$ より，$\frac{19}{3} - \square = \frac{5}{6} \div 5 = \frac{1}{6}$　よって，$\square = \frac{19}{3} - \frac{1}{6} = \frac{37}{6}$

[4] 家から図書館までの道のりは，$1000 \times 6.2 = 6200$ (m)で，歩いた道のりは，$100 \times 20 = 2000$ (m)だから，走った道のりは，$6200 - 2000 = 4200$ (m)　走った時間は，$40 - 20 = 20$ (分)だから，走った速さは分速，$4200 \div 20 = 210$ (m)

[5] ケーキの原価を 1 とすると，$1 + 0.3 = 1.3$ が定価にあたり，これより 30 円安い実際の売り値は，$1 + 0.1 = 1.1$ にあたるので，30 円は，$1.3 - 1.1 = 0.2$ にあたる。よって，ケーキ 1 個の原価は，$30 \div 0.2 = 150$ (円)

[6] 水そうの容積を 1 とすると，A 管だけで 1 分間に入れる水の量は，$1 \div 18 = \frac{1}{18}$　A 管と B 管から 1 分間に入れる水の量の合計は，$1 \div 6 = \frac{1}{6}$　よって，B 管だけで 1 分間に入れる水の量は，$\frac{1}{6} - \frac{1}{18} = \frac{1}{9}$　したがって，B 管だけで水を入れると，$1 \div \frac{1}{9} = 9$ (分)で満水になる。

[7] ポンプ 1 台で 1 時間にくみ出す水の量を 1 とすると，ポンプ 9 台で 16 時間にくみ出す水の量は，$1 \times 9 \times 16 = 144$　ポンプ 14 台で 8 時間にくみ出す水の量は，$1 \times 14 \times 8 = 112$　これより，1 時間にわき出る水の量は，$(144 - 112) \div (16 - 8) = 4$　よって，はじめから井戸にたまっている水の量は，$144 - 4 \times 16 = 80$ だから，ポンプ 6 台で水をくみ出すのにかかる時間は，$80 \div (1 \times 6 - 4) = 40$ (時間)　また，4 時間で水をくみ出すのに必要なポンプは，$(80 + 4 \times 4) \div 4 \div 1 = 24$ (台)

[8] 右図のように各点を D～F とし，直線 CD をひく。BE : BC = 1 : 3 より，三角形 DBE と三角形 DBC の面積の比も 1 : 3 になるので，三角形 DBC の面積は，$13 \times 3 = 39$ (cm^2)　同様に，DB : AB = 1 : 2 より，三角形 DBC と三角形 ABC の面積の比も 1 : 2 になるので，三角形 ABC の面積は，$39 \times 2 = 78$ (cm^2)

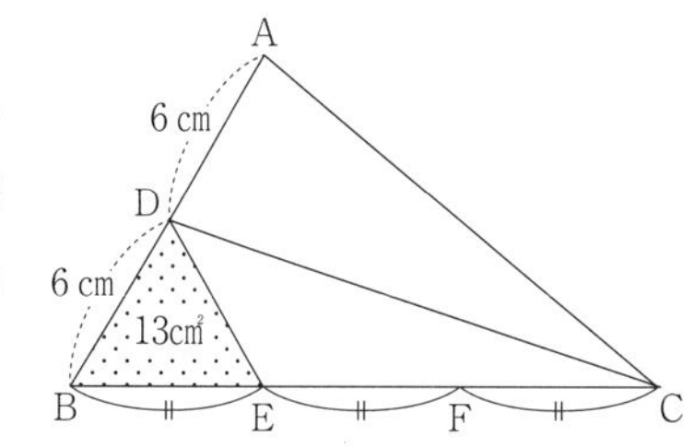

[9] 犬が動くことのできるはん囲は，右図のかげをつけた部分になり，㋐は，半径 10m の半円。また，正六角形の角の和は，$180° \times (6 - 2) = 720°$ で，1 つの角の大きさは，$720° \div 6 = 120°$ なので，右図の a の角は，$180° - 120° = 60°$　これより，㋑～㋔はすべて中心角が 60° のおうぎ形で，㋑は半径，$10 - 3 = 7$ (m)，㋒は半径，$7 - 5 = 2$ (m)，㋓は半径，$10 - (5 - 3) = 8$ (m)，㋔は半径，$8 - 5 = 3$ (m)だから，求める面積は，$10 \times 10 \times 3.14 \div 2 + 7 \times 7 \times 3.14 \times \frac{60}{360} + 2 \times 2 \times 3.14 \times \frac{60}{360} + 8 \times 8 \times 3.14 \times \frac{60}{360} + 3 \times 3 \times 3.14 \times \frac{60}{360} = 222.94$ (m^2)

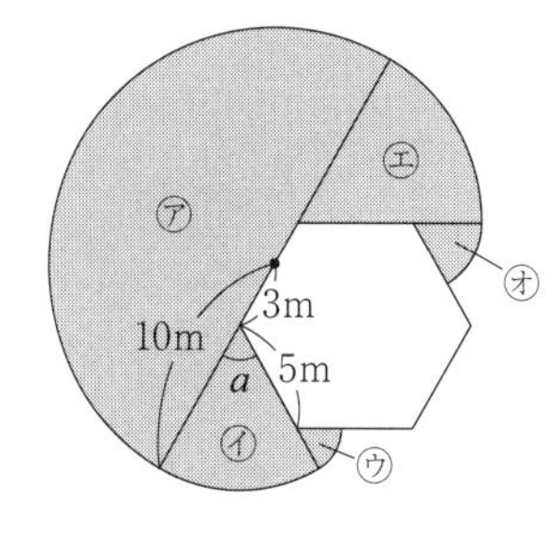

[10] 立体は正八面体。真ん中で上下に分けると，ともに底面が，対角線の長さが 8 cm の正方形で，高さが，$8 \div 2 = 4$ (cm)の四角すいになる。よって，求める体積は，$8 \times 8 \div 2 \times 4 \div 3 \times 2 = \frac{256}{3}$ (cm^3)

第13回

[1] 25　[2] 9　[3] 20　[4] (順に) 2，187　[5] 62160　[6] 30　[7] 35　[8] 205 (cm^2)　[9] 1 : 2
[10] 163.62 (cm^2)

解　説

1 与式 $= 27 - (24 - 4 \times 4 \div 2) \div 8 = 27 - (24 - 8) \div 8 = 27 - 16 \div 8 = 27 - 2 = 25$

2 与式 $= 31 \times \frac{1}{3} - 4 \times \frac{1}{3} = (31 - 4) \times \frac{1}{3} = 27 \times \frac{1}{3} = 9$

3 $\left\{100 - (100 - \square) \times \frac{1}{2}\right\} \times \frac{1}{3} = 100 - 80 = 20$ より，$100 - (100 - \square) \times \frac{1}{2} = 20 \div \frac{1}{3} = 60$　よって，$(100 - \square) \times \frac{1}{2} = 100 - 60 = 40$ より，$100 - \square = 40 \div \frac{1}{2} = 80$ なので，$\square = 100 - 80 = 20$

4 $972 \div 4 \times 9 = 2187$ (mL)となるので，2 L187mL。

5 1組では，カーネーションがガーベラより，$5 - 3 = 2$ (本)多いから，花束の組数は，$112 \div 2 = 56$ (組)　花束1組の値段は，$150 \times 5 + 120 \times 3 = 1110$ (円)だから，売上は，$1110 \times 56 = 62160$ (円)

6 45個とも50円で買ったとすると代金は，$50 \times 45 = 2250$ (円)で，実際に支払った金額より，$2250 - 2100 = 150$ (円)多いので，5円引きで買った個数は，$150 \div 5 = 30$ (個)　よって，多く買ったPさんの買った個数は30個。

7 同じ向きに歩くとき，20分でA君はB君よりも1周多く歩いているので，A君とB君の速さの差は，分速，$400 \div 20 = 20$ (m)　反対向きに歩くとき，8分でA君とB君はあわせて1周分歩いているので，速さの和は，分速，$200 \div 8 = 50$ (m)　よって，A君の速さは分速，$(50 + 20) \div 2 = 35$ (m)

8 頂点Bが動いたあとの線は右図のようになり，直線 ℓ と頂点Bが動いたあとの線によって囲まれた部分は，3つのおうぎ形と2つの直角三角形を合わせたものとなる。よって，面積は，$6 \times 6 \times 3.14 \times \frac{1}{4} + 10 \times 10 \times 3.14 \times \frac{1}{4} + 8 \times 8 \times 3.14 \times \frac{1}{4} + 6 \times 8 \div 2 \times 2 = 205$ (cm^2)

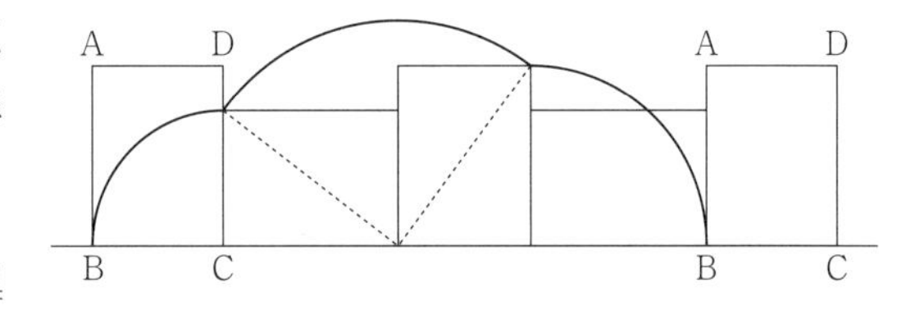

9 右図のように，正六角形は合同な正三角形6個に分けることができるから，㋐：㋑ = 1：2

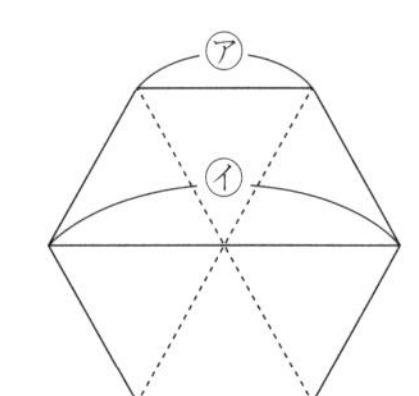

10 右図のような，円柱を4等分した立体ができる。底面積は，$6 \times 6 \times 3.14 \times \frac{90}{360} = 28.26$ (cm^2)で，側面の長方形の面積は，$5 \times 6 = 30$ (cm^2)　また，側面の曲面部分の面積は，$5 \times \left(6 \times 2 \times 3.14 \times \frac{90}{360}\right) = 47.1$ (cm^2)　よって，$28.26 \times 2 + 30 \times 2 + 47.1 = 163.62$ (cm^2)

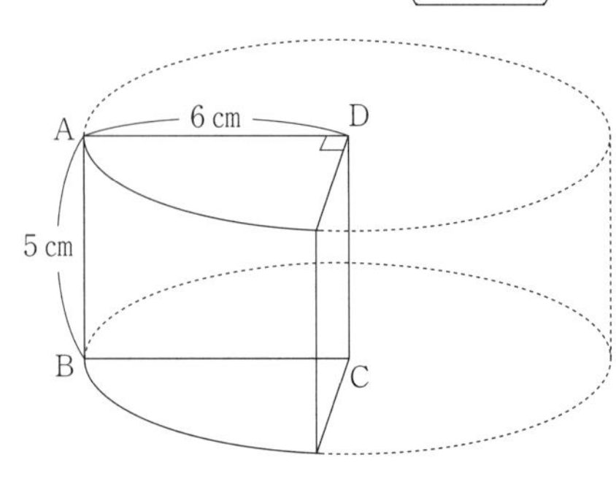

第14回

1 2　2 75　3 $\frac{1}{8}$　4 2100 (円)　5 260 (人)　6 6 (回)　7 12 (分) 25 (秒後)　8 29.83 (cm)
9 3 (cm)　10 150.72 (cm^3)

解　説

1 与式 $=(2\times7-5)\div3-1=(14-5)\div3-1=9\div3-1=3-1=2$

2 与式 $=12.5\times8-12.5\div\frac{1}{2}=12.5\times8-12.5\times2=12.5\times(8-2)=12.5\times6=75$

3 $\left(\frac{3}{8}-\square\right)\times\frac{13}{2}\div\frac{5}{4}=1\frac{1}{2}-\frac{1}{5}=\frac{13}{10}$ より，$\left(\frac{3}{8}-\square\right)\times\frac{13}{2}=\frac{13}{10}\times\frac{5}{4}=\frac{13}{8}$ だから，$\frac{3}{8}-\square=\frac{13}{8}\div\frac{13}{2}=\frac{1}{4}$　よって，$\square=\frac{3}{8}-\frac{1}{4}=\frac{1}{8}$

4 2人の所持金の合計は変わらないので，姉が妹に300円渡した後の姉の所持金は，$3000\times\frac{3}{3+2}=1800$ (円)　よって，求める金額は，$1800+300=2100$ (円)

5 前の日と入園者の数が同じだったとすると，入園料の合計は前の日より，$240\times100-8400=15600$ (円)少なくなる。よって，前の日の入園者は，$15600\div(300-240)=260$ (人)

6 10回とも裏が出ると点数は，$20-2\times10=0$ (点)になり，これは実際の点数より，$42-0=42$ (点)低い。裏が出る代わりに表が出る回数が1回あるごとに，点数は，$5+2=7$ (点)増えるので，表が出た回数は，$42\div7=6$ (回)

7 太郎君は，300m = 0.3kmを，45秒 $=\frac{3}{4}$ 分で走るので，速さは毎分，$0.3\div\frac{3}{4}=0.4$ (km)　二郎君は2.8kmを5分で走るので，速さは分速，$2.8\div5=0.56$ (km)　よって，反対方向に走り出すと，1分間に，$0.4+0.56=0.96$ (km)ずつ離れていくので，11.92km離れるのは，走り出してから，$11.92\div0.96=\frac{149}{12}=12\frac{25}{60}$ (分) = 12 (分) 25 (秒後)

8 正三角形が正方形のまわりを回転する様子は，右図のようになる。「あ」の動いたあとは右図の曲線部分になり，半径が3cm，中心角が，$360°-90°-60°=210°$ のおうぎ形の曲線部分2個と，半径が3cm，中心角が，$360°-60°\times2-90°=150°$ のおうぎ形の曲線部分を合わせた長さなので，$3\times2\times3.14\times\frac{210}{360}\times2+3\times2\times3.14\times\frac{150}{360}=29.83$ (cm)

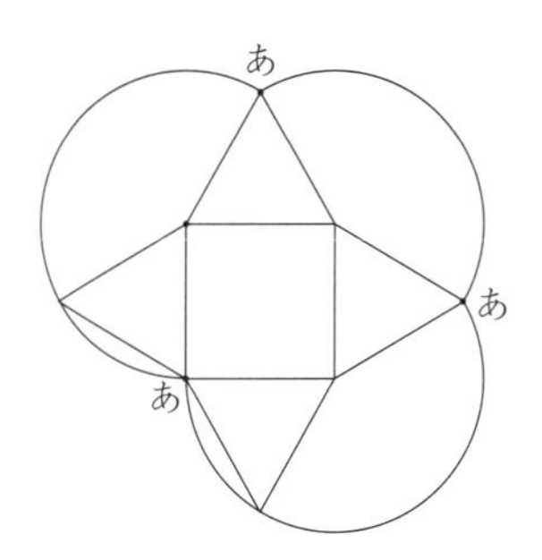

9 あといは高さが等しいので，あの（上底＋下底）といの底辺の比が面積の比と等しい。よって，いの底辺は，CE $=(9+12)\times\frac{3}{4+3}=21\times\frac{3}{7}=9$ (cm)だから，BE $=12-9=3$ (cm)

10 右図のように，底面の半径が，$3\times2=6$ (cm)，高さが，$4\times2=8$ (cm)の円すいから，円すいと円柱を切り取った立体ができる。よって，この立体の体積は，$6\times6\times3.14\times8\div3-3\times3\times3.14\times4\div3-3\times3\times3.14\times4=150.72$ (cm^3)

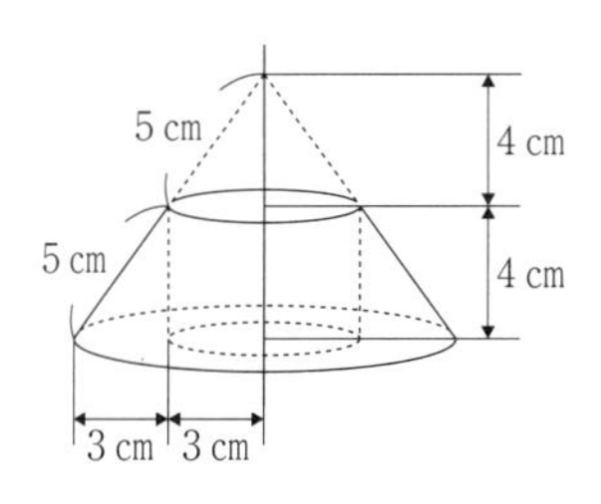

第15回

1 20　2 44　3 $\frac{3}{5}$　4 16 (kg)　5 15 (個)　6 1260　7 ア. 15　イ. 1.25　8 78.5 (cm^2)　9 85 (cm^2)　10 131.88 (cm^3)

解　説

1 与式 $= 63 \times 2 \div 9 + 21 \times 2 \div 7 = 14 + 6 = 20$

2 与式 $= 20 \times 19 - 17 \times 20 + 20 \div 5 = 20 \times (19 - 17) + 4 = 20 \times 2 + 4 = 40 + 4 = 44$

3 $\left\{\left(\frac{2}{3} - \frac{1}{4}\right) \times \square + 2\right\} \div \frac{3}{4} = 10 - 7 = 3$ より，$\left(\frac{2}{3} - \frac{1}{4}\right) \times \square + 2 = 3 \times \frac{3}{4} = \frac{9}{4}$　よって，$\left(\frac{2}{3} - \frac{1}{4}\right) \times \square = \frac{9}{4} - 2 = \frac{1}{4}$ より，$\square = \frac{1}{4} \div \left(\frac{2}{3} - \frac{1}{4}\right) = \frac{1}{4} \div \frac{5}{12} = \frac{3}{5}$

4 Bの比を12にそろえると，A：B：C ＝ 15：12：8　よって，荷物Cの重さは，$30 \times \frac{8}{15} = 16$ (kg)

5 B君があと4個買うと，買った個数はA君と等しくなり，代金はB君の方が，$400 + 200 \times 4 = 1200$ (円)高くなる。よって，A君が買ったみかんの個数は，$1200 \div (200 - 120) = 15$ (個)

6 4800円とも兄の所持金だったとすると，2人の出した金額は，$4800 \times \frac{1}{3} = 1600$ (円)となり，買ったプレゼントの代金よりも，$1600 - 1460 = 140$ (円)多い。4800円のうち，妹の所持金が1円増えるごとに，2人が出した金額は，$1 \times \frac{1}{3} - 1 \times \frac{1}{4} = \frac{1}{12}$ (円)減るので，妹の所持金は，$140 \div \frac{1}{12} = 1680$ (円)　よって，妹の残ったお金は，$1680 \times \left(1 - \frac{1}{4}\right) = 1260$ (円)

7 兄が忘れ物を取ってふたたび家を出発したのは，最初に家を出発してから，$5 \times 2 = 10$ (分後)　このとき，弟は家から，$3 \times \frac{10}{60} = 0.5$ (km)のところにいるので，兄が弟と同時に図書館に着くのは忘れ物を取ってから，$0.5 \div (5 - 3) \times 60 = 15$ (分後)　よって，家から図書館までの距離は，$5 \times \frac{15}{60} = 1.25$ (km)

8 曲線AB，BC，CAが順に直線上を動くので，この図形が通過する部分は右図のしゃ線部分。求める面積は，しゃ線部分からこの図形をのぞいた面積になるから，太線で囲まれた長方形の部分の面積で，横の長さは15.7cmだから，$5 \times 15.7 = 78.5$ (cm^2)

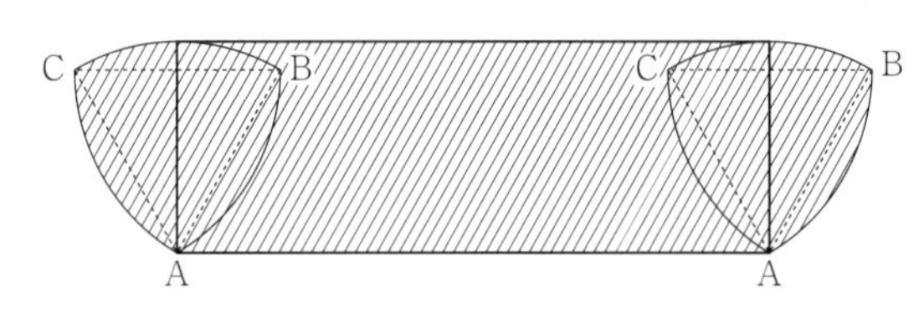

9 長方形は1本の対角線で面積を2等分するので，対角線BDをひくと，三角形ABD，三角形DBCともに面積は，$120 \div 2 = 60$ (cm^2)　三角形EBHは三角形ABDと比べて底辺の長さと高さが$\frac{1}{2}$なので，面積は，$\frac{1}{2} \times \frac{1}{2} = \frac{1}{4}$になり，$60 \times \frac{1}{4} = 15$ (cm^2)　三角形GBFは三角形DBCと比べて底辺の長さが$\frac{1}{3}$なので，面積も$\frac{1}{3}$になり，$60 \times \frac{1}{3} = 20$ (cm^2)　よって，かげのついた部分の面積の和は，$120 - 15 - 20 = 85$ (cm^2)

10 底面の半径が5cmの円すいから，底面の半径が2cmの円すいを取りのぞいた立体ができる。よって，$5 \times 5 \times 3.14 \times 6 \times \frac{1}{3} - 2 \times 2 \times 3.14 \times 6 \times \frac{1}{3} = 131.88$ (cm^3)

第16回

1 7　2 1　3 $\frac{2}{5}$　4 44　5 21　6 4.8 (秒)　7 (時速) 2.4 (km)　8 ④
9 (立体㋐：立体㋑＝) 7：1　10 10.5 (cm^2)

解説

1 与式 $= 27 \div 3 - 2 = 9 - 2 = 7$

2 与式 $= 3.83 \times 0.2 + 1.17 \times 0.2 = (3.83 + 1.17) \times 0.2 = 5 \times 0.2 = 1$

3 $2\frac{2}{3} \div \left(3\frac{1}{2} \div \square - 0.75\right) = \frac{7}{12} - \frac{1}{4} = \frac{1}{3}$ より，$3\frac{1}{2} \div \square - 0.75 = \frac{8}{3} \div \frac{1}{3} = 8$　よって，$\frac{7}{2} \div \square = 8 + 0.75 = \frac{35}{4}$ より，$\square = \frac{7}{2} \div \frac{35}{4} = \frac{2}{5}$

4 A，B，C 3人の体重の合計は，$45 \times 5 - 46.5 \times 2 = 132$ (kg)　よって，3人の体重の平均は，$132 \div 3 = 44$ (kg)

5 A君とお母さんが出会った地点をP地点，A君が引き返した地点をQ地点とする。お母さんがP地点まで進むのにかかった時間は，$24 - 15 = 9$ (分)で，A君とお母さんが同じ道のりを進むのにかかる時間の比は，$\frac{1}{4} : \frac{1}{8} = 2 : 1$ なので，A君がはじめにP地点を通過したのは出発してから，$9 \times 2 = 18$ (分後)　これより，残りの，$24 - 18 = 6$ (分)で，A君はP地点とQ地点の間を往復しているので，A君が忘れ物に気付いたのはP地点を通過してから，$6 \div 2 = 3$ (分後)　よって，A君が忘れ物に気付いたのは家を出発してから，$18 + 3 = 21$ (分後)

6 この2つの列車の速さの和は時速，$110 + 70 = 180$ (km)で，これは秒速，$180 \times 1000 \div 60 \div 60 = 50$ (m)　2つの列車は出会ってから合わせて，$160 + 80 = 240$ (m)進んだときに完全にすれちがう。よって，2つの列車が出会ってから完全にすれちがうまでにかかる時間は，$240 \div 50 = 4.8$ (秒)

7 上りと下りの時間の比が $7 : 5$ なので，速さの比は $5 : 7$。下りの速さは時速，$7 \div (25 \div 60) = 7 \times \frac{12}{5} = 16.8$ (km)なので，上りの速さは時速，$16.8 \times \frac{5}{7} = 12$ (km)　よって，川の流れる速さは時速，$(16.8 - 12) \div 2 = 2.4$ (km)

8 矢印のかかれた面の頂点をもとにして，展開図に各点の記号を書きこむと，右図のようになる。この図で，直線DM，MG，GEがひかれているものをさがせばいいので，正しい展開図は④。

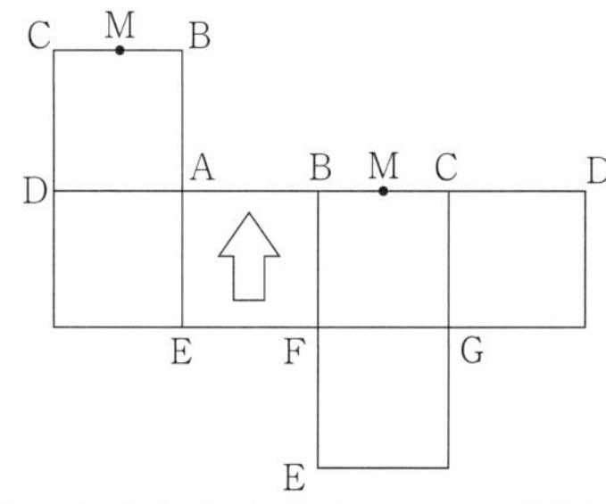

9 立体㋐は底面が台形AEFQの四角柱で，立体㋑は底面が三角形QFBの三角柱。どちらも高さが4cmで同じなので，体積の比は，底面積の比と等しくなる。台形AEFQの面積は，$(3 + 4) \times 4 \div 2 = 14$ (cm^2)　QBの長さが，$4 - 3 = 1$ (cm)より，三角形QFBの面積は，$1 \times 4 \div 2 = 2$ (cm^2)　よって，立体㋐と立体㋑の体積の比は，$14 : 2 = 7 : 1$

10 右図で，アとウの底辺の長さは等しいので，アとウの面積は等しくなり，ア＋ウ $= 7 \times 2 = 14$ (cm^2)　また，アとウを合わせた図形の面積とイの面積の比は，$8 : 6 = 4 : 3$ となり，$14 :$ イ $= 4 : 3$ より，イ $\times 4 = 14 \times 3$　よって，イの面積は，$14 \times 3 \div 4 = 10.5$ (cm^2)

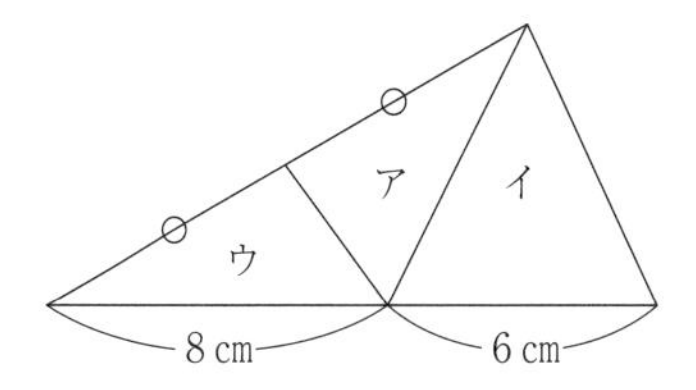

第17回

1 40　2 31.4　3 1　4 805　5 15　6 ア．23　イ．95　7 7500（m）　8 ① オ　② D
9 119.32（cm^3）　10 $\frac{4}{3}$（cm）

解　説

1 与式 $= 18 + 28 - 6 = 40$

2 与式 $= 3.14 \times 7 + 3.14 \times 10 \times 0.3 = 3.14 \times 7 + 3.14 \times 3 = 3.14 \times (7 + 3) = 3.14 \times 10 = 31.4$

3 $\left(\square - \frac{1}{5}\right) \times \frac{2}{3} - \frac{1}{6} = 1\frac{8}{25} \div 3\frac{3}{5} = \frac{11}{30}$ より，$\left(\square - \frac{1}{5}\right) \times \frac{2}{3} = \frac{11}{30} + \frac{1}{6} = \frac{8}{15}$　よって，$\square - \frac{1}{5} = \frac{8}{15} \div \frac{2}{3} = \frac{4}{5}$ より，$\square = \frac{4}{5} + \frac{1}{5} = 1$

4 すみれさんがニュースを見た時間は，$2300 \times 0.35 = 805$（分）

5 兄と弟が同じ道のりを歩くのにかかる時間の比は，$30 : 42 = 5 : 7$　この比の差が出発時間の差の 6 分にあたるため，兄が弟に追いつくのは，$6 \times \frac{5}{7 - 5} = 15$（分後）

6 列車 A は 25 秒で，$17 \times 25 = 425$（m）進むので，列車 B が 25 秒で進む長さは，列車 B の長さより，$55 + 425 = 480$（m）長い。また，列車 B が 21 秒で進む長さは，列車 B の長さより 388m 長いので，列車 B は，$25 - 21 = 4$（秒）で，$480 - 388 = 92$（m）進む。よって，列車 B の速さは毎秒，$92 \div 4 = 23$（m）となるから，列車 B は 21 秒で，$23 \times 21 = 483$（m）進むので，列車 B の長さは，$483 - 388 = 95$（m）

7 1 時間 = 60 分より，1 時間 30 分 = 60 分 + 30 分 = 90 分なので，遊覧船が A 地点と B 地点の間を下るのにかかる時間と上るのにかかる時間の比は，$50 : 90 = 5 : 9$　速さの比は，同じ長さを進むのにかかる時間の比の逆なので，遊覧船が A 地点と B 地点の間を下る速さと上る速さの比は，$\frac{1}{5} : \frac{1}{9} = 9 : 5$　この比の，$9 - 5 = 4$ にあたる速さが流れの速さの 2 倍で時速，$2 \times 2 = 4$（km）なので，比の 1 にあたる速さは時速，$4 \div 4 = 1$（km）で，遊覧船が A 地点と B 地点の間を下る速さは時速，$1 \times 9 = 9$（km）　よって，50 分 = $\frac{50}{60}$ 時間 = $\frac{5}{6}$ 時間より，A 地点から B 地点までの距離は，$9 \times \frac{5}{6} = 7.5$（km）なので，1 km = 1000m より，$1000 \times 7.5 = 7500$（m）

8 ① この展開図を組み立てると，辺イウと辺エウが重なり，辺アイと辺オエが重なる。よって，点アと重なるのは点オ。
② この展開図を組み立てると，面 A と面 F，面 B と面 D，面 C と面 E が向かい合う。よって，面 B と向かい合うのは面 D。

9 切り取った円すいともとの円すいの高さの比は 2 : 3 だから，この比の，$3 - 2 = 1$ が 6 cm にあたる。よって，切り取った円すいの高さは，$6 \times 2 = 12$（cm），もとの円すいの高さは，$12 + 6 = 18$（cm）だから，$3 \times 3 \times 3.14 \times 18 \times \frac{1}{3} - 2 \times 2 \times 3.14 \times 12 \times \frac{1}{3} = 119.32$（$cm^3$）

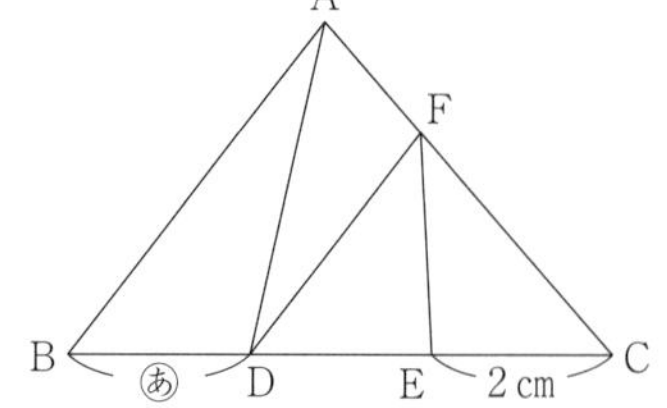

10 右図において，三角形 FDE と三角形 FEC の底辺をそれぞれ DE，EC とすると，面積が等しく高さも等しいので，DE : EC = 1 : 1　また，三角形 ABD と三角形 ADC の底辺をそれぞれ BD，DC とすると，（三角形 ABD の面積）:（三角形 ADC の面積）= 1 : 3 で，高さが等しいので，BD : DC = 1 : 3　これより，DC を 6 とすると，BD : DC = 2 : 6 で，BD : DE : EC = 2 : 3 : 3　よって，㋐ $= 2 \times \frac{2}{3} = \frac{4}{3}$（cm）

第18回

1 96　2 9.8　3 18　4 11　5 2（分）40（秒）　6 2.7（秒）　7 48000　8 31.4（cm^3）
9 $\frac{160}{3}$（cm^3）　10 16（cm^2）

解説

1 与式 $= 100 - (56 \div 14) = 100 - 4 = 96$

2 与式 $= 0.32 \times 28 + 0.87 \times 28 - 0.84 \times 28 = (0.32 + 0.87 - 0.84) \times 28 = 0.35 \times 28 = 9.8$

3 $98 - \square = 13 \times 6 + 2 = 80$ より，$\square = 98 - 80 = 18$

4 $25 - \square \times 2 = 3$ より，$\square \times 2 = 25 - 3 = 22$　よって，$\square = 22 \div 2 = 11$

5 1分間に進む長さは，A君が池の周りの長さの，$5 \div 24 = \frac{5}{24}$ で，B君が池の周りの長さの，$4 \div 24 = \frac{1}{6}$ よって，2人は合わせて1分間に池の周りの長さの，$\frac{5}{24} + \frac{1}{6} = \frac{3}{8}$ 進むので，同時に同じ地点から反対向きにまわったときにすれ違うのは，$1 \div \frac{3}{8} = 2\frac{2}{3} = 2\frac{40}{60}$（分）ごとより，2分40秒ごと。

6 車はバスに追いついてから追い越すまでに，バスより，$11 + 4 = 15$（m）多く走るので，15m = 0.015km より，かかる時間は，$0.015 \div (100 - 80) = \frac{3}{4000}$（時間）　よって，$\frac{3}{4000} \times 60 \times 60 = \frac{27}{10} = 2.7$（秒）

7 下りと上りの速さの比は，$\frac{1}{4} : \frac{1}{6} = 3 : 2$　下りの速さを③とすると，（下りの速さ）+（上りの速さ）=（静水時の船の速さ）× 2 より，③+② = $10 \times 2 = 20$ となり，① = $20 \div 5 = 4$　つまり，上りの速さは時速，$4 \times 2 = 8$（km）なので，求める距離は，$8 \times 6 = 48$（km）より，48000m。

8 長方形の横の長さの10.28cmは半円の周の長さと等しい。半円の半径を $\square$ cmとすると，$\square \times 2 + \square \times 2 \times 3.14 \div 2 = 10.28$ となり，$\square \times 2 + \square \times 3.14 = 10.28$　よって，$\square \times 5.14 = 10.28$ より，$\square = 10.28 \div 5.14 = 2$ だから，体積は，$2 \times 2 \times 3.14 \div 2 \times 5 = 31.4$（$cm^3$）

9 切り取る8個の三角すい1個分の体積は，$2 \times 2 \div 2 \times 2 \times \frac{1}{3} = \frac{4}{3}$（$cm^3$）だから，$4 \times 4 \times 4 - \frac{4}{3} \times 8 = 64 - \frac{32}{3} = \frac{160}{3}$（$cm^3$）

10 右図のように点D，Eをとる。三角形ABDの面積は，$30 \times \frac{8}{8 + 4} = 20$（$cm^2$）なので，三角形ABEの面積は，$20 \times \frac{6}{6 + 4} = 12$（$cm^2$）　また，三角形ACDの面積は，$30 \times \frac{4}{8 + 4} = 10$（$cm^2$）なので，三角形CDEの面積は，$10 \times \frac{4}{6 + 4} = 4$（$cm^2$）　よって，$12 + 4 = 16$（$cm^2$）

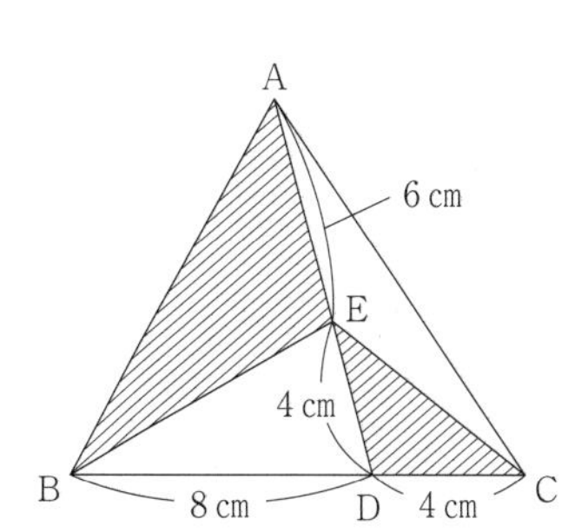

第19回

1 537　2 20.19　3 $\frac{3}{20}$　4 72　5（時速）73.8（km）　6 8（時）$43\frac{7}{11}$（分）　7 18（通り）
8 △　9 13500（cm^3）　10 ア．30　イ．22

解　説

[1] 与式 $= 6444 \div 12 = 537$

[2] 与式 $= 6.73 \times 5 - 6.73 \times 1.5 - 6.73 \times 0.5 = 6.73 \times (5 - 1.5 - 0.5) = 6.73 \times 3 = 20.19$

[3] $\left(4 - 1\frac{4}{5}\right) \div \boxed{} \times \frac{2}{33} = \frac{11}{9} - \frac{1}{3} = \frac{8}{9}$ より，$\frac{11}{5} \div \boxed{} = \frac{8}{9} \div \frac{2}{33} = \frac{44}{3}$　よって，$\boxed{} = \frac{11}{5} \div \frac{44}{3} = \frac{3}{20}$

[4] 84の約数は，1，2，3，4，6，7，12，14，21，28，42，84の12個。これらの数が分母になると約分することができて，整数で表すことができるので，求める個数は，$84 - 12 = 72$（個）

[5] 橋とトンネルの間の長さを□mとすると，この電車が5分20秒に進む道のりは□mよりも4384m長く，9分40秒に進む道のりは□mよりも，$9638 + 76 = 9714$（m）長いので，この列車が，9分40秒－5分20秒＝4分20秒に進む道のりは，$9714 - 4384 = 5330$（m）　よって，この電車の速さは分速，$5330 \div 4\frac{20}{60} = 1230$（m）で，これは時速，$1230 \times 60 \div 1000 = 73.8$（km）

[6] 短針は1時間に，$360° \div 12 = 30°$進むので，8時ちょうどのとき，長針と短針の間の角は，$30° \times 8 = 240°$　1分間に，長針は，$360° \div 60 = 6°$，短針は，$30° \div 60° = 0.5°$進むので，$6° - 0.5° = 5.5°$ずつ長針が短針に近づく。よって，$240° \div 5.5° = \frac{480}{11}$（分）より，求める時刻は，8時$43\frac{7}{11}$分。

[7] アを水色でぬったとき，イ，ウ，エの色のぬり方は，（イ，ウ，エ）＝（赤色，水色，緑色），（赤色，緑色，水色），（赤色，緑色，赤色），（緑色，水色，赤色），（緑色，赤色，水色），（緑色，赤色，緑色）の6通り。アに赤色，緑色をぬったときもそれぞれ6通りずつあるので，$6 \times 3 = 18$（通り）

[8] 問題の3つのサイコロの図を左から順にA，B，Cとする。B，Cの上と右がそれぞれ「●」と「△」で同じであり，Bの前が「▲」で，Cの前が「○」だから，Bの後が「○」で，Cの後が「▲」となり，「○」と「▲」が向かい合っていることがわかる。これより，Aの「▲」の向かい合っている面が「○」だから，Aの左は「○」で，後が「●」だから，「●」が「★」と向かい合っていることがわかる。よって，A，Bの「▲」と「△」の向きから，2回使用されているマークは，「△」。

[9] 水の体積を容器の半分にすればよいので，面EFGHを底面としたときの水面の高さを，$50 \div 2 = 25$（cm）にする。よって，取り出す水は，$30 \times 30 \times (40 - 25) = 13500$（$cm^3$）

[10] 右図のように，真上から見た16マスの正方形の，下側に正面から見えた立方体の数を書き入れ，左側に真横から見えた立方体の数を書き入れる。下側と左側の数字をこえない最大の数を書き入れると右図アのようになり，このとき立方体は最も多い。また，真横と正面から見える，重ねた立方体があるのが1マスで，残りのマスには立方体が1個だけあるとすると，右図イのようになり，このとき立方体は最も少ない。よって，最も多くて，$4 + 3 \times 3 + 2 \times 5 + 1 \times 7 = 30$（個），最も少なくて，$4 + 3 + 2 + 1 \times 13 = 22$（個）

図ア

4	4	3	2	1
3	3	3	2	1
2	2	2	2	1
1	1	1	1	1
	4	3	2	1

図イ

4	4	1	1	1
3	1	3	1	1
2	1	1	2	1
1	1	1	1	1
	4	3	2	1

第20回

[1] 12　[2] 25.3　[3] $\frac{4}{5}$　[4] 1008　[5] 880（m）　[6] 141（度）　[7] 9（通り）　[8] ア．4　イ．5　ウ．6
[9] 4.2（cm）　[10] 1000（cm^3）

解　説

1 与式＝$(4+24)\div14\times6=28\div14\times6=2\times6=12$

2 与式＝$2.53\times7.5+2.53\times2.5=2.53\times(7.5+2.5)=2.53\times10=25.3$

3 $\left(\frac{47}{30}+\square\right)\div\frac{4}{5}=\frac{31}{12}+\frac{3}{8}=\frac{71}{24}$ より，$\frac{47}{30}+\square=\frac{71}{24}\times\frac{8}{10}=\frac{71}{30}$　よって，$\square=\frac{71}{30}-\frac{47}{30}=\frac{24}{30}=\frac{4}{5}$

4 3と7の公倍数は21の倍数。よって，$1000\div21=47$ あまり13より，$21\times47=987$，$21\times48=1008$ だから，1000に最も近い数は1008。

5 特急列車が44秒間に進むきょりと，急行列車が52秒間に進むきょりの差は，{(特急列車の長さ)＋(トンネルの長さ)}－{(急行列車の長さ)＋(トンネルの長さ)}＝$220-160=60$ (m)　この差は，急行列車の速さを1とすると，$1.25\times44-1\times52=3$ と表せるから，1にあたるのが，$60\div3=20$ (m)　よって，トンネルの長さは，$20\times52-160=880$ (m)

6 3時ちょうどのとき，長針と短針は，$30°\times3=90°$ はなれている。長針は1分間に，$360°\div60=6°$，短針は1分間に，$30°\div60=0.5°$ 動くので，$5.5°\times42=231°$ より，求める角の大きさは，$231°-90°=141°$

7 グーを出した光子さんだけが勝つのは，聖子さんと友子さんはチョキを出したとき。光子さんがチョキ，パーを出したときもそれぞれ1通りずつなので，光子さんが1人だけ勝つ場合は3通り。聖子さん，友子さんが1人だけ勝つ場合もそれぞれ3通りなので，$3\times3=9$ (通り)

8 アと向かい合う面の目の数は3だから，アにあてはまる数は，$7-3=4$　同様に，イにあてはまる数は，$7-2=5$，ウにあてはまる数は，$7-1=6$

9 2つの部分に入れた水の体積が同じで，高さの比が7：3だから，底面積の比は，その逆比で3：7。よって，2つの部分の底面積をそれぞれ3と7とすると，容器全体の底面積は，$3+7=10$ となるから，仕切りをとったときの水面の高さは，$(3\times7+7\times3)\div10=4.2$ (cm)

10 この積み木1個を1辺が5cmの立方体2個に分けて考え，この立体を正面，横，上から見た図に，立方体の分け目をかきこむ。さらに，上から見た図に，正面，横から見たときに見える立方体の個数をかきこみ，それをもとに各位置に積まれている立方体をかきこむと，右図のようになるので，この立体の体積は，1辺が5cmの立方体の体積の，$1+3+2+1+1=8$ (個分)　立方体1個の体積は，$5\times5\times5=125$ (cm^3) なので，この立体の体積は，$125\times8=1000$ (cm^3)

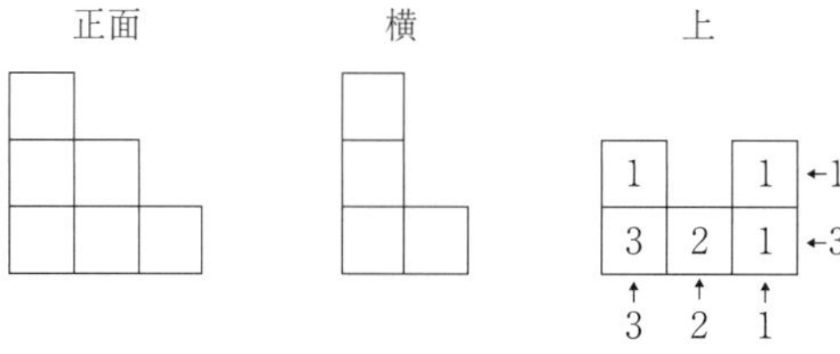

第21回

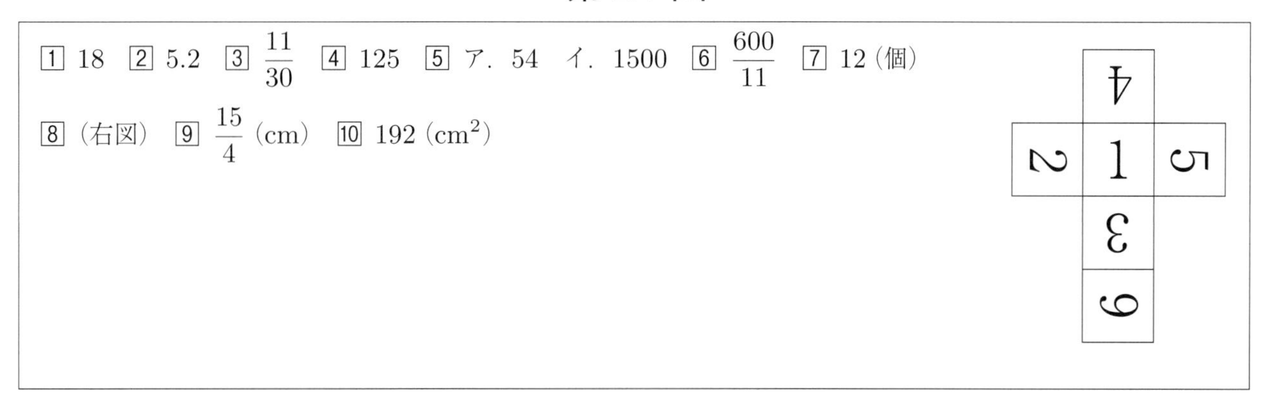

1 18　2 5.2　3 $\frac{11}{30}$　4 125　5 ア．54　イ．1500　6 $\frac{600}{11}$　7 12 (個)

8 (右図)　9 $\frac{15}{4}$ (cm)　10 192 (cm^2)

解説

1 与式 $= 4 \div 2 + 16 = 18$

2 与式 $= 1.3 \times 7 - 1.3 \times 5 + 1.3 \times 13 - 1.3 \times 11 = 1.3 \times (7 - 5 + 13 - 11) = 1.3 \times 4 = 5.2$

3 $\frac{1}{2} + \frac{3}{4} \times \left(\frac{6}{5} - \square\right) = 1 \div \frac{8}{9} = \frac{9}{8}$ より，$\frac{3}{4} \times \left(\frac{6}{5} - \square\right) = \frac{9}{8} - \frac{1}{2} = \frac{5}{8}$ だから，$\frac{6}{5} - \square = \frac{5}{8} \div \frac{3}{4} = \frac{5}{6}$　よって，$\square = \frac{6}{5} - \frac{5}{6} = \frac{11}{30}$

4 与式 $=$ 160cm － 95cm ＋ 60cm ＝ 125cm

5 (トンネルの長さ＋列車の長さ)を進むのと，(トンネルの長さ－列車の長さ)を進むのにかかる時間の差が16秒。したがって，列車は16秒間に，$120 \times 2 = 240$ (m)進むことがわかる。列車の速さは毎秒，$240 \div 16 = 15$ (m)なので，$15 \times 3600 \div 1000 = 54$ より，時速54km。また，トンネルの長さは，$15 \times (60 + 48) - 120 = 1500$ (m)

6 1時の長針と短針の間の角の大きさは30°。1回目に90°になるのは，長針が動いた角度と短針が動いた角度の差が，$30° + 90° = 120°$ になるときで，2回目は，$120° + 180° = 300°$ のとき。長針は1分間に，$360° \div 60 = 6°$，短針は1分間に，$30 \div 60 = 0.5°$ ずつ動く。よって，$300° \div (6° - 0.5°) = \frac{600}{11}$ (分後)

7 5枚のカードのうち3枚をならべて作ることができる3けたの偶数は，102，110，112，120，130，132，210，230，302，310，312，320の12個。

8 次図Ⅰのように展開図に記号をつける。この記号にあわせて図1の1，2，3の目が見えている立方体に記号をつけると次図Ⅱのようになり，展開図での1と3の面と数字の向きがわかる。次に，展開図の2と3の位置から4は面ABMN，5は面MJKLとわかり，これらから6は面FGHIとわかる。ここで，図1の4，5，6の目が見えている立方体の頂点に，次図Ⅲのようにア～キの記号をつける。6の面と向かい合う面は1の面で，5の面と向かい合う面は2の面だから，そうなるように図Ⅲを回転させて図Ⅱに重ねると，イ，オ，エ，キ，カはM，J，C (G)，D (F)，Iと重なる。これより，展開図での6と5の面と数字の向きがわかるから，展開図の数字は次図Ⅳのようになる。

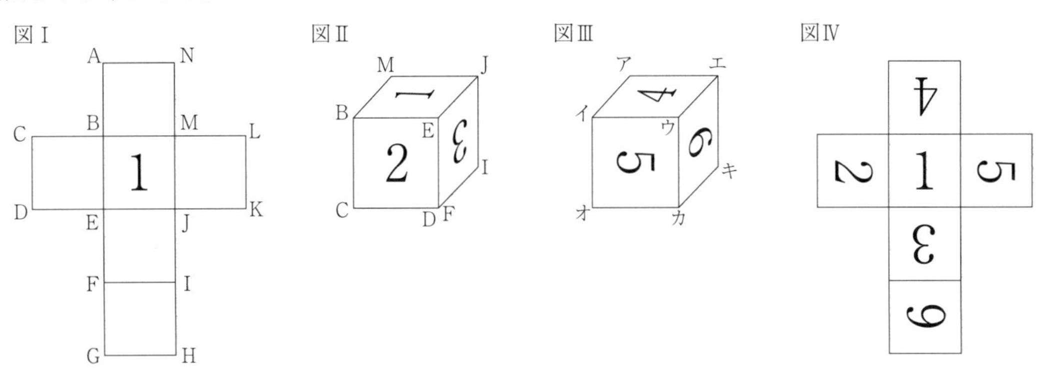

9 容器Aの容積は，$\frac{1}{3} \times 6 \times 6 \times 3.14 \times 5 = 60 \times 3.14$ (cm^3)　この体積の水を容器Bに入れるから，水面の高さは，$(60 \times 3.14) \div (4 \times 4 \times 3.14) = \frac{15}{4}$ (cm)

10 立体を上下，前後から見るとそれぞれ9面ずつ見え，左右から見るとそれぞれ6面ずつ見えるので，$(2 \times 2 \times 9) \times 4 + (2 \times 2 \times 6) \times 2 = 192$ (cm^2)

第22回

1 16	2 15.7	3 $\frac{3}{4}$	4 5	5 40	6 400	7 18（個）	8 $\frac{12}{7}$（cm）	9 135（度）	10 360（度）

解 説

1 与式 $= 28 - 12 = 16$

2 与式 $= 3.14 \times 7 - 3.14 \times 10 \times \frac{1}{8} \times \frac{8}{5} = 3.14 \times 7 - 3.14 \times 2 = 3.14 \times 5 = 15.7$

3 $\frac{35}{8} \div (6 - \square) + \frac{3}{2} = 2 \div \frac{6}{7} = \frac{7}{3}$ より，$\frac{35}{8} \div (6 - \square) = \frac{7}{3} - \frac{3}{2} = \frac{5}{6}$ だから，$6 - \square = \frac{35}{8} \div \frac{5}{6} = \frac{21}{4}$　よって，$\square = 6 - \frac{21}{4} = \frac{3}{4}$

4 与式 $= 270\text{kg} + 35\text{kg} - 300\text{kg} = 5\,\text{kg}$

5 A さんの速さとエスカレーターの速さの和と，A さんの速さとエスカレーターの速さの差の比は，$\frac{1}{24} : \frac{1}{120} = 5 : 1$　A さんの速さとエスカレーターの速さの和を 5 とすると，A さんの速さは，$(5 + 1) \div 2 = 3$，エスカレーターの速さは，$5 - 3 = 2$　よって，A さんがこのエスカレーターを 24 段上る間に，エスカレーターは，$24 \times \frac{2}{3} = 16$（段）上るので，このエスカレーターの段数は，$24 + 16 = 40$（段）

6 食塩の量について面積図で表すと，右図のようになる。かげをつけた 2 つの長方形の面積は等しいから，$(8 - 6) \times (\square - 100) = 6 \times 100$ より，$\square - 100 = 6 \times 100 \div (8 - 6) = 300$　よって，$\square = 300 + 100 = 400$

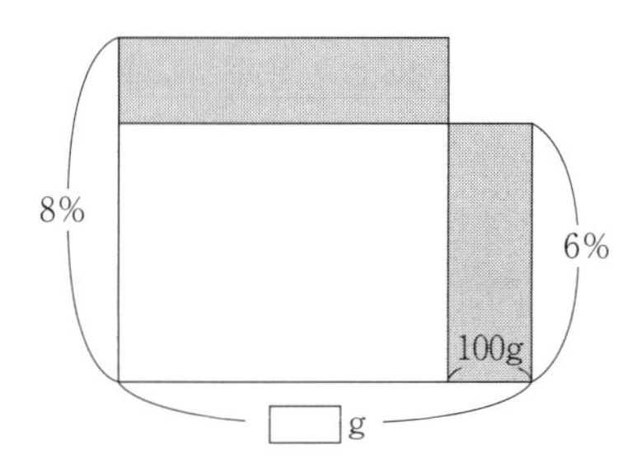

7 一の位，十の位に使える数は 0，1，2 の 3 個ずつ，百の位に使える数は 1，2 の 2 個だから，3 桁の整数は全部で，$3 \times 3 \times 2 = 18$（個）

8 DF と BC が平行なので，三角形 ADF は三角形 ABC を縮小した三角形で，AD : DF = AB : BC = 4 : 3 となり，AD の長さはアの長さの $\frac{4}{3}$ 倍。四角形 BEFD は正方形で，DB の長さがアの長さと等しくなるので，AB の長さはアの長さの，$\frac{4}{3} + 1 = \frac{7}{3}$（倍）　よって，アの長さは，$4 \div \frac{7}{3} = \frac{12}{7}$（cm）

9 三角形 ABC で，頂点 A にできる角を角ウとすると，三角形の角の和より，角ウと 71° と 64° の和は 180° で，折った図より，角アと角イと角ウの和も 180° になるので，角アと角イの和は，$71° + 64° = 135°$

10 右図で●の角と△の角と×の角 1 つずつの大きさの和が 180° だから，求める角の大きさの和は，三角形 3 つ分の角の和から三角形 1 つ分の角の和をひいて求められる。よって，$180° \times 3 - 180° = 360°$

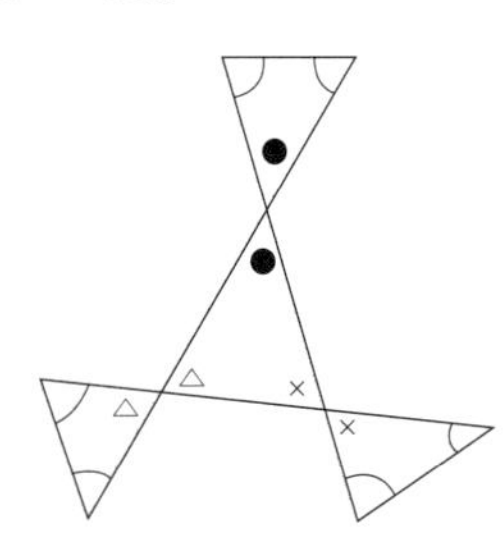

第23回

1 47　2 14.5　3 13　4 5.01　5 1（時間）36（分）　6 2.7（g）　7 14　8 22（cm^2）　9 122（度） 10 360（度）

解　説

1 与式 $= 54 - 4 - 3 = 47$

2 与式 $= 0.29 \times 170 - 0.29 \times 66 - 0.29 \times 54 = 0.29 \times (170 - 66 - 54) = 0.29 \times 50 = 14.5$

3 $2 - 1 \div (1 - 1 \div \square) = 11 \div 12 = \frac{11}{12}$ より，$1 \div (1 - 1 \div \square) = 2 - \frac{11}{12} = \frac{13}{12}$ だから，$1 - 1 \div \square = 1 \div \frac{13}{12} = \frac{12}{13}$ より，$1 \div \square = 1 - \frac{12}{13} = \frac{1}{13}$　よって，$\square = 1 \div \frac{1}{13} = 13$

4 $10000cm^2 = 1\,m^2$ より，与式 $= 4.53m^2 + 0.48m^2 = 5.01m^2$

5 ボートの上りの速さは毎時，$4 \div 2 = 2$（km）なので，静水時の速さは毎時，$2 + 1 = 3$（km）　この速さの半分は毎時，$3 \div 2 = 1.5$（km）なので，この速さで下ったときの速さは毎時，$1.5 + 1 = 2.5$（km）　よって，もとの場所まで下るのにかかる時間は，$4 \div 2.5 = 1.6$（時間）で，0.6 時間は，$60 \times 0.6 = 36$（分）なので，これは 1 時間 36 分。

6 食塩水 1g 中にふくまれる食塩の重さは，$1.5 \div 75 = 0.02$（g）　よって，$0.02 \times 135 = 2.7$（g）

7 3 つごとに位が上がっていることから三進数が使われている。三進数として考えるために，それぞれの図が表している数より 1 小さい数が真に表されていると考える。この操作をすることで最初の数が 1 から 0 になり，三進数として考えやすくなる。それぞれの図が表している数より 1 小さい数が真に表されていると考えると，1 を表す図は A ばかりで 0，2 を表す図は一番左に B が 1 個で 1，3 を表す図は一番左に C が 1 個で 2 が真に表されていると考えられることから，A は 0，B は 1，C は 2 を真に表すと考える。さらに，4 を表す図で真に表す数が 3 になるとその右のマスが B に，10 を表す図で真に表す数が，$9 = 3 \times 3$ になるとさらにその右のマスが B になるので，各マスは左から 1 の個数，3 の個数，$3 \times 3 = 9$ の個数，$3 \times 3 \times 3 = 27$ の個数，$3 \times 3 \times 3 \times 3 = 81$ の個数になる。よって，この図が真に表している数は，$1 \times 1 + 3 \times 1 + 9 \times 1 = 13$ だから，求める整数は，$13 + 1 = 14$

8 三角形 ABC の面積は，$48 \div 2 = 24$（cm^2）で，BE : EC = 1 : 2 より，三角形 ABE の面積は，$24 \times \frac{1}{1 + 2} = 8$（$cm^2$）　さらに，AD と BE が平行より，三角形 BEF は三角形 DAF の縮図で，AF : FE = AD : BE = 3 : 1 なので，三角形 BEF の面積は，$8 \times \frac{1}{3 + 1} = 2$（$cm^2$）　三角形 DBC の面積は $24cm^2$ なので，四角形 CDFE の面積は，$24 - 2 = 22$（cm^2）

9 右図のイの角度は，$90° - 61° = 29°$　ウの角度は，$180° - (61° + 90°) = 29°$　エの角度はウの角度と等しいから，アの角度は，$180° - 29° \times 2 = 122°$

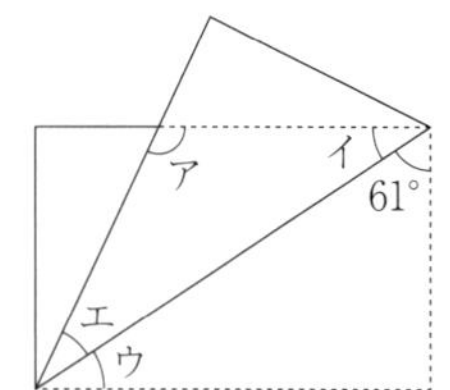

10 右図の三角形 ABC に注目すると，角アと角キの大きさの和は角ケの大きさに等しい。同じように，角イと角クの大きさの和は角コの大きさに等しく，角エと角カの大きさの和は角サの大きさに等しく，角ウと角オの大きさの和は角シの大きさに等しい。つまり，8 個の角の大きさの和は，角ケ，コ，サ，シの 4 つの角の大きさの和に等しい。よって，360°。

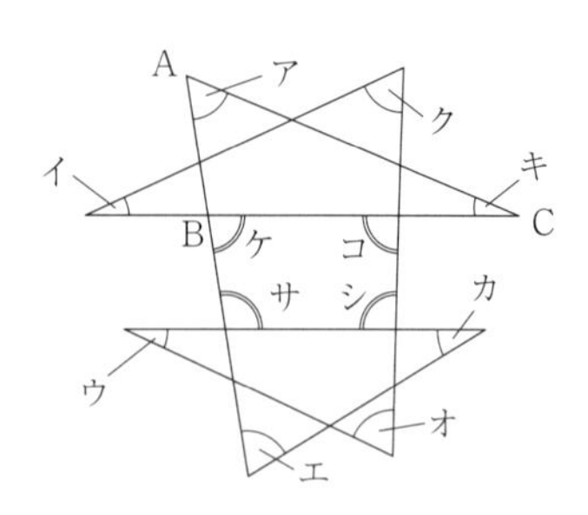

第24回

1 4　2 40.48　3 $\frac{2}{5}$　4 0.3　5 $\frac{4}{3}$（時間後）　6 80　7 C，B，A，B，B　8 8（cm^2）　9 18（度）　10 720（度）

解説

1 与式 $= 38 - 16 + 6 - 24 = 4$

2 与式 $= 1.76 \times 100 \times 0.6 + 1.76 \times 8 - 1.76 \times 10 \times 4.5 = 1.76 \times (60 + 8 - 45) = 1.76 \times 23 = 40.48$

3 $\square \div 2.2 + 1\frac{1}{3} = \frac{5}{11} \div 0.3 = \frac{5}{11} \times \frac{10}{3} = \frac{50}{33}$ より，$\square \div 2.2 = \frac{50}{33} - 1\frac{1}{3} = \frac{50}{33} - \frac{44}{33} = \frac{2}{11}$ だから，$\square = \frac{2}{11} \times 2.2 = \frac{2}{11} \times \frac{11}{5} = \frac{2}{5}$

4 $\square$km × 0.5km = 0.15km^2 より，$\square = 0.15 \div 0.5 = 0.3$

5 グラフより，A 地点から B 地点へ時速 10km，B 地点から A 地点へ時速 20km の速さで進む。$40 \div (10 + 20) = \frac{4}{3}$（時間後）

6 10 %と 8 %の差と，5 %と 8 %の差の比は，$(10 - 8) : (8 - 5) = 2 : 3$ なので，10 %の食塩水と 5 %の食塩水を混ぜて 8 %の食塩水を作るとき，混ぜる 10 %の食塩水と 5 %の食塩水の比は，この逆比で，$\frac{1}{2} : \frac{1}{3} = 3 : 2$　入れかえる食塩水の重さが同じことより，できる 8 %の食塩水も 200g になるので，5 %の食塩水と入れかえる食塩水の重さは，$200 \times \frac{2}{3 + 2} = 80$（g）

7 23 回の7と同様の手法を用いて考える。真に表す数である，$114 - 1 = 113$ が，1，3，9，27，81 をそれぞれ何個合わせた数かを考える。$113 \div 81 = 1$ あまり 32，$32 \div 27 = 1$ あまり 5，$5 \div 9 = 0$ あまり 5，$5 \div 3 = 1$ あまり 2 より，113 は 1 を 2 個，3 を 1 個，9 を 0 個，27 を 1 個，81 を 1 個合わせた数なので，左のマスから C，B，A，B，B と並ぶ。

8 三角形 AFD は底辺を AD とすると，底辺の長さと高さが平行四辺形 ABCD と等しくなるので，面積はその半分で，$24 \div 2 = 12$（cm^2）　AD と CF が平行より，三角形 AED は三角形 FEC を縮小したものなので，AE : FE = DE : CE = 1 : 2　よって，三角形 DEF の面積は，三角形 AFD の面積の，$\frac{2}{1 + 2} = \frac{2}{3}$ より，$12 \times \frac{2}{3} = 8$（$cm^2$）

9 台形 CDEF の角より，角 CFE $= 360° - (90° \times 2 + 99°) = 81°$　三角形 OEF が OE = OF の二等辺三角形より，角 OEF = 角 OFE $= 81°$ なので，角 OED = 角 FOE $= 99° - 81° = 18°$　CF と DE が平行なので，平行線の性質より，角㋐ = 角 OED $= 18°$

10 右図で，角ア + 角イ = 角ウ + 角エ，角オ + 角カ + 角キ = 角ク + 角ケ + 角コだから，求める角の大きさの和は六角形の角の大きさの和で，$180° \times (6 - 2) = 720°$

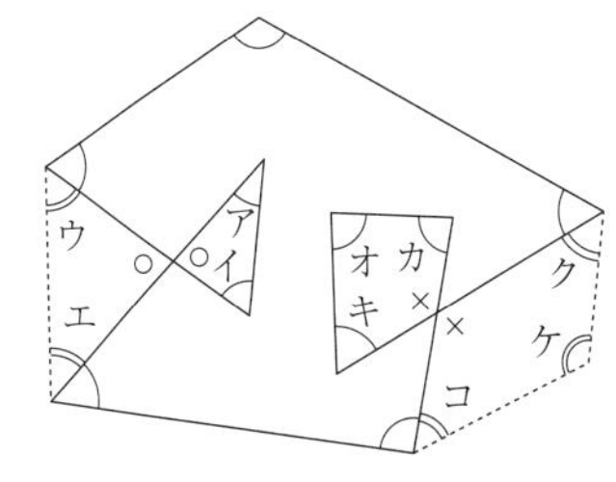

第25回

1 12　2 163　3 13　4 4000　5 19（%）　6 360（個）　7 625（円）　8 63（cm^2）　9 64（cm^2）
10 25

解　説

1 与式 = 15 − 3 = 12

2 与式 = $326 \div \dfrac{1}{4}$ − 32.6 × 10 × 3.25 − 3.26 × 100 × 0.25 = 326 × 4 − 326 × 3.25 − 326 × 0.25 = 326 ×（4 − 3.25 − 0.25）= 326 × 0.5 = 163

3 3 ×（□ − 16 ÷ 2）= 120 ÷ 8 = 15 より，□ − 8 = 15 ÷ 3 = 5　よって，□ = 5 + 8 = 13

4 0.048m^3 は，0.048 × 1000000 = 48000（cm^3）で，44L は，44 × 1000 = 44000（cm^3）なので，48000cm^3 − □cm^3 = 44000cm^3 より，□cm^3 = 48000cm^3 − 44000cm^3 = 4000cm^3

5 12 %の食塩水 250g にふくまれている食塩は，250 × 0.12 = 30（g）より，誤ってできた食塩水の量は，30 ÷ 0.05 = 600（g）　よって，加えた水の量は，600 − 250 = 350（g）　24 %の食塩水 350g にふくまれている食塩は，350 × 0.24 = 84（g）　したがって，作りたかった食塩水の濃さは，（30 + 84）÷ 600 × 100 = 19（%）

6 1 個につき，200 × 0.2 = 40（円）の利益がある。全部売れたときの利益は，9600 +（200 + 40）× 20 = 14400（円）なので，仕入れた個数は，14400 ÷ 40 = 360（個）

7 アとウより，所持金が一番多い人と少ない人の合計は，1500 − 700 = 800（円）なので，イより，所持金が一番多い人の金額は，（800 + 450）÷ 2 = 625（円）

8 右図の直角三角形 BCD の面積は直角三角形 ABC の面積の半分だから，18 × 18 ÷ 2 ÷ 2 = 81（cm^2）　直角二等辺三角形 FEC の底辺と高さはそれぞれ，18 − 12 = 6（cm）より，面積は，6 × 6 ÷ 2 = 18（cm^2）　よって，斜線部分の面積は，81 − 18 = 63（cm^2）

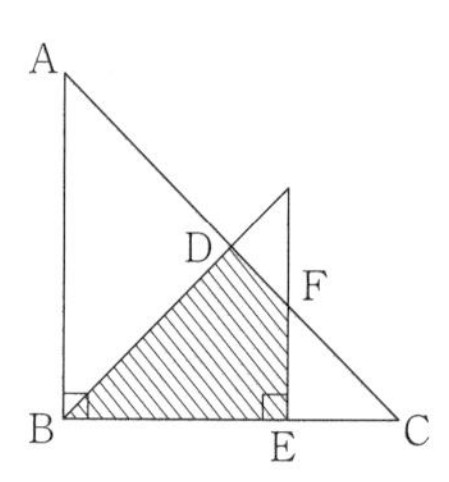

9 右図のように移動させると，正方形の面積の $\dfrac{1}{4}$ になるので，$16 \times 16 \times \dfrac{1}{4}$ = 64（cm^2）

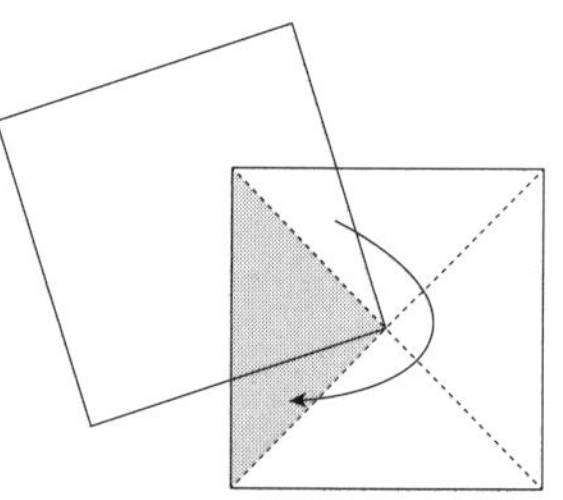

10 内のりのたては，20 − 1 × 2 = 18（cm），横は，27 − 1 × 2 = 25（cm）なので，深さは，10800 ÷（18 × 25）= 24（cm）　よって，□ = 24 + 1 = 25（cm）

第26回

1 4.7　2 4.6　3 $\dfrac{1}{4}$　4 15　5 200（g）　6 850　7 128　8 $\dfrac{7}{2}$　9 7.99（a）　10 90（cm^3）

解　説

2 与式 = 0.23 × 100 × 0.5 + 0.23 × 10 × 4 − 0.23 × 70 = 0.23 ×（50 + 40 − 70）= 0.23 × 20 = 4.6

3 $\frac{25}{4}\times 2\div(1+\square)=1+9=10$ より，$1+\square=\frac{50}{4}\div 10=\frac{5}{4}$　よって，$\square=\frac{5}{4}-1=\frac{1}{4}$

4 $1\,\mathrm{m}^3=1000\mathrm{L}$，$1\,\mathrm{L}=1000\mathrm{cm}^3=1000\mathrm{mL}$ だから，$0.025\mathrm{m}^3=25\mathrm{L}$，$2700\mathrm{mL}=2.7\mathrm{L}$，$3800\mathrm{cm}^3=3.8\mathrm{L}$ また，$35\mathrm{dL}=3.5\mathrm{L}$ だから，$\square=25-(3.5+2.7+3.8)=15$

5 作った500gの食塩水にふくまれる食塩は，$0.08\times 300+0.06\times 200=36$（g）　これが12％にあたる食塩水は，$36\div 0.12=300$（g）なので，蒸発させた水は，$500-300=200$（g）

6 原価を1とすると，定価は1.3，定価の2割引きは，$1.3\times(1-0.2)=1.04$ だから，利益は，$1.04-1=0.04$ これが34円だから，原価は，$34\div 0.04=850$（円）

7 一番大きな数の3倍が，$378+2+4=384$ にあたるので，$384\div 3=128$

8 右図のように，各点をA～Gとすると，三角形GBEも直角二等辺三角形になるので，$\mathrm{GE}=\mathrm{BE}=4-3=1$（cm）より，$\mathrm{DG}=3-1=2$（cm）　三角形DECの面積は，$3\times 3\div 2=\frac{9}{2}$（$\mathrm{cm}^2$）　また，三角形DGFも直角二等辺三角形になるので，DGを底辺としたときの高さが，$2\div 2=1$（cm）だから，面積は，$2\times 1\div 2=1$（cm^2）　よって，斜線部分の面積は，$\frac{9}{2}-1=\frac{7}{2}$（$\mathrm{cm}^2$）

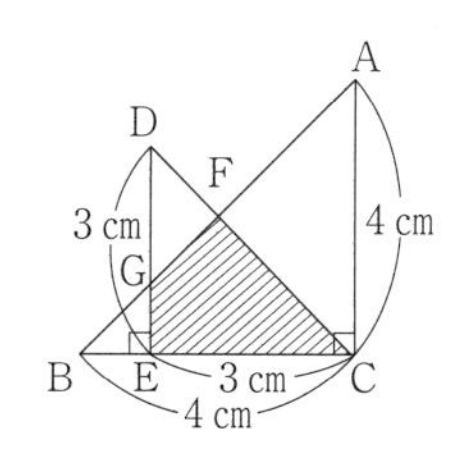

9 道を右図のように動かしても面積は変わらない。右図より，畑の面積は，$(20-3)\times(50-3)=799$（m^2）　$1\,\mathrm{a}=10\times 10=100$（$\mathrm{m}^2$）だから，求める面積は，$799\div 100=7.99$（a）

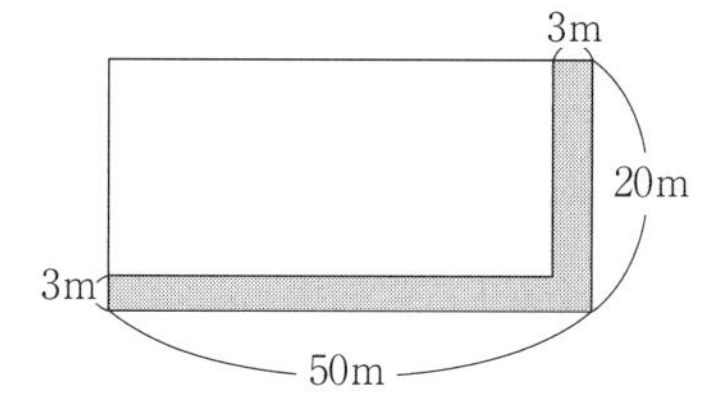

10 手前の八角形の面を底面とする柱で，底面積は，$3\times 1+2\times(1+2)+1\times(1+2+3)=15$（$\mathrm{cm}^2$）だから，体積は，$15\times 6=90$（$\mathrm{cm}^3$）

第27回

1 1.23　2 1694　3 $\frac{1}{8}$　4 45296　5 7（％）　6（順に）728，30　7 A．19　B．22　C．47　8 81　9 28（cm^2）　10 352（cm^3）

解説

1 与式 $=2.05\times 0.6=1.23$

2 与式 $=11\times 11\times(6\times 6-5\times 5+4\times 4-3\times 3-2\times 2)=121\times 14=1694$

3 $\left(\frac{5}{12}+\square-\frac{3}{8}\right)\times\frac{3}{2}=\frac{3}{4}-\frac{1}{2}=\frac{1}{4}$ より，$\frac{5}{12}+\square-\frac{3}{8}=\frac{1}{4}\div\frac{3}{2}=\frac{1}{6}$　よって，$\square=\frac{1}{6}+\frac{3}{8}-\frac{5}{12}=\frac{1}{8}$

4 $3600\times 12+60\times 34+56=43200+2040+56=45296$（秒）

5 できた食塩水は8％で，$100+250+50=400$（g）より，ふくまれる食塩は，$400\times\frac{8}{100}=32$（g）　10％の食塩水250gにふくまれる食塩は，$250\times\frac{10}{100}=25$（g）より，もとの食塩水にふくまれる食塩は，$32-25=7$（g）なので，濃度は，$\frac{7}{100}\times 100=7$（％）

6 定価で売ると利益は，$82 + 100 = 182$（円）だから，仕入れ値は，$182 \div 0.25 = 728$（円）　また，91円の損が出るときの売り値は，$728 - 91 = 637$（円）で，定価は，$728 + 182 = 910$（円）だから，売り値の637円は定価の，$637 \div 910 \times 100 = 70$（％）　よって，$100 - 70 = 30$（％）引きで売ったことになる。

7 Bを25大きくするとCになるので，Cの2倍が，$69 + 25 = 94$で，$C = 94 \div 2 = 47$　よって，$B = 69 - 47 = 22$，$A = 41 - 22 = 19$

8 右図のアの長さは，$14 - 8 = 6$（cm）なので，アを底辺とする直角二等辺三角形の面積は，$6 \times 3 \div 2 = 9$（cm^2）　また，イの長さは，$(8 + 14) - 18 = 4$（cm）なので，イを底辺とする直角二等辺三角形の面積は，$4 \times 4 \div 2 = 8$（cm^2）　よって，求める面積は，$14 \times 14 \div 2 - 9 - 8 = 81$（$cm^2$）

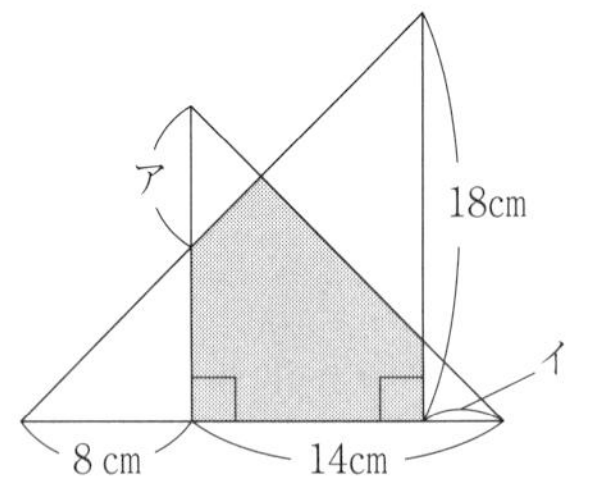

9 台形から2つの直角三角形をとりのぞいたものだから，$(12 + 4) \times (5 + 3) \div 2 - (5 \times 12 \div 2 + 3 \times 4 \div 2) = 28$（$cm^2$）

10 右図のように3つの直方体に分けると，体積は，$11 \times 3 \times 2 + 11 \times 2 \times 1 + 11 \times 8 \times (4 - 1) = 352$（$cm^3$）

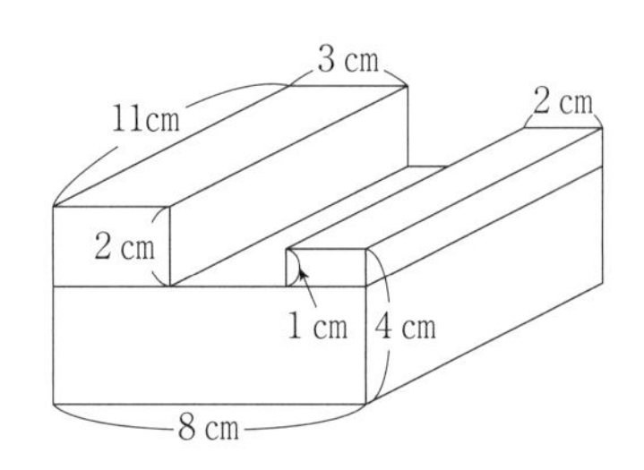

第28回

1 3.896　2 1.2　3 $\frac{3}{8}$　4 ④　5 3　6 (10時) 15 (分)　7 12 (年後)　8 7.85 (cm)　9 5400 (cm^3)　10 45 (m)

解　説

2 与式$= 1.2 \times 17 - 1.2 \times 2 \times 8 = 1.2 \times (17 - 16) = 1.2$

3 $\frac{1}{2} \times \left(\frac{7}{2} \div \frac{4}{3} - \square\right) = \frac{13}{8} - \frac{1}{2} = \frac{9}{8}$より，$\frac{7}{2} \div \frac{4}{3} - \square = \frac{9}{8} \div \frac{1}{2} = \frac{9}{4}$　よって，$\square = \frac{7}{2} \div \frac{4}{3} - \frac{9}{4} = \frac{3}{8}$

4 11月9日は4月27日の，$(30 - 27) + 31 + 30 + 31 + 31 + 30 + 31 + 9 = 196$（日後）　4月27日の翌日から，曜日は{金，土，日，月，火，水，木}の7つを周期にくり返す。$196 \div 7 = 28$より，割り切れるので，11月9日の曜日はこのくり返しの最後の木曜日で，④。

5 5mおきに立てた旗の本数は，$75 \div 5 + 1 = 16$（本）　したがって，$16 + 10 = 26$（本）の旗を立てることになる。よって，$75 \div (26 - 1) = 3$（m）

6 開園してから10時40分までの40分に行列には新たに，$9 \times 40 = 360$（人）が並ぶので，10時40分までに入場した人数は，$540 + 360 = 900$（人）　入場口Aからは10時40分までに，$15 \times 40 = 600$（人）が入場したので，入場口Bから入場した人数は，$900 - 600 = 300$（人）　よって，行列がなくなったのは入場口Bを開けてから，$300 \div 12 = 25$（分後）なので，入場口Bを開けたのは，10時40分$-$25分$=$10時15分

7 1年ごとに，$1 \times 3 - 1 = 2$（才）ずつ差が小さくなる。よって，$(41 - 17) \div 2 = 12$（年後）

8 アとイの部分の面積が等しいので，直角三角形ABCと半円の面積は等しい。半円の面積は，$5 \times 5 \times 3.14 \div$

$2 = 39.25\ (\mathrm{cm}^2)$なので，ABの長さは，$39.25 \times 2 \div 10 = 7.85$ (cm)

9 直方体の体積は，$10 \times 35 \times 20 = 7000\ (\mathrm{cm}^3)$　切り取った四角柱は，底面が，上底12cm，下底，$35 - 15 = 20$ (cm)，高さ，$20 - 10 = 10$ (cm)の台形だから，体積は，$(12 + 20) \times 10 \div 2 \times 10 = 1600\ (\mathrm{cm}^3)$　よって，求める体積は，$7000 - 1600 = 5400\ (\mathrm{cm}^3)$

10 棒の高さと影の長さの関係から，AD：CD = 60：20 = 3：1　三角形ABDは直角二等辺三角形なので，ADとBDの長さは等しい。よって，BC：BD = (3 − 1)：3 = 2：3より，AD = BD = $30 \times \frac{3}{2} = 45$ (m)

第29回

1 4.6　2 31.4　3 $\frac{1}{6}$　4 金(曜日)　5 18 (本)　6 4 (か所)　7 12　8 36.48 (cm^2)
9 (順に) 1140，688　10 $\frac{75}{2}$ (m)

解　説

1 与式 $= 4.35 + 1.6 - 1.35 = 4.6$

2 与式 $= 3.14 \times 2 \times 3 + 3.14 \times 8 - 3.14 \times 2 \times 2 = 3.14 \times 6 + 3.14 \times 8 - 3.14 \times 4 = 3.14 \times (6 + 8 - 4) = 3.14 \times 10 = 31.4$

3 $4\frac{1}{2} \times \left(\boxed{} + \frac{1}{3}\right) = \frac{3}{4} + 1.5 = \frac{9}{4}$ より，$\boxed{} + \frac{1}{3} = \frac{9}{4} \div 4\frac{1}{2} = \frac{1}{2}$　よって，$\boxed{} = \frac{1}{2} - \frac{1}{3} = \frac{1}{6}$

4 1月は，あと，$31 - 16 = 15$ (日)あり，1月16日から8月5日まで，$15 + 29 + 31 + 30 + 31 + 30 + 31 + 5 = 202$ (日)あるので，$202 \div 7 = 28$あまり6より，土曜の次の日曜から数えて6日目の金曜日。

5 18と24と36と30の最大公約数は6なので，くいを6m間かくで打てばよい。よって，必要なくいの本数は，$(18 + 24 + 36 + 30) \div 6 = 18$ (本)

6 1つの排水口から1時間に流れ出す水の量を1とすると，(はじめに池にある水の量) + (1時間に流れこむ水の量) × 30 = 1 × 8 × 30 = 240　また，(はじめに池にある水の量) + (1時間に流れこむ水の量) × 20 = 1 × 10 × 20 = 200　したがって，(1時間に流れこむ水の量) × (30 − 20) = 240 − 200より，1時間に流れこむ水の量は，$40 \div 10 = 4$と表せる。よって，排水口を，$4 \div 1 = 4$ (か所)開ければよい。

7 現在の母と子ども2人の年れいの差は，$35 - (15 + 8) = 12$ (才)　1年ごとに，$1 \times 2 - 1 = 1$ (才)ずつ差が小さくなるので，$12 \div 1 = 12$ (年後)

8 色のついた部分は，1辺8cmの正方形内で，半径，$8 \div 2 = 4$ (cm)の円と，半径4cm，中心角90°のおうぎ形4個の重なった部分なので，円と4個のおうぎ形の面積の和から，正方形の面積をひけば求められる。半径4cmの円の面積は，$4 \times 4 \times 3.14 = 16 \times 3.14\ (\mathrm{cm}^2)$，半径4cm，中心角90°のおうぎ形4個の面積の和は，$4 \times 4 \times 3.14 \times \frac{90}{360} \times 4 = 16 \times 3.14\ (\mathrm{cm}^2)$，1辺が8cmの正方形の面積は，$8 \times 8 = 64\ (\mathrm{cm}^2)$なので，色のついた部分の面積は，$16 \times 3.14 \times 2 - 64 = 36.48\ (\mathrm{cm}^2)$

9 この四角柱は，底面が直角三角形の三角柱を2つ合わせた図形なので，体積は，$8 \times 15 \div 2 \times 10 + 9 \times 12 \div 2 \times 10 = 600 + 540 = 1140\ (\mathrm{cm}^3)$　表面積は，$(8 \times 15 \div 2 + 9 \times 12 \div 2) \times 2 + (8 + 9 + 12 + 17) \times 10 = (60 + 54) \times 2 + 46 \times 10 = 228 + 460 = 688\ (\mathrm{cm}^2)$

10 右図より，三角形 ABC と三角形 DEC は拡大・縮小の関係で，辺の比は 15：7 となるので，BE：EC ＝(15 － 7)：7 ＝ 8：7　よって，EC の長さは，$20 \times \frac{7}{8} = \frac{35}{2}$ (m)だから，影の長さは，$20 + \frac{35}{2} = \frac{75}{2}$ (m)

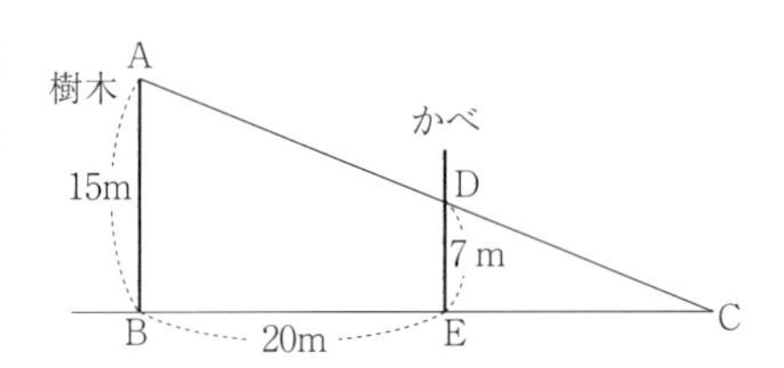

第30回

1 39.6　2 15.7　3 2　4 7200 (m^2)　5 2107　6 5　7 14 (才)　8 50.24　9 915 (cm^3)　10 $\frac{18}{5}$ (cm)

解　説

1 与式＝ 58 － 18.4 ＝ 39.6

2 与式＝ 16 × 3.14 － 5 × 3 × 3.14 ＋ 4 × 3.14 ＝(16 － 15 ＋ 4)× 3.14 ＝ 5 × 3.14 ＝ 15.7

3 $1 + \frac{1}{2} \times \left(\frac{1}{2} \div \square + \frac{3}{2}\right) \times 4 = 3 + \frac{3}{2} = \frac{9}{2}$ より，$\frac{1}{2} \times \left(\frac{1}{2} \div \square + \frac{3}{2}\right) \times 4 = \frac{9}{2} - 1 = \frac{7}{2}$ だから，$\frac{1}{2} \div \square + \frac{3}{2} = \frac{7}{2} \div 4 \div \frac{1}{2} = \frac{7}{4}$ より，$\frac{1}{2} \div \square = \frac{7}{4} - \frac{3}{2} = \frac{1}{4}$　よって，$\square = \frac{1}{2} \div \frac{1}{4} = 2$

4 土地の面積は，300 × 480 ＝ 144000 (m^2)　よって，牛 1 頭あたりの面積は，144000 ÷ 20 ＝ 7200 (m^2)

5 右図のように，真ん中の 1 個を除いて玉を 6 組に分けると，一番外側にある玉の数が 156 個のとき，1 組の一番外側にある玉の数は，156 ÷ 6 ＝ 26 (個)　1 組の玉の数は内側から順に 1 個，2 個，3 個，…と増えていくので，このときの 1 組の玉の数は，1 ＋ 2 ＋…＋ 25 ＋ 26 ＝(1 ＋ 26)× 26 ÷ 2 ＝ 351 (個)　よって，玉は全部で，351 × 6 ＋ 1 ＝ 2107 (個)

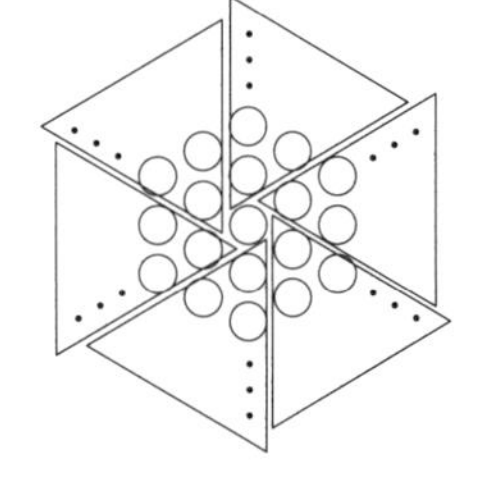

6 1 頭の牛が 1 日に食べる草の量を 1 とすると，10 頭の牛が 100 日間で食べる草の量は，1 × 10 × 100 ＝ 1000 で，これは初めから生えていた草の量と 100 日間で生えた草の量の和になる。また，30 頭の牛が 20 日で食べる草の量は，1 × 30 × 20 ＝ 600 で，これは初めから生えていた草の量と 20 日間で生えた草の量の和になる。よって，100 － 20 ＝ 80 (日間)に生えた草の量は，1000 － 600 ＝ 400 なので，1 日に生える草の量は，400 ÷ 80 ＝ 5 より，5 ÷ 1 ＝ 5 (頭)

7 10 年後も 2 人の年れいの差は変わらないので，4：5 の比の，5 － 4 ＝ 1 が 6 才にあたる。よって，10 年後の私の年れいは，6 × 4 ＝ 24 (才)より，現在の年れいは，24 － 10 ＝ 14 (才)

8 右図で，円の重なっている部分にできる 2 個の三角形はともに 1 辺が 6 cm の正三角形なので，太線部分は，半径 6 cm，中心角，360° － 60° × 2 ＝ 240° のおうぎ形の曲線部分が 2 本分。よって，その長さは，$6 \times 2 \times 3.14 \times \frac{240}{360} \times 2 = 50.24$ (cm)

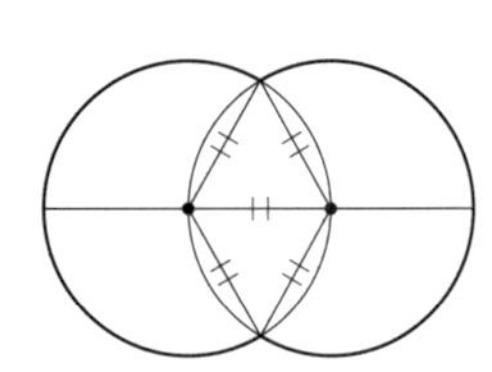

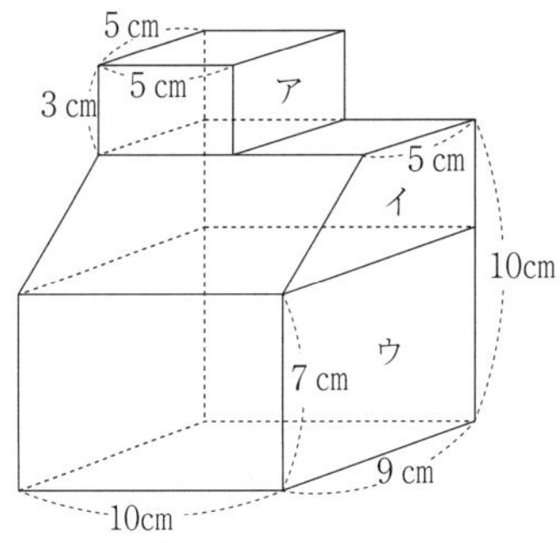

9 右図のように，2つの直方体ア，ウと，四角柱イに分けると，直方体アの体積は，$5 \times 5 \times 3 = 75$ (cm^3)　四角柱イは底面が，上底5 cm，下底9 cm，高さ，$10 - 7 = 3$ (cm)の台形で，高さが10cmだから，体積は，$(5 + 9) \times 3 \div 2 \times 10 = 210$ (cm^3)　直方体ウの体積は，$9 \times 10 \times 7 = 630$ (cm^3)　よって，求める立体の体積は，$75 + 210 + 630 = 915$ (cm^3)

10 ABとCDは平行なので，AP：PD = 9：6 = 3：2より，PQ：AB = PD：AD = 2：(2 + 3) = 2：5　よって，PQの長さは，$9 \times \frac{2}{5} = \frac{18}{5}$ (cm)

第31回

1 201.9　2 $\frac{1}{4}$ (または，0.25)　3 $\frac{25}{8}$　4 140 (g)　5 6 (通り)　6 151　7 24　8 ア．2　イ．1
9 ① 169.56 (cm^2)　② 178.98 (cm^3)　10 6 (秒後)

解 説

1 与式 $= 181.71 \div (3.1 - 0.1 \times 13) \times 2 = 181.71 \div 1.8 \times 2 = 201.9$

2 与式 $= (0.85 - 0.85 \times 0.85) \div 0.51 = 0.85 \times (1 - 0.85) \div 0.51 = 0.85 \times 0.15 \div 0.51 = \frac{1}{4}$

3 $\frac{5}{6} - \left(\square \div \frac{35}{4} + \frac{3}{7}\right) = \frac{5}{7} - \frac{2}{3} = \frac{1}{21}$ より，$\square \div \frac{35}{4} + \frac{3}{7} = \frac{5}{6} - \frac{1}{21} = \frac{11}{14}$ だから，$\square \div \frac{35}{4} = \frac{11}{14} - \frac{3}{7} = \frac{5}{14}$　よって，$\square = \frac{5}{14} \times \frac{35}{4} = \frac{25}{8}$

4 はじめにコップに入っていた水の $\frac{1}{3}$ の重さが，$500 - 380 = 120$ (g)なので，はじめにコップに入っていた水の重さは，$120 \div \frac{1}{3} = 360$ (g)　よって，コップの重さは，$500 - 360 = 140$ (g)

5 (100円玉，50円玉，10円玉) = (1枚，2枚，0枚)，(1枚，1枚，5枚)，(1枚，0枚，10枚)，(0枚，3枚，5枚)，(0枚，2枚，10枚)，(0枚，1枚，15枚)の6通り。

6 1箱に12個ずつつめるとみかんは，$12 - 7 + 12 \times 8 = 101$ (個)不足する。よって，箱の数は，$(4 + 101) \div (12 - 7) = 21$ (箱)だから，みかんの数は，$7 \times 21 + 4 = 151$ (個)

7 ならんでいる数字を，{1}，{1，2}，{1，2，3}，{1，2，3，4}，{1，2，3，4，5}，{1，2，3，4，5，6}，{1，2，3，4，5，6，7}，…のように組に分けて考えると，5個目の3は7組目の3番目だから，左から，$1 + 2 + 3 + 4 + 5 + 6 + 3 = 24$ (番目)

8 ABとDEが平行より，三角形ABFと三角形EDFは拡大図・縮図の関係にあり，辺の長さの比より，BF：DF = AB：ED = 1：$\frac{1}{2}$ = 2：1　三角形ABFと三角形AFDでBFとDFをそれぞれの底辺としたときの高さは等しいので，三角形ABFと三角形AFDの面積の比は，BFとDFの長さの比と等しくなり，2：1

9 ① 円柱の底面積は，$3 \times 3 \times 3.14 = 28.26$ (cm^2)　円柱の側面積は，$3 \times 2 \times 3.14 \times 5 = 94.2$ (cm^2)　円すいの側面積は，$5 \times 5 \times 3.14 \times \frac{3 \times 2 \times 3.14}{5 \times 2 \times 3.14} = 47.1$ (cm^2)　よって，この立体の表面積は，28.26 +

$94.2 + 47.1 = 169.56$ (cm²)

② 円柱の体積は，$3 \times 3 \times 3.14 \times 5 = 141.3$ (cm³)　円すいの体積は，$3 \times 3 \times 3.14 \times 4 \times \frac{1}{3} = 37.68$ (cm³)　よって，この立体の体積は，$141.3 + 37.68 = 178.98$ (cm³)

⑩ 2点P，Qは，はじめに6cmはなれていて，1秒間に，$3 - 2 = 1$ (cm)ずつ近づく。よって，点Qが点Pに追いつくのは，$6 \div 1 = 6$ (秒後)

第32回

① 5　② 31.26　③ $\frac{5}{7}$　④ 360 (m)　⑤ 24 (通り)　⑥ 320 (円)　⑦ (ア) 8190　(イ) 16380　⑧ 18 (cm)　⑨ 120　⑩ 14.4 (cm²)

解　説

① 与式 $= 96.5 \div (82.9 - 63.6) = 96.5 \div 19.3 = 5$

② 与式 $= 3.14 + 3.14 \times 2 + (3.14 \times 4 + 3) - 3.14 \times 6 + 3.14 \times 7 - 3.14 \times 8 + 3.14 \times 9 = 3.14 \times (1 + 2 + 4 - 6 + 7 - 8 + 9) + 3 = 3.14 \times 9 + 3 = 31.26$

③ $\frac{13}{12} - \square \times \frac{21}{20} = \frac{4}{15} \times \frac{5}{4} = \frac{1}{3}$ より，$\square \times \frac{21}{20} = \frac{13}{12} - \frac{1}{3} = \frac{3}{4}$　よって，$\square = \frac{3}{4} \div \frac{21}{20} = \frac{5}{7}$

④ 予定していた歩く時間は，$1800 \div 60 = 30$ (分)で，再び家から駅まで走ったときにかかった時間は，$1800 \div 100 = 18$ (分)なので，家に戻ったのは出発してから，$30 - 18 - 3 = 9$ (分後)　駅へ歩いて向かっているときと家に走って戻るときの速さの比は，$60 : 120 = 1 : 2$ なので，家を出発してから忘れ物に気づくまでの時間と忘れ物に気づいてから家に戻るまでの時間の比は同じきょりを移動しているので，この逆の比で，$2 : 1$　よって，はじめに家を出発してから忘れ物に気づくまでの時間は，$9 \times \frac{2}{2 + 1} = 6$ (分)なので，忘れ物に気づいたのは家から，$60 \times 6 = 360$ (m)の地点。

⑤ 頂点Aからの長さが等しい二等辺三角形は，三角形ABH，三角形ACG，三角形ADFの3個。同様に，それぞれの頂点について，3個ずつ作ることができる。よって，$3 \times 8 = 24$ (通り)

⑥ 予定していた個数は，$(5000 + 250) \div 350 = 15$ (個)だから，求める値段は，$(5000 - 200) \div 15 = 320$ (円)

⑦(ア) $(4 + 8 + 16 + \cdots + 4096 + 8192) - (2 + 4 + 8 + 16 + \cdots + 4096) = 8192 - 2 = 8190$

(イ)「(b)の数の列の和」は「(a)の数の列の和」の2倍なので，「(b)の数の列の和」と「(a)の数の列の和」との差は，「(a)の数の列の和」の，$2 - 1 = 1$ (倍)　よって，「(b)の数の列の和」は，$8190 \times 2 = 16380$

⑧ 右図のように，点AからDCに平行な線をひく。四角形AGFD，AHCDは平行四辺形なので，GF = HC = 12cmより，BH = $27 - 12 = 15$ (cm)　したがって，EG : BH = AE : ABより，EG = $15 \times 10 \div 25 = 6$ (cm)　よって，EF = $6 + 12 = 18$ (cm)

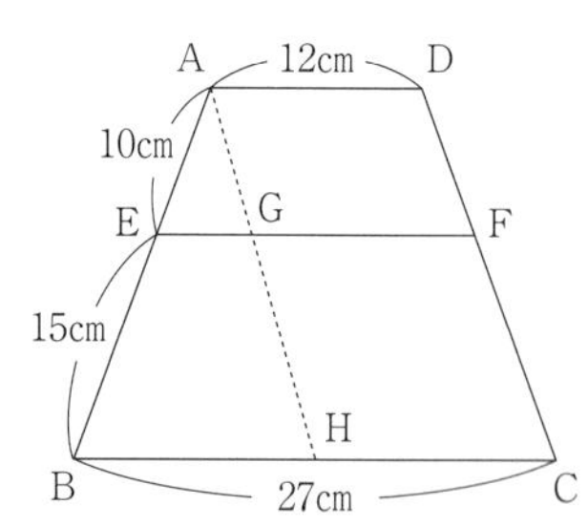

⑨ 組み立てたとき，おうぎ形の曲線部分と円の周はぴったり重なるので長さが等しい。半径4cmの円の周の長さは，$4 \times 2 \times 3.14 = 8 \times 3.14$ (cm)で，半径12cmの円の周の長さは，$12 \times 2 \times 3.14 = 24 \times 3.14$ (cm)なの

で，この展開図のおうぎ形は同じ半径の円の，$(8 \times 3.14) \div (24 \times 3.14) = \frac{1}{3}$　よって，㋐の角度は，$360° \times \frac{1}{3} = 120°$

10 4 秒後の BP の長さは，$1 \times 4 = 4$ (cm)　点 Q は，$1.7 \times 4 = 6.8$ (cm) 動くので，4 秒後の BQ の長さは，$14 - 6.8 = 7.2$ (cm)　よって，$7.2 \times 4 \div 2 = 14.4$ (cm^2)

第33回

1 0.98　2 360　3 770　4 2　5 20（通り）　6 27　7（順に）T，248　8 10　9 90（度）
10 12（秒後）

解　説

1 与式 $= (2.04 + 6.78) \div 9 = 8.82 \div 9 = 0.98$

2 与式 $= (0.41 \times 36 + 0.06 \times 36 - 0.37 \times 36) \times 100 = (0.41 + 0.06 - 0.37) \times 36 \times 100 = 0.1 \times 36 \times 100 = 360$

3 $(315 - \square \div 5 - 14) \times 2 = 417 - 123 = 294$ より，$315 - \square \div 5 - 14 = 294 \div 2 = 147$　よって，$315 - \square \div 5 = 147 + 14 = 161$ より，$\square \div 5 = 315 - 161 = 154$ となるので，$\square = 154 \times 5 = 770$

4 $\square \times 7.5 = \frac{5}{6} \times 18$ より，$\square = 15 \div 7.5 = 2$

5 各頂点までの最短の道筋を書いていくと，右図のようになる。よって，20 通り。

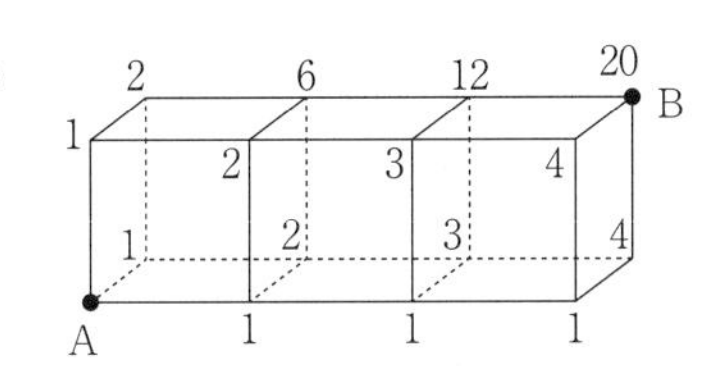

6 2 ページずつ進めるのと 3 ページずつ進めるのとでは，$(9 - 2) + 3 = 10$ (ページ) の差がある。したがって，予定していた日数は，$10 \div (3 - 2) = 10$ (日間)　よって，宿題のページ数は，$2 \times 9 + 9 = 27$ (ページ)

7 KYOTO の 5 文字をくり返し並べているので，$99 \div 5 = 19$ あまり 4 より，99 番目の文字は T。5 文字の中に O は 2 個あるので，$99 \div 2 = 49$ あまり 1 より，O だけをかぞえて 99 番目にある O は，5 文字が 49 回くり返された後の 3 番目。よって，$5 \times 49 + 3 = 248$ (番目)

8 右図のように，B から CD に平行な線をひき，AD，EF と交わる点をそれぞれ G，H とする．四角形 BCFH，BCDG はともに平行四辺形なので，FH と DG の長さはともに 9 cm。また，EH : AG = BE : BA = 2 : (2 + 4) = 1 : 3　AG の長さは，$12 - 9 = 3$ (cm) なので，EH の長さは 1 cm。よって，EF の長さは，$9 + 1 = 10$ (cm)

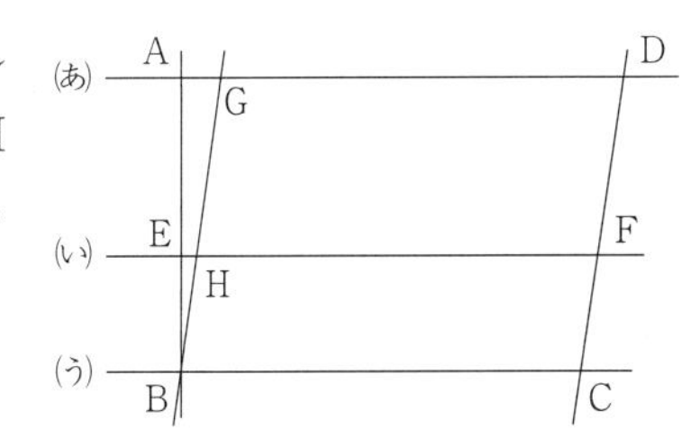

9 直方体の展開図のうち，太線の通る面のみをかくと右図のようになり，最短になる場合，太線は直線 AH になる。右図で，平行な直線の性質より，イの角とウの角の大きさは等しいので，アとイの角の大きさの和は 90°。

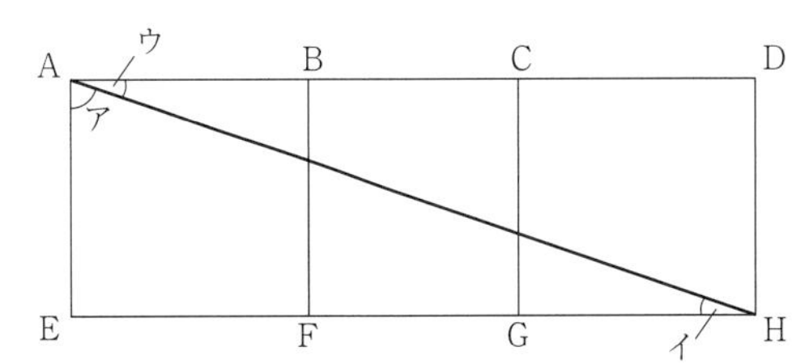

10 四角形 PQCD の面積が $120cm^2$ になるのは，PD と CQ の長さの和が，$120 \times 2 \div 15 = 16$ (cm) になると

き。点PがAからDへ進むとき，1秒間にPDの長さは2cmずつ短くなり，CQの長さは1cmずつ長くなるので，PDとCQの長さの和は1cmずつ短くなる。よって，1回目は，$(20-16)\div1=4$（秒後）　さらに，点PがDに達するのは，$20\div2=10$（秒後）で，このときPDとCQの長さの和は，$1\times10=10$（cm）　その後，PDとCQの長さの和は1秒間に，$2+1=3$（cm）ずつ長くなるので，$(16-10)\div3=2$（秒後）に16cmになる。よって，2回目は，$10+2=12$（秒後）

第34回

1 0.37　2 385　3 30　4 6000　5 $5\frac{5}{11}$（分後）　6 1550　7 325（円）　8 27（度）　9 1：3
10 42.39（cm^2）

解　説

1 与式$=(17-16)\times3\div5-0.23=1\times3\div5-0.23=0.6-0.23=0.37$

2 与式$=1\frac{1}{17}\times385-\frac{385}{17}=1\frac{1}{17}\times385-\frac{1}{17}\times385=\left(1\frac{1}{17}-\frac{1}{17}\right)\times385=1\times385=385$

3 $4+5\times(\square\div5-2)=8\times3=24$より，$5\times(\square\div5-2)=24-4=20$なので，$\square\div5-2=20\div5=4$　よって，$\square\div5=4+2=6$より，$\square=6\times5=30$

4 比の1にあたる金額は，$14400\div(3+4+5)=1200$（円）　Cさんがもらう金額は，比の5にあたるので，$1200\times5=6000$（円）

5 聖さんと学さんは反対方向に進むから，また，出発する前の2人は1500mはなれていて，1分間に，$120+80=200$（m）ずつ近づくと考えることができる。また，聖さんと光さんは同じ方向に進むから，1分間に，$120-45=75$（m）ずつはなれると考えることができる。これより，出発する前の聖さんと学さんの間の道のりと，聖さんと光さんの間の道のりの差は1500mで，この差は1分間に，$200+75=275$（m）ずつ縮まる。この差が0になるとき，光さん，聖さん，学さんがこの順に時計回りに並び，かつ聖さんが光さんと学さんのちょうど真ん中にくるから，$1500\div275=5\frac{5}{11}$（分後）

6 B君がはじめに持っていたお金を1とすると，お金を使った後，A君が$\frac{3}{4}$より，$500-350=150$（円）多い金額を持っており，B君が1より200円少ない金額を持っている。この金額が等しいので，$1-\frac{3}{4}=\frac{1}{4}$にあたるお金が，$150+200=350$（円）で，1にあたるお金が，$350\div\frac{1}{4}=1400$（円）　よって，はじめにA君が持っていたお金は，$1400\times\frac{3}{4}+500=1550$（円）

7 くつ下3足と手ぶくろ1組の値段は1675円で，これはくつ下，$3+2=5$（足）の値段より50円高い。よって，くつ下1足の値段は，$(1675-50)\div5=325$（円）

8 右図のイの角度は，$180°-87°=93°$より，ウの角度は，$180°-(93°+60°)=27°$
アの角とウの角は，どちらも60°からエの角をひいたものなので，大きさは等しい。
よって，アの角度は27°。

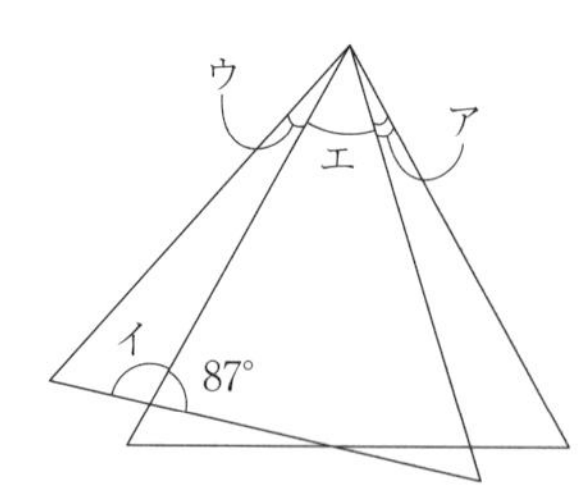

9 ADとBCは平行だから，BG：GD＝BC：ED＝$(2+3)$：3＝5：3　また，点Fは平行四辺形の対角線が

交わる点だから，BF：FD = 1：1　BD の長さを 8 とすると，BF：FD = 4：4 になるので，FG = 4 − 3 = 1　よって，FG：GD = 1：3

10 2 辺 BC，CD が通過した部分は，右図の色をつけた部分。この図で，しゃ線部分は移動する前後で同じ部分であり面積が等しいので，矢印のように移動しても面積は変わらない。よって，求める面積は，半径 9 cm，中心角 60° のおうぎ形の面積と等しいので，$9 \times 9 \times 3.14 \times \frac{60}{360} = 42.39\ (\text{cm}^2)$

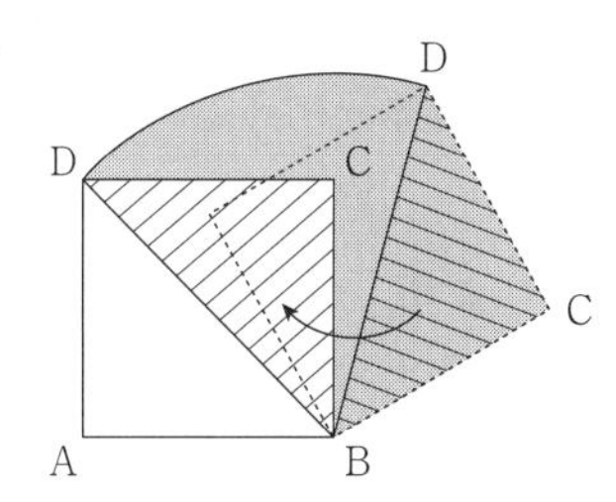

第35回

1 7　2 2.64　3 4　4 90　5 8　6 32 (L)　7 12 (冊)　8 77 (度)　9 32 (cm)　10 18.84 (cm^2)

解　説

1 与式 = 8 − 1 = 7

2 与式 = 1.73 ×(2.51 − 1.63) + 1.27 × 0.88 = 1.73 × 0.88 + 1.27 × 0.88 = (1.73 + 1.27) × 0.88 = 3 × 0.88 = 2.64

3 $\frac{25}{4} - \frac{20}{3} \times \left(\boxed{} - \frac{17}{5}\right) = 3 \times \frac{3}{4} = \frac{9}{4}$ より，$\frac{20}{3} \times \left(\boxed{} - \frac{17}{5}\right) = \frac{25}{4} - \frac{9}{4} = 4$ だから，$\boxed{} - \frac{17}{5} = 4 \div \frac{20}{3} = \frac{3}{5}$　よって，$\boxed{} = \frac{3}{5} + \frac{17}{5} = 4$

4 180° を，1 + 2 + 3 = 6 等分したうちの 3 つ分の角の大きさを求めればよい。よって，$180° \times \frac{3}{6} = 90°$

5 アは，姉が家を出発してから忘れ物を取りに家に帰るまでの時間。姉が忘れ物に気づいてから家に帰るまでにかかった時間は，360 ÷ 180 = 2 (分) なので，アにあてはまる数は，6 + 2 = 8

6 入れた水の量を 1 とすると，A の容積は，$1 \div \frac{4}{5} = \frac{5}{4}$，B の容積は，$1 \div \frac{3}{4} = \frac{4}{3}$，入れた水の量の合計は，1 + 1 = 2，A と B の容積の合計は，$\frac{5}{4} + \frac{4}{3} = \frac{31}{12}$ と表すことができ，B に残る水の量は，$1 - \frac{1}{4} = \frac{3}{4}$　これが 18L にあたるから，B の容積は，$18 \div \frac{3}{4} \times \frac{4}{3} = 32$ (L)

7 鉛筆 5 本の値段は，74 × 5 = 370 (円) なので，ノート 1 冊の値段は，500 − 370 = 130 (円)　また，鉛筆 10 本の値段は，74 × 10 = 740 (円) なので，ノートの代金の合計は，2300 − 740 = 1560 (円)　よって，買ったノートの冊数は，1560 ÷ 130 = 12 (冊)

8 右図で，㋑の角の大きさは 83° だから，㋒の角の大きさは，180° −(65° + 83°) = 32°　㋓の角の大きさも 32° だから，㋔の角の大きさは，90° − 32° × 2 = 26°　よって，三角形 ACD は二等辺三角形だから，㋐の角の大きさは，(180° − 26°) ÷ 2 = 77°

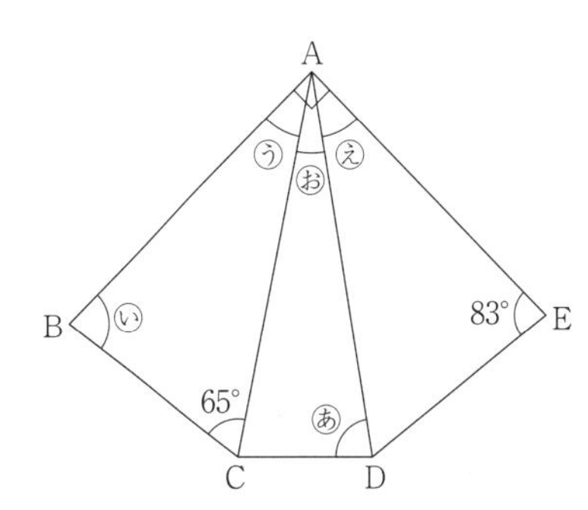

9 ED と BC が平行より，三角形 AED は三角形 ABC の縮図で，ED：BC = AE：AB = 40：(40 + 30) = 4：7 だから，$\text{ED} = 42 \times \frac{4}{7} = 24$ (cm)　EF = ED = 24cm で，EF と AC が平行より，三角形 EBF は三角形

ABCの縮図で，EF : AC = EB : AB = 30 : (40 + 30) = 3 : 7 だから，AC = 24 × $\frac{7}{3}$ = 56 (cm)　DC = ED = 24cm なので，AD = 56 − 24 = 32 (cm)

⑩ 太線部分が通るのは，右図のかげをつけた部分。回転したあとの半円の中心をPとすると，OA = OP = AP だから三角形OAPは正三角形。よって，角OAP = 60°　これより，かげをつけた部分は，半径，3 × 2 = 6 (cm)，中心角60°のおうぎ形と，半径3cmの半円を合わせた図形から，半径3cmの半円を取り除いた図形となるので，求める面積は，半径6cm，中心角60°のおうぎ形の面積と等しく，6 × 6 × 3.14 × $\frac{60}{360}$ = 18.84 (cm^2)

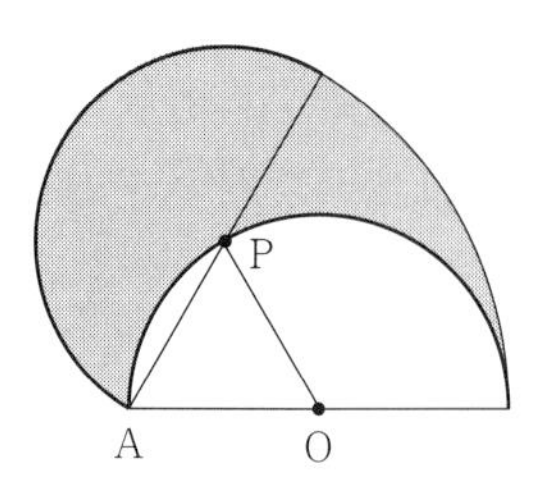

第36回

① $\frac{9}{32}$　② 38　③ 2.7　④ 270　⑤ $\frac{320}{11}$ (分後)　⑥ 56000 (人)　⑦ (ア) 50　(イ) 1070　⑧ 75 (度)　⑨ 16
⑩ 178.98 (cm^2)

解　説

① 与式 = $\frac{1}{8} \times \frac{3}{4} + \frac{1}{4} \div \frac{1}{2} - \frac{1}{2} \times \frac{5}{8} = \frac{3}{32} + \frac{1}{2} - \frac{5}{16} = \frac{9}{32}$

② 与式 = 4.7 × (1.3 + 2.5) + 3.8 × 5.3 = 4.7 × 3.8 + 3.8 × 5.3 = 3.8 × (4.7 + 5.3) = 3.8 × 10 = 38

③ $\frac{7}{2}$ + (4.2 − □) ÷ $\frac{1}{3}$ = 50 ÷ $\frac{25}{4}$ = 8 より，(4.2 − □) ÷ $\frac{1}{3}$ = 8 − $\frac{7}{2}$ = $\frac{9}{2}$ だから，4.2 − □ = $\frac{9}{2} \times \frac{1}{3} = \frac{3}{2}$ = 1.5　よって，□ = 4.2 − 1.5 = 2.7

④ ㋐㋑はそれぞれおこづかいの合計金額から㋒の部分を除いたところになるので，おこづかいの合計金額について，面積図に表すと右図のようになり，㋐と㋑の面積は等しいから，90 × 2 = ☆ × 1 より，☆ = 180　よって，Cのおこづかいは A と B の2人の平均より，90 + 180 = 270 (円)少ない。

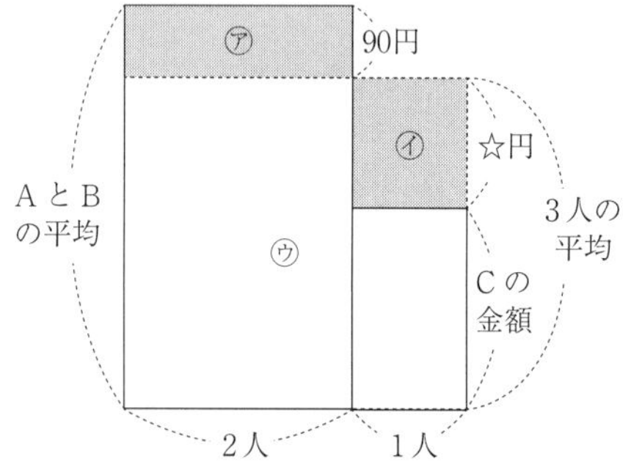

⑤ グラフより，兄は分速 $\frac{2}{3}$km，弟は分速 $\frac{1}{4}$km で走る。兄が B 地点に着いたのは弟が出発してから，10 + (40 − 10) ÷ 2 = 25 (分後)　このとき，2人は，10 − $\frac{1}{4}$ × 25 = $\frac{15}{4}$ (km)はなれている。よって，2人が出会うのは，25 + $\frac{15}{4} \div \left(\frac{2}{3} + \frac{1}{4}\right) = \frac{275}{11} + \frac{45}{11} = \frac{320}{11}$ (分後)

⑥ 大人の男性は全体の，$\frac{3}{7}$ × (1 − 0.65) = $\frac{3}{20}$　よって，全体の入場者は，8400 ÷ $\frac{3}{20}$ = 56000 (人)

⑦ どら焼き2個とようかん4個のセットと，どら焼き6個とようかん2個のセットを合わせると，1150 + 1250 = 2400 (円)で，これはどら焼き，2 + 6 = 8 (個)とようかん，4 + 2 = 6 (個)に2箱分の箱代。したがって，どら焼き4個とようかん3個に1箱分の箱代が，2400 ÷ 2 = 1200 (円)　どら焼き4個とようかん5個のセットが1620円だから，ようかん，5 − 3 = 2 (個)は，1620 − 1200 = 420 (円)で，ようかん1個は，420 ÷ 2 =

210(円)　したがって，どら焼き2個と1箱分の箱代で，$1150 - 210 \times 4 = 310$(円)，どら焼き6個と1箱分の箱代で，$1250 - 210 \times 2 = 830$(円)　よって，どら焼き，$6 - 2 = 4$(個)は，$830 - 310 = 520$(円)だから，どら焼き1個は，$520 \div 4 = 130$(円)，また，1箱分の箱代は，$310 - 130 \times 2 = 50$(円)，どら焼きとようかんを3個，3個にしたときの値段は，$(130 + 210) \times 3 + 50 = 1070$(円)

8 右図のイの角度は，$180° - (36° + 33°) = 111°$より，ウの角度は，$180° - 111° = 69°$　エの角度は36°だから，アの角度は，$180° - (69° + 36°) = 75°$

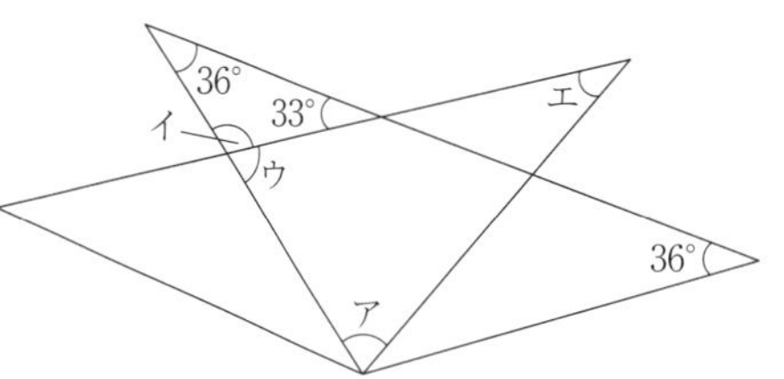

9 正三角形ABCの1辺の長さは，$24 + 6 = 30$(cm)　また，DA = DF = 21cmより，$DB = 30 - 21 = 9$(cm)　ここで，右図において，角EFD = 角EAD = 60°より，●＋× $= 180° - 60° = 120°$なので，三角形BDFと三角形CFEは拡大・縮小の関係となり，FB：EC = BD：CF　よって，24：EC = 9：6 = 3：2より，$EC = 24 \times \dfrac{2}{3} = 16$(cm)

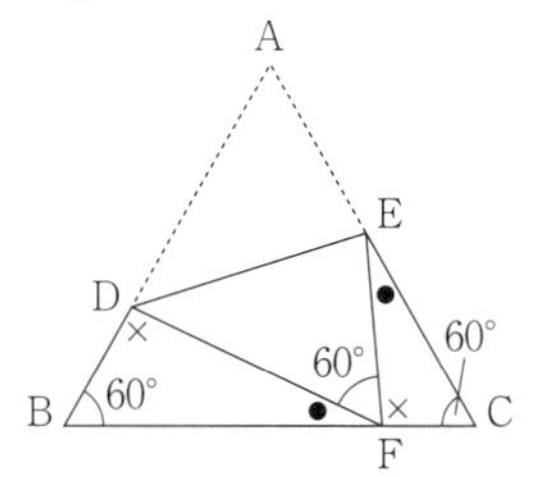

10 円Pは右図の色をつけた部分を通過するので，両端の半円2個を合わせて半径3cmの円1個分と，中心角240°の半径，$3 \times 3 = 9$(cm)のおうぎ形から，半径3cmのおうぎ形をひいた部分の和として求められる。よって，$(3 \times 3 \times 3.14) + \left(9 \times 9 \times 3.14 \times \dfrac{240}{360} - 3 \times 3 \times 3.14 \times \dfrac{240}{360}\right) = (9 + 54 - 6) \times 3.14 = 178.98$ (cm^2)

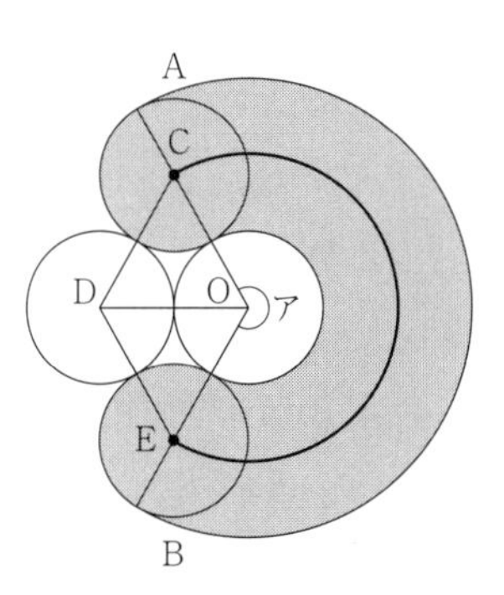

第37回

1 $\dfrac{7}{30}$　2 2080　3 1　4 54(度)　5 あ．4　い．$\dfrac{600}{11}$　6 21　7 (Aの速さ：Bの速さ) 3：1
8 ① 4　② 3　9 314　10 87.92 (cm^3)

解説

1 与式 $= 1\dfrac{18}{30} + 2\dfrac{3}{30} - 3\dfrac{14}{30} = 3\dfrac{21}{30} - 3\dfrac{14}{30} = \dfrac{7}{30}$

2 与式 $= (9 + 25) \times 19 - 300 + 2000 - 14 \times 19 = (9 + 25 - 14) \times 19 - 300 + 2000 = 20 \times 19 - 300 + 2000 = 380 - 300 + 2000 = 2080$

3 $2\dfrac{7}{12} - 0.25 = 2\dfrac{7}{12} - \dfrac{3}{12} = 2\dfrac{1}{3} = \dfrac{7}{3}$ だから，$\dfrac{7}{2} \times \left(\square - \dfrac{1}{3}\right) \times \dfrac{3}{7} = 1\dfrac{1}{2} - 0.5 = 1$となり，$\square - \dfrac{1}{3} = 1 \div \dfrac{7}{2} \div \dfrac{3}{7} = 1 \times \dfrac{2}{7} \times \dfrac{7}{3} = \dfrac{2}{3}$　よって，$\square = \dfrac{2}{3} + \dfrac{1}{3} = 1$

4 $360° \times 0.15 = 54°$

5 求める回数は，次図のように，4回。また，時計の長針が動く速さは分速，$360° \div 60 = 6°$　短針が動く速さは分速，$360° \div 12 \div 60 = 0.5°$　午前9時の長針と短針のつくる角の大きさは，$360° \times \dfrac{9}{12} = 270°$だから，2回目の時刻は9時，$(270° + 30°) \div (6° - 0.5°) = \dfrac{600}{11}$(分)

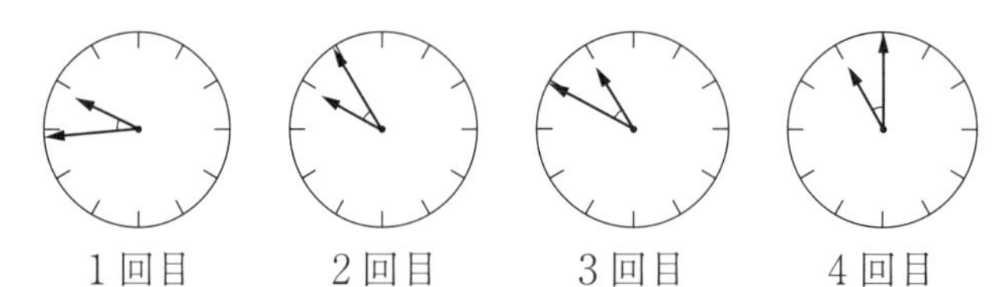

6 全体の仕事量を1とすると，太郎君が1日にできる仕事量は，$1 \div 28 = \frac{1}{28}$，花子さんが1日にできる仕事量は，$1 \div 42 = \frac{1}{42}$ だから，花子さんが1人で7日間にした仕事量は，$\frac{1}{42} \times 7 = \frac{1}{6}$　よって，2人で仕事をしたのは，$\left(1 - \frac{1}{6}\right) \div \left(\frac{1}{28} + \frac{1}{42}\right) = 14$（日）だから，$14 + 7 = 21$（日）

7 出会ってからすれ違いが終わるまでに，列車Aと列車Bが進んだ道のりの和は，列車Aと列車Bの長さの和となる。また，追いついてから追い越しが終わるまでに，列車Aは列車Bよりも，列車Aと列車Bの長さの和だけ多く進む。したがって，（列車Aの速さ＋列車Bの速さ）× 5と，（列車Aの速さ－列車Bの速さ）× 10が等しいから，（列車Aの速さ＋列車Bの速さ）と，（列車Aの速さ－列車Bの速さ）× 2が等しくなるので，列車Aの速さの，$2 - 1 = 1$（倍）が，列車Bの速さの，$1 + 2 = 3$（倍）と等しい。よって，求める比は3：1。

8 ① ㋐の場所から㋑の場所に移動するとき，さいころの下の面の数は，1 → 2 → 3と変わる。向かい合う面の数の和は7なので，求める数は，$7 - 3 = 4$

② ㋑の場所から㋒の場所に移動するとき，さいころの下の面の数は，3 → 6 → 5 → 4と変わる。よって，求める数は，$7 - 4 = 3$

9 できる立体は，底面が半径5cmの円で，高さが，$3 + 3 = 6$（cm）の円柱①から，底面が半径5cmの円で，高さが3cmの円すい②を2個切り取った立体。円柱①の体積が，$5 \times 5 \times 3.14 \times 6 = 150 \times 3.14$（$cm^3$）で，円すい②の体積が，$5 \times 5 \times 3.14 \times 3 \div 3 = 25 \times 3.14$（$cm^3$）なので，できる立体の体積は，$150 \times 3.14 - 25 \times 3.14 \times 2 = 314$（$cm^3$）

10 同じ立体をもう1つ組み合わせると，高さが，$8 + 6 = 14$（cm）の円柱ができる。よって，$2 \times 2 \times 3.14 \times 14 \div 2 = 87.92$（$cm^3$）

第38回

1 $\frac{5}{6}$　2 24000　3 $\frac{3}{2}$　4 $\frac{3}{16}$　5 ア．1　イ．15　6 7（分）　7 300　8 6
9（体積）69.08　（表面積）138.16　10（体積）31400（cm^3）　（表面積）6280（cm^2）

解説

1 与式 $= \frac{34}{30} - \frac{9}{30} = \frac{25}{30} = \frac{5}{6}$

2 与式 $= 299 \times 19 + 299 \times 21 + 301 \times 21 + 301 \times 19 = 299 \times (19 + 21) + 301 \times (21 + 19) = 299 \times 40 + 301 \times 40 = (299 + 301) \times 40 = 600 \times 40 = 24000$

3 $\frac{7}{3} \times \left(\frac{23}{7} - \square\right) \div \frac{10}{3} = \frac{5}{4}$ より，$\frac{7}{3} \times \left(\frac{23}{7} - \square\right) = \frac{5}{4} \times \frac{10}{3} = \frac{25}{6}$ なので，$\frac{23}{7} - \square = \frac{25}{6} \div \frac{7}{3} = \frac{25}{6} \times \frac{3}{7} = \frac{25}{14}$　よって，$\square = \frac{23}{7} - \frac{25}{14} = \frac{3}{2}$

4 [3，673] $= 3 \times 3 + 673 \times 673 + 3 \times 673$　この計算結果をCとすると，AとBが逆でも同じ数になるので，分子は，[C，C] $= C \times C + C \times C + C \times C = C \times C \times 3$　また，$6 = 3 \times 2$，$1346 = 673 \times 2$ より，

$[6,\ 1346] = 3 \times 2 \times 3 \times 2 + 673 \times 2 \times 673 \times 2 + 3 \times 2 \times 673 \times 2 = 3 \times 3 \times 4 + 673 \times 673 \times 4 + 3 \times 673 \times 4 = (3 \times 3 + 673 \times 673 + 3 \times 673) \times 4 = C \times 4$ だから，分母は，$C \times 4 \times C \times 4 = C \times C \times 16$　よって，与式 $= \dfrac{C \times C \times 3}{C \times C \times 16} = \dfrac{3}{16}$

5 24 時間で，$3 \times 60 = 180$ (秒) 遅れるから，1 時間で，$180 \div 24 = 7.5$ (秒) 遅れる。午前 8 時から午後 6 時までは，$(12 + 6) - 8 = 10$ (時間) あるので，$7.5 \times 10 = 75$ (秒)，すなわち，1 分 15 秒遅れる。

6 水そういっぱいの水の量を 1 とする。1 分間に A の蛇口は，$\dfrac{4}{7} \div 10 = \dfrac{2}{35}$，B の蛇口は，$\left(1 - \dfrac{4}{7}\right) \div 5 = \dfrac{3}{35}$ の水を入れることができる。よって，$1 \div \left(\dfrac{2}{35} + \dfrac{3}{35}\right) = 7$ (分)

7 1 分 = 60 秒より，1 分 12 秒は，$60 + 12 = 72$ (秒) なので，この列車がトンネルを通りぬけるのに進んだ長さは，$15 \times 72 = 1080$ (m)　これは，列車とトンネルの長さの和なので，この列車の長さは，$1080 - 780 = 300$ (m)

8 それぞれのマスで，サイコロの下の目以外の 5 つの目の数について，影をつけた数を上の目の数字とし，他の目の位置関係を表すと右図のようになる。左上のマスにもどる 1 つ前は→で示した場所なので，左上のマスにもどったときの上の目の数字は 6。

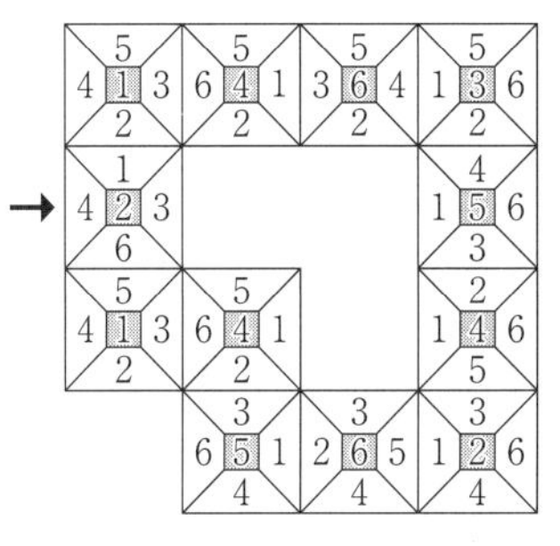

9 右図のように，半径，$1 + 2 = 3$ (cm) で高さが 2 cm の円柱と，半径，$1 + 1 = 2$ (cm) で高さが 2 cm の円柱を組み合わせた立体から，半径 1 cm で高さが，$2 + 2 = 4$ (cm) の円柱をくり抜いた立体ができる。したがって，求める立体の体積は，$3 \times 3 \times 3.14 \times 2 + 2 \times 2 \times 3.14 \times 2 - 1 \times 1 \times 3.14 \times 4 = 69.08$ (cm^3)　3 つの円柱の側面積の合計は，$2 \times (2 \times 3 \times 3.14) + 2 \times (2 \times 2 \times 3.14) + 4 \times (2 \times 1 \times 3.14) = 87.92$ (cm^2)　また，立体を上から見ると，半径 3 cm の円から半径 1 cm の円をくり抜いた形に見えるので，底面積の合計は，$(3 \times 3 \times 3.14 - 1 \times 1 \times 3.14) \times 2 = 50.24$ (cm^2)　よって，求める表面積は，$87.92 + 50.24 = 138.16$ (cm^2)

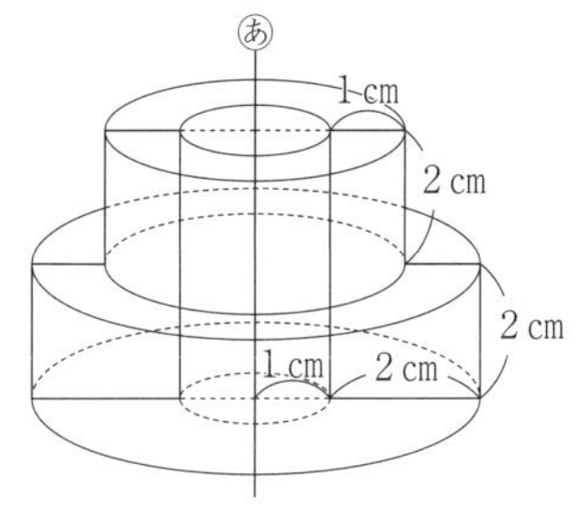

10 上の円柱の体積は，$10 \times 10 \times 3.14 \times 20 = 2000 \times 3.14$ (cm^3) で，下の円柱の体積は，$20 \times 20 \times 3.14 \times 20 = 8000 \times 3.14$ (cm^3)　よって，この立体の体積は，$2000 \times 3.14 + 8000 \times 3.14 = 31400$ (cm^3)　また，真上から見える 2 つの面は，合わせると真下から見える面と同じ半径 20cm の円になり，この円の面積は，$20 \times 20 \times 3.14 = 400 \times 3.14$ (cm^2)　2 つの円柱の側面積はそれぞれ，$10 \times 2 \times 3.14 \times 20 = 400 \times 3.14$ (cm^2) と，$20 \times 2 \times 3.14 \times 20 = 800 \times 3.14$ (cm^2)　よって，この立体の表面積は，$400 \times 3.14 \times 2 + 400 \times 3.14 + 800 \times 3.14 = 6280$ (cm^2)

第39回

1 2　2 31.8　3 2　4 12 (cm)，110 (枚)　5 4，40　7，20 (前後 2 つの組み合わせは順不同)
6 23 (日)　7 4 (km)　8 ① 4　② 22　9 1281.12 (cm^3)　10 237.76

解 説

1 与式 $= 1 + \dfrac{3}{6} - \dfrac{2}{6} + \dfrac{5}{6} = 2$

2 与式 $= 18.7 \times (6.73 - 3.55) - 8.7 \times 3.18 = 18.7 \times 3.18 - 8.7 \times 3.18 = (18.7 - 8.7) \times 3.18 = 10 \times 3.18 = 31.8$

3 $\left(\dfrac{9}{16} \times \square - \dfrac{3}{4}\right) \times 3 = \dfrac{5}{4} - \dfrac{1}{8} = \dfrac{9}{8}$ より，$\dfrac{9}{16} \times \square - \dfrac{3}{4} = \dfrac{9}{8} \div 3 = \dfrac{3}{8}$　よって，$\dfrac{9}{16} \times \square = \dfrac{3}{8} + \dfrac{3}{4} = \dfrac{9}{8}$ だから，$\square = \dfrac{9}{8} \div \dfrac{9}{16} = 2$

4 正方形の1辺の長さは120と132の最大公約数である12cmにすればよい。また，$120 \div 12 = 10$，$132 \div 12 = 11$ より，求める枚数は，$10 \times 11 = 110$（枚）

5 時計の隣り合う目盛りのつくる角は，$360° \div 12 = 30°$ で，$100 \div 30 = 3$ あまり10より，長針がちょうど目盛りを指していて，長針と短針のなす角が100°になるならば，短針は目盛りを指した状態から，必ず前後10°の位置にある。短針は，1分間に，$360° \div 12 \div 60 = 0.5°$ 回るので，10°回るのに，$10 \div 0.5 = 20$（分）かかる。よって，長針は20分か，60分 − 20分 = 40分を指している。長針が20分を指すとき，短針は目盛りを指す位置から10°回っているので，長針の100°前方にあり，7時台で，7時20分。同様に，長針が40分を指すとき，短針は目盛りを指す位置から，$30° - 10° = 20°$ 回っているので，長針の100°後方にあり，4時台で，4時40分。

6 仕事全体の量を1とすると，1日にAは $\dfrac{1}{20}$，Bは $\dfrac{1}{24}$ の仕事をする。したがって，Bが1人でする仕事の量は，$1 - \dfrac{1}{20} \times 5 = \dfrac{3}{4}$ なので，$\dfrac{3}{4} \div \dfrac{1}{24} = 18$（日）かかる。よって，$5 + 18 = 23$（日）

7 特急列車の速さは分速，$100 \div 60 = \dfrac{5}{3}$（km）で，急行列車の速さは分速，$60 \div 60 = 1$（km）　トンネルの長さは2つの列車が1分30秒で進む道のりの和で，1分30秒 $= 1\dfrac{30}{60}$ 分 $= \dfrac{3}{2}$ 分なので，トンネルの長さは，$\left(\dfrac{5}{3} + 1\right) \times \dfrac{3}{2} = 4$（km）

8 ① サイコロを転がしていくと，カの面と3の目が重なり，キの面と1の目が重なる。このとき，手前の面の目の数は2のままで，上の面の目の数は，1の目の面と向かい合う，$7 - 1 = 6$ なので，クの面と2の目が重なり，ケの面と6の目が重なる。サイコロがケの面に重なるとき，右の面の目の数は，キの面に重なるときと同じで，3の目と向かい合う，$7 - 3 = 4$ なので，コの面とは4の目が重なる。

② サの面と重なるのは，ケの面と重なっているときに上の面だった，$7 - 6 = 1$ の目。また，シの面と重なるのは，ケ〜サの面と重なっているときに手前の面で，クの面と重なっているときに上の面だった，$7 - 2 = 5$ の目。よって，カからシの面と重なる目の数の合計は，$3 + 1 + 2 + 6 + 4 + 1 + 5 = 22$

9 できる立体は，底面が半径10cmの円で高さが6cmの円柱から，底面が半径，$10 - 2 = 8$（cm）の円で高さが3cmの円柱をくり抜いた立体。よって，$10 \times 10 \times 3.14 \times 6 - 8 \times 8 \times 3.14 \times 3 = 1281.12$（$cm^3$）

10 たてが8cm，横が，$3 + 7 = 10$（cm），高さが5cmの直方体の体積は，$8 \times 10 \times 5 = 400$（$cm^3$）　また，たてが8cm，横が7cm，高さが2cmの直方体の体積は，$8 \times 7 \times 2 = 112$（$cm^3$）　そして，半径が，$(10 - 2 - 4) \div 2 = 2$（cm），高さが8cmの円柱の体積の半分は，$2 \times 2 \times 3.14 \times 8 \div 2 = 50.24$（$cm^3$）　よって，$400 - 112 - 50.24 = 237.76$（$cm^3$）

第40回

1 $\dfrac{4}{5}$　2 5.56　3 11　4 30　5 ア．12　イ．8　6 21（枚）　7 12　8 72　9 16（倍）
10 24.28（cm）

解　説

1 与式 $= 1 - \frac{1}{5} = \frac{4}{5}$

2 与式 $= 1.7 \times (6.7 + 7.2) - 1.3 \times (8.5 + 5.4) = 1.7 \times 13.9 - 1.3 \times 13.9 = (1.7 - 1.3) \times 13.9 = 0.4 \times 13.9 = 5.56$

3 $5 \times (15 + \square \times 3) \div 12 = 37 - 17 = 20$ より，$15 + \square \times 3 = 20 \times 12 \div 5 = 48$　よって，$\square \times 3 = 48 - 15 = 33$ より，$\square = 33 \div 3 = 11$

4 $10 = 2 \times 5$，$12 = 2 \times 2 \times 3$ より，10 と 12 の最小公倍数は，$2 \times 2 \times 3 \times 5 = 60$ なので，できるだけ小さい正方形をつくるときの 1 辺の長さは 60cm。このとき，画用紙は，たてに，$60 \div 10 = 6$（枚），横に，$60 \div 12 = 5$（枚）ならぶので，必要な画用紙は，$6 \times 5 = 30$（枚）

5 A と B のボールの合計は移す前と後で変わらないので，比の，$4 - 3 = 1$ にあたるボールの個数が 4 個だから，ボールを移す前の A に入っていたボールは，$4 \times 3 = 12$（個）　A から B に移したボールは，$4 \times (4 - 2) = 8$（個）

6 10 円硬貨と 50 円硬貨の枚数が同じなので，10 円硬貨と 50 円硬貨を合わせたときの 1 枚の平均金額は，$(10 + 50) \div 2 = 30$（円）　43 枚とも 100 円硬貨だったときの合計金額は，$100 \times 43 = 4300$（円）で，実際より，$4300 - 1360 = 2940$（円）多い。100 円が 30 円におきかわるごとに合計金額は，$100 - 30 = 70$（円）少なくなるので，10 円硬貨と 50 円硬貨を合わせた枚数は，$2940 \div 70 = 42$（枚）で，10 円硬貨は，$42 \div 2 = 21$（枚）

7 上りと下りの速さの比は，$\frac{1}{6} : \frac{1}{2} = 1 : 3$ で，上りと下りの速さの差は，川の流れの速さの 2 倍になるので，この比の，$(3 - 1) \div 2 = 1$ にあたる速さが時速 2km。よって，上りの速さも時速 2km になるので，A 町と B 町は，$2 \times 6 = 12$（km）離れている。

8 はじめの容器に入っている水は，$8 \times 8 \times 6 = 384$（$cm^3$）　おもりを入れたあとの容器に入る水は，$(8 \times 8 - 5 \times 5) \times 8 = 312$（$cm^3$）　よって，こぼれた水は，$384 - 312 = 72$（$cm^3$）

9 おうぎ形 B の半径を 1 とすると，おうぎ形 A の半径は，$1 \times 4 = 4$　よって，$(4 \times 4 \times 3.14 \div 4) \div (1 \times 1 \times 3.14 \div 4) = 16$（倍）

10 円の中心は右図の太線を通る。斜線部分のおうぎ形を 4 つ合わせると円になるので，長方形の周の長さと半径が 1 cm の円の周の長さの和を求めればよい。よって，$(5 + 4) \times 2 + 1 \times 2 \times 3.14 = 24.28$（cm）

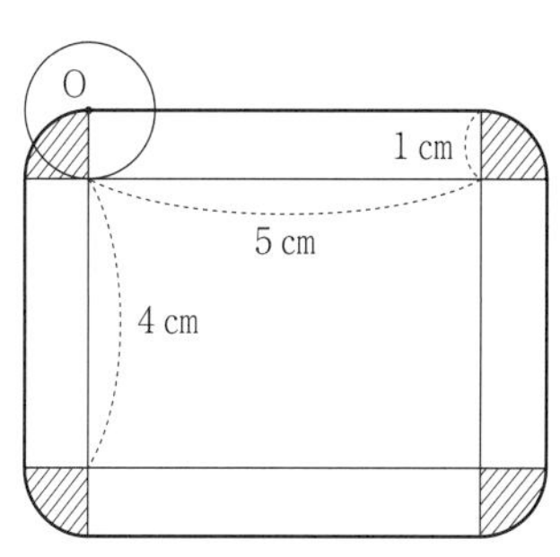

第41回

1 $\frac{125}{24}$　2 58.8　3 1.2　4 1012　5 3200　6 13（回）　7 24（分後）　8 157　9 6（cm^2）　10 72.56（cm^2）

解　説

1 与式 $= \frac{87}{24} + \frac{58}{24} - \frac{20}{24} = \frac{125}{24}$

2　$2.94 \times 8.3 - 29.4 \times 0.27 = 2.94 \times 8.3 - 2.94 \times 2.7 = 2.94 \times (8.3 - 2.7) = 2.94 \times 5.6$ だから，与式 $= 2.94 \times 5.6 \div 0.28 = 2.94 \times 20 = 58.8$

3　$(4.3 + \square) \div \frac{5}{2} - \frac{7}{10} = 5 \div \frac{10}{3} = \frac{3}{2}$ より，$(4.3 + \square) \div \frac{5}{2} = \frac{3}{2} + \frac{7}{10} = \frac{11}{5}$　よって，$4.3 + \square = \frac{11}{5} \times \frac{5}{2} = 5.5$ より，$\square = 5.5 - 4.3 = 1.2$

4　与式 $= 300\text{m} + 756\text{m} - 44.55\text{m} + 0.55\text{m} = 1012\text{m}$

5　B さんの最後の所持金ははじめの所持金より，$800 - 400 = 400$（円）少ないから，A さんも B さんも最後の所持金ははじめの所持金より 400 円少ない。よって，2 人のはじめの所持金の差と最後の所持金の差は等しいから，比の差の，$4 - 1 = 3$ と，$7 - 1 = 6$ を最小公倍数の 6 にそろえると，はじめの所持金の比は，$(4 \times 2) : (1 \times 2) = 8 : 2$　このとき，比の，$8 - 7 = 1$ が 400 円にあたるから，A さんのはじめの所持金は，$400 \times 8 = 3200$（円）

6　太郎君が 20 回すべて勝ったとき，$100 + 7 \times 20 = 240$（個）のキャンディーを持つことになる。勝つのと負けるのとでは，$7 + 4 = 11$（個）の差ができるので，$240 - 97 = 143$（個）のちがいができるには，$143 \div 11 = 13$（回）負けたことになる。

7　船は A 港から B 港まで時速 18km，B 港から A 港まで時速 12km の速さで進む。$12 \div (18 + 12) = \frac{2}{5}$（時間）より，2 そうの船がすれ違うのは，$\frac{2}{5} \times 60 = 24$（分後）

8　石と水の体積の合計は，$5 \times 5 \times 3.14 \times 10 = 785$（$\text{cm}^3$）　水の体積は 628cm^3 なので，石の体積は，$785 - 628 = 157$（cm^3）

9　AM の長さは，$6 \div 2 = 3$（cm）だから，三角形 ABM の面積は，$3 \times 6 \div 2 = 9$（cm^2）　$\text{BE} : \text{EM} = \text{BC} : \text{AM} = 2 : 1$ より，三角形 ABE の面積は，$9 \times \frac{2}{2 + 1} = 6$（$\text{cm}^2$）

10　円が通ったあとは右図の色をつけた部分のようになり，おうぎ形の部分を合わせると，半径が，$1 \times 2 = 2$（cm）の円になる。よって，円が通ったあとの面積は，$2 \times 2 \times 3.14 + 2 \times (3 + 10 + 9 + 8) = 72.56$（$\text{cm}^2$）

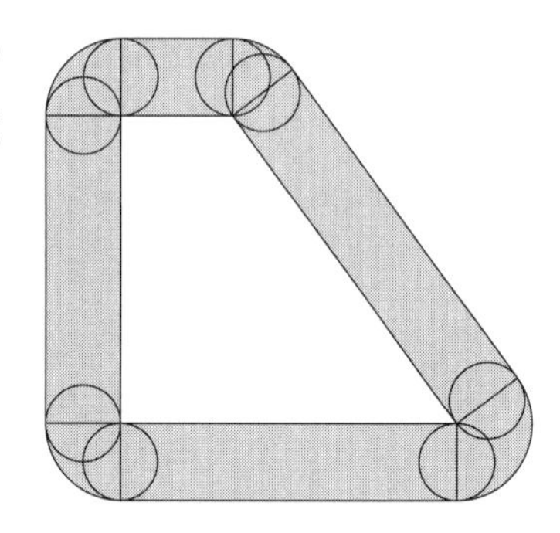

第42回

1　$\frac{3}{8}$　2　17　3　$\frac{1}{3}$　4　0.4　5　1250（円）　6　8　7　P．時速 17km　Q．時速 19km　8　23（本目）　9　9（cm^2）　10　77（cm^2）

解　説

1　与式 $= \frac{1}{6} + \frac{1}{12} + \frac{1}{8} = \frac{4}{24} + \frac{2}{24} + \frac{3}{24} = \frac{9}{24} = \frac{3}{8}$

2　与式 $= 202 \div 19 \times 3.4 - 27 \div 19 \times 3.4 - 80 \div 19 \times 3.4 = (202 - 27 - 80) \div 19 \times 3.4 = 95 \div 19 \times 3.4 = 5 \times 3.4 = 17$

[3] $\left(\boxed{} + 1\frac{2}{3}\right) \times 2 + 2\frac{2}{3} = 10 \times \frac{2}{3} = \frac{20}{3}$ より，$\left(\boxed{} + 1\frac{2}{3}\right) \times 2 = \frac{20}{3} - 2\frac{2}{3} = 4$ だから，

$\boxed{} + 1\frac{2}{3} = 4 \div 2 = 2$　よって，$\boxed{} = 2 - 1\frac{2}{3} = \frac{1}{3}$

[4] 与式 $= 1890\text{kg} + 60.436\text{kg} - 1551.118\text{kg} + 0.682\text{kg} = 400\text{kg} = 0.4\text{t}$

[5] 兄が使ったお金を[3]，弟が使ったお金を[2]とする。兄と弟が本を買ったとき，兄を2倍，弟を3倍して，2人が出したお金を[6]にそろえると，右図のように表せる。これより，⑤× 2 −② × 3 =④が，$1500 \times 2 - 800 \times 3 = 600$（円）にあたることが分かる。したがって，①$= 600 \div 4 = 150$（円）より，弟が，$800 - 150 \times 2 = 500$（円），兄は，$500 \times \frac{3}{2} = 750$（円）出した。よって，$750 + 500 = 1250$（円）

[6] 合計金額の下2けたが60円なので，10円玉は6枚か16枚。10円玉が16枚だと，残りの，$17 - 16 = 1$（枚）で，$2360 - 10 \times 16 = 2200$（円）にしなくてはならないので，10円玉は6枚。10円玉以外は，$17 - 6 = 11$（枚）で，その金額は，$2360 - 10 \times 6 = 2300$（円）　11枚とも500円玉だとすると，金額は，$500 \times 11 = 5500$（円）で，実際より，$5500 - 2300 = 3200$（円）多い。500円玉の代わりに100円玉が1枚あるごとに金額は，$500 - 100 = 400$（円）少なくなるので，100円玉は，$3200 \div 400 = 8$（枚）

[7] (1) PはB町からA町まで上るのに，12時 − 9時 = 3時間かかるので，上りの速さは，時速，$48 \div 3 = 16$（km）　さらに，Pは，12時 + 30分 = 12時30分にA町を出発し，15時10分にB町に着くので，A町からB町まで下るのに，15時10分 − 12時30分 = 2時間40分，つまり，$\frac{8}{3}$時間かかる。これより，Pの下りの速さは，時速，$48 \div \frac{8}{3} = 18$（km）　よって，川の流れは，時速，$(18 - 16) \div 2 = 1$（km）

(2) (1)より，Pの静水での速さは，時速，$18 - 1 = 17$（km）　また，QはA町からB町まで，11時24分 − 9時 = 2時間24分，つまり，$\frac{12}{5}$時間かかるので，下りの速さは，時速，$48 \div \frac{12}{5} = 20$（km）　よって，Qの静水での速さは，時速，$20 - 1 = 19$（km）

[8] 水の体積は，$15 \times 20 \times 12 = 3600$（$\text{cm}^3$）　水の体積が 3600cm^3 で水面の高さが30cmとなるときの，水が入る部分の底面積は，$3600 \div 30 = 120$（cm^2）　よって，$(20 \times 15 - 120) \div (4 \times 2) = 22.5$ より，23本目を入れたときに容器からはじめて水があふれる。

[9] DF：FB = DE：BC = 2：5より，三角形CDFの面積は三角形BCDの，$2 \div (2 + 5) = \frac{2}{7}$　三角形BCDの面積は，$63 \div 2 = \frac{63}{2}$（cm^2）　よって，求める面積は，$\frac{63}{2} \times \frac{2}{7} = 9$（$\text{cm}^2$）

[10] 円は次図Ⅰのように動くので，円が通る部分はかげをつけた部分になり，次図Ⅱのかげをつけた部分からアの部分を除いたものになる。アの部分は，一辺の長さが2cmの正方形から，半径2cm，中心角90°のおうぎ形を除いた図形だから，面積は，$2 \times 2 - 2 \times 2 \times \frac{22}{7} \div 4 = \frac{6}{7}$（$\text{cm}^2$）　よって，求める面積は，$\frac{551}{7} - \frac{6}{7} \times 2 = 77$（$\text{cm}^2$）

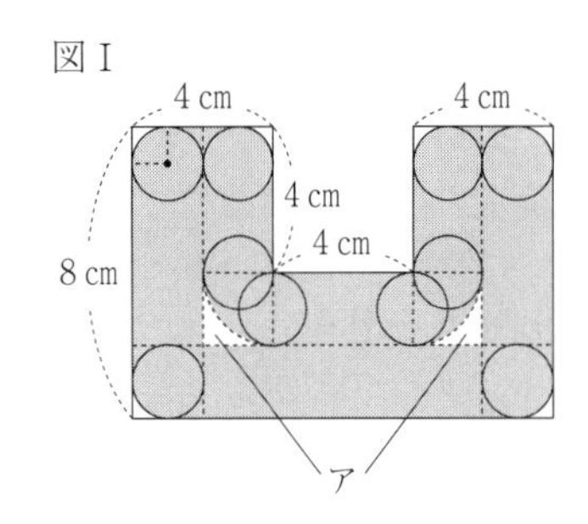

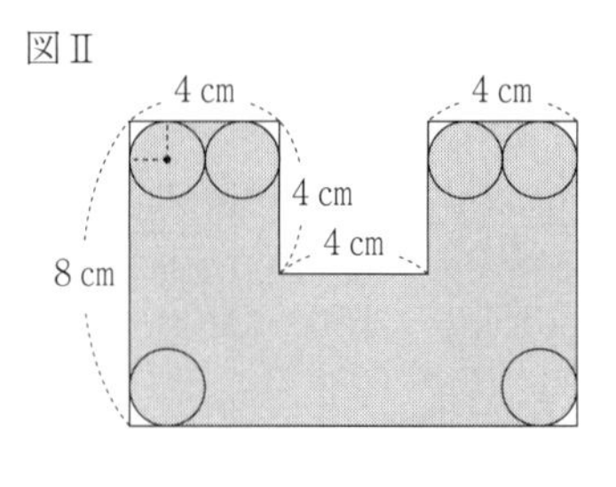

第43回

1 $\frac{1}{2}$　2 0　3 5　4 2000　5 □□▨▨▨▨□　6 44　7 ア．15　イ．30　8 9 (cm²)
9 8 (cm)　10 152

解　説

1 与式 $= \frac{3 \times 5 \times 4}{8 \times 3 \times 5} = \frac{1}{2}$

2 与式 $= 31 \times 2 \times 4 + 31 \times 7 - 31 \times 3 \times 4 - 31 \times 0.1 \times 30 = 31 \times 8 + 31 \times 7 - 31 \times 12 - 31 \times 3 = 31 \times (8 + 7 - 12 - 3) = 31 \times 0 = 0$

3 $8 - (\square + 3) \div 4 = 18 \div 3 = 6$ より，$(\square + 3) \div 4 = 8 - 6 = 2$ だから，$\square + 3 = 2 \times 4 = 8$　よって，$\square = 8 - 3 = 5$

4 $1\,\mathrm{km}^2 = 1000000\mathrm{m}^2$ より，$0.03\mathrm{km}^2$ は，$0.03 \times 1000000 = 30000\,(\mathrm{m}^2)$ なので，その $\frac{1}{240}$ は，$30000 \times \frac{1}{240} = 125\,(\mathrm{m}^2)$　これが625倍になる面積は，$125 \div 625 = 0.2\,(\mathrm{m}^2)$ で，$1\,\mathrm{m}^2 = 10000\mathrm{cm}^2$ より，これは，$0.2 \times 10000 = 2000\,(\mathrm{cm}^2)$

5 二進数の規則にしたがって数が表されている。これより，左から6個目の正方形は，$16 \times 2 = 32$ を表す。よって，$4 + 8 + 16 + 32 = 60$ より，右図のように，左から3個目，4個目，5個目，6個目の正方形に色をつければよい。 □□▨▨▨▨□

6 6年生が卒業する前の男子の人数は，$600 \times \frac{8}{8 + 7} = 320$ (人) だから，卒業した男子の人数は，$320 - 264 = 56$ (人)　よって，卒業した女子の人数は，$100 - 56 = 44$ (人)

7 3％の食塩水50gにとけている食塩は，$50 \times 0.03 = 1.5$ (g) なので，水を入れる前の5％の食塩水は，$1.5 \div 0.05 = 30$ (g)　ここで，4％の食塩水30gにとけている食塩は，$30 \times 0.04 = 1.2$ (g) で，5％の食塩水30gとけている食塩とは，$1.5 - 1.2 = 0.3$ (g) ちがう。4％の食塩が6％の食塩水に1gかわるごとに，とけている食塩は，$1 \times 0.06 - 1 \times 0.04 = 0.02$ (g) 増えるので，6％の食塩水は，$0.3 \div 0.02 = 15$ (g)

8 右図のように点AからGをとると，FG：AB = CG：CB = 1：3 より，$\mathrm{FG} = 6 \times \frac{1}{3} = 2$ (cm)　同じように，DE：AB = CE：CB = 2：3 より，$\mathrm{DE} = 6 \times \frac{2}{3} = 4$ (cm)　また，HE：AB = GE：GB = 1：2 より，$\mathrm{HE} = 6 \times \frac{1}{2} = 3$ (cm) なので，$\mathrm{DH} = 4 - 3 = 1$ (cm)　よって，台形DHGFの面積は，$(1 + 2) \times 6 \div 2 = 9\,(\mathrm{cm}^2)$

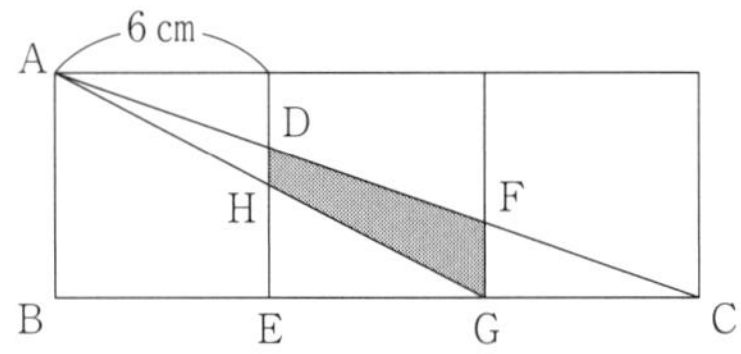

9 この円すいの展開図で，側面のおうぎ形の曲線部分の長さは，$20 \times 2 \times 3.14 \times \frac{144}{360} = 16 \times 3.14$（cm）　これは底面の円の円周の長さでもあるので，底面の円の半径の長さは，$16 \times 3.14 \div 3.14 \div 2 = 8$（cm）

10 右図のように，EA，HP，FQ をのばしたとき，1 点で交わる。この点を R とすると，PA と HE が平行より，三角形 RPA は三角形 RHE の縮図となるから，RA：RE = PA：HE = 4：6 = 2：3 で，$\mathrm{RE} = 12 \times \frac{3}{3-2} = 36$（cm）より，$\mathrm{RA} = 36 - 12 = 24$（cm）　よって，三角すい R—EFH の体積は，$6 \times 6 \div 2 \times 36 \div 3 = 216$（$\mathrm{cm}^3$）で，三角すい R—AQP の体積は，$4 \times 4 \div 2 \times 24 \div 3 = 64$（$\mathrm{cm}^3$）なので，求める立体の体積は，$216 - 64 = 152$（$\mathrm{cm}^3$）

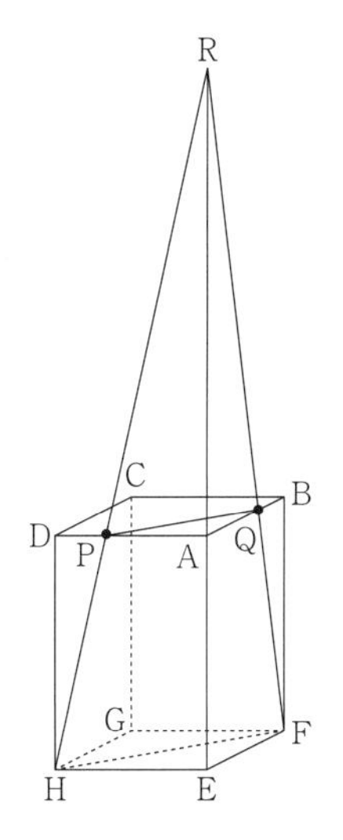

第44回

1 $\frac{3}{8}$　2 8.08　3 $\frac{1}{2}$　4 0.04　5（順に）3，4，0，2　6 63　7 120　8 20（cm^2）　9 60（cm^3）
10 120

解　説

1 与式 $= \frac{3}{10} \times \frac{5}{3} \times \frac{3}{4} = \frac{3}{8}$

2 与式 $= 20.2 \times 0.8 - 20.2 \times 0.01 \times 16 - 20.2 \times 0.2 \times 1.2 = 20.2 \times 0.8 - 20.2 \times 0.16 - 20.2 \times 0.24 = 20.2 \times (0.8 - 0.16 - 0.24) = 20.2 \times 0.4 = 8.08$

3 $\left(3\frac{1}{5} - \frac{1}{5}\right) \div \square - 5 = 5 \div 5 = 1$ より，$3 \div \square = 1 + 5 = 6$　よって，$\square = 3 \div 6 = \frac{1}{2}$

4 与式 $= 32000\mathrm{m}^2 + 5800\mathrm{m}^2 + 2200\mathrm{m}^2 = 40000\mathrm{m}^2 = 0.04\mathrm{km}^2$

5 $794 \div (6 \times 6 \times 6) = 3$ 余り 146，$146 \div (6 \times 6) = 4$ 余り 2，$2 \div 6 = 0$ 余り 2 より，794 は，$(6 \times 6 \times 6)$を 3 個と(6×6)を 4 個と 6 を 0 個と 2 を合わせた数。よって，$794 = 3 \times 6 \times 6 \times 6 + 4 \times 6 \times 6 + 0 \times 6 + 2$

6 三郎君は太朗君の，$\frac{4}{5} \times \frac{3}{7} = \frac{12}{35}$ より，$7 \times \frac{3}{7} = 3$（枚）多いから，太朗君の枚数は，$(385 - 7 - 3) \div \left(1 + \frac{4}{5} + \frac{12}{35}\right) = 175$（枚）　よって，三郎君の枚数は，$175 \times \frac{12}{35} + 3 = 63$（枚）

7 10％の濃さの食塩水 300g の中に食塩は，$300 \times \frac{10}{100} = 30$（g）あり，水と入れかえた後の，6％の濃さの食塩水 300g の中に食塩は，$300 \times \frac{6}{100} = 18$（g）あるので，$30 - 18 = 12$（g）の食塩が取り出された。よって，取り出した食塩水は，$300 \times \frac{12}{30} = 120$（g）

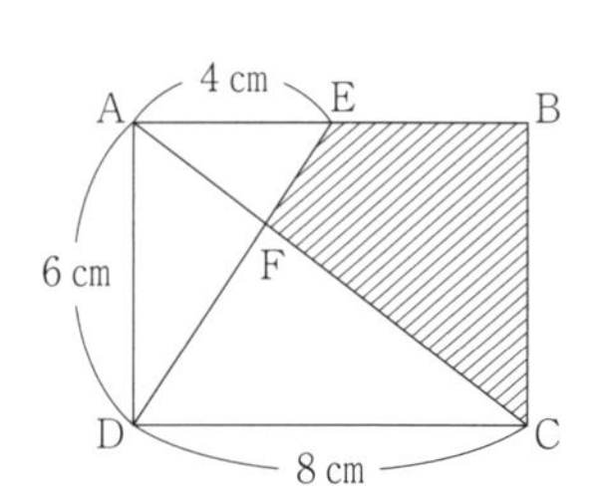

8 右図で，三角形AEFと三角形CDFは拡大・縮小の関係で，AE：CD ＝ EF：DF ＝ 4：8 ＝ 1：2　よって，三角形AEF ＝三角形ADE × $\frac{1}{1+2}$ ＝ 4 × 6 ÷ 2 × $\frac{1}{3}$ ＝ 4（cm^2）　斜線部分の面積は，三角形ABCから三角形AEFをひけばよいので，8 × 6 ÷ 2 － 4 ＝ 20（cm^2）

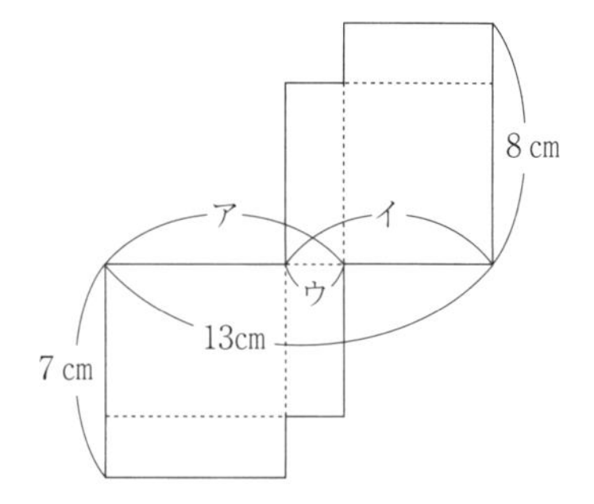

9 右図のアの長さは8 cm，イの長さは7 cmなので，ウの長さは，8 ＋ 7 － 13 ＝ 2（cm）　したがって，たてが，8 － 2 ＝ 6（cm），横が，7 － 2 ＝ 5（cm），高さが2 cmの直方体の体積を求めることになる。よって，6 × 5 × 2 ＝ 60（cm^3）

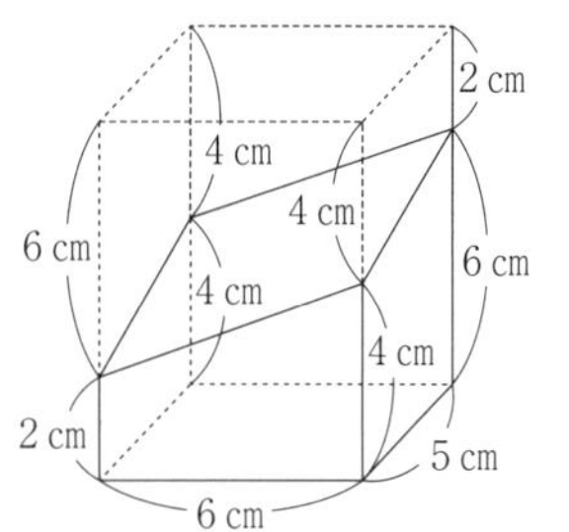

10 同じ立体をもう1つ組み合わせると，右図のような，たてが5 cm，横が6 cm，高さが8 cmの直方体ができる。よって，求める体積は，5 × 6 × 8 ÷ 2 ＝ 120（cm^3）

第45回

1 $\frac{4}{15}$　2 673　3 $\frac{30}{7}$　4 540（cm^3）　5 59（番目）　6 26　7 240（g）　8 $\frac{13}{3}cm^2$　9 42（cm^3）
10 164（cm^3）

解　説

1 与式＝ $\frac{7}{12}$ ÷ $\frac{21}{8}$ × $\frac{6}{5}$ ＝ $\frac{4}{15}$

2 与式＝ 2019 × $\frac{1}{15}$ ＋ 2019 × $\frac{1}{10}$ ＋ 2019 × $\frac{1}{2}$ × $\frac{1}{3}$ ＝ 2019 × $\left(\frac{1}{15}+\frac{1}{10}+\frac{1}{6}\right)$ ＝ 2019 × $\frac{1}{3}$ ＝ 673

3 2 ÷ $\left(\square - 2 \div \frac{7}{12}\right)$ ＝ $\frac{11}{4}$ － $\frac{5}{12}$ ＝ $\frac{7}{3}$ より，$\square$ － $\frac{24}{7}$ ＝ 2 ÷ $\frac{7}{3}$ ＝ $\frac{6}{7}$　よって，$\square$ ＝ $\frac{6}{7}$ ＋ $\frac{24}{7}$ ＝ $\frac{30}{7}$

4 2.5合は，2.5 × 0.18 ＝ 0.45（L）で，1 L ＝ 1000cm^3 より，これは，0.45 × 1000 ＝ 450（cm^3）　よって，入れる水の量は，450 × 1.2 ＝ 540（cm^3）

5 3 × 3 × 3 × 2 ＋ 3 × 3 × 0 ＋ 3 × 1 ＋ 1 × 2 ＝ 59（番目）

6 Bの長さを②cmとすると，Aの長さは，②× 2 ＝④(cm)　AとBの長さの平均は，(②＋④) ÷ 2 ＝③(cm)なので，Cの長さは，(③＋ 8) cm。また，Cの長さは(②＋ 14) cmでもあるので，③－②＝①(cm)にあたる長さが，14 － 8 ＝ 6（cm）　よって，Cの長さは，6 × 3 ＋ 8 ＝ 26（cm）

7 はじめ，Aの食塩水にふくまれる食塩は，300 × 0.05 ＝ 15（g），Bの食塩水にふくまれる食塩は，200 × 0.16 ＝ 32（g）　また，最後にAの食塩水にふくまれる食塩は，300 × 0.09 ＝ 27（g）　これより，最後にB

の食塩水にふくまれる食塩の量は，$(15 + 32) - 27 = 20$ (g)で，Bの食塩水の濃度は，Aから何gか移したときに，$20 \div 200 \times 100 = 10$ (%)になったことがわかる。ここで，Aの食塩水にふくまれる食塩の量は，AからBに移すときに，移した食塩水1gあたりで0.05gずつ減り，BからAに戻すときに，戻した食塩水1gあたりで0.1gずつ増えると考えることができる。よって，Aの食塩水にふくまれる食塩の量が，$27 - 15 = 12$ (g)増えたことから，食塩水を，$12 \div (0.1 - 0.05) = 240$ (g)移したことになる。

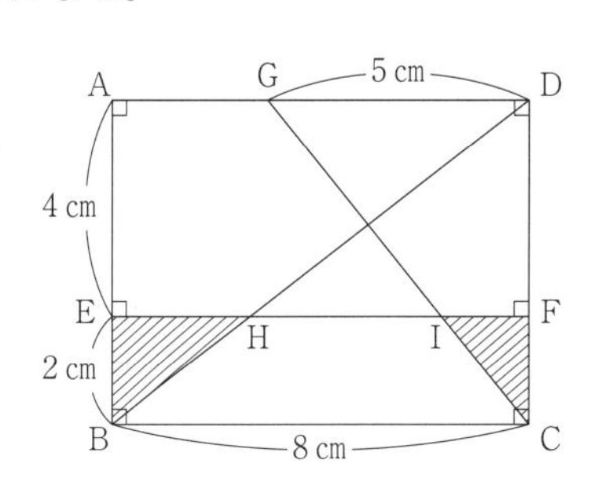

[8] 右図の三角形EBHは三角形ABDを縮小した三角形で，EH：AD = EB：AB = 2：(4 + 2) = 1：3より，$EH = 8 \times \frac{1}{3} = \frac{8}{3}$ (cm)　三角形ICFは三角形GCDを縮小した三角形で，IF：GD = FC：DC = 1：3より，$IF = 5 \times \frac{1}{3} = \frac{5}{3}$ (cm)　よって，斜線部分の面積の合計は，$\frac{8}{3} \times 2 \div 2 + \frac{5}{3} \times 2 \div 2 = \frac{13}{3}$ (cm^2)

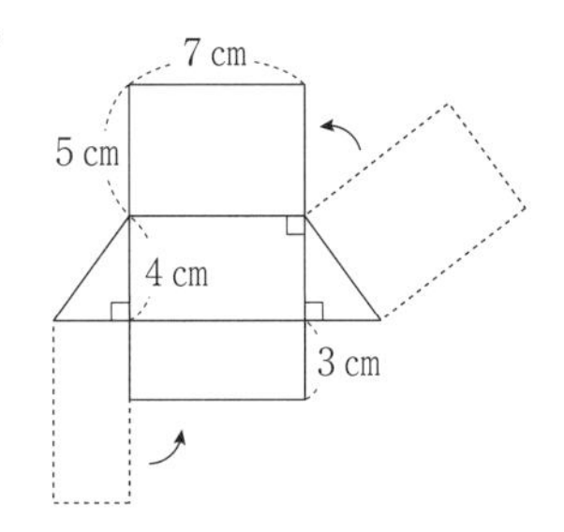

[9] 右図のように，2つの面を回転させると，この立体が底面が直角三角形の三角柱であることがわかる。よって，底面積は，$3 \times 4 \div 2 = 6$ (cm^2)なので，体積は，$6 \times 7 = 42$ (cm^3)

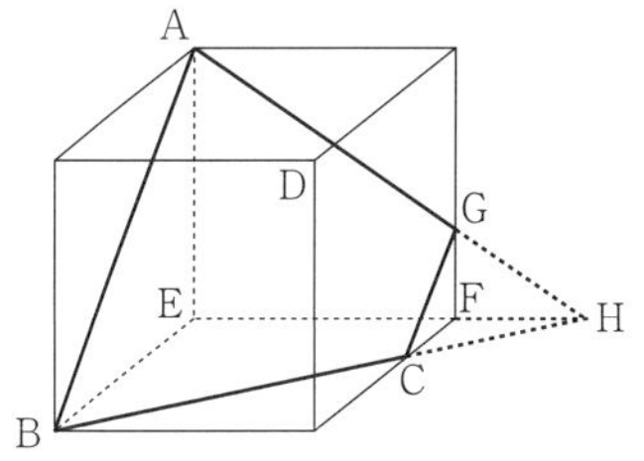

[10] 切り口は，右図の太線のようになる。直線AGと直線EFと直線BCは1点で交わり，この点をHとすると，点Dを含まない方の立体は，三角すいH―ABEから三角すいH―GCFを取り除いたものとわかる。三角形HCFは三角形HBEの縮図で，HF：HE = CF：BE = 2：6 = 1：3だから，HF：FE = 1：(3 − 1) = 1：2　これより，$HF = 6 \times \frac{1}{2} = 3$ (cm)　また，三角形HGFは三角形HAEの縮図で，GF：AE = HF：HE = 1：3だから，$GF = 6 \times \frac{1}{3} = 2$ (cm)　よって，点Dを含まない方の立体の体積は，$6 \times 6 \div 2 \times (6 + 3) \div 3 - 2 \times 2 \div 2 \times 3 \div 3 = 52$ (cm^3)　立方体の体積は，$6 \times 6 \times 6 = 216$ (cm^3)だから，点Dを含む方の立体の体積は，$216 - 52 = 164$ (cm^3)

第46回

[1] $\frac{77}{60}$　[2] 12.2　[3] $\frac{5}{7}$　[4] 1.2　[5] 420 (ページ)　[6] 320　[7] 715 (円)　[8] 35 (度)　[9] 108 (cm^3)
[10] 29 (cm^3)

解説

[1] 与式 $= \frac{1}{2} + 2 \times \frac{1}{6} + 3 \times \frac{1}{12} + 4 \times \frac{1}{20} = \frac{1}{2} + \frac{1}{3} + \frac{1}{4} + \frac{1}{5} = \frac{30 + 20 + 15 + 12}{60} = \frac{77}{60}$

[2] 与式 $= 12.2 \times 2 \times 0.6 - 12.2 \times 0.89 + 2.3 \times 12.2 \times 0.3 = 12.2 \times (1.2 - 0.89 + 0.69) = 12.2 \times 1 = 12.2$

[3] $9.6 \times \frac{3}{8} = \frac{48}{5} \times \frac{3}{8} = \frac{18}{5}$ だから，$7\frac{1}{2} - (3.3 + 2 \div \square) = 5 - \frac{18}{5} = \frac{7}{5}$ より，$3.3 + 2 \div \square = 7\frac{1}{2} - \frac{7}{5} = \frac{61}{10}$　よって，$2 \div \square = \frac{61}{10} - 3.3 = \frac{14}{5}$ より，$\square = 2 \div \frac{14}{5} = \frac{5}{7}$

[4] 与式 = 1.34L + 0.057L − 0.197L = 1.2L

[5] 1日目に読んだ後に残っていたのは，$30 \div \left(1 - \frac{5}{6}\right) = 180$（ページ）　よって，全部で，$180 \div \left(1 - \frac{4}{7}\right) =$ 420（ページ）

[6] 上りの速さは毎秒，5 − 3 = 2（m）で，下りの速さは毎秒，5 + 3 = 8（m）なので，上りと下りの速さの比は，2：8 = 1：4　同じきょりを進むのにかかる時間の比は，この逆比なので，$\frac{1}{1} : \frac{1}{4} = 4 : 1$　3分20秒 = 60秒 × 3 + 20秒 = 200秒より，この船がB地点からA地点まで下るのにかかる時間は，200 ÷（4 + 1）× 1 = 40（秒）なので，A地点からB地点までのきょりは，8 × 40 = 320（m）

[7] 弟の所持金は変わっていないので，弟の所持金の比の数を77にそろえると，13：7 = 143：77，17：11 = 119：77より，143 − 119 = 24が120円にあたる。よって，兄のはじめの所持金は，$120 \times \frac{143}{24} = 715$（円）

[8] 右図で，(い)の角の大きさは31°だから，(う)の角の大きさは，180° −（31° + 48°）= 101°　直線㋐と㋑は平行だから，(あ) + (え)の大きさは101°。三角形ABCは二等辺三角形だから，(え)の角の大きさは，（180° − 48°）÷ 2 = 66°　よって，(あ)の角の大きさは，101° − 66° = 35°

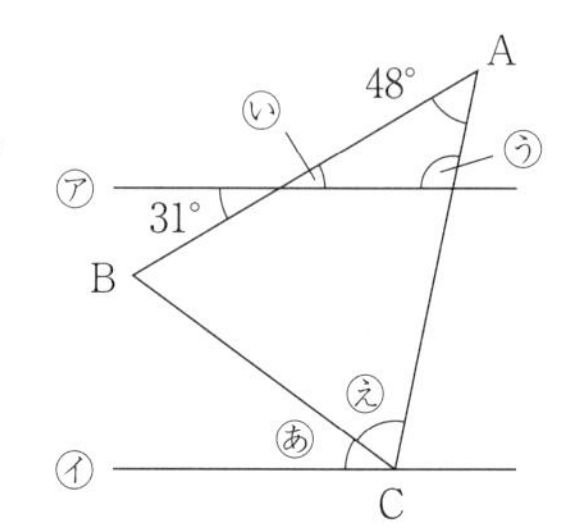

[9] この立体に切り分ける前の立方体を点線でかきこむと右図のようになる。6 − 3 = 3（cm）より，残った立体とこの切り取られた立体は形も大きさも同じ立体とわかる。よって，この立体の体積は，もとの立方体の体積の半分で，$6 \times 6 \times 6 \div 2 = 108$（$cm^3$）

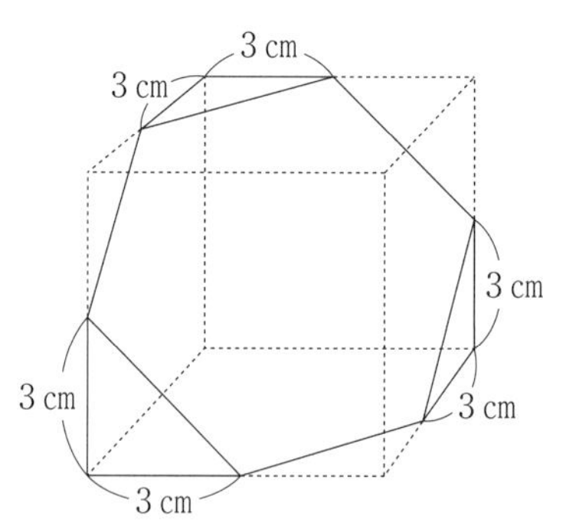

[10] 真上から見た図に，正面から見たとき，右横から見たときに見える積み木の個数を書くと，右図のようになるので，A～H以外の場所の積み木の個数はこの図のようになる。A～Hの積み木は1個か2個で，A・B・C，F・G・H，A・D・F，C・E・Hには少なくとも1か所ずつ2個の積み木があるので，できるだけ積み木の個数を少なくするには，A・H，または，C・Fに2個，他に1個の積み木を置けばよい。このとき，積み木が1個の場所が22か所，2個の場所が2か所，3個の場所が1か所になるので，積み木の個数は，1 × 22 + 2 × 2 + 3 = 29（個）　積み木は1辺が1cmの立方体で体積が1cm^3なので，できた立体の体積は29cm^3。

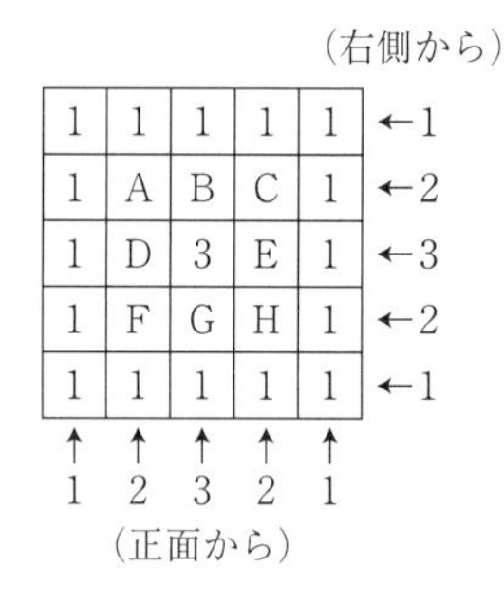

第47回

[1] $\frac{5}{14}$　[2] 34.54　[3] $\frac{1}{2}$　[4] ア．3　イ．37　[5] 160（cm）　[6] 11（分）15（秒後）　[7] 69（cm）
[8] 213.52（cm^2）　[9] 200.96（cm^3）　[10] 23

解説

1 与式 $=\left(\frac{9}{7}-\frac{3}{8}\right)\div\frac{3}{2}-\frac{1}{4}=\frac{51}{56}\times\frac{2}{3}-\frac{1}{4}=\frac{17}{28}-\frac{1}{4}=\frac{5}{14}$

2 与式 $=3.14\times6+3.14\times20\times\frac{3}{8}-3.14\times5\times\frac{1}{2}=3.14\times\left(6+\frac{15}{2}-\frac{5}{2}\right)=3.14\times11=34.54$

3 $29\frac{1}{6}\div\left(\boxed{}-\frac{1}{9}\right)-\frac{5}{8}=3\frac{1}{2}\times21\frac{1}{4}=\frac{7}{2}\times\frac{85}{4}=\frac{595}{8}$ より，$29\frac{1}{6}\div\left(\boxed{}-\frac{1}{9}\right)=\frac{595}{8}+\frac{5}{8}=75$ だから，$\boxed{}-\frac{1}{9}=29\frac{1}{6}\div75=\frac{175}{6}\times\frac{1}{75}=\frac{7}{18}$　よって，$\boxed{}=\frac{7}{18}+\frac{1}{9}=\frac{1}{2}$

4 午前9時45分＋5時間52分＝14時97分＝15時37分＝午後3時37分

5 水面から出ている部分は，Aでは棒の，100 − 80 = 20 (%)，Bでは棒の，100 − 65 = 35 (%)なので，棒の，35 − 20 = 15 (%)にあたる長さが30cm。よって，棒の長さは，30 ÷ 0.15 = 200 (cm)より，Aの深さは，200 × 0.8 = 160 (cm)

6 出発してから9分後，2人は，(40 − 16) × 9 = 216 (m)はなれている。その後2人は毎分，40 × 2 + 16 = 96 (m)ずつ近づくので，9 + 216 ÷ 96 = 11.25 (分後)にすれちがう。よって，0.25 × 60 = 15より，11分15秒後。

7 一番短いひもの，3 + 2 + 1 = 6 (倍)が，120 − 6 + 12 = 126 (cm)なので，その長さは，126 ÷ 6 = 21 (cm)　よって，求める長さは，21 × 3 + 6 = 69 (cm)

8 この立体の表面積は，4 × 4 × 3.14 × 2 + 2 × 2 × 3.14 × 2 + 3 × 2 × 3.14 × 2 + 4 × 2 × 3.14 × 2 = (32 + 8 + 12 + 16) × 3.14 = 68 × 3.14 = 213.52 (cm^2)

9 右図のように3点A，B，Cを決め，ABとℓが交わる点をD，Aからℓに垂直な線をひき，ℓと交わる点をE，Bからℓに垂直な線をひき，ℓと交わる点をFとする。できる立体は，三角形ACDを直線ℓのまわりに1回転させてできる立体と同じで，この三角形ACDを直線ℓのまわりに1回転させてできる立体は，三角形ACEを直線ℓのまわりに1回転させてできる立体から，三角形ADEを直線ℓのまわりに1回転させてできる立体をとりのぞいた形になる。三角形ACEは三角形BCFの拡大図で，AE：BF = AC：BCとなるから，AE：3 = 10：5より，AE = 6 (cm)

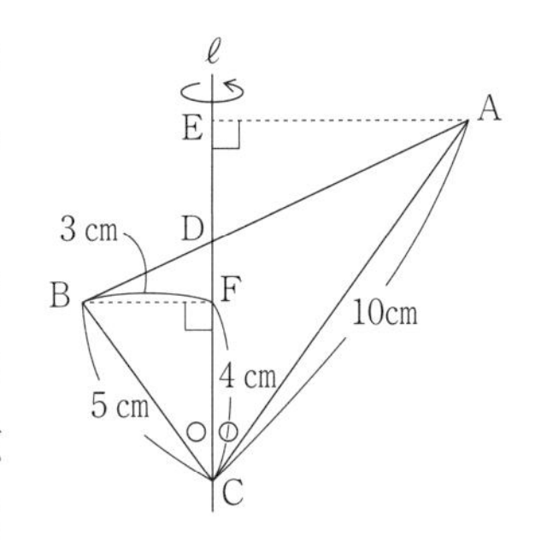

CE：CF = 2：1より，CE：4 = 2：1だから，CE = 8 (cm)　よって，EF = 8 − 4 = 4 (cm)　また，三角形AEDは三角形BFDの拡大図で，ED：FD = AE：BF = 6：3 = 2：1　よって，ED $=4\times\frac{2}{2+1}=\frac{8}{3}$ (cm)　以上より，求める立体の体積は，$6\times6\times3.14\times8\div3-6\times6\times3.14\times\frac{8}{3}\div3=200.96$ (cm^3)

10 図2のようにサイコロを積むとき，隠れている面は，下の3個のサイコロでは，向かい合う面が1組ずつ，一番上のサイコロでは，5と向かいあう面になる。図1より，サイコロの向かい合う面の数の和は7なので，一番上のサイコロの隠れている面の数は，7 − 5 = 2　残り3個のサイコロの隠れている面の数の和は，7 × 3 = 21　よって，求める数の和は，21 + 2 = 23

第48回

1 7　2 4.44　3 $\frac{9}{10}$　4 10　5 1750 (m)　6 ア．23　イ．32　7 80　8 204 (m^2)
9 452.16 (cm^2)　10 280 (cm^3)

解　説

1 与式 $= 36 \div \left(\frac{3}{7} \div \frac{7}{6}\right) \times \frac{1}{14} = 36 \div \frac{18}{49} \times \frac{1}{14} = 36 \times \frac{49}{18} \times \frac{1}{14} = 7$

2 与式 $= 0.4 \times 2 \times 3.7 \times 3 - 3.7 \times 1.8 + 2.22 = 3.7 \times 2.4 - 3.7 \times 1.8 + 2.22 = 3.7 \times (2.4 - 1.8) + 2.22 = 3.7 \times 0.6 + 2.22 = 2.22 + 2.22 = 4.44$

3 $\frac{1}{2} \div \left(\square \times \frac{5}{3} - \frac{3}{8}\right) = \frac{4}{3} - \frac{8}{9} = \frac{4}{9}$ より，$\square \times \frac{5}{3} - \frac{3}{8} = \frac{1}{2} \div \frac{4}{9} = \frac{9}{8}$ だから，$\square \times \frac{5}{3} = \frac{9}{8} + \frac{3}{8} = \frac{3}{2}$　よって，$\square = \frac{3}{2} \div \frac{5}{3} = \frac{9}{10}$

4 4年ごとにうるう年になるので，$1 + (2052 - 2016) \div 4 = 10$（回）

5 分速70mの速さで分速50mのときと同じ時間歩くと，$70 \times 10 = 700$（m）長く歩くので，分速50mの速さで歩いた時間は，$700 \div (70 - 50) = 35$（分）　よって，求める距離は，$50 \times 35 = 1750$（m）

6 1箱8個入りのおまんじゅう1個あたりの値段は，$800 \div 8 = 100$（円）　1箱12個入りのおまんじゅう1個あたりの値段は，$1080 \div 12 = 90$（円）　100円のおまんじゅう568個の合計金額は，$100 \times 568 = 56800$（円）　よって，90円のおまんじゅうは，$(56800 - 52960) \div (100 - 90) = 384$（個）売れたから，1箱12個入りのおまんじゅうは，$384 \div 12 = 32$（箱）　したがって，1箱8個入りのおまんじゅうは，$(568 - 384) \div 8 = 23$（箱）

7 左にもう1列あったとすると，その列のマス1個が表す数は，$27 \times 3 = 81$　実際にはこの列はないので，これより1小さい，$81 - 1 = 80$ まで表すことができる。

8 かげをつけた部分を1か所に集めると，たて，$3 + 9 = 12$（m），横，$18 - 1 = 17$（m）の長方形になる。よって，その面積は，$12 \times 17 = 204$（m^2）

9 円すいの側面が通った部分は問題の図のOを中心とする点線の円になる。円すいが転がってできた円の周の長さは，$3 \times 2 \times 3.14 \times 4 = 24 \times 3.14$（cm）　これより，円すいが転がってできた円の半径は，$24 \times 3.14 \div 3.14 \div 2 = 12$（cm）　よって，求める面積は，$12 \times 12 \times 3.14 = 452.16$（$cm^2$）

10 右図のように，上から三角すい，四角すい，三角柱に分けることができる。それぞれの体積の和は，$(2 \times 8 \div 2) \times 10 \times \frac{1}{3} + 5 \times 8 \times 10 \times \frac{1}{3} + 8 \times 10 \div 2 \times 3 = \frac{80}{3} + \frac{400}{3} + 120 = 280$（$cm^3$）

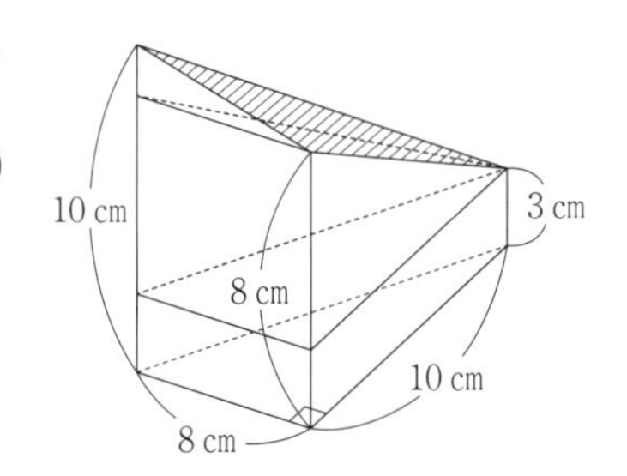

第49回

1 $\frac{11}{10}$　2 6.28　3 $\frac{7}{6}$　4 金（曜日）　5 72　6 200　7 15（人）　8 140（度）　9 26（cm^2）　10 5.72（秒後）

解　説

1 与式 $= \frac{9}{5} - \left(\frac{18}{5} - \frac{5}{2}\right) \times \frac{7}{11} = \frac{9}{5} - \frac{11}{10} \times \frac{7}{11} = \frac{9}{5} - \frac{7}{10} = \frac{11}{10}$

2 与式 $= 3.14 \times 0.1 \times 25 - 3.14 \times 0.9 + 3.14 \times 20 \times 0.02 = 3.14 \times 2.5 - 3.14 \times 0.9 + 3.14 \times 0.4 = 3.14 \times (2.5 - 0.9 + 0.4) = 3.14 \times 2 = 6.28$

3 $1\frac{1}{2} + \square \times 2\frac{2}{7} = \frac{15}{22} \times \frac{55}{9} = \frac{25}{6}$ より，$\square \times 2\frac{2}{7} = \frac{25}{6} - 1\frac{1}{2} = \frac{25}{6} - \frac{9}{6} = \frac{8}{3}$　よって，

$\boxed{} = \frac{8}{3} \div 2\frac{2}{7} = \frac{8}{3} \times \frac{7}{16} = \frac{7}{6}$

④ 30 + 29 + 31 + 30 + 31 + 30 + 24 = 205（日後）より，205 ÷ 7 = 29 あまり 2　よって，木曜日から始まる 1 週間が 29 回終えた後の 2 日後なので，金曜日。

⑤ 各部屋すべてに 4 人ずつ入れた場合と 7 人ずつ入れた場合の人数の差は，7 × 7 +（7 − 4）= 52（人以上），7 × 7 +（7 − 1）= 55（人以下）　1 部屋に入れる人数の差は，7 − 4 = 3（人）なので，人数の差も 3 の倍数になり，52 以上 55 以下であてはまるのは 54。よって，部屋数は，54 ÷ 3 = 18（部屋）で，人数は，4 × 18 = 72（人）

⑥ 余ったリボンの長さは，$12 \div \frac{1}{5} = 60$（cm）　これが 20cm 切り取ったあとの長さの，$1 - \frac{2}{3} = \frac{1}{3}$ にあたるので，20cm 切り取ったあとの長さは，$60 \div \frac{1}{3} = 180$（cm）　よって，20 + 180 = 200（cm）

⑦ 1 人の作業員が 1 日にする仕事を 1 とすると，この仕事の全体量は，15 × 12 = 180　これを 30 日で終わらせるための人数は，180 ÷ 30 = 6（人）　6 人で 16 日間にする仕事は，6 × 16 = 96 で，残りの仕事は，180 − 96 = 84　これを 4 日間でするために必要な人数は，84 ÷ 4 = 21（人）なので，増やす作業員の人数は，21 − 6 = 15（人）

⑧ 右図のように直線を延長すると，角イの大きさは 150° なので，角ウの大きさは，180° − 150° = 30°　平行線と角の性質より，角エの大きさは 30° で，角オの大きさは，70° − 30° = 40°　よって，角カの大きさは 40° より，角アの大きさは，180° − 40° = 140°

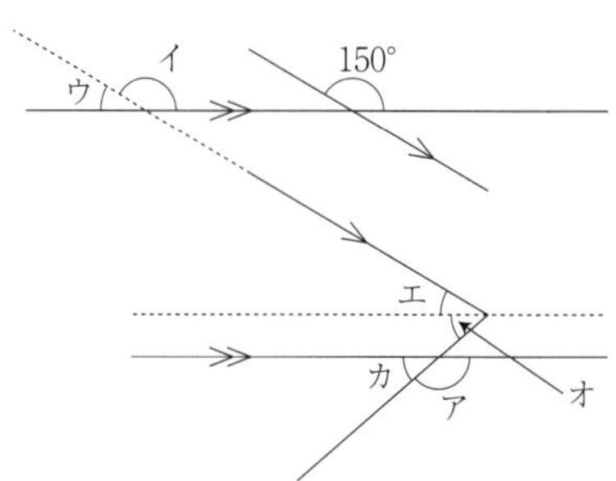

⑨ 右図のように，3 つの三角形 ABE，AEC，EBC に分けると，三角形 ABE は直角をはさむ 2 辺の長さが 4 cm の直角二等辺三角形。三角形 AEC は底辺を AE = 4 cm とすると，高さは DE の長さと等しくなり，6 − 3 = 3（cm）　三角形 EBC は底辺を EB = 4 cm とすると，高さは CD と等しくなり 6 cm。よって，求める面積は，4 × 4 ÷ 2 + 4 × 3 ÷ 2 + 4 × 6 ÷ 2 = 26（cm^2）

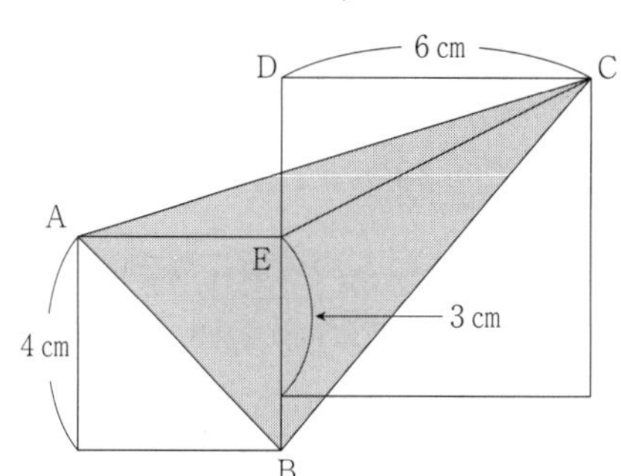

⑩ 色のついた部分と斜線部分の面積が等しいとき，おうぎ形 BAE と台形 PBCD の面積は等しい。おうぎ形 BAE の面積は，$4 \times 4 \times 3.14 \times \frac{90}{360} = 12.56$（$cm^2$）なので，PD の長さを $\boxed{}$ cm とすると，（$\boxed{}$ + 6）× 4 ÷ 2 = 12.56 より，$\boxed{}$ = 12.56 × 2 ÷ 4 − 6 = 0.28（cm）　よって，このときまでに点 P は，6 − 0.28 = 5.72（cm）進んでいるので，出発してから，5.72 ÷ 1 = 5.72（秒後）

第50回

① 5　② 930　③ 9　④ 20000　⑤ 27　⑥ 2500（円）　⑦ A. 3600（円）　B. 5400（円）
⑧ 12600（cm^3）　⑨ 109（度）　⑩ 1

解　説

① 与式 = $\left(5 - 3 \div \frac{27}{40}\right) \times 9 = \left(5 - \frac{40}{9}\right) \times 9 = 45 - 40 = 5$

[2] 与式$= 31 \times 100 \times 0.125 + 31 \times 5 \times 2 + 31 \times 0.2 \times 35 + 31 \times 0.01 \times 50 = 31 \times 12.5 + 31 \times 10 + 31 \times 7 + 31 \times 0.5 = 31 \times (12.5 + 10 + 7 + 0.5) = 31 \times 30 = 930$

[3] $6 \times \frac{36}{5} \times \frac{15}{2} \div \frac{18}{5} \div \square = 10$ より，$90 \div \square = 10$　よって，$\square = 90 \div 10 = 9$

[4] $1\,\mathrm{km}^3 = 1000000000\mathrm{m}^3$ より，びわ湖の水量は東京ドームの，$25 \times 1000000000 \div 1250000 = 20000$（杯分）

[5] $6 - 3 = 3$，$11 - 6 = 5$，$18 - 11 = 7$，…より，差が2ずつ大きくなっているので，$\square = 18 + (7 + 2) = 27$

[6] 本の値段を①円とすると，花束の値段は(②＋300)円と表される。2人が出した金額の差は，$1400 \times 2 = 2800$（円）で，これが，②＋300－①＝①＋300（円）にあたる金額なので，①円にあたる本の値段は，$2800 - 300 = 2500$（円）

[7] Aの金額をすべて2倍して考えると，最初の所持金は，A：B＝(2×2)：3＝4：3で，Aの買い物後の所持金は，$3000 \times 2 = 6000$（円）　このとき，2人が使った金額は等しいので，$6000 - 4200 = 1800$（円）が比の，$4 - 3 = 1$にあたる。よって，実際のAの最初の所持金は，$1800 \times 2 = 3600$（円）で，Bの最初の所持金は，$1800 \times 3 = 5400$（円）

[8] 右図のように左，中，右の3つの直方体に分けると，立体の体積は，$30 \times 9 \times 20 + (30 - 10) \times 9 \times 20 + 12 \times 15 \times 20 = 12600$（$\mathrm{cm}^3$）

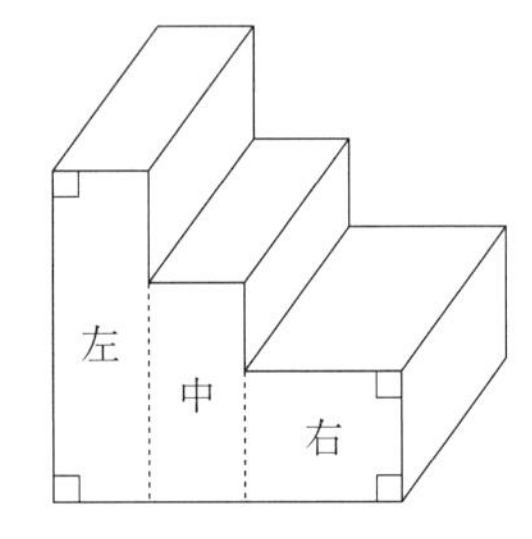

[9] 右図で，角イの大きさは，$90° - 52° = 38°$　折り返しているので，角ウと角エは大きさが等しく，また，ADとBCが平行だから，角エと角オは大きさが等しい。よって，角ウと角オは大きさが等しいので，角オの大きさは，$(180° - 38°) \div 2 = 71°$　よって，角アの大きさは，$180° - 71° = 109°$

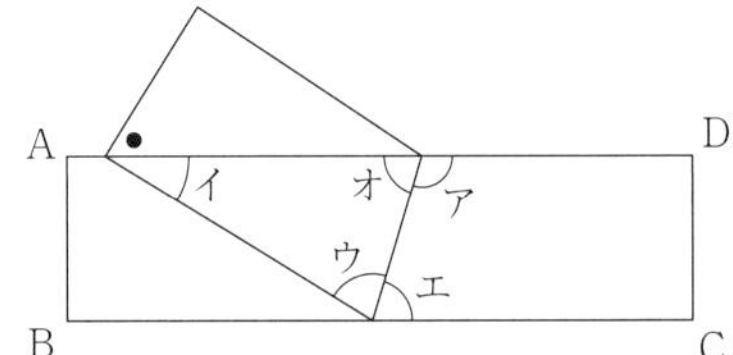

[10] さいころの5つの面の数を次図Ⅰのように表すとし，問題の図1より，1の目を上にすると側面の4つの面の目は時計回りに4，2，3，5と並ぶことに注意して，各位置のさいころの目の数をわかるところから順に，次図Ⅱのように書いていく。まず，左上前のさいころの目は1と3の目の位置から決まる。次に，右上前のさいころの目は，左上前の2の目と接する面に5がくるので，これと6の目の位置から決まる。さらに，左下前のさいころの目は，左上前の6の目と接する面に1がくるので，これと4の目の位置から決まる。すると，右下前のさいころの目の2，3，5の位置がわかる。㋐の面を上にしたとき，側面は時計回りに2，3，5，4と並ぶので，㋐の面の目の数は1。

図Ⅰ

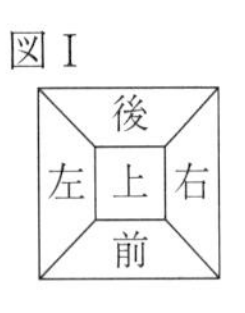

図Ⅱ

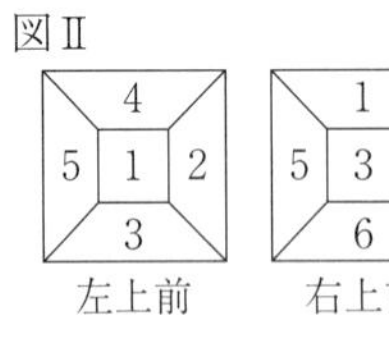

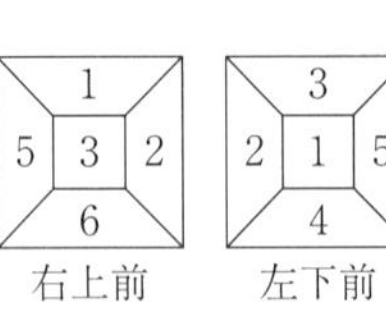

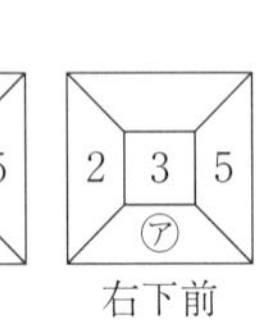

第51回

1 $\frac{1}{5}$　2 48　3 $\frac{5}{3}$　4 44（%）　5 2500（円）　6 10（日）　7 2250（円）　8 113.04（cm^3）
9 32（cm^2）　10 880（cm^3）

解　説

1 与式 $= \frac{38}{45} \div \frac{19}{36} \times \frac{1}{8} = \frac{8}{5} \times \frac{1}{8} = \frac{1}{5}$

2 与式 $= 4.8 \times 2 \times 3.4 - 0.4 \times 8 \times 0.6 + 4.8 \times 3.6 = 4.8 \times (6.8 - 0.4 + 3.6) = 4.8 \times 10 = 48$

3 $\square \times \frac{2}{3} - \frac{2}{3} = \frac{2}{3} \times \frac{2}{3} = \frac{4}{9}$ より，$\square \times \frac{2}{3} = \frac{4}{9} + \frac{2}{3} = \frac{10}{9}$ だから，$\square = \frac{10}{9} \div \frac{2}{3} = \frac{5}{3}$

4 1辺の長さが，$1 + 0.2 = 1.2$（倍）になるので，面積は，$1.2 \times 1.2 = 1.44$（倍）になる。よって，面積は，$(1.44 - 1) \times 100 = 44$（%）増しになる。

5 仕入れ値を1とすると，定価は，$1 \times (1 + 0.2) = 1.2$ と表せるので，定価の30%引きの値段は，$1.2 \times (1 - 0.3) = 0.84$　したがって，定価で売ると1個につき，$1.2 - 1 = 0.2$ の利益があり，定価の30%引きで売ると，$1 - 0.84 = 0.16$ の損をする。よって，$0.2 \times (200 - 50) - 0.16 \times 50 = 22$ が55000円にあたるので，仕入れ値は，$55000 \div 22 = 2500$（円）

6 仕事全体を1とすると，$5 + 2 = 7$（日間）でした仕事の量は，$\frac{1}{12} \times 5 + \frac{1}{15} \times 2 = \frac{33}{60}$ なので，残りを2人で仕上げるのにかかる日数は，$\left(1 - \frac{33}{60}\right) \div \left(\frac{1}{12} + \frac{1}{15}\right) = 3$（日）　よって，$7 + 3 = 10$（日）

7 本を1冊買った後のお兄さんと啓くんの残金の比が2：1で，さらにもう1冊本を買うのに2人が払ったお金の比も2：1だから，最後の残金の比も2：1になる。よって，啓くんの最後の残金は，$500 \times \frac{1}{2 - 1} = 500$（円）　したがって，本を1冊買うのに啓くんが払ったお金は，$(2000 - 500) \div 2 = 750$（円）　よって，本の値段は，$750 \times (2 + 1) = 2250$（円）

8 同じ立体をもう1つ組み合わせると，底面の円の半径が3cm，高さが，$5 + 3 = 8$（cm）の円柱ができる。よって，$3 \times 3 \times 3.14 \times 8 \div 2 = 113.04$（$cm^3$）

9 上下から見るとそれぞれ正方形が4個見える。また，左右から見るとそれぞれ3個の正方形，前後から見るとそれぞれ9個の正方形が見える。よって，$(4 + 3 + 9) \times 2 \times 1 = 32$（$cm^2$）

10 この立体は，底面が八角形の八角柱。この八角柱は，底面積が，$6 \times 10 + 2 \times (6 + 2) + 2 \times 6 = 88$（$cm^2$）で，高さが10cmなので，体積は，$88 \times 10 = 880$（$cm^3$）

第52回

1 $\frac{4}{5}$　2 93　3 3　4 480　5 295（円）　6 120　7 330（m）　8 265（cm^3）　9 197（cm^3）
10 61.4（cm）

解　説

1 与式 $= \frac{5}{3} - \left(\frac{3}{2} + \frac{11}{4} \times \frac{2}{11}\right) \times \frac{13}{30} = \frac{5}{3} - 2 \times \frac{13}{30} = \frac{5}{3} - \frac{13}{15} = \frac{4}{5}$

2 与式 $= (101 \times 99 - 102 \times 98) \times 31 = (9999 - 9996) \times 31 = 3 \times 31 = 93$

③ $2 \div 3 + \left(4 \div \frac{5}{\boxed{}}\right) = 1 \div \frac{15}{46} = \frac{46}{15}$ より，$4 \div \frac{5}{\boxed{}} = \frac{46}{15} - \frac{2}{3} = \frac{12}{5}$　よって，$\frac{5}{\boxed{}} = 4 \div \frac{12}{5} = 4 \times \frac{5}{12} = \frac{5}{3}$ より，$\boxed{} = 3$

④ 10 分とも歩くと進む道のりは，$60 \times 10 = 600$ (m) で，家から学校までの道のりより，$900 - 600 = 300$ (m) 短い。歩くかわりに走る時間が 1 分あるごとに進む道のりは，$160 - 60 = 100$ (m) 長くなるので，走る時間は，$300 \div 100 = 3$ (分)　よって，走る道のりは，$160 \times 3 = 480$ (m)

⑤ 仕入れ値は，$2700 \div (1 + 0.35) = 2000$ (円)　よって，定価の 15 %引きで売ったときの利益は，$2700 \times (1 - 0.15) - 2000 = 295$ (円)

⑥ すべて 7 個ずつのせると，みかんは，$32 - (7 - 5) \times 3 - (7 - 6) \times 4 = 22$ (個) 余るので，皿は，$(22 - 8) \div (8 - 7) = 14$ (枚)　よって，みかんの個数は，$8 \times 14 + 8 = 120$ (個)

⑦ 列車 A の速さは秒速，$270 \div 30 = 9$ (m)　20 秒で列車 A と列車 B はあわせて，$9 \times 20 + 21 \times 20 = 600$ (m) 進み，これが，列車の長さの和だから，列車 B の長さは，$600 - 270 = 330$ (m)

⑧ 右図のように，底面は長方形が 2 つと台形が 1 つ組み合わされた図形なので，底面積は，$1.5 \times 2 + (2 + 4) \times 2 \div 2 + 2.5 \times 7 = 26.5$ (cm^2)　よって，この立体の体積は，$26.5 \times 10 = 265$ (cm^3)

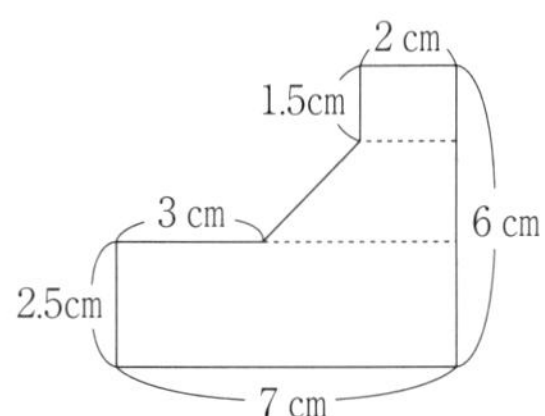

⑨ この立体は，右図のように立方体から三角すいの一部を切り取った立体。この図で，EF と BC が平行より，三角形 PEF と三角形 PBC は拡大図・縮図の関係で，PE : PB = EF : BC = $(6 - 4) : (6 - 3) = 2 : 3$ であり，EB = 6 cm より，PB = $6 \times \frac{3}{3 - 2} = 18$ (cm)　よって，三角すい P—ABC の体積は，$3 \times 3 \div 2 \times 18 \div 3 = 27$ (cm^3)　三角すい P—DEF は三角すい P—ABC の $\frac{2}{3}$ の縮図で，体積は，$\frac{2}{3} \times \frac{2}{3} \times \frac{2}{3} = \frac{8}{27}$ (倍) なので，立方体から切り取った立体の体積は，$27 \times \left(1 - \frac{8}{27}\right) = 19$ (cm^3)　元の立方体の体積は，$6 \times 6 \times 6 = 216$ (cm^3) なので，この立体の体積は，$216 - 19 = 197$ (cm^3)

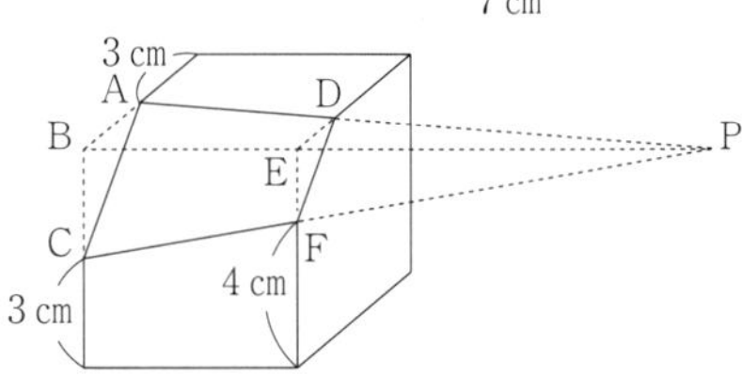

⑩ 右図のように直線部分と曲線部分を分けると，直線部分の長さの和は，$(5 \times 2) \times 3 = 30$ (cm)　また，曲線部分の長さの和は，半径 5 cm の円周に等しいから，$2 \times 5 \times 3.14 = 31.4$ (cm)　よって，$30 + 31.4 = 61.4$ (cm)

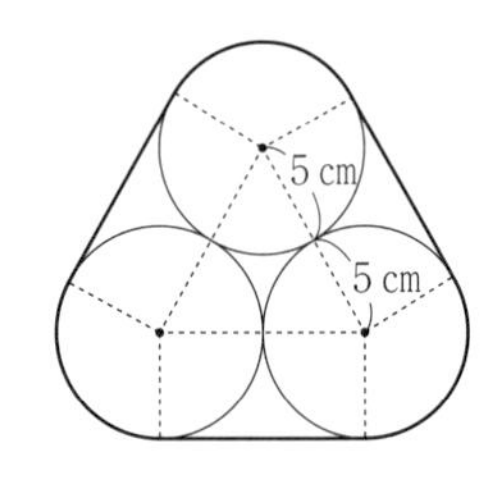

第53回

① $\frac{1}{3}$　② 100100　③ 95　④ 1 : 5　⑤ 2　⑥ (順に) 80，20，12　⑦ 11 (年前)　⑧ 4536 (cm^3)
⑨ $\frac{272}{3}$ (cm^2)　⑩ 10

解　説

① 与式 $= \frac{13}{15} \times \frac{1}{2} - \frac{1}{15} \times \frac{3}{2} = \frac{13}{30} - \frac{3}{30} = \frac{10}{30} = \frac{1}{3}$

2 与式 $=(11 \times 23 \times 91 + 11 \times 91 \times 27) \times 2 = 11 \times 91 \times (23 + 27) \times 2 = 1001 \times 100 = 100100$

3 検算の式より，$7 \times 13 + 4 = 91 + 4 = 95$

4 与式 $=(1.3 \times 10) : \left(\frac{13}{2} \times 10\right) = 13 : (13 \times 5) = (13 \div 13) : (13 \times 5 \div 13) = 1 : 5$

5 (上りの速さ)：(下りの速さ) $= \frac{3}{5} : 1 = 3 : 5$ で，かかる時間の比は速さの比の逆比より，(上りにかかる時間)：(下りにかかる時間) $= 5 : 3$　この比の，$5 - 3 = 2$ にあたる時間が3時間なので，上りにかかった時間は，$3 \times \frac{5}{2} = \frac{15}{2}$ (時間)　よって，上りの速さは時速，$45 \div \frac{15}{2} = 6$ (km)で，下りの速さは時速，$6 \div \frac{3}{5} = 10$ (km)となり，川の流れの速さは時速，$(10 - 6) \div 2 = 2$ (km)

6 AとBに入っている枚数の比が5：2から2：1になるとき，枚数の差は一定なので，比の差をそろえると，5：2と6：3となる。よって，この比の，$6 - 5 = 1$ が20枚にあたるので，5にあたる数は，$20 \div 1 \times 5 = 100$ (枚)　これより，はじめAには，$100 - 20 = 80$ (枚)で，Bには，$20 \times 2 - 20 = 20$ (枚)　また，AとBの比が2：1のとき，Aには，$20 \times 6 = 120$ (枚)，Bには，$20 \times 3 = 60$ (枚)入っており，コインを移しても合計枚数は変わらないので，最後のAには，$(120 + 60) \times \frac{3}{3 + 2} = 180 \times \frac{3}{5} = 108$ (枚)入っていることになる。したがって，移したコインの枚数は，$120 - 108 = 12$ (枚)

7 A君の年令がお父さんの年令の $\frac{1}{8}$ のとき，A君の年令とお父さんの年令の比は，$\frac{1}{8} : 1 = 1 : 8$　2人の年令の差は，$43 - 15 = 28$ (才)で変わらないので，この比の，$8 - 1 = 7$ にあたる年令が28才。よって，1にあたるこのときのA君の年令は，$28 \div 7 = 4$ (才)なので，これは，$15 - 4 = 11$ (年前)

8 直方体の体積は，$12 \times 18 \times 15 = 3240$ (cm^3)　三角柱の体積は，$18 \times (27 - 15) \div 2 \times 12 = 1296$ (cm^3)　よって，この立体の体積は，$3240 + 1296 = 4536$ (cm^3)

9 長方形「い」のたての長さは，$26 \div 6 = \frac{13}{3}$ (cm)なので，長方形「う」のたての長さは，$10 - \frac{13}{3} = \frac{17}{3}$ (cm)　したがって，長方形「う」の横の長さは，$51 \div \frac{17}{3} = 9$ (cm)で，長方形「あ」のたての長さは，$17 \div (9 - 6) = \frac{17}{3}$ (cm)　よって，しゃ線部分の面積は，$\left(\frac{17}{3} + \frac{17}{3}\right) \times (17 - 9) = \frac{272}{3}$ (cm^2)

10 右図のように，道の部分をあの部分4つといの部分4つに分けると，あの部分は1辺が3mの正方形なので，面積の合計は，$3 \times 3 \times 4 = 36$ (m^2)　いの部分の面積の合計は，$156 - 36 = 120$ (m^2)となり，いの部分1つの面積は，$120 \div 4 = 30$ (m^2)　よって，庭の1辺の長さは，$30 \div 3 = 10$ (m)

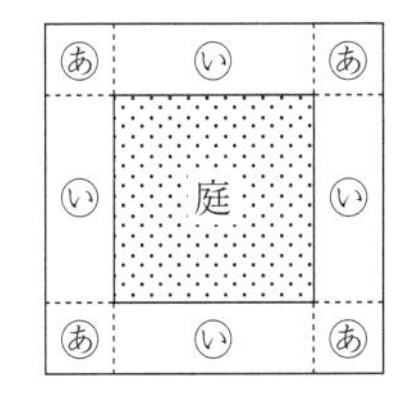

第54回

1 $\frac{2}{3}$　2 1　3 676　4 5 (kg)　5 78 (度)　6 11　7 1530 (円)　8 7.5 (cm^2)　9 36 (度)　10 9.14 (cm)

解説

1 与式 $= \frac{16}{15} \times \frac{5}{8} = \frac{2}{3}$

[2] 与式 $= 2020 \times 2020 - 2019 \times (2020 + 1) = 2020 \times 2020 - 2019 \times 2020 - 2019 = (2020 - 2019) \times 2020 - 2019 = 2020 - 2019 = 1$

[3] $2018 + \frac{1}{13} \times \square = 29 + 2052 - 11$ より，$2018 + \frac{1}{13} \times \square = 2070$　よって，$\frac{1}{13} \times \square = 2070 - 2018 = 52$ だから，$\square = 52 \div \frac{1}{13} = 676$

[4] A と B の重さの比は，$A \times 6 = B \times 10$ より，A : B ＝ 10 : 6 ＝ 5 : 3　A の重さを⑤とすると，⑤× 8 －③× 12 ＝④が 4 kg にあたる。よって，①＝ 4 ÷ 4 ＝ 1 (kg) なので，A 1 個の重さは，1 × 5 ＝ 5 (kg)

[5] 4 時ちょうどのとき，長針と短針の間の角の大きさは，$30° \times 4 = 120°$　短針が止まっているとすると，36 分間に長針は，$(6° - 0.5°) \times 36 = 198°$ 動く。よって，求める角の大きさは，$198° - 120° = 78°$

[6] A ＋ B ＝ 51……①，B ＋ C ＝ 67……②，A ＋ C ＝ 38……③　①＋②＋③より，2 ×(A ＋ B ＋ C) ＝ 51 ＋ 67 ＋ 38 ＝ 156 なので，A ＋ B ＋ C ＝ 156 ÷ 2 ＝ 78……④　よって，④－②より，A ＝ 78 － 67 ＝ 11 (g)

[7] 定価の 2 割と 3 割とでは，$150 + 60 = 210$ (円) の差がある。したがって，定価は，$210 \div (0.3 - 0.2) = 2100$ (円) なので，定価の 2 割引きの値段は，$2100 \times (1 - 0.2) = 1680$ (円)　よって，仕入れ値は，$1680 - 150 = 1530$ (円)

[8] 右図で，直角三角形 B と A は，PQ，QR をそれぞれ底辺とすると高さが等しいので，PQ と QR の長さの比は，B と A の面積の比と等しく，2 : 1　直角三角形 C と D も，PQ，QR をそれぞれ底辺とすると高さが等しいので，C と D の面積の比は，PQ と QR の長さの比と等しく，2 : 1　よって，直角三角形 D の面積が，$3 \times \frac{1}{2} = 1.5$ (cm^2) なので，四角形の面積は，$1 + 2 + 3 + 1.5 = 7.5$ (cm^2)

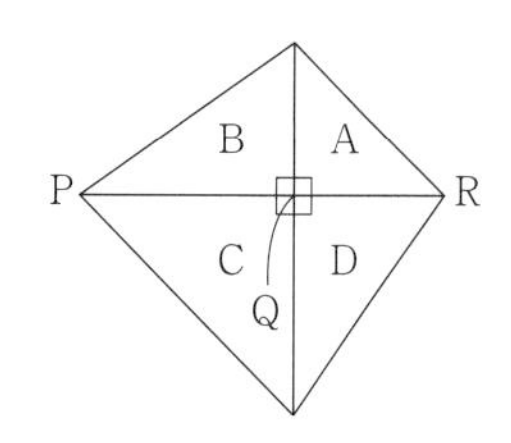

[9] 右図の角アの大きさは，$180° - 70° \times 2 = 40°$　また，角イは 87° なので，角ウは，$180° - (40° + 87°) = 53°$　したがって，角エは，$180° - 53° \times 2 = 74°$　よって，角 x は，$180° - (74° + 70°) = 36°$

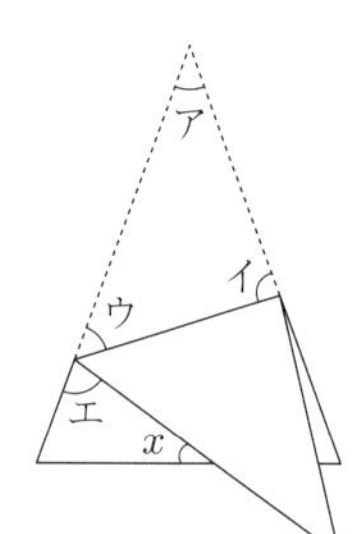

[10] 右図のように直線部分と曲線部分に分けると，直線部分の長さの和は，$(1 + 1 \div 2 \times 2) \times 3 = 6$ (cm)　曲線部分を 3 つ合わせると，直径 1 cm の円になるから，曲線部分の長さの和は，$1 \times 3.14 = 3.14$ (cm)　よって，ひもの長さは，$6 + 3.14 = 9.14$ (cm)

第55回

[1] 1　[2] 2　[3] $\frac{1}{4}$　[4] (順に) B, 4800　[5] 120　[6] 44　[7] 10 (時) 15 (分)　[8] $\frac{35}{4}$ (cm)　[9] 68 (cm^2)　[10] 5 (cm^2)

解説

[1] 与式 $= \frac{6}{5} \times \frac{7}{4} \times \frac{5}{7} - \frac{1}{2} = \frac{3}{2} - \frac{1}{2} = 1$

[2] 与式 $= 42 \times \frac{1}{3} - 42 \times \frac{2}{7} = 14 - 12 = 2$

3 $6 \div \frac{1}{2} \times \square \div \frac{10}{7} = 2.3 - \frac{1}{5} = \frac{21}{10}$ より，$12 \times \square = \frac{21}{10} \times \frac{10}{7} = 3$　よって，$\square = 3 \div 12 = \frac{1}{4}$

4 A の比を 6 にそろえると，A : B : C = 6 : 16 : 15　よって，お金を一番多く持っているのは B で，その金額は，$11100 \times \frac{16}{6 + 16 + 15} = 4800$ (円)

5 りんご，3 × 2 = 6 (個) とみかん，2 × 2 = 4 (個) の値段は，500 × 2 = 1000 (円) だから，りんご，6 − 5 = 1 (個) の値段は，1000 − 880 = 120 (円)

6 1 分間に長針は，360° ÷ 60 = 6°，短針は，360° ÷ 12 ÷ 60 = 0.5° 動くから，1 分間に長針と短針の動く角度の差は，6° − 0.5° = 5.5°　初めにつくる角が 90° になるのは，$90° \div 5.5° = \frac{180}{11}$ より，0 時 $\frac{180}{11}$ 分。このあと長針と短針の動く角度の差が 180° になるごとにつくる角が 90° になる。24 時間 = 1440 分，$180° \div 5.5° = \frac{360}{11}$ より，$\left(1440 - \frac{180}{11}\right) \div \frac{360}{11} = 43.5$ だから，43 + 1 = 44 (回)

7 9 時 50 分に A 駅に着いたモノレールが 10 時に出発するとき，2 つのモノレールは，$30 - 45 \times \frac{10}{60} = 22.5$ (km) はなれている。よって，22.5 ÷ (45 + 45) = 0.25 (時間) より，15 分後にすれちがうので，10 時 + 15 分 = 10 時 15 分

8 BD : DC = 5 : 10 = 1 : 2 より，三角形 ACD の面積は，$72 \times \frac{2}{1 + 2} = 48$ (cm^2)　三角形 CDE の面積は，48 − 18 = 30 (cm^2) なので，AE : DE = 18 : 30 = 3 : 5　よって，DE の長さは，$14 \times \frac{5}{3 + 5} = \frac{35}{4}$ (cm)

9 三角形 AEF と三角形 CDF は，拡大・縮小の関係なので，AE : CD = 7 : (7 + 3) = 7 : 10 より，EF : DF = 7 : 10 となる。したがって，三角形 ECD の面積は，$14 \times \frac{7 + 10}{7} = 34$ (cm^2) となり，平行四辺形 ABCD の面積は，三角形 ECD の面積の 2 倍なので，34 × 2 = 68 (cm^2)

10 IF : FB = IG : GC = AE : EB = 1 : 1 だから，右図で，三角形 IEF と三角形 BEF，三角形 IGH と三角形 CGH はそれぞれ面積が等しい。よって，求める面積は三角形 IEH の面積と等しい。平行四辺形 AEHD の面積は平行四辺形 ABCD の $\frac{1}{2}$ で，三角形 IEH の面積は平行四辺形 AEHD の $\frac{1}{2}$ だから，求める面積は，$20 \times \frac{1}{2} \times \frac{1}{2} = 5$ (cm^2)

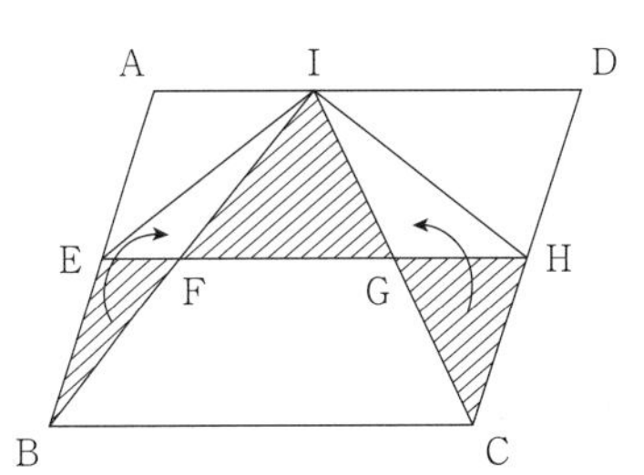

第56回

1 $\frac{113}{144}$　2 $\frac{385}{16}$　3 25　4 10 (人)　5 1000　6 420　7 6 (個)　8 ① 485 (cm^3)　② 631 (cm^2)　9 50 : 63　10 ア. 348　イ. 360

解　説

1 与式 $= 1 + \frac{9}{16} - \frac{7}{9} = \frac{113}{144}$

2 与式 $= \frac{77}{66} \times \frac{55}{44} \times \frac{33}{22} \times 11 = \frac{7}{6} \times \frac{5}{4} \times \frac{3}{2} \times 11 = \frac{385}{16}$

3 $24 \div \{(27 - \boxed{}) \times 3\} = 12 - 8 = 4$ より，$(27 - \boxed{}) \times 3 = 24 \div 4 = 6$ なので，$27 - \boxed{} = 6 \div 3 = 2$　よって，$\boxed{} = 27 - 2 = 25$

4 点数の関係を面積図で表すと，右図のようになる。この図で，ⓐとⓘの部分の面積が等しく，縦の長さの比が，$(80.5 - 79) : (83 - 80.5) = 3 : 5$ なので，横の長さの比は，この逆比で，$5 : 3$　よって，テストを受けた男子の人数は，$6 \times \frac{5}{3} = 10$（人）

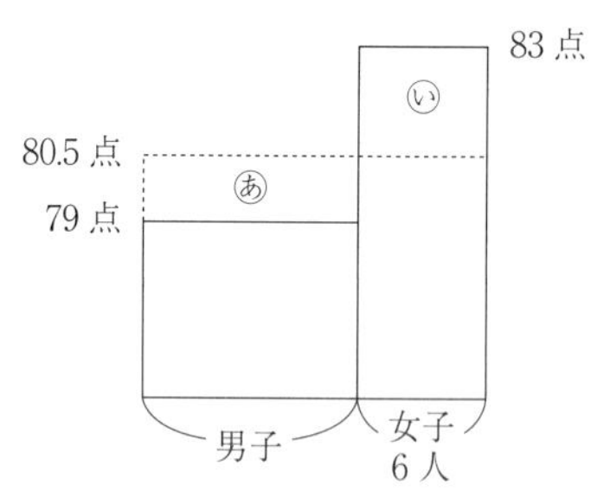

5 弟の最初の所持金ももらった金額も，$600 \div 200 = 3$（倍）にすると，兄と弟の最初の所持金の比は，$5 : (3 \times 3) = 5 : 9$ で，兄弟とも 600 円もらった後の所持金の比は，$2 : (1 \times 3) = 2 : 3$ となる。比の数の差を，$9 - 5 = 4$ にそろえると，$2 : 3 = (2 \times 4) : (3 \times 4) = 8 : 12$　これらの比の 1 にあたる金額が，$600 \div (8 - 5) = 200$（円）なので，兄のはじめの所持金は，$200 \times 5 = 1000$（円）

6 5 m おきに植えたのと同じ本数を 7 m おきに植えた場合，1 周の長さは池の周りの長さよりも，$7 \times 24 = 168$（m）長いことになる。この 2 つの植え方の間の長さのちがいは，$7 - 5 = 2$（m）なので，5 m おきに植えた場合の間の数は，$168 \div 2 = 84$（か所）　よって，この池の周りは，$5 \times 84 = 420$（m）

7 みかんとりんごを同じ数ずつ買うと，$1260 + (1260 - 120) = 2400$（円）　したがって，みかんとりんごを合わせて，$2400 \div (60 + 100) = 15$（個）買ったことがわかる。りんごだけを 15 個買うと，実際の代金と，$100 \times 15 - 1260 = 240$（円）ちがう。よって，みかんの個数は，$240 \div (100 - 60) = 6$（個）

8 ① 円柱の底面の半径は，$10 \div 2 = 5$（cm）だから，求める体積は，$5 \times 5 \times 3.14 \times 10 - 5 \times 6 \times 10 = 485$（$cm^3$）

② 底面の面積は，$5 \times 5 \times 3.14 - 5 \times 6 = 48.5$（$cm^2$）　円柱の側面を展開すると，たて 10cm，横，$10 \times 3.14 = 31.4$（cm）の長方形になるから，円柱の側面の面積は，$10 \times 31.4 = 314$（$cm^2$）　くり抜いたことでできた立体の内側の部分は，たて 10cm，横 5 cm の長方形が 2 面と，たて 10cm，横 6 cm の長方形が 2 面だから，面積は，$10 \times 5 \times 2 + 10 \times 6 \times 2 = 220$（$cm^2$）　よって，立体の表面積は，$48.5 \times 2 + 314 + 220 = 631$（$cm^2$）

9 三角形 ABC の面積を 1 とする。BD : BC = $5 : (5 + 4) = 5 : 9$ より，三角形 ABD の面積は $\frac{5}{9}$　また，AC : CE = $(3 + 7) : 7 = 10 : 7$ より，三角形 BCE の面積は $\frac{7}{10}$　よって，$\frac{5}{9} : \frac{7}{10} = 50 : 63$

10 この立体を上から見ても下から見ても，たてが 8 cm，横が 6 cm の長方形が見える。また，前から見ても後ろから見ても，たてが 9 cm，横が 8 cm の長方形が見える。そして，左から見ても右から見ても，たてが 9 cm，横が 6 cm の長方形が見える。よって，この立体の表面積は，$(8 \times 6 + 9 \times 8 + 9 \times 6) \times 2 = 348$（$cm^2$）　この立体は，たてが 8 cm，横が 6 cm，高さが 9 cm の直方体から，たてが 4 cm，横が 2 cm，高さが 3 cm の直方体と，たてが 4 cm，横が 2 cm，高さが 6 cm の直方体を取りのぞいた立体。よって，その体積は，$8 \times 6 \times 9 - (4 \times 2 \times 3 + 4 \times 2 \times 6) = 360$（$cm^3$）

第 57 回

1 $\frac{11}{4}$　2 4356　3 $\frac{8}{9}$　4 (ア)　5 ア．12　イ．15　6 53　7 12（時）48（分）　8 15700（cm^3）
9 156（cm^3）　10 11.4（cm）

解 説

1 与式 $= \frac{11}{6} \div \frac{28}{15} \times \frac{14}{5} = \frac{11}{4}$

2 与式 $= 3 \times 11 \times 3 \times 11 + 8 \times 11 \times 8 \times 11 - 6 \times 11 \times 6 \times 11 - 11 \times 11 = (9 + 64 - 36 - 1) \times 11 \times 11 = 36 \times 121 = 4356$

3 $5 + \square \times \frac{9}{5} = 8.9 - 2.3 = 6.6$ より，$\square \times \frac{9}{5} = 6.6 - 5 = 1.6 = \frac{8}{5}$　よって，$\square = \frac{8}{5} \div \frac{9}{5} = \frac{8}{9}$

4 折れ線グラフは時間の経過とともに変わっていくものを表すのに適している。

5 おもりB8個の重さと等しいおもりAの個数は，$5 \times \frac{8}{4} = 10$（個）　よって，おもりAの重さは，$300 \div (15 + 10) = 12$（g）　おもりBの重さは，$12 \times 5 \div 4 = 15$（g）

6 一番大きい数をAとすると，4つの整数は，A − 3，A − 2，A − 1，Aと表されるので，Aの4倍が，$206 + 3 + 2 + 1 = 212$　よって，一番大きい数は，$212 \div 4 = 53$

7 グラフより，船が2回目に出会うのは12時と13時の間。12時にはA地点に向かう船がB地点から，12時 − 11時 = 1時間進んでおり，その進んだ長さは，$10 \times 1 = 10$（km）なので，12時に，A地点に向かう船とB地点に向かう船は，$30 - 10 = 20$（km）はなれている。このあと，2つの船は出会うまでに1時間あたり，$10 + 15 = 25$（km）ずつ近づく。よって，2つの船が2回目に出会うのは12時の，$20 \div 25 = \frac{4}{5} = \frac{48}{60}$（時間後），つまり48分後だから，12時48分。

8 底面の円の半径が20cm，高さが50cmの円柱を$\frac{1}{4}$にした立体ができる。よって，$20 \times 20 \times 3.14 \times 50 \times \frac{1}{4} = 15700$（$cm^3$）

9 もとの立体は，上下の六角形が底面の六角柱。右図で，組み立てたときに重なる辺の長さより，AB = 5cm，CD = 3cmなので，この六角柱は，底面積が，$(5 + 3) \times (3 + 3) - 3 \times 3 = 39$（$cm^2$）で，高さが4cmなので，体積は，$39 \times 4 = 156$（$cm^3$）

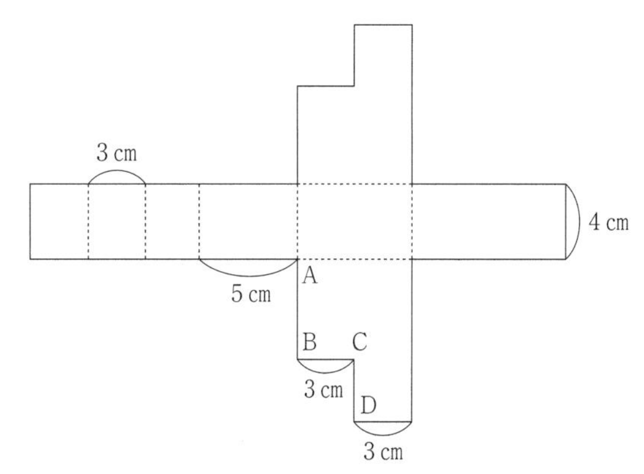

10 右図で，㋐と㋑の面積が等しいから，おうぎ形BACの面積と台形BCDEの面積も等しくなる。おうぎ形BACの面積は，$20 \times 20 \times 3.14 \times \frac{90}{360} = 314$（$cm^2$）　台形BCDEの高さは20cmだから，台形の（上底＋下底）は，$314 \times 2 \div 20 = 31.4$（cm）　よって，ⓐの長さは，$31.4 - 20 = 11.4$（cm）

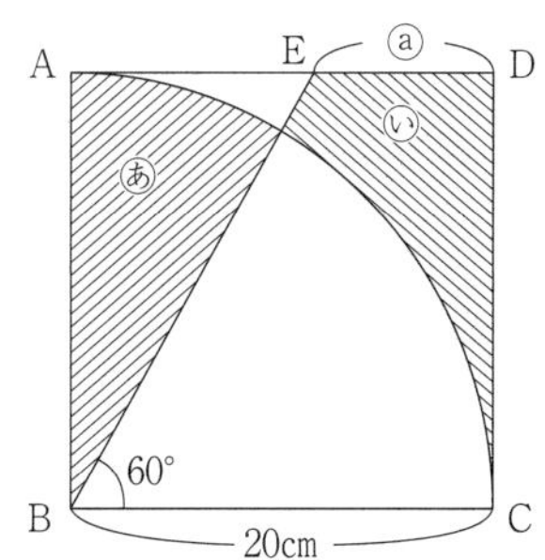

第58回

[1] $\frac{14}{3}$　[2] 13　[3] 6　[4] 975　[5] 18（年後）　[6] 5（枚）　[7]（順に）5，27，$16\frac{4}{11}$　[8] 4
[9] 4（秒後と）16（秒後）　[10] 120（cm^2）

解説

[1] 与式 $= \left(\frac{10}{3}+\frac{3}{4}\right)\times\frac{8}{7}=\frac{49}{12}\times\frac{8}{7}=\frac{14}{3}$

[2] 与式 $= \frac{3}{4}\times 24-\frac{2}{3}\times 24+\frac{5}{8}\times 24-\frac{1}{6}\times 24=18-16+15-4=13$

[3] $(10-\square)\div\frac{5}{13}=20-9.6=10.4$ より，$10-\square=10.4\times\frac{5}{13}=4$　よって，$\square=10-4=6$

[4] 25の約数は1，5，25で，1 + 5 + 25 = 31だから，bは25の倍数とわかる。よって，1000 ÷ 25 = 40より，求める数は，25 ×（40 − 1）= 975

[5] 現在，母の年れいと2人の子どもの年れいの合計との差は，40 −（12 + 10）= 18（才）で，1年ごとにこの差は1才ずつちぢまるので，18 ÷ 1 = 18（年後）

[6] 合計金額の十の位の数に注目すると，10円玉は3枚か13枚。13枚とすると，合計金額は残りの，15 − 13 = 2（枚）が500円玉のときでも，10 × 13 + 500 × 2 = 1130（円）より，10円玉は3枚。したがって，100円玉と500円玉が合わせて，15 − 3 = 12（枚）で，合計金額が3200円になればよい。12枚とも100円玉とすると，3200 − 100 × 12 = 2000（円）の差ができる。よって，500円玉の枚数は，2000 ÷（500 − 100）= 5（枚）

[7] 5時ちょうどのとき，長針と短針は，360 ÷ 12 × 5 = 150°はなれており，1分間に長針は，360 ÷ 60 = 6°，短針は，30 ÷ 60 = 0.5°進むので，1分間に長針は，6 − 0.5 = 5.5°ずつ短針に近づく。よって，長針と短針が重なるのは，$150\div 5.5=27\frac{3}{11}$（分後）なので，$\frac{3}{11}\times 60=16\frac{4}{11}$ より，5時27分$16\frac{4}{11}$秒。

[8] 右図で，角BAD = 180° − 150° = 30°だから，三角形ABDは正三角形を2等分した直角三角形になるので，DBの長さはABの長さの半分。よって，AB = AC = ア cmとすると，ア×（ア ÷ 2）÷ 2 = 4になるので，ア×ア = 4 × 2 × 2 = 4 × 4より，AB = 4cm

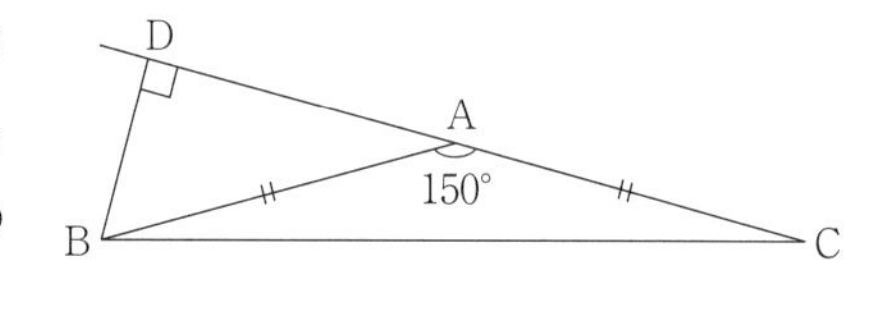

[9] 三角形ABPの面積が$36cm^2$になるとき，ABを底辺としたときの高さは，36 × 2 ÷ 12 = 6（cm）　よって，1回目は点Pが辺BC上の点Bから6cmの点にくるときなので，出発してから，6 ÷ 1.5 = 4（秒後）　2回目は点Pが辺AD上の点Aから6cmの点にくるときなので，出発してから，20 − 4 = 16（秒後）

[10] 外側に見えている部分は，1辺の長さが4cmの正方形から，1辺の長さが2cmの正方形をとりのぞいた面が6面。内側の部分は，右図のかげをつけた，縦1cm，横2cmの長方形，4 × 6 = 24（面）と等しい。よって，表面積は，（4 × 4 − 2 × 2）× 6 + 1 × 2 × 24 = 120（cm^2）

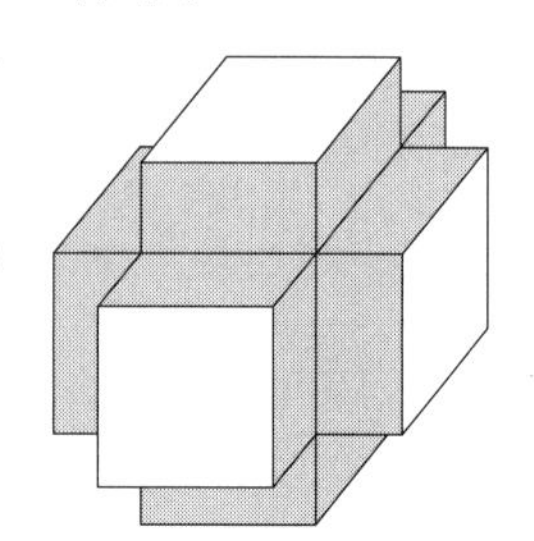

第59回

[1] $\frac{3}{8}$　[2] $\frac{1}{1024}$　[3] $\frac{5}{12}$　[4] 87　[5] 16（分後）　[6] 7（km）　[7] 140　[8] 408（cm^3）　[9] 80（度）
[10] 77

解　説

[1] 与式 $= \frac{7}{18} \times \left(\frac{25}{14} - \frac{23}{28}\right) = \frac{7}{18} \times \frac{27}{28} = \frac{3}{8}$

[2] 前から順番に計算すると，$\frac{1}{2} - \frac{1}{4} = \frac{1}{4}$，$\frac{1}{4} - \frac{1}{8} = \frac{1}{8}$，$\frac{1}{8} - \frac{1}{16} = \frac{1}{16}$，$\cdots \frac{1}{512} - \frac{1}{1024} = \frac{1}{1024}$

[3] $\square + \frac{1}{4} = 2\frac{2}{3} \times \frac{7}{12} \div 2\frac{1}{3} = \frac{2}{3}$ より，$\square = \frac{2}{3} - \frac{1}{4} = \frac{5}{12}$

[4] 約数が3個である数は小さい順に，4（$= 2 \times 2$），9（$= 3 \times 3$），25（$= 5 \times 5$），49（$= 7 \times 7$），…なので，$4 + 9 + 25 + 49 = 87$　同じ素数を2回かけたものは約数が1，(素数)，(素数×素数)の3つになることは覚えておきたい。

[5] 兄と妹が同じ道のりを歩くのにかかる時間の比は，30：45 = 2：3なので，兄と妹の歩く速さの比は3：2。妹の歩く速さを2とすると，兄が出発するまでに妹が歩く道のりは，$2 \times 8 = 16$　兄と妹は1分間に，$3 - 2 = 1$ずつ近づくので，兄が妹に追いつくのは，兄が出発してから，$16 \div 1 = 16$（分後）

[6] 下りの速さは分速，$350 + 150 = 500$（m）　よって，A町とB町の間の道のりは，$500 \times 14 \div 1000 = 7$（km）

[7] りんご3個をなし3個にかえると，代金は，$790 - 30 \times 3 = 700$（円）となる。よって，$700 \div (2 + 3) = 140$（円）

[8] 手前の面を底面と考えると，底面積は，$8 \times 10 - 4 \times 3 = 68$（$cm^2$）　よって，求める体積は，$68 \times 6 = 408$（$cm^3$）

[9] 六角形の6つの角の和は720°なので，$720° - (110° + 123° + 90° + 48° + 69°) = 280°$　よって，角㋐の大きさは，$360° - 280° = 80°$

[10] 上から順に1段目，2段目，3段目，4段目，5段目と分けて考える。1段目はすべての立方体が残る。2段目から5段目は次図のように，かげをつけた立方体がくり抜かれる。よって，残った小さな立方体は，$25 + 16 + 4 + 12 + 20 = 77$（個）

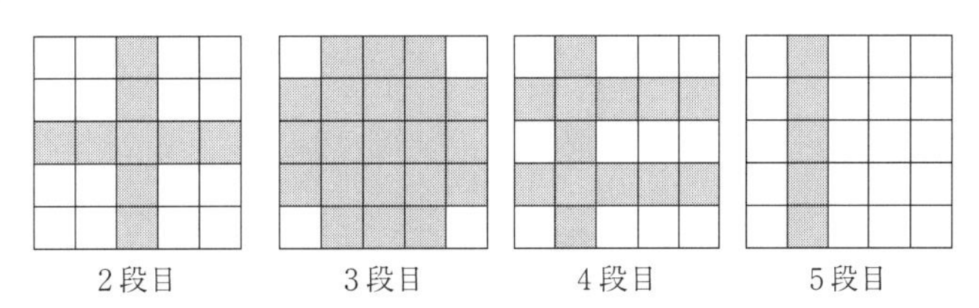

第60回

[1] $\frac{4}{3}$　[2] 7　[3] 39　[4] 111　[5] 1200　[6] 28　[7] 4　[8] 72（cm^2）　[9] 4（cm）　[10] 110（度）

解　説

[1] 与式 $= \frac{5}{3} - \frac{5}{6} \div \left(17 \times \frac{1}{6} \times \frac{15}{17}\right) = \frac{5}{3} - \frac{5}{6} \times \frac{2}{5} = \frac{5}{3} - \frac{1}{3} = \frac{4}{3}$

2 与式 $= \frac{11}{18} \times 36 - \frac{5}{12} \times 36 = 22 - 15 = 7$

3 $(\square + 7) \div 2 - (40 - 23) = 6$ より，$(\square + 7) \div 2 - 17 = 6$ だから，$(\square + 7) \div 2 = 6 + 17 = 23$ なので，$\square + 7 = 23 \times 2 = 46$　よって，$\square = 46 - 7 = 39$

4 ある3けたの整数は，4と7の公倍数である28の倍数より1小さい数とわかる。28の倍数のうち，最も小さい3けたの整数は，$28 \times 4 = 112$ なので，求める整数は，$112 - 1 = 111$

5 仕入れ値を1とすると，定価は，$1 + 0.3 = 1.3$ にあたり，実際の売り値は，$1.3 \times \left(1 - \frac{20}{100}\right) = 1.04$ にあたるので，利益の48円は，$1.04 - 1 = 0.04$ にあたる。よって，仕入れ値は，$48 \div 0.04 = 1200$（円）

6 牛1頭が1日に食べる草の量を1とすると，牛32頭が20日に食べる草は，$1 \times 32 \times 20 = 640$，牛40頭が15日に食べる草の量は，$1 \times 40 \times 15 = 600$ なので，1日に生える草の量は，$(640 - 600) \div (20 - 15) = 8$ となるから，はじめに生えている草の量は，$640 - 8 \times 20 = 480$　草を24日で食べつくすとき，食べる草の量の合計は，$480 + 8 \times 24 = 672$ なので，放牧する牛の数は，$672 \div 24 = 28$（頭）

7 エンピツのみを買う場合，$200 \div 20 = 10$（本）　ここから，エンピツの本数を3本減らすと代金は，$20 \times 3 = 60$（円）減り，消しゴムを2個増やすと代金は，$30 \times 2 = 60$（円）増えるので，代金の合計は200円のまま変わらない。よって，（エンピツ，消しゴム）＝（10本，0個），（7本，2個），（4本，4個），（1本，6個）の4通り。

8 一番上の段に1個，上から2段目に4個，上から3段目に9個，一番下の段に16個の立方体がある。下から見ると16個の正方形が見え，上から見たときに見える面の面積もこれと等しい。前後左右から見るとそれぞれ，$1 + 2 + 3 + 4 = 10$（個）の正方形が見える。よって，$16 \times 2 + 10 \times 4 = 72$（個）の正方形の面積の和を求めればよいから，$1 \times 1 \times 72 = 72$（$cm^2$）

9 点PがBにあるときの三角形APEの面積が$10cm^2$なので，$BE \times 5 \div 2 = 10$　よって，辺BEの長さは，$10 \times 2 \div 5 = 4$（cm）

10 右図の角イの大きさは30°で，角ウの大きさは，$180° - 55° = 125°$　したがって，角エの大きさは，$180° - (30° + 125°) = 25°$　角オの大きさは45°なので，角アの大きさは，$180° - (45° + 25°) = 110°$

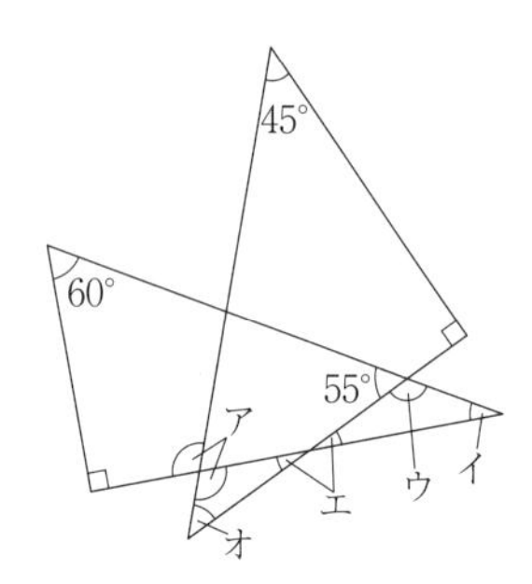

第61回

1 $\frac{13}{14}$　2 11　3 1　4 火　5 $\frac{40}{3}$　6 6（通り）　7 ① 6（m）　② 30（本）　8 10.305
9（体積）120（cm^3）（表面積）204（cm^2）　10 150

解　説

1 与式 $= \frac{5}{8} \div \left(\frac{4}{12} + \frac{3}{12}\right) - \frac{1}{7} = \frac{5}{8} \times \frac{12}{7} - \frac{1}{7} = \frac{15}{14} - \frac{2}{14} = \frac{13}{14}$

2 与式 $= 210 \times 1\frac{1}{2} - 210 \times \frac{1}{3} - 210 \times \frac{2}{5} - 210 \times \frac{5}{7} = 315 - 70 - 84 - 150 = 11$

3 $(\square + \frac{57}{20}) \div \frac{33}{8} - \frac{2}{5} = 6 \div 11.25 = 6 \div \frac{45}{4} = \frac{8}{15}$ より，$(\square + \frac{57}{20}) \div \frac{33}{8} = \frac{8}{15} + \frac{2}{5} = \frac{14}{15}$ と

なるから，$\square + \dfrac{57}{20} = \dfrac{14}{15} \times \dfrac{33}{8} = \dfrac{77}{20}$　よって，$\square = \dfrac{77}{20} - \dfrac{57}{20} = 1$

4 1日前の金曜日から順に，金，木，水，火，月，日，土曜日の1週間と考えると，$158 \div 7 = 22$ あまり 4 より，22週間と4日前なので，158日前は火曜日。

5 2地点間を往復するのに4時間かかっていて，上りにかかる時間は下りにかかる時間の3倍なので，上りにかかる時間は，$4 \times \dfrac{3}{3+1} = 3$（時間），下りにかかる時間は，$4 - 3 = 1$（時間）　これより，上りの速さは，毎時，$40 \div 3 = \dfrac{40}{3}$（km），下りの速さは，毎時，$40 \div 1 = 40$（km）となる。上りの速さは，（静水時の船の速さ）−（川の流れの速さ）で，下りの速さは，（静水時の船の速さ）＋（川の流れの速さ）なので，毎時，$40 - \dfrac{40}{3} = \dfrac{80}{3}$（km）は川の流れの速さの2倍になる。よって，川の流れの速さは毎時，$\dfrac{80}{3} \div 2 = \dfrac{40}{3}$（km）

6 （大，小）＝（1，5），（2，4），（3，3），（4，2），（5，1），（6，6）の6通り。

7 ① 3つの地点A，B，Cに必ず木を植えるので，木と木の間かくはm単位で，30，78，72の公約数になり，植える木をもっとも少ない本数にするので，30，78，72の最大公約数より，木と木の間かくは6m。

② 公園の周の長さは，$30 + 78 + 72 = 180$（m）で，ここに6m間かくで木を植えるので，木と木の間は，$180 \div 6 = 30$（か所）　1周するように木を植えているので，植える木の本数は，木と木の間の数と同じで30本。

8 右図のように線をひくと，アの面積は，$(3 + 6) \times 3 \div 2 - 3 \times 3 \times 3.14 \times \dfrac{90}{360} = 6.435$（$cm^2$）　イの面積は，$6 \times 6 \div 2 - 6 \times 6 \times 3.14 \times \dfrac{45}{360} = 3.87$（$cm^2$）　よって，$6.435 + 3.87 = 10.305$（$cm^2$）

9 上下2つの三角柱に分けて体積を求めると，上の三角柱は，底面積が，$4 \times 3 \div 2 = 6$（cm^3），高さが2cmなので，体積は，$6 \times 2 = 12$（cm^3）　下の三角柱は，底面積が，$(4 + 8) \times (3 + 6) \div 2 = 54$（$cm^2$），高さが2cmなので，体積は，$54 \times 2 = 108$（$cm^3$）　よって，この立体の体積は，$12 + 108 = 120$（$cm^3$）　また，この立体の上の面を合わせると，下の三角柱の底面になるので，この立体の表面積は，下の三角柱の底面積2個分と上下の三角柱の側面積の和。上の三角柱の側面積は，$(4 + 5 + 3) \times 2 = 24$（$cm^2$）で，下の三角柱の側面積は，$(4 + 8 + 15 + 6 + 3) \times 2 = 72$（$cm^2$）なので，この立体の表面積は，$54 \times 2 + 24 + 72 = 204$（$cm^2$）

10 角Aの大きさは，$360° - (45° \times 2 + 30° \times 4) = 150°$

第62回

1 $\dfrac{131}{130}$　2 5　3 $\dfrac{7}{3}$　4 （時速）18.75（km）　5 3150（m）　6 30（日）　7 ア．8　イ．64
8 あ．150.72　い．200.96　9 142（度）　10 あ．13.8　い．11.5

解説

1 与式＝ $\dfrac{4}{13} + \dfrac{7}{10} = \dfrac{40}{130} + \dfrac{91}{130} = \dfrac{131}{130}$

2 与式＝ $91 \div 7 + 4 \times 5 \times 7 \div 7 - 14 \times 14 \div 7 = 13 + 20 - 28 = 5$

3 $\dfrac{5}{6} \div \left(\dfrac{5}{2} - \square\right) = 5$ より，$\dfrac{5}{2} - \square = \dfrac{5}{6} \div 5 = \dfrac{1}{6}$　よって，$\square = \dfrac{5}{2} - \dfrac{1}{6} = \dfrac{7}{3}$

4 P地点からQ地点までの道のりを，15と25の最小公倍数である75kmとすると，行きは，$75 \div 15 = 5$（時間)かかり，帰りは，$75 \div 25 = 3$(時間)かかる。よって，往復の平均の速さは時速，$(75 \times 2) \div (5 + 3) = 150 \div 8 = 18.75$(km)

5 Aさんが900m走るとき，同じ時間でBさんは700m走るので，AさんとBさんの速さの比は，$900 : 700 = 9 : 7$　Aさんが1周したとき9走ったとすると，Bさんは7走り，差の，$9 - 7 = 2$が700mにあたる。よって，池の周囲の長さは，$700 \div 2 \times 9 = 3150$(m)

6 ポニー1頭が1日に食べる草の量を1とすると，ポニー8頭を5日放牧したときに食べる草の量は，$8 \times 5 = 40$で，ポニー5頭を6日放牧した後にポニー，$5 + 3 = 8$(頭)を，$8 - 6 = 2$(日)放牧したときに食べる草の量は，$5 \times 6 + 8 \times 2 = 46$　よって，1日に生える草の量は，$(46 - 40) \div (8 - 5) = 2$で，はじめに生えていた草の量は，$40 - 2 \times 5 = 30$　ポニーを3頭放牧すると，1日に草は，$3 - 2 = 1$ずつ減っていくので，草を食べつくすまでの日数は，$30 \div 1 = 30$(日)

7 5年生1人に配る個数と6年生1人に配る個数を入れかえると，全員に配る個数が，$12 - 4 = 8$(個)少なくなったので，6年生と5年生の人数の差は，$8 \div (4 - 3) = 8$(人)　よって，5年生1人に，$3 + 4 = 7$(個)ずつ配ると，$4 \times 8 + 4 = 36$(個)余る。おかしの個数は60個より多く70個より少ないので，$(60 - 36) \div 7 = 3$余り3，$(70 - 36) \div 7 = 4$余り6より，おかしの個数は，$7 \times 4 + 36 = 64$(個)

8 できる立体は右図のように，底面が半径2cm，高さが2cmの円柱2個と，底面が半径4cm，高さが2cmの円柱1個を合わせたものになる。よって，体積は，$(2 \times 2 \times 3.14 \times 2) \times 2 + 4 \times 4 \times 3.14 \times 2 = 150.72$(cm^3)　また，この立体は上下から見ると半径4cmの円に見えて，その面積は，$4 \times 4 \times 3.14 = 16 \times 3.14$(cm^2)　側面積はそれぞれの円柱の側面積の和になるから，$(2 \times 2 \times 3.14 \times 2) \times 2 + 4 \times 2 \times 3.14 \times 2 = 32 \times 3.14$(cm^2)　よって，表面積は，$(16 \times 3.14) \times 2 + 32 \times 3.14 = 200.96$(cm^2)

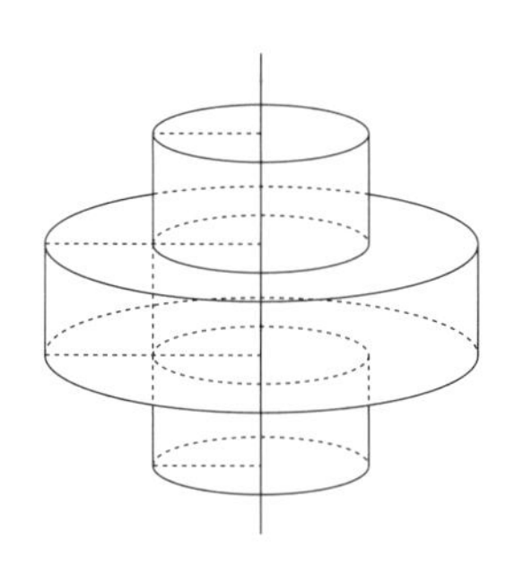

9 右図のように，三角形OABは，OA = OBの二等辺三角形だから，角AOB $= 180° - 36° \times 2 = 108°$　また，三角形OACは，OA = OCの二等辺三角形だから，角AOC $= 180° - 35° \times 2 = 110°$　よって，角㋐ $= 360° - (108° + 110°) = 142°$

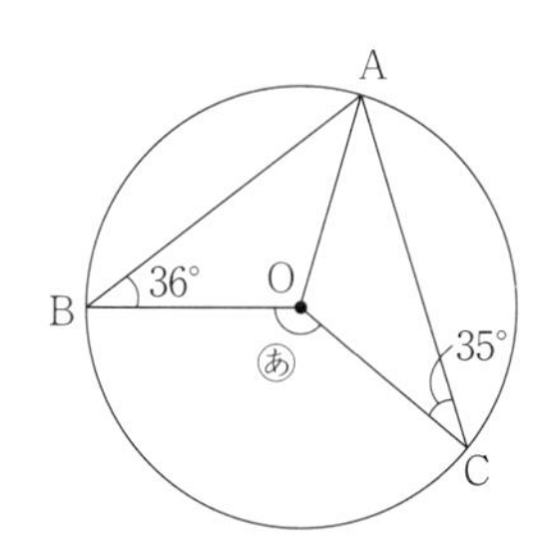

10 かげの長さは棒の長さの，$1.2 \div 1 = 1.2$(倍)なので，右図のアの長さは，$1.5 \times 1.2 = 1.8$(m)　よって，壁がないときのかげの長さは，$12 + 1.8 = 13.8$(m)で，木の高さは，$13.8 \div 1.2 = 11.5$(m)

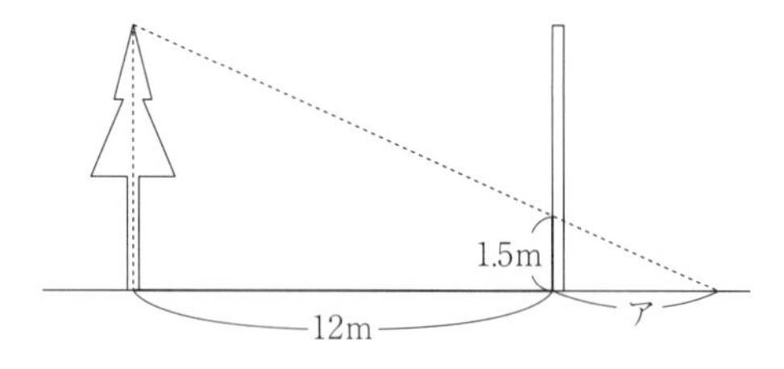

第63回

1 $\frac{259}{330}$　2 10　3 39　4 1440　5 13(日目)　6 15　7 10　8 6(cm)　9 D，H　10 76.5(cm^2)

解説

1 与式 $= \frac{9}{11} + \frac{3}{10} - \frac{1}{3} = \frac{270}{330} + \frac{99}{330} - \frac{110}{330} = \frac{259}{330}$

2 与式 $= 2019 \div 201 - 6 \div (143 - 9) = 2019 \div 201 - 6 \div 134 = 2019 \div (3 \times 67) - 6 \div (2 \times 67) = 2019$

÷ 3 ÷ 67 － 6 ÷ 2 ÷ 67 ＝ 673 ÷ 67 － 3 ÷ 67 ＝(673 － 3)÷ 67 ＝ 670 ÷ 67 ＝ 10

③ {(□ － 3)× 2} ÷ 3 ＝ 30 － 6 ＝ 24 より，(□ － 3)× 2 ＝ 24 × 3 ＝ 72 なので，□ － 3 ＝ 72 ÷ 2 ＝ 36　よって，□ ＝ 36 ＋ 3 ＝ 39

④ 24 と 60 の最小公倍数は 120，最大公約数は 12 なので，『24・60』＝ 120 × 12 ＝ 1440

⑤ 3 日ずつ組にすると，この組が終わったときに，140 －(20 ＋ 20)＝ 100 (km)進んでいれば，次の 2 日で目的地にたどり着く。この 3 日 1 組では，20 ＋ 20 － 10 ＝ 30 (km)進むので，100 ÷ 30 ＝ 3 あまり 10 より，この 3 日の組が，3 ＋ 1 ＝ 4 (回)で，30 × 4 ＝ 120 (km)進み，あと，140 － 120 ＝ 20 (km)で，次の日に目的地にたどり着く。よって，目的地にたどり着くのは，3 × 4 ＋ 1 ＝ 13 (日目)

⑥ 一番右はしの●は 1，右から 2 番目の●は 2，右から 3 番目の●は 4，右から 4 番目の●は 8 を表す。よって，8 ＋ 4 ＋ 2 ＋ 1 ＝ 15

⑦ 5 人を，A，B，C，D，E とする。この中から 2 人を選ぶ場合の数だけ，2 人と 3 人の分け方があるので，(A，B)，(A，C)，(A，D)，(A，E)，(B，C)，(B，D)，(B，E)，(C，D)，(C，E)，(D，E)の 10 通り。

⑧ 三角形 ABE は三角形 DCE を縮小した三角形で，AE：DE ＝ AB：DC ＝ 10：15 ＝ 2：3　また，三角形 EFD は三角形 ABD を縮小した三角形で，AB：EF ＝ AD：ED ＝(2 ＋ 3)：3 ＝ 5：3　よって，EF の長さは，$10 \times \frac{3}{5} = 6$ (cm)

⑨ 点 C を中心に考えると，点 B と重なるのは点 D。また，点 F を中心に考えると，点 D と重なるのは点 H。よって，点 D と点 H。

⑩ 右図のように，長方形ア，台形イ，長方形ウにわけると，長方形アの面積は，2 × 4 ＝ 8 (cm^2)　台形イは上底が 4 cm，下底が，12 － 3 ＝ 9 (cm)，高さが，10 －(2 ＋ 3)＝ 5 (cm)だから，面積は，(4 ＋ 9)× 5 ÷ 2 ＝ 32.5 (cm^2)　長方形ウの面積は，3 × 12 ＝ 36 (cm^2)　よって，この図形の面積は，8 ＋ 32.5 ＋ 36 ＝ 76.5 (cm^2)

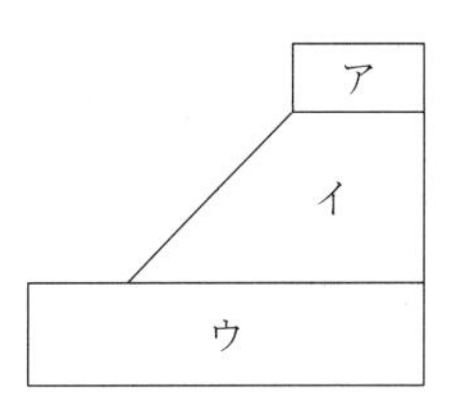

第64回

① 10　② 0.012　③ $\frac{1}{3}$　④ 650　⑤ 29 (枚)　⑥ 27 (個)　⑦ 19 (分後)　⑧ 50 (cm^2)　⑨ 25.12　⑩ 602.88 (cm^2)

解　説

① 与式 $= \left(\frac{3}{8} + 1\frac{2}{8}\right) \div \left(3\frac{3}{4} - \frac{2}{4}\right) \times 20 = 1\frac{5}{8} \div 3\frac{1}{4} \times 20 = \frac{13}{8} \times \frac{4}{13} \times 20 = 10$

② 与式 ＝ 0.12 ×(1.2 ÷ 12)＝ 0.12 × 0.1 ＝ 0.012

③ $4 \times (1.5 - \square) - 1\frac{7}{6} = \frac{5}{3} \div \frac{2}{3} = \frac{5}{2}$ より，$4 \times (1.5 - \square) = \frac{5}{2} + 1\frac{7}{6} = \frac{14}{3}$　よって，$1.5 - \square = \frac{14}{3} \div 4 = \frac{7}{6}$ より，$\square = 1.5 - \frac{7}{6} = \frac{1}{3}$

④ 702 ÷(1 ＋ 0.08)＝ 650 (円)

⑤ 1 枚つなぐごとに，6 － 1 ＝ 5 (cm)ずつ長くなるので，(146 － 6)÷ 5 ＝ 28 (枚)つなげばよい。よって，1 ＋ 28 ＝ 29 (枚)

⑥ 3 人のお菓子の個数をそれぞれ 7 倍にして，120 × 7 ＝ 840 (個)のお菓子を 3 人で分けたと考える。みきさんのお菓子の個数を⑦とすると，さくらさんは，⑦× 2 ＝⑭と，3 × 7 ＝ 21 (個)となり，ともえさんは，⑭×

$\frac{3}{7}$ ＝⑥と，$21 \times \frac{3}{7} = 9$（個）となる。よって，$840 - (21 + 9) = 840 - 30 = 810$（個）が，⑦＋⑭＋⑥＝㉗にあたるので，ともえさんのお菓子の個数は，$\left(810 \times \frac{6}{27} + 9\right) \div 7 = 189 \div 7 = 27$（個）

7 Bさんが歩きはじめたとき，Aさんは，$60 \times 9 = 540$（m）進んでいるから，2人の間の道のりは，$3200 - 540 = 2660$（m）　このあと2人は1分間に，$60 + 80 = 140$（m）ずつ近づくので，2人がはじめて出会うのは，Bさんが歩きはじめてから，$2660 \div 140 = 19$（分後）

8 右図の㋐が4つ分の面積は，$(5 \times 5 \times 3.14 \div 2 - 10 \times 5 \div 2) \times 2 = 28.5$（$cm^2$）　また，㋑の部分の面積は，$10 \times 10 - 10 \times 10 \times 3.14 \div 4 = 21.5$（$cm^2$）　よって，求める面積は，$28.5 + 21.5 = 50$（$cm^2$）

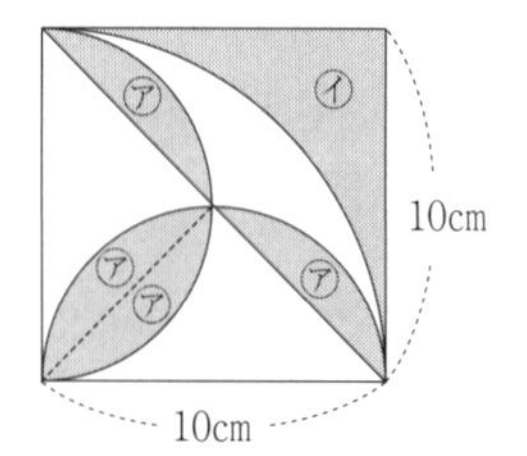

9 右図のように，2つの半円の中心どうし，さらに半円の中心と2つの半円の交点とをそれぞれ直線で結ぶと，1辺の長さが6 cmの正三角形ができる。よって，斜線部分の周りの長さは，$6 \times 2 \times 3.14 \times \frac{60}{360} \times 4 = 25.12$（cm）

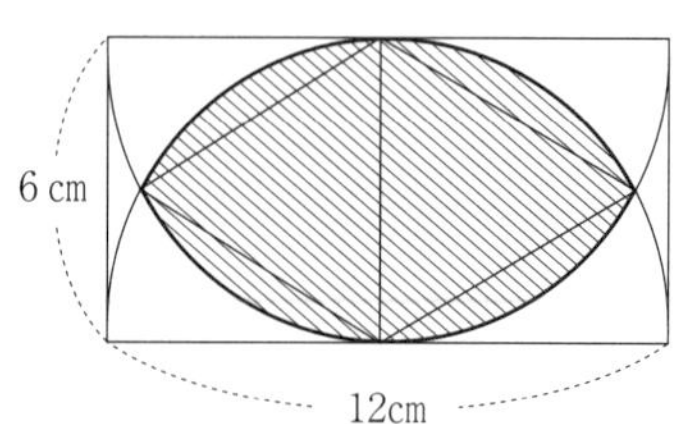

10 立体は右図のような底面の半径が，$2 + 3 = 5$（cm），高さが10cmの大きな円柱から，底面の半径が3 cm，高さが10cmの小さな円柱を取りのぞいたものとなる。大きな円柱の側面積は，$10 \times (2 \times 5 \times 3.14) = 314$（$cm^2$）で，小さな円柱の側面積は，$10 \times (2 \times 3 \times 3.14) = 188.4$（$cm^2$）　また，底面積は，$5 \times 5 \times 3.14 - 3 \times 3 \times 3.14 = 50.24$（$cm^2$）　よって，求める表面積は，$314 + 188.4 + 50.24 \times 2 = 602.88$（$cm^2$）

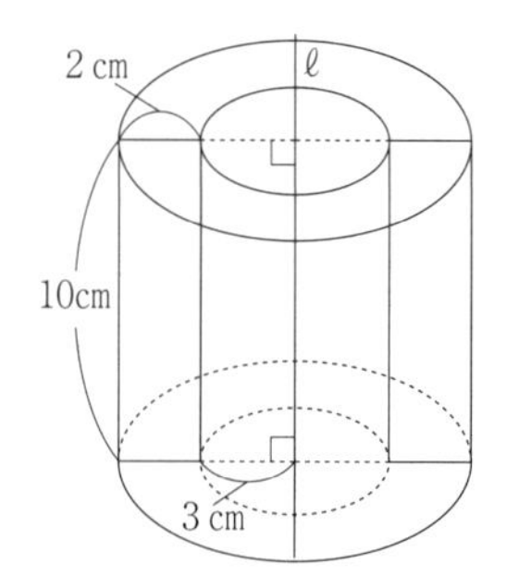

第65回

1 $\frac{1}{18}$　2 13　3 $\frac{4}{5}$　4 25　5（右図）　6 1200　7 143（冊）　8 45（cm^2）
9 137（度）　10 300（cm^2）

解　説

1 与式＝$\left(\frac{33}{9} + \frac{7}{9}\right) \times \frac{3}{2} - \frac{119}{18} = \frac{40}{9} \times \frac{3}{2} - \frac{119}{18} = \frac{120}{18} - \frac{119}{18} = \frac{1}{18}$

2 与式＝$4444 \times 6.5 + 2 \times 6.5 - 5555 \times 3.9 - 3333 \times 1.3 - 1111 \times 2.6 = 1111 \times 4 \times 6.5 - 1111 \times 5 \times 3.9 - 1111 \times 3 \times 1.3 - 1111 \times 2.6 + 13 = 1111 \times (26 - 19.5 - 3.9 - 2.6) + 13 = 13$

3 $\left(\frac{8}{7} + \boxed{}\right) \times 35 - 3 = 5 \div \frac{1}{13} = 65$ より，$\left(\frac{8}{7} + \boxed{}\right) \times 35 = 65 + 3 = 68$　よって，$\frac{8}{7} + \boxed{} = 68 \div 35 = \frac{68}{35}$ より，$\boxed{} = \frac{68}{35} - \frac{8}{7} = \frac{4}{5}$

4 $4 * 6 = 4 \times 6 - 4 - 6 = 14$ より，与式＝$14 * 3 = 14 \times 3 - 14 - 3 = 25$

5 $159 \div 36 = 4$ あまり 15，$15 \div 6 = 2$ あまり 3 より，左のひし形を4つ，まん中のひし形を2つ，右のひし形を３つぬりつぶせばよい。

6 ２つの列車が鉄橋の真ん中で出会うのは，列車Ｂが鉄橋をわたり始めてから，$20 \times 5 \div (24 - 20) = 25$（秒後）　よって，鉄橋の長さは，$24 \times 25 \times 2 = 1200$（m）

7 Ａを１冊，Ｂを２冊買ったときの代金は，$120 + 150 \times 2 = 420$（円）　よって，Ａの冊数は，$60060 \div 420 \times 1 = 143$（冊）

8 右図のように移動させると，求める面積の和は，底辺が15cm，高さが６cmの三角形の面積と等しくなる。よって，$15 \times 6 \div 2 = 45$（cm^2）

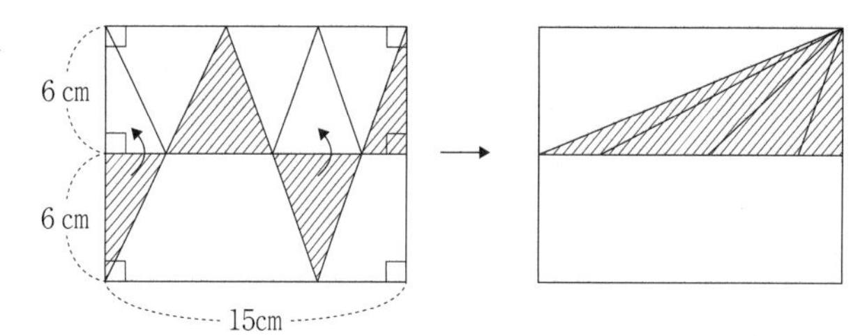

9 角Ｂと角Ｃの大きさの和は，$180° - 51° = 129°$　それぞれの角を３等分するので，求める角の大きさは，$180° - 129° \div 3 = 137°$

10 DF，EG，BCが平行なので，直角三角形ABC，AEGはともに直角三角形ADFの拡大図で，辺の長さの比は，AB，AE，ADの長さより，３：２：１　これより，底辺の比と高さの比も３：２：１になるので，直角三角形ABC，AEG，ADFの面積の比は，$(3 \times 3) : (2 \times 2) : (1 \times 1) = 9 : 4 : 1$　よって，直角三角形ABCと四角形DEGFの面積の比は，$9 : (4 - 1) = 3 : 1$なので，直角三角形ABCの面積は，$100 \times 3 = 300$（cm^2）

第66回

1 $\frac{3}{8}$　2 5　3 $\frac{58}{45}$　4 ア．17　イ．6　5 1110　6 ア．240　イ．30　7 350　8 120（cm^2）
9 3140（cm^3）　10 29（cm^2）

解説

1 与式$= \frac{1}{12} + \frac{7}{8} \div \frac{34}{5} \times \frac{34}{15} = \frac{1}{12} + \frac{7}{24} = \frac{3}{8}$

2 $\square = 1 + \frac{4}{3} + \frac{6}{5} + \frac{8}{7} + \frac{10}{9} - \left(\frac{1}{3} + \frac{1}{5} + \frac{1}{7} + \frac{1}{9}\right) = 1 + \left(\frac{4}{3} - \frac{1}{3}\right) + \left(\frac{6}{5} - \frac{1}{5}\right) + \left(\frac{8}{7} - \frac{1}{7}\right) + \left(\frac{10}{9} - \frac{1}{9}\right) = 1 + 1 + 1 + 1 + 1 = 5$

3 $\left(\frac{4}{3} - \square\right) \div \frac{2}{3} = 3\frac{1}{15} - 3 = \frac{1}{15}$より，$\frac{4}{3} - \square = \frac{1}{15} \times \frac{2}{3} = \frac{2}{45}$　よって，$\square = \frac{4}{3} - \frac{2}{45} = \frac{58}{45}$

4 40－イ，74－イ，125－イがアでわり切れるから，(74－イ)－(40－イ)＝34と，(125－イ)－(74－イ)＝51もアでわり切れる。よって，アは34と51の公約数のうち，40，74，125をわると余りが出る数だから，ア＝17。このとき，余りは，$40 \div 17 = 2$余り６より，イ＝6

5 1000は最初から数えて９番目。４ケタの数は，百の位・十の位・一の位がそれぞれ０と１の２通りあるので，$2 \times 2 \times 2 = 8$（通り）ある。よって，$9 + 8 - 1 = 16$（番目）の数が，４ケタの数でもっとも大きい1111となるので，15番目の数は1110とわかる。

6 仕入れ値は，$42 \div (1 + 0.4) = 30$（円）だから，$7200 \div 30 = 240$（個）　このうち，売れた個数は，$(7200 + 1620) \div 42 = 210$（個）　よって，売れ残った個数は，$240 - 210 = 30$（個）

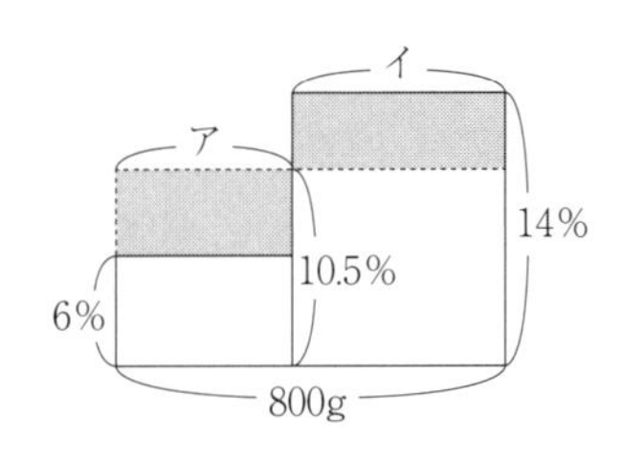

7 食塩の量について面積図で表すと右図のようになり，かげをつけた2つの長方形の面積は等しいから，ア×(10.5 − 6) = イ×(14 − 10.5)より，ア：イ = 3.5：4.5 = 7：9　よって，ア = $800 \times \dfrac{7}{7+9} = 350$ (g)

8 この立体の各段にある立方体で，他の立方体と接していない面の数を書きこむと，右図2のようになる。これは1段目と4段目に，3 × 8 + 4 × 4 = 40(個)ずつ，2段目と3段目に，3 × 4 + 2 × 4 = 20(個)ずつあるので，この立体に残っている立方体で，他の立方体と接していない面の数は全部で，40 × 2 + 20 × 2 = 120(個)　他の立方体の面と接していない面が表面に出ている面なので，この120個の面の面積の合計が表面積になる。立方体1個は1辺の長さが1cmで，1つの面の面積が，1 × 1 = 1 (cm^2)なので，残った立体の表面積は120cm^2。

図1

	×	×	
	×	×	

1段目，4段目

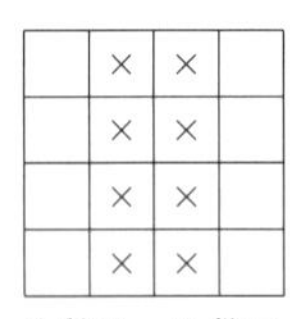

2段目，3段目

図2

3	4	4	3
3			3
3			3
3	4	4	3

1段目，4段目

3			3
2			2
2			2
3			3

2段目，3段目

9 できる立体は円柱で，底面の円の周の長さが62.8cmなので，底面の円の半径は，62.8 ÷ 3.14 ÷ 2 = 10(cm)　よって，円柱の底面積は，10 × 10 × 3.14 = 314 (cm^2)で，高さが10cmなので，体積は，314 × 10 = 3140 (cm^3)

10 面積が21cm^2の長方形の横の長さは，$21 \div 4 = \dfrac{21}{4}$ (cm)　面積が62cm^2の長方形の横の長さは，$13 - \dfrac{21}{4} = \dfrac{31}{4}$ (cm)　たての長さは，$62 \div \dfrac{31}{4} = 8$ (cm)　よって，斜線部分の面積は，$(8-4) \times \left(15 - \dfrac{31}{4}\right) = 29$ (cm^2)

第67回

1 $\dfrac{19}{40}$　2 2018　3 $\dfrac{1}{3}$　4 71(点)　5 6000(円)　6 (順に) 1，20，14.5　7 15　8 18
9 62.8 (cm^3)　10 (順に) 706.5，483.9

解　説

1 与式 $= \dfrac{1}{3} \div \left(\dfrac{6}{5} - \dfrac{2}{3}\right) - \dfrac{9}{5} \times \dfrac{1}{12} = \dfrac{1}{3} \div \dfrac{8}{15} - \dfrac{3}{20} = \dfrac{5}{8} - \dfrac{3}{20} = \dfrac{19}{40}$

2 与式 = 1009 × 1 + (554 + 455) × 3 − 2 × 1009 = 1009 × 1 + 1009 × 3 − 2 × 1009 = 1009 × (1 + 3 − 2) = 1009 × 2 = 2018

3 $\dfrac{4}{9} \div \square - \dfrac{1}{2} = 5 \div 6 = \dfrac{5}{6}$ より，$\dfrac{4}{9} \div \square = \dfrac{5}{6} + \dfrac{1}{2} = \dfrac{4}{3}$　よって，$\square = \dfrac{4}{9} \div \dfrac{4}{3} = \dfrac{1}{3}$

4 6人の得点の合計は，68 × 6 = 408(点)から，408 + 8 + 10 = 426(点)になった。よって，426 ÷ 6 = 71(点)

5 100円ずつ貯金する日数だけ150円ずつ貯金すると，150 × 20 = 3000(円)の差ができる。したがって，100円ずつ貯金するのは，3000 ÷ (150 − 100) = 60(日間)，目標の貯金額は，100 × 60 = 6000(円)

6 J子さんが泳ぐ速さは，(毎分80m) + (流れの速さ)で，G子さんが泳ぐ速さは，(毎分70m) − (流れの速さ)だから，2人が1分間に泳ぐ道のりの和は，80 + 70 = 150(m)　よって，2人が最初に出会ったのは泳ぎ始めてから，$200 \div 150 = 1\dfrac{1}{3}$ (分後)，つまり1分20秒後。また，J子さんが泳いだ道のりは，(200 + 52) ÷ 2 =

126 (m) だから，J子さんが泳ぐ速さは毎分，$126 \div 1\frac{1}{3} = 94.5$ (m)　よって，流れの速さは毎分，$94.5 - 80 = 14.5$ (m)

7 現在の春子さんと母の年令の比は，$\frac{1}{4} : 1 = 1 : 4$ で，3年前の春子さんと父の年令の比は，$\frac{1}{5} : 1 = 1 : 5$　現在の母の年令と3年前の父の年令が同じなので，現在の母の年令の比の数と，3年前の父の年令の比の数を4と5の最小公倍数20にそろえると，現在の春子さんと母の年令の比は，$(1 \times 5) : (4 \times 5) = 5 : 20$ で，3年前の春子さんと父の年令の比は，$(1 \times 4) : (5 \times 4) = 4 : 20$　この比の，$5 - 4 = 1$ にあたる年令が3才だから，現在の春子さんの年令は，$3 \times 5 = 15$ (才)

8 真上から見た図に，真正面から見たときと真横から見たときに上中下段のどの部分に1辺が1cmの立方体があるかを書きこむと，右図のようになる。これに合うように，真上から見た図の各マスに，できるだけ多くの立方体をはり合わせたときに1辺が1cmの立方体のある位置を書きこむと，このときに使われている1辺が1cmの立方体は，$2 + 1 + 2 + 3 + 1 = 9$ (個)　これに1辺が1cmの立方体をはり合わせてできるだけ小さい立方体を作ると，1辺に3個並んだ立方体になり，使う1辺が1cmの立方体は，$3 \times 3 \times 3 = 27$ (個)　よって，はり合わせる1辺が1cmの立方体は少なくとも，$27 - 9 = 18$ (個)

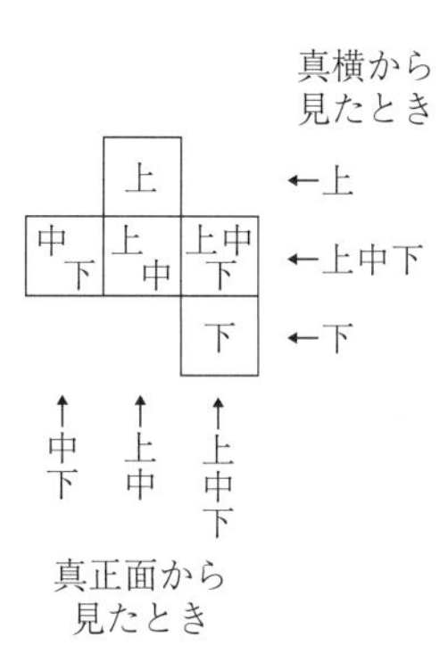

9 右図のように，各点をP～Uとすると，PTとQUが平行より，三角形SPTは三角形SQUの縮図で，$ST : SU = PT : QU = 1 : (2 + 1) = 1 : 3$ なので，$ST = 6 \times \frac{1}{3 - 1} = 3$ (cm)　できる立体は，底面が半径QUの円で高さがSUの円すいから，底面が半径PTの円で高さがSTの円すいと，底面が半径RUの円で高さがTUの円柱を取った立体だから，$3 \times 3 \times 3.14 \times (3 + 6) \times \frac{1}{3} - 1 \times 1 \times 3.14 \times 3 \times \frac{1}{3} - 1 \times 1 \times 3.14 \times 6 = 27 \times 3.14 - 3.14 - 6 \times 3.14 = 62.8$ (cm^3)

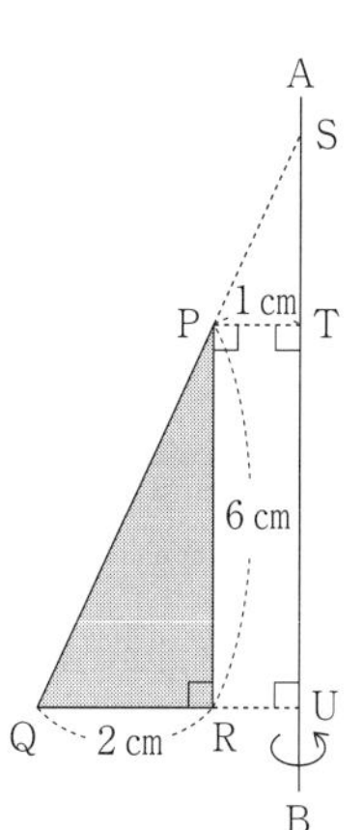

10 底面の円の半径が，$6 \div 2 = 3$ (cm) の円柱の半分と，底面の円の半径が，$(3 + 6 + 3) \div 2 = 6$ (cm) の円柱の半分をはり合わせた立体より，体積は，$3 \times 3 \times 3.14 \div 2 \times 10 + 6 \times 6 \times 3.14 \div 2 \times 10 = 706.5$ (cm^3)　また，側面の曲面部分の面積は，$10 \times (6 \times 2 \times 3.14 \div 2) + 10 \times (6 \times 3.14 \div 2) = 282.6$ (cm^2) で，平面部分の面積は，$10 \times 3 \times 2 = 60$ (cm^2)　よって，表面積は，$70.65 \times 2 + 282.6 + 60 = 483.9$ (cm^2)

第68回

1 $\frac{19}{24}$　2 3300　3 $\frac{8}{5}$　4 7200　5 6000 (円)　6 520 (km)　7 81　8 96 (cm^3)　9 173
10 ㋐ 35 (度)　㋑ 45 (度)

解説

1 与式 $= \frac{2}{3} + \frac{1}{6} \times \left(\frac{5}{4} - \frac{2}{4}\right) = \frac{2}{3} + \frac{1}{6} \times \frac{3}{4} = \frac{2}{3} + \frac{1}{8} = \frac{16}{24} + \frac{3}{24} = \frac{19}{24}$

2 与式 $= \{(145 + 75) + (92 + 128) + (107 + 113)\} \times 5 = (220 + 220 + 220) \times 5 = 660 \times 5 = 3300$

3 $1 - \frac{2}{5} \div \square = \frac{3}{5} \div \frac{4}{5} = \frac{3}{5} \times \frac{5}{4} = \frac{3}{4}$ より，$\frac{2}{5} \div \square = 1 - \frac{3}{4} = \frac{1}{4}$　よって，$\square = \frac{2}{5}$

$\div \frac{1}{4} = \frac{2}{5} \times \frac{4}{1} = \frac{8}{5}$

4 2016年の1月は，31 ÷ 7 = 4あまり3より，金曜日と土曜日と日曜日が，4 + 1 = 5(日)ずつある。よって，この月の日曜日は合計で，60 × 24 × 5 = 7200(分間)

5 10 − 8 = 2(%)にあたる金額が，50 + 60 = 110(円)なので，商品の値段は，$110 \div \frac{2}{100} = 5500$(円)　よって，財布に入っている金額は，$5500 \times \left(1 + \frac{10}{100}\right) - 50 = 6050 - 50 = 6000$(円)

6 AとCの速さの和と，BとCの速さの和の比は，(80 + 50)：(70 + 50) = 13：12　AとCがすれちがうまでに走った道のりの和と，BとCがすれちがうまでに走った道のりの和は，どちらも東京と神戸の間のきょりで同じなので，AとCがすれちがうまでの時間と，BとCがすれちがうまでの時間の比は，速さの和の比の逆の比で，12：13　この比の1にあたる時間は，20 ÷(13 − 12) = 20(分)なので，AとCがすれちがうまでに走った時間は，20 × 12 = 240(分)で，1時間 = 60分より，これは，240 ÷ 60 = 4(時間)　AとCは合わせて1時間に，80 + 50 = 130(km)走るので，東京から神戸までのきょりは，130 × 4 = 520(km)

7 いちばん左に初めて白い碁石が並ぶのが1，左から2番目に初めて白い碁石が並ぶのが3，左から3番目に初めて白い碁石が並ぶのが9となっているから，3，9(= 3 × 3)でそれぞれけたが上がっていると考えることができるので，左から1の位，3の位，9の位と考えることができる。また，黒い碁石はその位の数の2倍を表している。これにより，例えば4は3の位と1の位が白い碁石だから，3 + 1 = 4，7は3の位が黒い碁石で1の位が白い碁石だから，3 × 2 + 1 = 7のように求めることができる。このように考えると，左から4番目は，3 × 3 × 3 = 27(の位)，いちばん右は，3 × 3 × 3 × 3 = 81(の位)と考えることができる。よって，いちばん右にだけ白い碁石を並べると，表す数は81となる。

8 図2の水の入っている部分の形は，底面が，上底5cm，下底7cm，高さが4cmの台形で，高さが4cmの四角柱になっている。よって，入っている水の量は，(5 + 7) × 4 ÷ 2 × 4 = 96 (cm^3)

9 右図のように4つの立体に分けて考えると，5 × 2 × 8 + 5 ×(6 − 4)×(8 − 3) + 2 × 4 ×(8 − 3) +(5 − 2)×(4 − 3)× 1 = 173 (cm^3)

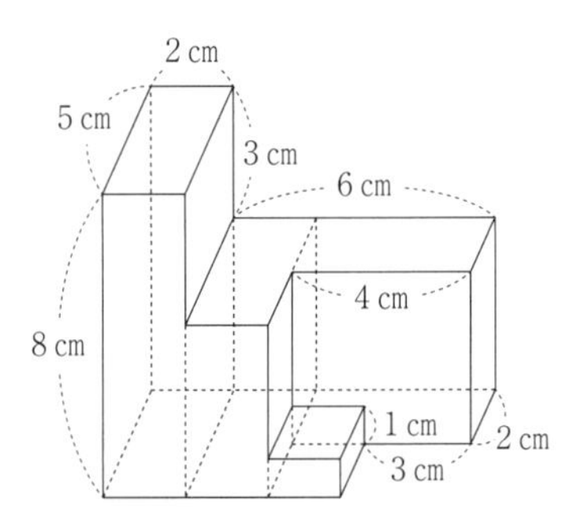

10 三角形CAA′は二等辺三角形だから，㋐の角の大きさは角CAA′の大きさと等しく，(180° − 110°) ÷ 2 = 35°　また，回転した角度により，角BCB′の大きさは110°で，三角形CBB′は二等辺三角形なので，角B′BCの大きさも35°　よって，角ABB′の大きさは，90° − 35° = 55°で，角BAA′の大きさは，角BAC ＋角CAA′ = 45° + 35° = 80°なので，三角形の角より，㋑の角の大きさは，180° −(55° + 80°) = 45°

第69回

1 $\frac{11}{72}$　2 1998　3 $\frac{21}{10}$　4 (ア)・(ウ)　5 4　6 20（本）　7 $49\frac{1}{11}$

8 40（cm^3）　9 866.64　10（右図），$\frac{4131}{8}$（cm^3）

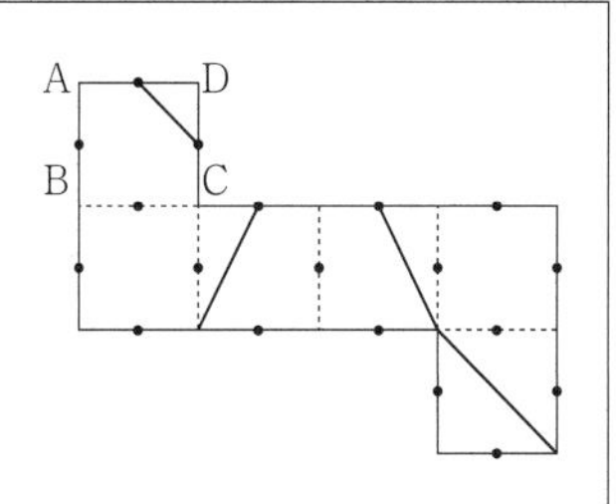

解説

1 与式 $= 2.75 \times \frac{3}{13} \div \frac{54}{13} = \frac{11}{4} \times \frac{3}{13} \times \frac{13}{54} = \frac{11}{72}$

2 与式 $= (234 + 432) + (243 + 423) + (324 + 342) = 666 + 666 + 666 = 1998$

3 $\left(\frac{7}{4} \div \square + \frac{1}{4}\right) \div \frac{13}{4} = \frac{1}{4} + \frac{1}{12} = \frac{1}{3}$ より，$\frac{7}{4} \div \square + \frac{1}{4} = \frac{1}{3} \times \frac{13}{4} = \frac{13}{12}$ だから，$\frac{7}{4} \div \square = \frac{13}{12} - \frac{1}{4} = \frac{5}{6}$　よって，$\square = \frac{7}{4} \div \frac{5}{6} = \frac{21}{10}$

4 算数は60点以上70点未満の区間の人数が9人で一番多く，国語は60点以上70点未満の区間の人数が8人で一番多い。算数の点数と国語の点数の関係はわからないので，算数ができる人は国語もできる傾向にあるかどうかはわからない。算数の最高点は90点以上100点未満の区間の人なので90点台で，国語の最高点は80点以上90点未満の区間の人なので80点台である。算数で70点以上の人は，$1 + 2 + 5 = 8$（人）なので，上から10番目の点数は70点台ではない。よって，グラフの特徴を表した文章としてふさわしいものは，(ア)と(ウ)。

5 12，24，32，52の4個。

6 4m間隔で植えるのに必要な本数は，$120 \div 4 + 1 = 31$（本）　また，3と4と最小公倍数である12m間隔で植えるのに必要な本数は，$120 \div 12 + 1 = 11$（本）　よって，31本のうち11本はすでに植えられているので，求める本数は，$31 - 11 = 20$（本）

7 短針は1時間に，$360° \div 12 = 30°$，1分間に，$30° \div 60 = 0.5°$回り，長針は1分間に，$360° \div 60 = 6°$回る。5時に短針と長針とのなす角は，$30° \times 5 = 150°$で，5時と6時の間で，短針と長針のなす角が120°になる遅い方の時刻は，長針が短針よりも，$150° + 120° = 270°$多く回ったときなので，遅い方の時刻は5時，$270 \div (6 - 0.5) = 49\frac{1}{11}$（分）

8 くり抜かれた立方体を×で表すと，各段の立方体は右図1のようになり，1段目と4段目に，$4 \times 4 - 2 \times 2 = 12$（個），2段目と3段目に，$4 \times 2 = 8$（個）の立方体が残り，全部で，$12 \times 2 + 8 \times 2 = 40$（個）の立方体が残る。立方体1個は1辺の長さが1cmで，体積が，$1 \times 1 \times 1 = 1$（cm^3）なので，残った立体の体積は，$1 \times 40 = 40$（cm^3）

図1

	×	×	
	×	×	

1段目，4段目

	×	×	
	×	×	
	×	×	
	×	×	

2段目，3段目

図2

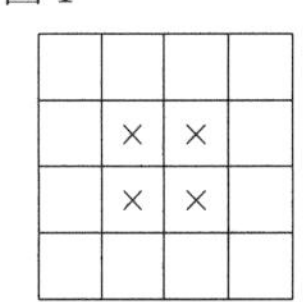

1段目，4段目

，

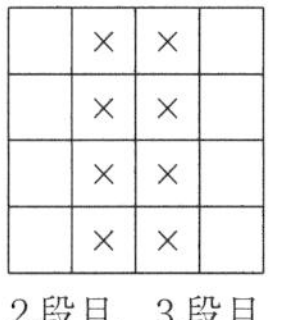

2段目，3段目

9 できる立体は，底面の円の半径が，$2 + 4 + 2 = 8$（cm），高さが3cmの円柱と，底面の円の半径が，$2 + 4 = 6$（cm）の2つの円柱を組み合わせたものから，底面の円の半径が2cm，高さが6cmの円柱を取りのぞいたもの。底面の円の半径が6cmの2つの円柱の高さの和は，$6 - 3 = 3$（cm）より，求める体積は，$8 \times 8 \times 3.14$

$\times 3 + 6 \times 6 \times 3.14 \times 3 - 2 \times 2 \times 3.14 \times 6 = 866.64$ (cm^3)

10 展開図に点を書きこむと，次図Ⅰのようになる。また，次図Ⅱのように，PE，QG，DH を延長すると，点Ⅰで交わり，ID：IH = PD：EH = 1：2　したがって，底面積が，$9 \times 9 \div 2 = \frac{81}{2}$ (cm^2)で高さが，$9 \times 2 = 18$ (cm)の三角すいから，底面積が，$\frac{9}{2} \times \frac{9}{2} \div 2 = \frac{81}{8}$ (cm^2)で高さが 9 cm の三角すいを取りのぞいた立体の体積を立方体の体積からひけばよい。よって，$9 \times 9 \times 9 - \left(\frac{81}{2} \times 18 \times \frac{1}{3} - \frac{81}{8} \times 9 \times \frac{1}{3}\right) = \frac{4131}{8}$ (cm^3)

図Ⅰ

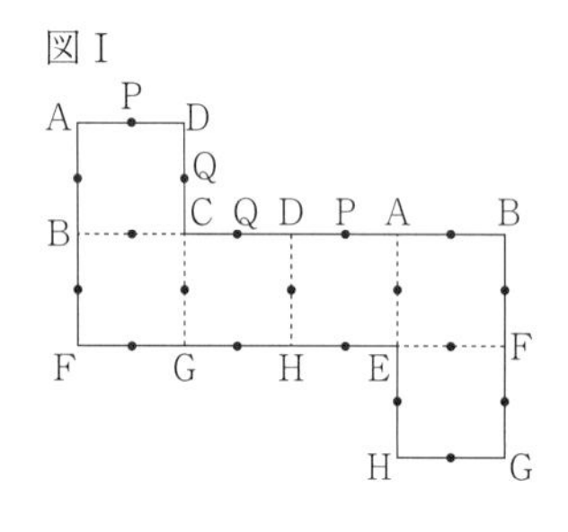

図Ⅱ

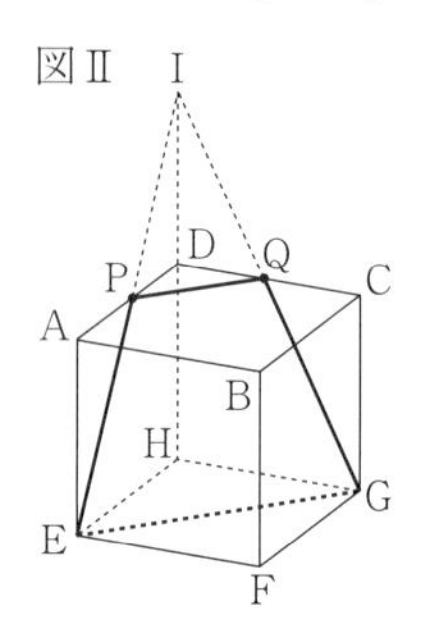

第70回

1 $\frac{23}{429}$　2 100　3 3　4 210　5 1320 (円)　6 21 (個)　7 (原価) 1400 (円)　(利益) 40 (円)
8 48 (度)　9 148　10 ① 64 (cm^2)　② 150 (cm^2)

解　説

1 与式 $= \frac{7}{8} \times \frac{4}{13} \times 2 + \left(\frac{3}{2} + \frac{1}{22}\right) \div \frac{17}{2} - \frac{1}{4} \div \left(\frac{25}{24} - \frac{16}{24}\right) = \frac{7}{13} + \left(\frac{33}{22} + \frac{1}{22}\right) \times \frac{2}{17} - \frac{1}{4} \times \frac{8}{3} = \frac{7}{13} + \frac{17}{11} \times \frac{2}{17} - \frac{2}{3} = \frac{7}{13} + \frac{2}{11} - \frac{2}{3} = \frac{23}{429}$

2 与式 $= \{(24 + 201) + (49 + 176) + (74 + 151) + (99 + 126)\} \div 9 = 225 \times 4 \div 9 = 100$

3 $64 \div \{3 \times (\square + 5) \div 6\} = 84 - 68 = 16$ より，$3 \times (\square + 5) \div 6 = 64 \div 16 = 4$ だから，$3 \times (\square + 5) = 4 \times 6 = 24$ より，$\square + 5 = 24 \div 3 = 8$　よって，$\square = 8 - 5 = 3$

4 こども 1 人の入場料とおとな 1 人の入場料の比は，$\frac{1}{5} : \frac{1}{3} = 3 : 5$　こども 1 人の入場料を 3 とすると，3500 円は，$3 \times 10 + 5 \times 4 = 50$ にあたるので，比の 1 にあたる金額は，$3500 \div 50 = 70$ (円)　よって，こども 1 人の入場料は，$70 \times 3 = 210$ (円)

5 プリン 3 個とゼリー 4 個で 750 円だから，5 倍して，プリン 15 個とゼリー 20 個は，$750 \times 5 = 3750$ (円)　また，プリン 5 個とゼリー 7 個で 1280 円だから，3 倍して，プリン 15 個とゼリー 21 個で，$1280 \times 3 = 3840$ (円)　よって，ゼリーが，$21 - 20 = 1$ (個)で，$3840 - 3750 = 90$ (円)，プリン 1 個は，$(750 - 90 \times 4) \div 3 = 390 \div 3 = 130$ (円)　したがって，プリンとゼリー 6 個ずつで，$(90 + 130) \times 6 = 1320$ (円)

6 $100 - 5 + 10 = 105$ (個)が，A さんがもらったアメの個数の，$1 + 2 + 2 = 5$ (倍)にあたる。よって，$105 \div 5 = 21$ (個)

7 利益の差が定価の 2 割にあたるので，定価は，$(500 - 120) \div 0.2 = 1900$ (円)　よって，原価は，$1900 - 500 = 1400$ (円)　また，400 円の利益を見こんで定価をつけ 2 割引きで売ると利益は，$(1400 + 400) \times (1 - 0.2) - 1400 = 40$ (円)

8 正三角形の1つの角の大きさは60°。また，正五角形の5つの角の和は，$180° \times (5 - 2) = 540°$ なので，1つの角の大きさは，$540° \div 5 = 108°$ で，右図の角イの大きさは，$180° - 108° = 72°$　よって，角ウの大きさは，$180° - (108° + 24°) = 48°$ だから，角アの大きさも48°。

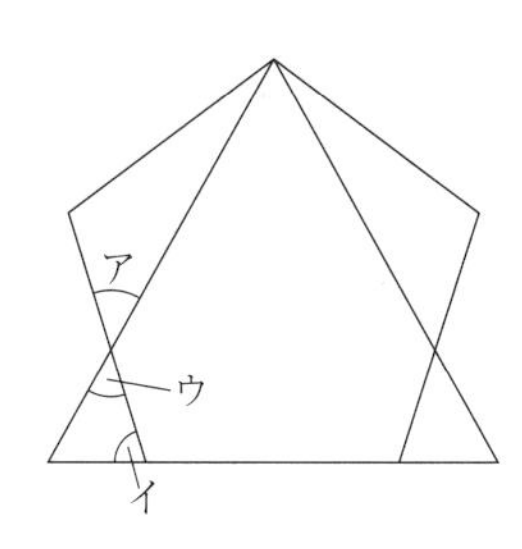

9 $15 \times 2 + 25 \times 2 + 12 \times 4 + 20 = 148$ (cm)

10 ① 8秒で点Pは，$2 \times 8 = 16$ (cm)動く。このとき，点Pは辺AB上にあり，AP = 16cm　また，8秒で点Qは，$1 \times 8 = 8$ (cm)動く。このとき，点Qは辺AD上にあり，AQ = 8cm　よって，このときの三角形PQAの面積は，$16 \times 8 \div 2 = 64$ (cm^2)

② 15秒で点Pは，$2 \times 15 = 30$ (cm)動く。このとき，点Pは辺BC上にあり，$BP = 30 - 20 = 10$ (cm)　また，15秒で点Qは，$1 \times 15 = 15$ (cm)動く。このとき，点Qは辺AD上にあり，AQ = 15cm　よって，このときの三角形PQAの面積は，$15 \times 20 \div 2 = 150$ (cm^2)

第71回

1 $\frac{41}{15}$　2 50　3 $\frac{17}{48}$　4 金　5 42　6 150 (m)　7 14　8 37.68 (cm)　9 39　10 288 (cm^2)

解説

1 与式 $= \frac{19}{6} + \frac{1}{3} \times \frac{1}{5} - \frac{1}{2} = \frac{19}{6} + \frac{1}{15} - \frac{1}{2} = \frac{41}{15}$

2 与式 $= (93 + 7) - (89 + 11) + (83 + 17) - (71 + 29) + (59 + 41) - (53 + 47) + 50 = 100 - 100 + 100 - 100 + 100 - 100 + 50 = 50$

3 $\left(\frac{21}{6} - \square \div \frac{1}{8}\right) \div \frac{2}{5} = 1\frac{1}{3} + \frac{1}{3} = \frac{5}{3}$　よって，$\frac{21}{6} - \square \div \frac{1}{8} = \frac{5}{3} \times \frac{2}{5} = \frac{2}{3}$ より，$\square \div \frac{1}{8} = \frac{21}{6} - \frac{2}{3} = \frac{17}{6}$　よって，$\square = \frac{17}{6} \times \frac{1}{8} = \frac{17}{48}$

4 1月1日の，$30 + 29 + 31 + 30 + 31 + 30 + 31 + 8 = 220$ (日後)が8月8日の月曜日。$220 \div 7 = 31$ あまり3より，1月1日は，8月8日の3日前の曜日と同じになる。よって，1月1日は金曜日。

5 A君とA君のお父さんの年れいの差は，$30 - 6 = 24$ (才)　A君とA君のお父さんの年れいの比が2:3になるとき，A君は，$24 \times \frac{2}{3 - 2} = 48$ (才)だから，$48 - 6 = 42$ (年後)

6 貨物列車の速さは秒速，$18 \times \frac{2}{3} = 12$ (m)なので，電車と貨物列車の長さの和は，$(18 + 12) \times 9 = 270$ (m)　よって，$270 - 120 = 150$ (m)

7 1分間に行列が減る人数は，改札口が1つのときが，$168 \div 84 = 2$ (人)で，2つのときが，$168 \div 24 = 7$ (人)なので，1つの改札口で1分間に通過する人数は，$7 - 2 = 5$ (人)で，1分間に新たに並ぶ人は，$5 - 2 = 3$ (人)　改札口を3つにしたとき，1分間に通過する人数は，$5 \times 3 = 15$ (人)で，新たに1分間に3人並ぶので，行列は1分間に，$15 - 3 = 12$ (人)減る。よって，行列がなくなるまでの時間は，$168 \div 12 = 14$ (分)

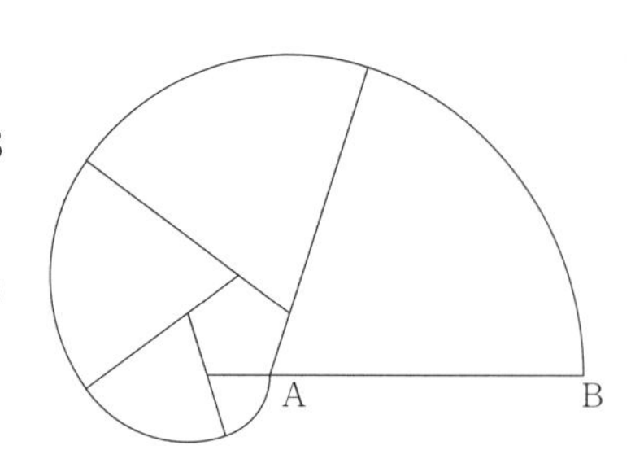

8 正五角形の1つの角の大きさは，$180° \times (5 - 2) \div 5 = 108°$　右図のように，糸の先端Bが動いたあとの線は，半径がそれぞれ10cm，$10 - 2 = 8$ (cm)，$8 - 2 = 6$ (cm)，$6 - 2 = 4$ (cm)，$4 - 2 = 2$ (cm)で中心角が，$180° - 108° = 72°$のおうぎ形の曲線部分を組み合わせた図形だから，その長さは，$(10 + 8 + 6 + 4 + 2) \times 2 \times 3.14 \times \frac{72}{360} = 37.68$ (cm)

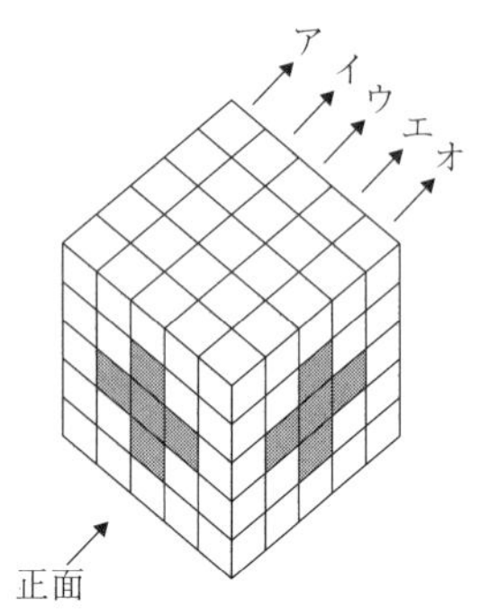

9 正面からくりぬいた立方体は，$5 \times 5 = 25$ (個)　右図のように，大きな立方体をアからオの25個ずつの立方体でできた直方体5つに分ける。横からくりぬいたとき，アとオに5個ずつ，イとエに2個ずつくりぬかれる立方体が増える。よって，求める個数は，$25 + 5 \times 2 + 2 \times 2 = 39$ (個)

10 三角形AODと三角形COBは拡大・縮小の関係より，AO：OC ＝ DO：OB ＝ 10：14 ＝ 5：7なので，三角形ABO ＝三角形DOC ＝三角形AOD × $\frac{7}{5} = 50 \times \frac{7}{5} = 70$ (cm²)　また，三角形BCO ＝三角形ABO $\times \frac{7}{5} = 70 \times \frac{7}{5} = 98$ (cm²)　よって，台形ABCD ＝ $50 + 70 + 70 + 98 = 288$ (cm²)

第72回

1 2　2 50　3 10　4 23，58，93　5 3500　6 300　7 8 (時間)　8 7.2 (cm)　9 29 (cm²)
10 $261\frac{2}{3}$

解説

1 与式＝ $\frac{44}{35} \div \frac{4}{7} - \frac{1}{5} = \frac{11}{5} - \frac{1}{5} = 2$

2 与式＝ $0.8 \times 25 \times (7.2 - 4.7) = 20 \times 2.5 = 50$

3 $\frac{15}{\square \times 7 - 64} = 7\frac{1}{2} \times \frac{1}{3} = \frac{15}{2} \times \frac{1}{3} = \frac{15}{6}$　よって，$\square \times 7 - 64 = 6$ より，$\square = (64 + 6) \div 7 = 10$

4 7を加えると5の倍数になる数は，小さい順に，3，8，13，18，23，…となり，5を加えると7の倍数になる数は，小さい順に，2，9，16，23，…となるので，両方に共通する数のうち，もっとも小さい数は23となる。7を加えると5の倍数になる数は5ごと，5を加えると7の倍数になる数は7ごとに現れるので，両方に共通する数は，5と7の最小公倍数である35ごとに現れる。よって，求める数は，23，$23 + 35 = 58$，$58 + 35 = 93$

5 今日の所持金の，$1 - \frac{4}{5} = \frac{1}{5}$ が500円なので，今日の所持金は，$500 \div \frac{1}{5} = 2500$ (円)で，1000円もらう前の所持金は，$2500 - 1000 = 1500$ (円)　これがきのうの所持金の，$1 - \frac{7}{10} = \frac{3}{10}$ なので，きのうの所持金は，$1500 \div \frac{3}{10} = 5000$ (円)　よって，遊園地の入場券は，$5000 \times \frac{7}{10} = 3500$ (円)

6 2つの買い方を合わせると，$650 + 550 = 1200$ (円)　このとき，買う個数は，りんごが，$1 + 3 = 4$ (つ)，みかんが，2 + 2 = 4（つ），ぶどうが，3 + 1 = 4（つ）になるので，1200円はりんご1つ，みかん1つ，ぶどう1つを買う場合の4倍の金額。よって，りんご1つ，みかん1つ，ぶどう1つを買うと，1200 ÷ 4 = 300（円）

7 ワタル君が1日にする仕事の量は，$\frac{3}{10} \div 7 = \frac{3}{70}$　15日間でする仕事の量は，$\frac{3}{70} \times 15 = \frac{9}{14}$ だから，最終日にした仕事の量は，$1 - \frac{3}{10} - \frac{9}{14} = \frac{2}{35}$　これより，$\frac{2}{35} - \frac{3}{70} = \frac{1}{70}$ が2時間でする仕事の量にあたるから，最終日に仕事をした時間は，$2 \times \left(\frac{2}{35} \div \frac{1}{70}\right) = 8$（時間）

8 右図のように，点Cを直線BDに対して対称移動させた点Eをとると，CP = EPだから，APとEPの長さの和が最小になる場合を考えればよく，これは直線AEと直線BDの交点を点Pとしたとき。三角形ABPと三角形EDPは，拡大・縮小の関係なので，AB：ED = BP：DP = 3：2　よって，$BP = 12 \times \frac{3}{3+2} = 7.2$（cm）

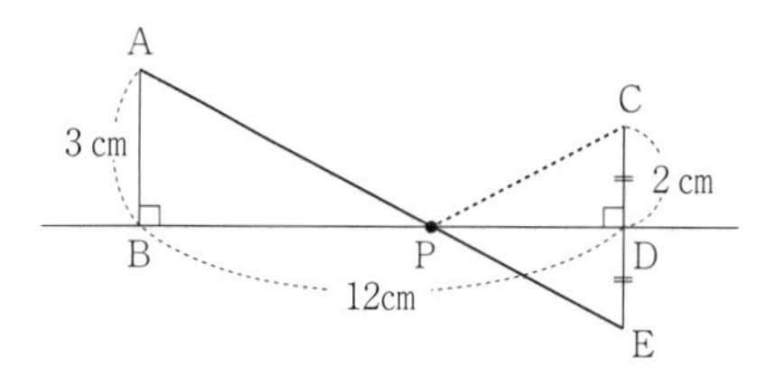

9 右図で，三角形BEGは直角二等辺三角形で，その面積は，$2 \times 2 \div 2 = 2$（cm^2）また，三角形HDIと三角形FCIも直角二等辺三角形で，FI = FC =（12 + 2）− 8 = 6（cm）より，DI = 8 − 6 = 2（cm）　三角形HDIは，底辺が2cm，高さが，2 ÷ 2 = 1（cm）となるから，その面積は，$2 \times 1 \div 2 = 1$（cm^2）　よって，求める面積は，$8 \times 8 \div 2 - 2 - 1 = 29$（$cm^2$）

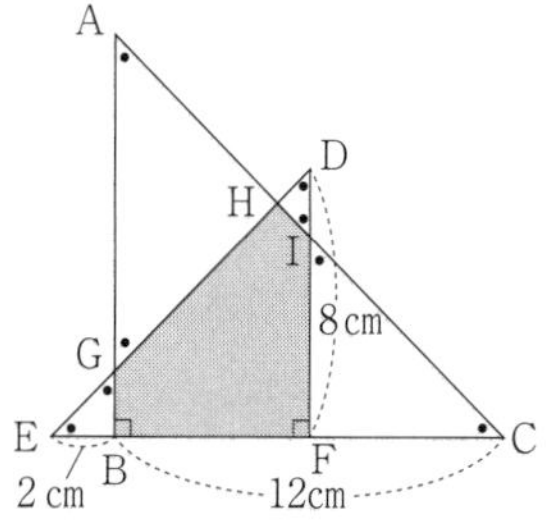

10 斜線部分を左右のおうぎ形と真ん中の長方形に分ける。左右のおうぎ形はともに半径10cm，中心角90°のおうぎ形で，2つ合わせると面積は，$10 \times 10 \times 3.14 \times \frac{90}{360} \times 2 = 157$（$cm^2$）　真ん中の長方形は，たてが10cm，横がおうぎ形ABCの曲線部分の長さに等しく，$10 \times 2 \times 3.14 \times \frac{60}{360} = \frac{10}{3} \times 3.14$（cm）なので，面積は，$10 \times \frac{10}{3} \times 3.14 = 104\frac{2}{3}$（$cm^2$）　よって，斜線部分の面積は，$157 + 104\frac{2}{3} = 261\frac{2}{3}$（$cm^2$）

第73回

1 5　2 990　3 3　4 7（人）　5 10.9（%）　6 55番目　7 5（か所）　8 134.4（cm^2）　9 64（cm）
10 ① 144（cm^3）　② 3.5（cm）

解説

1 与式 $= \frac{3}{10} \div \left(\frac{1}{8} + \frac{2}{15} \times \frac{5}{16}\right) \div \frac{9}{25} = \frac{3}{10} \div \left(\frac{1}{8} + \frac{1}{24}\right) \div \frac{9}{25} = \frac{3}{10} \div \frac{1}{6} \div \frac{9}{25} = 5$

2 与式 = 2017 ÷ 2.017 − 20.17 ÷ 2.017 = 1000 − 10 = 990

3 $\left(\square - \frac{3}{4}\right) \div 3.75 = 2 - 1\frac{2}{5} = \frac{3}{5}$ より，$\square - \frac{3}{4} = \frac{3}{5} \times 3.75 = \frac{3}{5} \times \frac{15}{4} = \frac{9}{4}$ だから，$\square = \frac{9}{4} + \frac{3}{4} = 3$

4 308人のうち，$308 \times \frac{5}{5+6} = 140$（人）が男子で，308 − 140 = 168（人）が女子。女子の人数は変わらないので，はじめの男子の人数は，$168 \times \frac{19}{24} = 133$（人）で，転校してきたのは，140 − 133 = 7（人）

5 Aを，$77 \div 11 = 7$ (g)，Bを，$55 \div 11 = 5$ (g)混ぜたときの濃度は9.4％で，ふくまれる食塩の量は，$(7 + 5) \times 0.094 = 1.128$ (g)　また，Aを，$36 \div 9 = 4$ (g)，Bを，$45 \div 9 = 5$ (g)混ぜたときの濃度は8.9％で，ふくまれる食塩の量は，$(4 + 5) \times 0.089 = 0.801$ (g)　これより，A，$7 - 4 = 3$ (g)にふくまれる食塩の量は，$1.128 - 0.801 = 0.327$ (g)だから，Aの濃度は，$0.327 \div 3 \times 100 = 10.9$ (％)

6 1組目が1，2組目が1と2，3組目が1と2と3，…のように数が並んでいる。はじめて10が現れるのは10組目の最後の数なので，$1 + 2 + \cdots + 9 + 10 = 55$ (番目)

7 22分で入場する人は，$550 + 10 \times 22 = 770$ (人)より，1分間に，$770 \div 22 = 35$ (人)入場すればよい。よって，$35 \div 7 = 5$ (か所)

8 三角形BCDの面積は，$16 \times 12 \div 2 = 96$ (cm^2)だから，三角形BCDの底辺をBCとしたときの高さは，$96 \times 2 \div 20 = 9.6$ (cm)　よって，台形ABCDの面積は，$(8 + 20) \times 9.6 \div 2 = 134.4$ (cm^2)

9 水面の高さは，はじめの7分間で，$4 \times 2 \times 7 = 56$ (cm)高くなり，残りの，$9 - 7 = 2$ (分間)で，$4 \times 2 = 8$ (cm)高くなる。よって，$56 + 8 = 64$ (cm)

10 ① $6 \times 6 \times 6 - 2 \times 2 \times 6 \times 3 = 144$ (cm^3)

② かたむけると，右図の3つの三角柱の部分にあった水が流れ出る。その体積は，$(2 \times 2 \div 2) \times 6 \times 3 = 36$ (cm^3)なので，残っている水の体積は，$144 - 36 = 108$ (cm^3)　容器の一番下の段の部分には，$6 \times 2 \times 6 = 72$ (cm^3)の水が入る。したがって，2段目の部分に，$108 - 72 = 36$ (cm^3)の水がある。よって，求める水面の高さは，$2 + 36 \div (6 \times 4) = 3.5$ (cm)

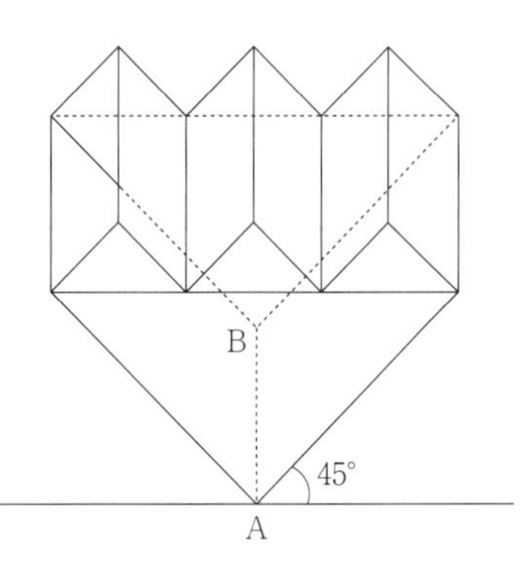

第74回

1 3　2 11　3 $\frac{6}{5}$　4 (分速) 72 (m)　5 16　6 3375 (円)　7 (分速) 35 (m)　8 2：3　9 210
10 282.6 (cm^2)

解説

1 与式$= \frac{12}{5} + \frac{3}{4} \times \frac{1}{2} \div \frac{5}{8} = \frac{12}{5} + \frac{3}{5} = 3$

2 与式$= 11 \times 5 \times 10 - 11 \times 49 = 11 \times 50 - 11 \times 49 = 11 \times (50 - 49) = 11$

3 $\frac{9}{5} + \square \div \frac{3}{13} = 4 \times \frac{7}{4} = 7$より，$\square \div \frac{3}{13} = 7 - \frac{9}{5} = \frac{26}{5}$　よって，$\square = \frac{26}{5} \times \frac{3}{13} = \frac{6}{5}$

4 家から学校までの道のりを1とすると，行きにかかった時間は，$1 \div 120 = \frac{1}{120}$で，往復にかかった時間は，$1 \times 2 \div 90 = \frac{1}{45}$なので，帰りにかかった時間は，$\frac{1}{45} - \frac{1}{120} = \frac{1}{72}$　よって，Aさんの歩く速さは分速，$1 \div \frac{1}{72} = 72$ (m)

5 父とA君の年令の差は変わらないので，比の数の差を，$5 - 1 = 4$と，$3 - 1 = 2$の最小公倍数の4にそろえると，8年前の年令の比は5：1で，現在の年令の比は，$(3 \times 2) : (1 \times 2) = 6 : 2$　この比の，$6 - 5 = 1$にあたるのが8才だから，現在のA君の年令は，$8 \times 2 = 16$ (才)

6 11％引きで売ったときと，6％引きで売ったときの1個あたりの利益の比は，$\frac{1}{10} : \frac{1}{5} = 1 : 2$　この比の，

$2 - 1 = 1$ にあたるのが定価の，$11 - 6 = 5$ (%)なので，定価の 11 %引きで売っても定価の 5 %の利益があることになる。よって，定価で売ったときの利益は，定価の，$11 + 5 = 16$ (%)で，これが 540 円なので，この品物の定価は，$540 \div 0.16 = 3375$ (円)

7 2人の速さの和と速さの差の比は，$\left(1 \div 2\frac{15}{60}\right) : \left(1 \div 5\frac{24}{60}\right) = 12 : 5$ より，A 君と B 君の速さの比は，$(12 + 5) : (12 - 5) = 17 : 7$　よって，B 君の速さは分速，$85 \times \frac{7}{17} = 35$ (m)

8 CE : CA = 1 : 2 より，三角形 EBC の面積は，三角形 ABC の面積の $\frac{1}{2}$。三角形 ABE の面積も三角形 ABC の面積の $\frac{1}{2}$ で，DB : AB = 2 : 3 より，三角形 DBE の面積は，三角形 ABC の面積の，$\frac{1}{2} \times \frac{2}{3} = \frac{1}{3}$　よって，三角形 DBE と三角形 EBC の面積の比は，$\frac{1}{3} : \frac{1}{2} = 2 : 3$

9 前後左右から見ると，立方体の面は，$1 + 2 + 3 + 4 + 5 + 6 + 7 = 28$ (個)見える。また，上下から見ると，立方体の面は，$7 \times 7 = 49$ (個分)見える。よって，$(1 \times 1) \times (28 \times 4 + 49 \times 2) = 210$ (cm^2)

10 円すいの側面を展開図にしたおうぎ形の中心角の大きさは 360° の，$\frac{3 \times 2 \times 3.14}{5 \times 2 \times 3.14} = \frac{3}{5}$ なので，円すいの側面の面積は，$5 \times 5 \times 3.14 \times \frac{3}{5} = 47.1$ (cm^2)　また，円柱の側面積は，$10 \times (3 \times 2 \times 3.14) = 188.4$ (cm^2)　よって，求める表面積は，$47.1 \times 2 + 188.4 = 282.6$ (cm^2)

第75回

1 3　2 4　3 $\frac{3}{8}$　4 日　5 24　6 170　7 75 (g)　8 113.04cm^3　9 9 (cm^2)　10 20

解説

1 与式 $= \frac{1}{4} \times 8 + \frac{3}{10} \times \frac{5}{8} \times \frac{16}{3} = 2 + 1 = 3$

2 与式 $= (2 + 0.017) \times 1.983 + 0.017 \times 0.017 = 2 \times 1.983 + 0.017 \times 1.983 + 0.017 \times 0.017 = 2 \times 1.983 + 0.017 \times (1.983 + 0.017) = 2 \times 1.983 + 0.017 \times 2 = 2 \times (1.983 + 0.017) = 2 \times 2 = 4$

3 $\frac{1}{2} \times \left(\frac{7}{2} \div \frac{4}{3} - \square\right) = \frac{13}{8} - \frac{1}{2} = \frac{9}{8}$ より，$\frac{7}{2} \div \frac{4}{3} - \square = \frac{9}{8} \div \frac{1}{2} = \frac{9}{4}$　よって，$\square = \frac{7}{2} \div \frac{4}{3} - \frac{9}{4} = \frac{3}{8}$

4 $(30 - 1) + 31 + 30 + 31 + 31 + 30 + 31 + 27 = 240$ (日後)の曜日を考えればよい。よって，$240 \div 7 = 34$ あまり 2 より，金曜日から 2 日後の日曜日。

5 1 番目は 4 人中 1 人を選ぶので 4 通り，2 番目は残る 3 人中 1 人を選ぶので 3 通り，3 番目は残る 2 人中 1 人を選ぶので 2 通り，4 番目は残る 1 人なので，$4 \times 3 \times 2 \times 1 = 24$ (通り)

6 列車の速さを変えずに全長 580m の鉄橋を渡るのにかかる時間は，$30 \times 2 = 60$ (秒)　よって，列車の速さは秒速，$(580 - 80) \div (60 - 20) = 12.5$ (m)　列車の長さは，$12.5 \times 20 - 80 = 170$ (m)

7 食塩の量について面積図で表すと，右図のようになる。かげをつけた2つの長方形の面積は等しいから，$(8-3)\times$ア$=(11-8)\times$イより，ア：イ＝3：5　よって，3％の食塩水は，$200\times\dfrac{3}{3+5}=75$（g）

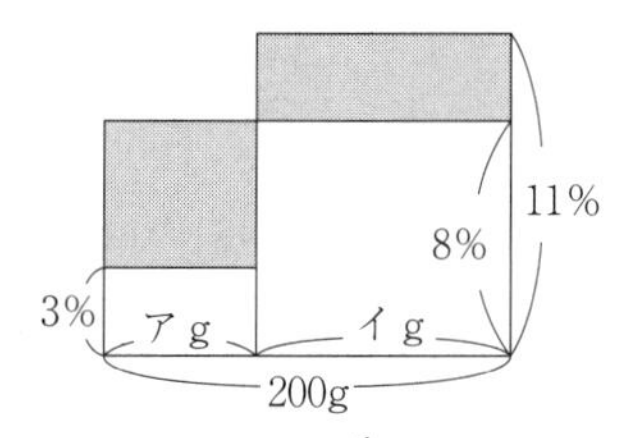

8 円柱の体積は，$3\times3\times3.14\times3=84.78$（$cm^3$）で，円すいの体積は，$3\times3\times3.14\times3\times\dfrac{1}{3}=28.26$（$cm^3$）　したがって，半球の体積は，$84.78-28.26=56.52$（$cm^3$）　よって，求める体積は，$56.52\times2=113.04$（$cm^3$）

9 平行四辺形は1本の対角線で面積を2等分するので，三角形ABDの面積は，$144\div2=72$（cm^2）　APはADの長さの半分なので，三角形ABPの面積は，$72\div2=36$（cm^2）　右図のように，AQとBPの交点をR，BCとAQをのばした直線の交点をSとする。ADとCSは平行なので，三角形AQDは三角形SQCの拡大図で，QD：QC＝2：1より，CSの長さはDAの長さの$\dfrac{1}{2}$。同様に，APとBSは平行なので，三角形ARPは三角形SRBの縮図で，PR：BR＝AP：SB＝$\dfrac{1}{2}:\left(1+\dfrac{1}{2}\right)=1:3$　よって，RPの長さはBPの長さの，$1\div(1+3)=\dfrac{1}{4}$なので，かげをつけた部分の面積は，$36\times\dfrac{1}{4}=9$（cm^2）

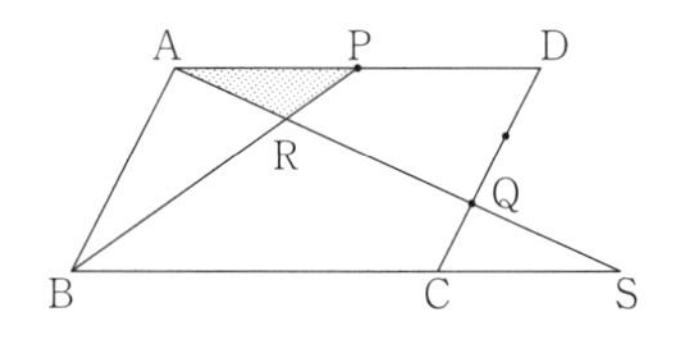

10 机で見えない面の目の和は，$3+6=9$　2個のサイコロがくっついている面の和は，$6+5=11$となるときが最も大きい。よって，$9+11=20$

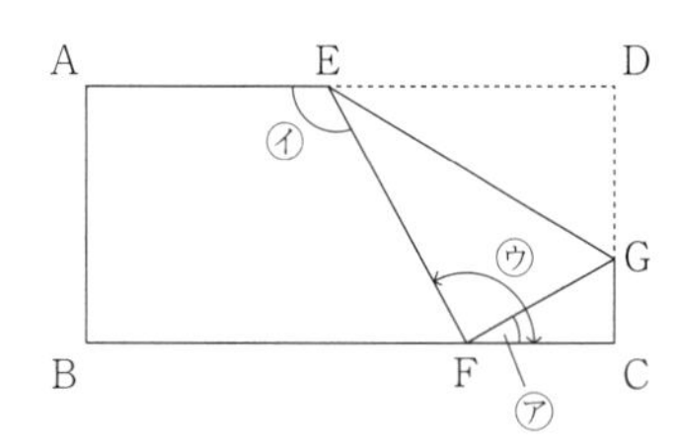

第76回

1 $\dfrac{2}{3}$　2 9999　3 20　4 195　5 300（円）　6 10　7 1326（円）　8 9.5（cm^3）　9 10.24（cm） 10 あ 45（度）　い 40（度）

解説

1 与式$=\left(\dfrac{13}{3}-\dfrac{1}{5}\right)\div\dfrac{31}{5}=\dfrac{62}{15}\times\dfrac{5}{31}=\dfrac{2}{3}$

2 与式$=(9876-876)+(7654-6754)+(5432-5342)+9=9000+900+90+9=9999$

3 $\square\times0.31+2\dfrac{2}{5}=3.6\times\dfrac{43}{18}=\dfrac{43}{5}$より，$\square\times0.31=\dfrac{43}{5}-2\dfrac{2}{5}=\dfrac{31}{5}$　よって，$\square=\dfrac{31}{5}\div0.31=20$

4 6で割っても16で割っても3余る整数は，6と16の公倍数である48の倍数より3大きい数である。$200\div48=4$余り8より，200に近い数を考えると，$48\times4+3=195$，$48\times5+3=243$　よって，求める数は195。

5 $40-15=25$（円）が，最初にお金を使った後に残ったお金の，$1-\dfrac{5}{6}=\dfrac{1}{6}$にあたる。したがって，このときに残ったお金は，$25\div\dfrac{1}{6}=150$（円）　よって，はじめに持っていたお金の，$1-\dfrac{2}{5}=\dfrac{3}{5}$が，$150+30=$

180（円）なので，$180 \div \frac{3}{5} = 300$（円）

6 100g すてたあとの食塩水にふくまれる食塩の重さは，$0.12 \times (600 - 100) = 60$（g）　水を加えても食塩の重さは変わらないから，$60 \div 600 \times 100 = 10$（%）

7 兄が弟に所持金を渡しても，2 人の所持金の合計は変わらない。これより，2 人の所持金の合計を，$13 + 11 = 24$ と，$3 + 13 = 16$ の最小公倍数である 48 とすると，はじめの兄の所持金は，$13 \times (48 \div 24) = 26$，弟に 867 円渡した後の兄の所持金は，$3 \times (48 \div 16) = 9$ と表せるから，867 円が，$26 - 9 = 17$ にあたる。よって，はじめの兄の所持金は，$867 \div 17 \times 26 = 1326$（円）

8 右図のように，切り口が DE と交わる点を I とすると，面 ABC と面 DEF が平行より，AG と IH が平行になり，三角形 IEH は三角形 ABG の縮図になる。$BG = 6 \times \frac{1}{1+1} = 3$（cm），$EH = 6 \times \frac{1}{1+2} = 2$（cm）より，IE : AB = EH : BG = 2 : 3 なので，$IE = 3 \times \frac{2}{3} = 2$（cm）　さらに，AI，BE，GH をのばした直線が交わった点を P とすると，IE と AB が平行より，三角形 IPE は三角形 APB の縮図で，PE : PB = IE : AB = 2 : 3 なので，$PE = 3 \times \frac{2}{3-2} = 6$（cm）　体積を求める立体は，三角すい P—ABG から三角すい P—IEH を取った立体なので，その体積は，$\frac{1}{3} \times 3 \times 3 \div 2 \times (6 + 3) - \frac{1}{3} \times 2 \times 2 \div 2 \times 6 = 9.5$（$cm^3$）

9 カップの底面からおもりの底面をのぞいた底面積は，$10 \times 10 \times 3.14 - 6 \times 6 \times 3.14 = 64 \times 3.14$（$cm^2$）なので，水の量は，$64 \times 3.14 \times 16 = 1024 \times 3.14$（$cm^3$）　よって，はじめの高さは，$1024 \times 3.14 \div (10 \times 10 \times 3.14) = 10.24$（cm）

10 次図Ⅰの三角形 ABC は角 BCA が，$90° - 20° \times 2 = 50°$ の二等辺三角形なので，角 BAC の大きさは，$(180° - 50°) \div 2 = 65°$　よって，㋐の角の大きさは，$180° - 65° - (180° - 90° - 20°) = 45°$　$25° + 20° = 45°$ より，次図Ⅱのように折り返すことができるので，$180° - (20° + 90°) = 70°$ より，㋑の角の大きさは，$180° - 70° \times 2 = 40°$

図Ⅰ

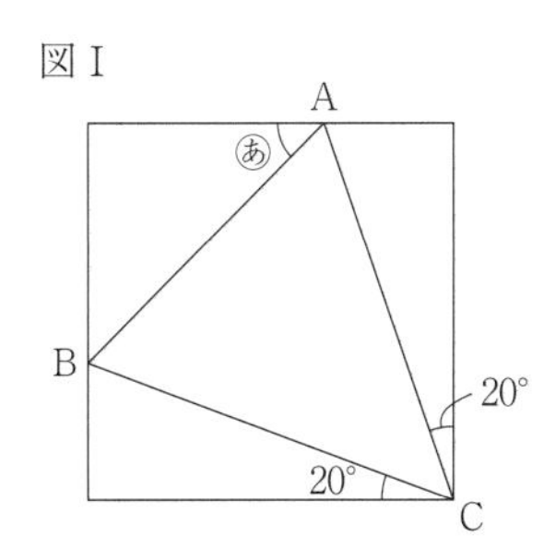

図Ⅱ

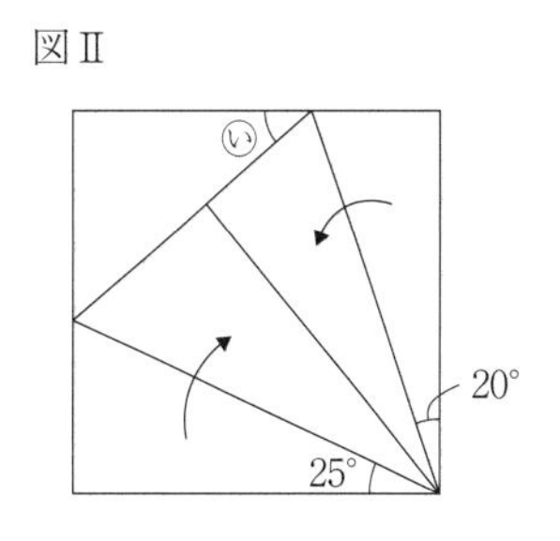

第 77 回

1 $\frac{1}{24}$	2 2.9	3 22	4 84	5 1000	6 2011（m）	7 106	8 6（cm）	9 69.08（cm）
10 69.08（cm）								

解　説

1 与式 $= \frac{11}{12} - \left(\frac{3}{8} \div \frac{3}{5} + \frac{1}{4}\right) = \frac{11}{12} - \left(\frac{5}{8} + \frac{1}{4}\right) = \frac{11}{12} - \frac{7}{8} = \frac{1}{24}$

2 与式 = $0.29 \times 87 - 0.29 \times 2 \times 6.5 - 0.29 \times 4 \times 16 = 0.29 \times 87 - 0.29 \times 13 - 0.29 \times 64 = 0.29 \times (87 - 13 - 64) = 0.29 \times 10 = 2.9$

3 $3 + (\square \times 3 - 49) - 12 = 164 \div 20.5 = 8$ より，$3 + (\square \times 3 - 49) = 8 + 12 = 20$ だから，$\square \times 3 - 49 = 20 - 3 = 17$ となり，$\square \times 3 = 17 + 49 = 66$　よって，$\square = 66 \div 3 = 22$

4 AとBの合計点は，$71.5 \times 2 = 143$（点）　BとCの合計点は，$76 \times 2 = 152$（点）　AとCの合計点は，$79.5 \times 2 = 159$（点）　よって，AとBとCの合計点は，$(143 + 152 + 159) \div 2 = 227$（点）　したがって，Cの点数は，$227 - 143 = 84$（点）

5 原価を1とすると，定価は，$1 + 0.3 = 1.3$，実際の売り値は，$1.3 \times (1 - 0.1) = 1.17$ になるので，利益は，$1.17 - 1 = 0.17$ にあたる。よって，原価は，$170 \div 0.17 = 1000$（円）

6 普通列車の速さは秒速，$1000 \times 72 \div 60 \div 60 = 20$（m）で，特急列車の速さは秒速，$1000 \times 86.4 \div 60 \div 60 = 24$（m）　普通電車がトンネルに完全に入ったとき，普通列車の先頭部分は特急列車の先頭部分より131m前にあり，特急列車がトンネルから完全に出たとき，特急列車の先頭部分は普通列車の先頭部分より245m前にあるので，この間に特急列車は普通列車より，$131 + 245 = 376$（m）多く走っている。特急列車は普通列車より1秒間に，$24 - 20 = 4$（m）多く走るので，376m多く走るのにかかる時間は，$376 \div 4 = 94$（秒）　この間に普通列車は，$20 \times 94 = 1880$（m）走る。トンネルの長さはこれより普通列車の長さだけ長いので，$1880 + 131 = 2011$（m）

7 読むページ数は，1日目が1ページ，2日目が2（$= 1 + 1$）ページ，3日目が4（$= 1 + 1 + 2$）ページ，4日目が7（$= 1 + 1 + 2 + 3$）ページ，5日目が11（$= 1 + 1 + 2 + 3 + 4$）ページ，…となり，それまでのページ数を足したものになっている。よって，15日目は，$1 + 1 + 2 + \cdots + 14 = 106$（ページ）

8 底面の円の円周の長さは，$1 \times 2 \times 3.14 = 2 \times 3.14$（cm）で，半径6cmの円の円周の長さは，$6 \times 2 \times 3.14 = 12 \times 3.14$（cm）なので，この円すいの展開図をかくと，側面は，半径6cmの円の，$(2 \times 3.14) \div (12 \times 3.14) = \frac{1}{6}$ のおうぎ形で，中心角は，$360° \times \frac{1}{6} = 60°$

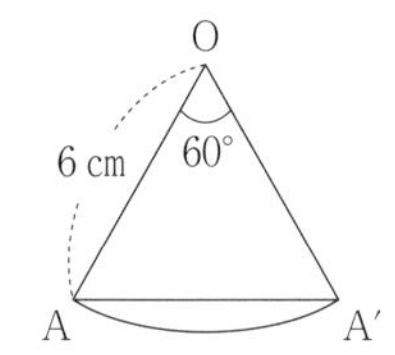

この円すいの展開図の側面部分は，右図のおうぎ形OAA′になり，糸の長さが最も短くなるとき，その糸は直線AA′になる。三角形OAA′は正三角形なので，最も短くなるときの糸の長さは6cm。

9 点Pは，右図の太線部分を動く。点Pが動いてできる8つのおうぎ形の中心角の和は，$(180° - 60°) \times 4 + (360° - 90° - 60°) \times 4 = 1320°$ だから，求める長さは，$3 \times 2 \times 3.14 \times \frac{1320}{360} = 69.08$（cm）

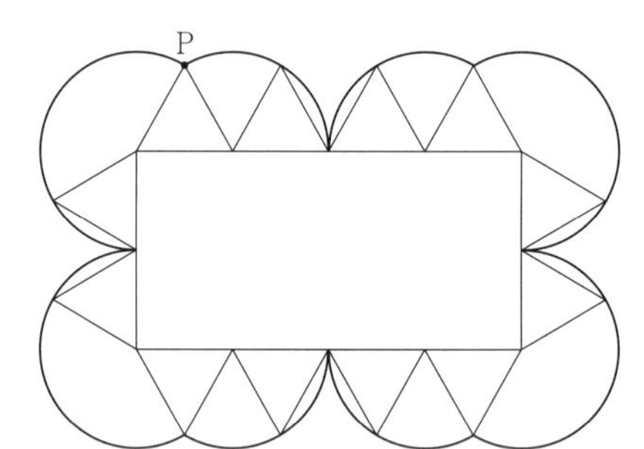

10 円の中心が描く線は右図の太線部分になり，すべて半径，$3 + 3 = 6$（cm）のおうぎ形の曲線部分になっている。あ $= 60°$，い $= 120°$，う $= 180°$ より，$6 \times 2 \times 3.14 \times \frac{60}{360} + 6 \times 2 \times 3.14 \times \frac{120}{360} \times 2 + 6 \times 2 \times 3.14 \times \frac{180}{360} \times 2 = 69.08$（cm）

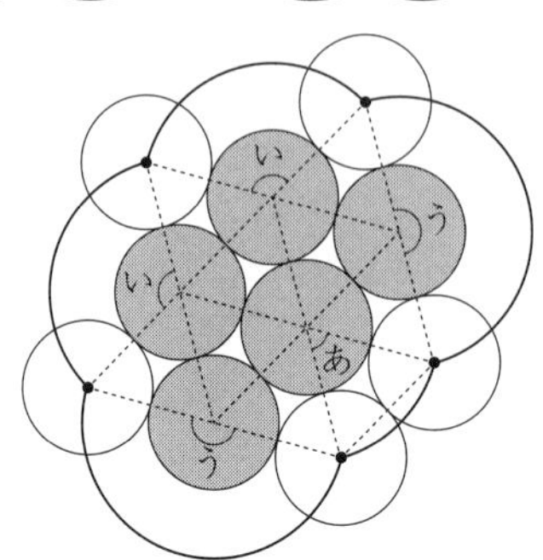

第78回

1 28	2 $\frac{3}{8}$	3 22	4 2880円	5 350	6 ア．123　イ．82	7 6(倍)	8 14	9 44(度)	10 90

解　説

1 与式 $= \left(\frac{1}{6} \div \frac{1}{4} + \frac{2}{5} \times \frac{5}{6}\right) \times 28 = \left(\frac{2}{3} + \frac{1}{3}\right) \times 28 = 1 \times 28 = 28$

2 $\frac{1}{2} \times \frac{1}{3} = \frac{1}{2} - \frac{1}{3}$ のように表せるので，与式 $= \left(\frac{1}{2} - \frac{1}{3}\right) + \left(\frac{1}{3} - \frac{1}{4}\right) + \left(\frac{1}{4} - \frac{1}{5}\right) + \left(\frac{1}{5} - \frac{1}{6}\right) + \left(\frac{1}{6} - \frac{1}{7}\right) + \left(\frac{1}{7} - \frac{1}{8}\right) = \frac{1}{2} - \frac{1}{8} = \frac{3}{8}$

3 $\{39 - (\square + 6) \div 4\} \times 58 = 2017 - 161 = 1856$ より，$39 - (\square + 6) \div 4 = 1856 \div 58 = 32$ なので，$(\square + 6) \div 4 = 39 - 32 = 7$　よって，$\square + 6 = 7 \times 4 = 28$ より，$\square = 28 - 6 = 22$

4 定価は，$3000 \times (1 + 0.2) = 3600$ (円)なので，売り値は，$3600 \times (1 - 0.2) = 2880$ (円)

5 水を蒸発させても食塩水にふくまれる食塩の重さは，$600 \times 0.03 = 18$ (g)で変わらない。これが7.2％にあたる食塩水の重さは，$18 \div 0.072 = 250$ (g)　よって，蒸発させた水の重さは，$600 - 250 = 350$ (g)

6 2つの数の和は，$41 \div \frac{1}{5} = 205$　よって，2つの数は，$(205 + 41) \div 2 = 123$ と，$123 - 41 = 82$

7 上りと下りにかかる時間の比は，$56 : 40 = 7 : 5$ なので，速さの比は $5 : 7$ となり，川の流れの速さは，$(7 - 5) \div 2 = 1$　よって，流れのないところを進む船の速さは，$7 - 1 = 6$ なので，川の流れの速さの，$6 \div 1 = 6$ (倍)

8 上の面の目の数は2と5以外の1，3，4，6のいずれかなので，上の面の目の数の和で最も小さいのは，$1 + 1 + 1 = 3$ で，最も大きいのは，$6 + 6 + 6 = 18$　この3から18までのうち，3つの目の数の和が4と17になることはない。よって，$(18 - 3 + 1) - 2 = 14$ (種類)

9 右図で，折りまげる前後で同じ角より，イの角の大きさは22°で，HFがADと平行より，HFはABと垂直だから，三角形AHEの角より，ウの角の大きさは，$180° - (22° \times 2 + 90°) = 46°$　折りまげる前に正方形の角だったことより，アの角とウの角を合わせると直角になるので，アの角の大きさは，$90° - 46° = 44°$

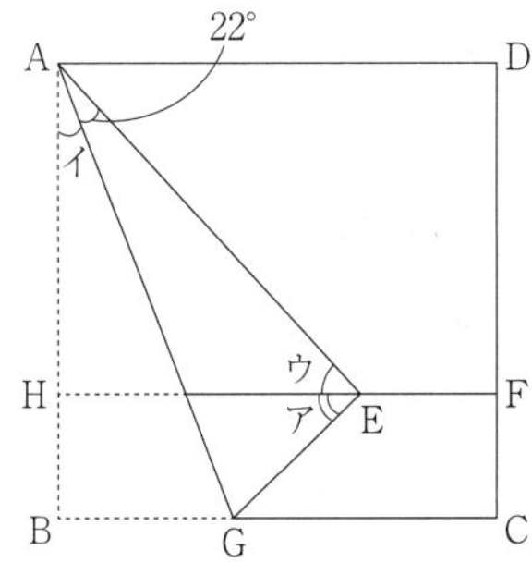

10 右図のように対角線ACをひくと，三角形ABCの面積は，$12 \times 9 \div 2 = 54$ (cm^2)　また，三角形ABCと三角形ADCで，底辺をBC，ADとしたときの高さは等しいので，2つの三角形の面積の比はBC：ADに等しく，$12 : 8 = 3 : 2$　よって，三角形ADCの面積は，$54 \times \frac{2}{3} = 36$ (cm^2)で，台形の面積は，$54 + 36 = 90$ (cm^2)

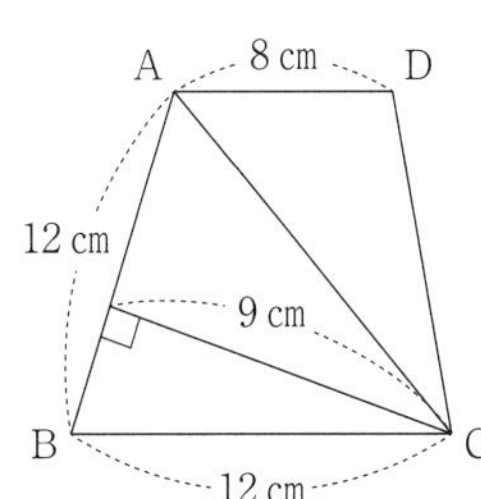

第79回

1 1　2 $\frac{2}{9}$　3 $\frac{1}{4}$　4 83　5 28(個)　6 37人, 42人, 47人　7 60(分)　8 80(cm^2)　9 15(cm)　10 50.24(cm^2)

解説

1 与式$= 1.25 + \frac{1}{5} - 0.45 = 1.25 + 0.2 - 0.45 = 1$

2 与式 $= \left(\frac{1}{1} - \frac{1}{3}\right) \times \frac{1}{2} - \left(\frac{1}{3} - \frac{1}{5}\right) \times \frac{1}{2} - \left(\frac{1}{5} - \frac{1}{7}\right) \times \frac{1}{2} - \left(\frac{1}{7} - \frac{1}{9}\right) \times \frac{1}{2} = \left(1 - \frac{1}{3} - \frac{1}{3} + \frac{1}{5} - \frac{1}{5} + \frac{1}{7} - \frac{1}{7} + \frac{1}{9}\right) \times \frac{1}{2} = \left(\frac{1}{3} + \frac{1}{9}\right) \times \frac{1}{2} = \frac{2}{9}$

3 $(3 + \square) \times 2 - \frac{1}{2} = 2 \times 3 = 6$ より，$(3 + \square) \times 2 = 6 + \frac{1}{2} = \frac{13}{2}$ だから，$3 + \square = \frac{13}{2} \div 2 = \frac{13}{4}$　よって，$\square = \frac{13}{4} - 3 = \frac{1}{4}$

4 3と4と7の最小公倍数より1小さい数を求めればよいから，$84 - 1 = 83$

5 1番目が1個，2番目が，$1 + 2 = 3$(個)，3番目が，$1 + 2 + 3 = 6$(個)，…となっている。よって，7番目には，$1 + 2 + \cdots + 6 + 7 = 28$(個)

6 あとから子どもが4人やってきたときの座り方で考えると，1脚に5人ずつ座ると，$2 + 4 = 6$(人)が座れなくなり，1脚に7人ずつ座ると，最後の長いすには1人以上7人以下の人数が座っているので，あと，$(7 - 7) + 7 = 7$(人)以上，$(7 - 1) + 7 = 13$(人)以下の人数が座れることになる。これより，1脚に座る人数が，$7 - 5 = 2$(人)増えると，座ることのできる人数は，$6 + 7 = 13$(人)以上，$6 + 13 = 19$(人)以下だけ増えることになるが，座ることのできる人数が奇数の場合は，1脚に座る人数の差の2で割ると，長いすの数が整数にならないので，ありえない。座ることのできる人数が14人増える場合，長いすの数は，$14 \div 2 = 7$(脚)だから，最初にいた子どもの人数は，$5 \times 7 + 2 = 37$(人)　16人増える場合，長いすの数は，$16 \div 2 = 8$(脚)だから，最初にいた子どもの人数は，$5 \times 8 + 2 = 42$(人)　18人増える場合，長いすの数は，$18 \div 2 = 9$(脚)だから，最初にいた子どもの人数は，$5 \times 9 + 2 = 47$(人)

7 じゃ口1本で水を入れたとき，40分で満水になるから，1分間に，$600 \div 40 = 15$(L)ずつ水がたまる。じゃ口2本で水を入れたとき，15分で満水になるから，1分間に，$600 \div 15 = 40$(L)ずつ水がたまる。よって，じゃ口1本で1分間に入れる水の量は，$40 - 15 = 25$(L)だから，1分間に穴から流れ出る水の量は，$25 - 15 = 10$(L)　これより，満水の状態でじゃ口を止めたとき，そこから，$600 \div 10 = 60$(分)で空になる。

8 次図1で，四角形AGSL，BIQH，CKRJの，SGとQH，QIとRJ，RKとSLを合わせると，次図2のように，円Pが内部にぴったり接している三角形ができる。この三角形は，三角形ABCの縮図で，TUの長さは，BCとQRの長さの差である6cmとなる。三角形DEFも三角形ABCの縮図になるので，三角形ABC，三角形DEF，図2の三角形は，辺の長さの比が，20：8：6 = 10：4：3で，面積の比は，$(10 \times 10) : (4 \times 4) : (3 \times 3) = 100 : 16 : 9$　円Pの面積が，$1 \times 1 \times 3.14 = 3.14$($cm^2$)より，三角形DEFと図2の三角形の面積の和が，$16.86 + 3.14 = 20$($cm^2$)なので，三角形ABCの面積は，$20 \times \frac{100}{16 + 9} = 80$($cm^2$)

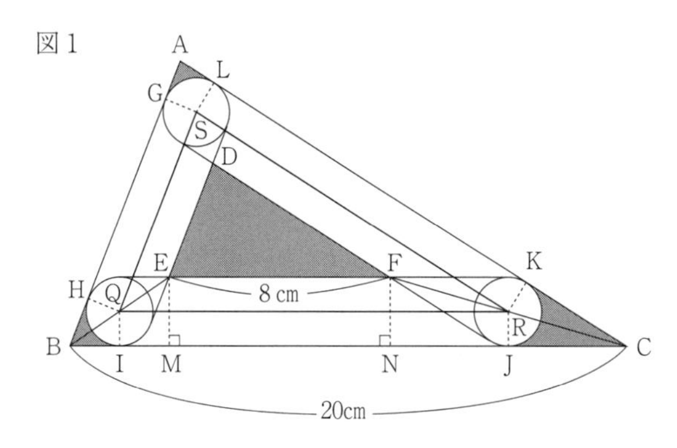

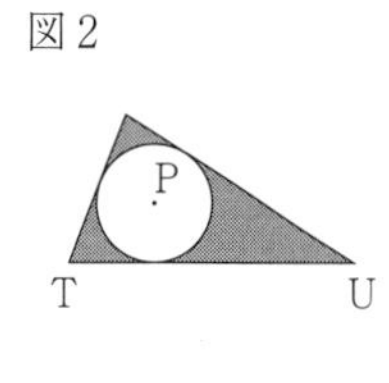

9 入っている水の体積は，$20 \times 30 \times 30 = 18000$ (cm^3)　水そうをたおしたときの底面積は，$30 \times 40 = 1200$ (cm^2)なので，このときの水の高さは，$18000 \div 1200 = 15$ (cm)

10 右図のように色のついた部分を移動させると，半径 6 cm の半円から半径 2 cm の半円をのぞいた部分の面積を求めることになる。よって，$6 \times 6 \times 3.14 \div 2 - 2 \times 2 \times 3.14 \div 2 = 50.24$ (cm^2)

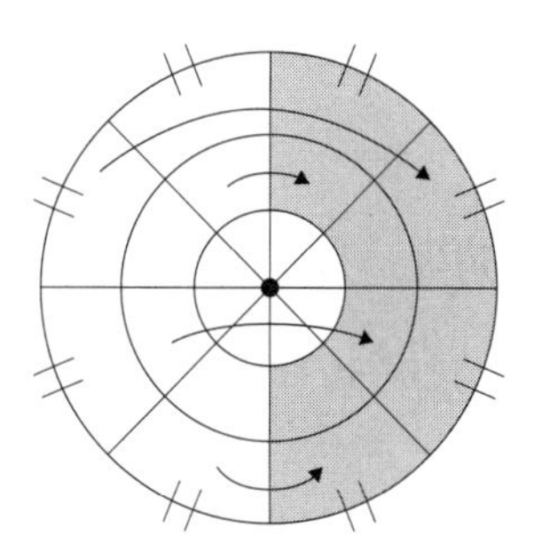

第80回

1 2　2 $\frac{4}{33}$　3 13　4 228（人）　5 3　6 4（日）

7（急行列車）（秒速）25（m）（普通列車）（秒速）15（m）　8 $\frac{27}{5}$（cm）　9 あ. $\frac{1}{8}$　い. $\frac{1}{4}$　10 180

解　説

1 与式 $= \left(\frac{13}{4} - \frac{11}{6}\right) \times \left(\frac{11}{8} - \frac{7}{40}\right) \div \frac{17}{20} = \left(\frac{39}{12} - \frac{22}{12}\right) \times \left(\frac{55}{40} - \frac{7}{40}\right) \times \frac{20}{17} = \frac{17}{12} \times \frac{6}{5} \times \frac{20}{17} = 2$

2 与式 $= \left(\frac{1}{3} - \frac{1}{5}\right) \times \frac{1}{2} + \left(\frac{1}{5} - \frac{1}{7}\right) \times \frac{1}{2} + \left(\frac{1}{7} - \frac{1}{9}\right) \times \frac{1}{2} + \left(\frac{1}{9} - \frac{1}{11}\right) \times \frac{1}{2}$

$= \left(\frac{1}{3} - \frac{1}{5} + \frac{1}{5} - \frac{1}{7} + \frac{1}{7} - \frac{1}{9} + \frac{1}{9} - \frac{1}{11}\right) \times \frac{1}{2} = \left(\frac{1}{3} - \frac{1}{11}\right) \times \frac{1}{2} = \frac{8}{33} \times \frac{1}{2} = \frac{4}{33}$

3 $\left(\frac{16}{3} + \square\right) \div \frac{20}{3} - 2 = \frac{13}{8} - \frac{7}{8} = \frac{3}{4}$ より，$\left(\frac{16}{3} + \square\right) \div \frac{20}{3} = \frac{3}{4} + 2 = \frac{11}{4}$ だから，$\frac{16}{3} + \square = \frac{11}{4} \times \frac{20}{3} = \frac{55}{3}$　よって，$\square = \frac{55}{3} - \frac{16}{3} = 13$

4 国語が 60° で，数学は，60° × 2 = 120°，英語は 60° より 28 人多い。よって，28 + 48 = 76（人）が，360° − (60° + 120° + 60°) = 120° にあたるので，全員の人数は，$76 \times \frac{360°}{120°} = 228$（人）

5 4 %の食塩水 300g にとけている食塩は，$300 \times 0.04 = 12$ (g)　よって，水を 100g 混ぜた後の食塩水のこさは，$12 \div (300 + 100) \times 100 = 3$ (%)

6 仕事全体の量を 1 とすると，1 日にする仕事の量は，A さんが $\frac{1}{15}$，B さんが $\frac{1}{10}$，C さんが $\frac{1}{12}$ で，A さんと B さんの 2 人が 4 日間でした仕事の量は，$\left(\frac{1}{15} + \frac{1}{10}\right) \times 4 = \frac{2}{3}$　よって，C さんが仕事をした日数は，

$\left(1-\dfrac{2}{3}\right)\div\dfrac{1}{12}=4$（日）

7 2つの列車が出会ってから離れるまでの時間より，急行列車と普通列車の速さの和は秒速，$(220+140)\div 9=40$（m）　また，急行列車が普通列車に追いついてから完全に追いぬくまでの時間から，急行列車の速さは普通列車の速さより秒速，$(220+140)\div 36=10$（m）速い。よって，急行列車の速さは秒速，$(40+10)\div 2=25$（m）で，普通列車の速さは秒速，$40-25=15$（m）

8 右図で，Qは辺CDのまん中の点だから，三角形DPQと三角形CPQの面積は等しく，直線PQは台形ABCDの面積を2等分しているから，三角形APDと三角形BPCの面積も等しくなる。三角形APDと三角形BPCの底辺をそれぞれAD，BCとすると，底辺の比が，$8:12=2:3$だから，高さの比は$3:2$になる。高さの比はAP：BPの比と等しくなるから，$AP:BP=3:2$　よって，$AP=9\times\dfrac{3}{3+2}=\dfrac{27}{5}$（cm）

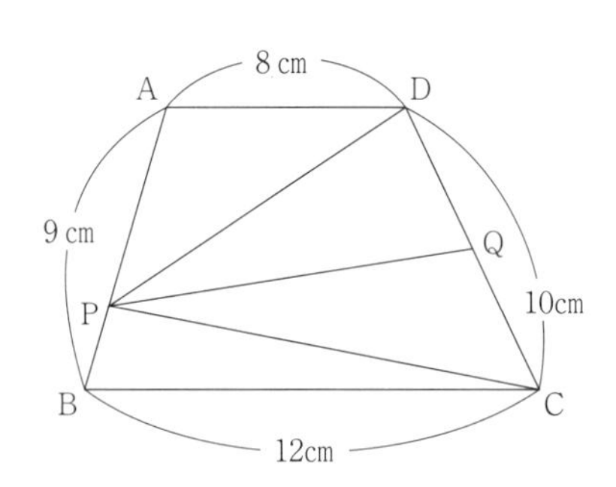

9 4つの点A，P，Q，Rを頂点とする三角すいは，三角すいA―PQRで，3点P，Q，Rがそれぞれ辺AB，AC，ADの真ん中の点なので，これは立体アを$\dfrac{1}{2}$に縮小した立体。よって，この三角すいは，立体アと比べて，底面積が，$\dfrac{1}{2}\times\dfrac{1}{2}=\dfrac{1}{4}$（倍）で，高さが$\dfrac{1}{2}$倍になるので，体積は，$\dfrac{1}{4}\times\dfrac{1}{2}=\dfrac{1}{8}$（倍）　ここで，右図1のように，対角線の長さが2cmの正方形の面6つで囲まれた立方体の内部に太線のような三角すいをつくると，この三角すいは辺の長さがすべて2cmなので立体アとなる。つまり，立体アは，この立方体から，底面積が立方体の1つの面の$\dfrac{1}{2}$で，高さが立方体の1辺の長さと同じ三角すいを4個取った立体なので，立体アの体積はこの立方体の，$1-\dfrac{1}{2}\times 1\div 3\times 4=\dfrac{1}{3}$（倍）

また，右図2のように，この立方体の各面の正方形の対角線が交わる点を結ぶと太線のような立体ができる。これを4点E，F，J，Hを通る面で切ると，断面は右図3のようになり，$LN=2$cm，2点E，Fがそれぞれ辺KN，KLの真ん中の点より，$EF=2\times\dfrac{1}{2}=1$（cm）で，同様に考えると，図2の太線の立体の辺の長さはすべて1cmで，これを面EFJHで2等分した立体が立体イとなる。よって，立体イは，底面積がこの立方体の1つの面の$\dfrac{1}{2}$で，高さが立方体の1辺の長さの$\dfrac{1}{2}$なので，立体イの体積はこの立方体の，$\dfrac{1}{2}\times\dfrac{1}{2}\div 3=\dfrac{1}{12}$（倍）　したがって，立体イの体積は立体アの，$\dfrac{1}{12}\div\dfrac{1}{3}=\dfrac{1}{4}$（倍）

図1

図2

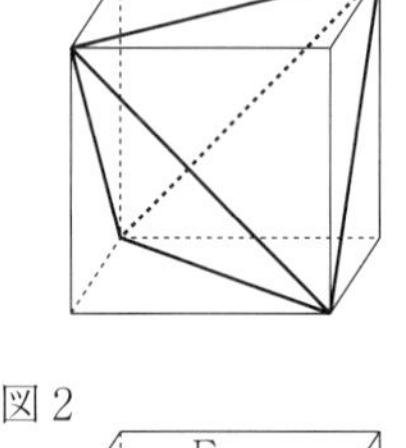

図3

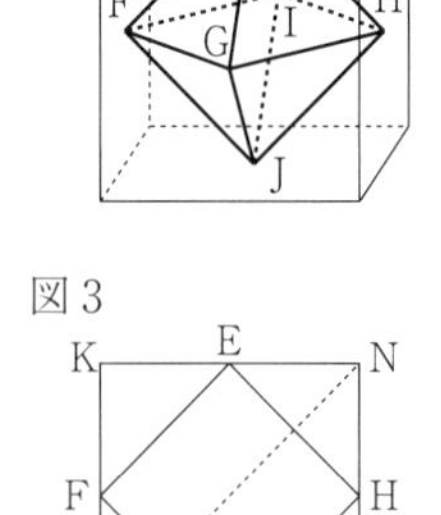

10 右図のように線をひくと，•印の角の大きさは等しいから，角ア＋角イ＝角カ＋角キとなる。よって，角ア＋角イ＋角ウ＋角エ＋角オ＝角カ＋角キ＋角ウ＋角エ＋角オ＝180°

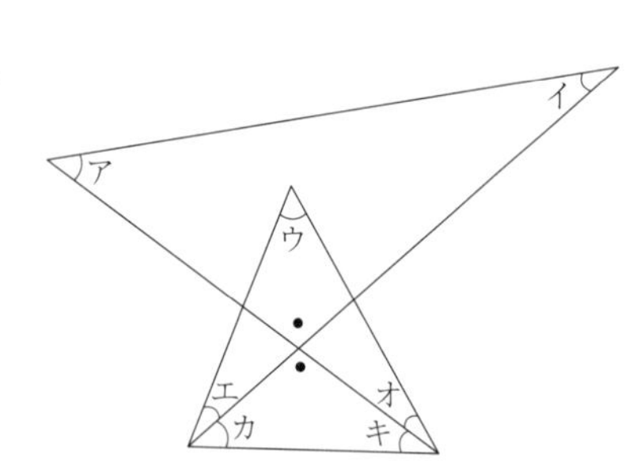

第81回

1 0　2 $\frac{29}{45}$　3 $\frac{5}{8}$　4 12　5 36　6 3755（円）　7 3　8 55（度）　9 33　10 $\frac{1}{12}$（倍）

解　説

1 与式 $= \frac{1}{8} \times \frac{4}{3} \times \frac{4}{3} - \frac{2}{9} = \frac{2}{9} - \frac{2}{9} = 0$

2 与式 $= \left\{\left(\frac{1}{1} - \frac{1}{3}\right) + \left(\frac{1}{2} - \frac{1}{4}\right) + \left(\frac{1}{3} - \frac{1}{5}\right) + \left(\frac{1}{4} - \frac{1}{6}\right) + \left(\frac{1}{5} - \frac{1}{7}\right) + \left(\frac{1}{6} - \frac{1}{8}\right)\right.$
$\left. + \left(\frac{1}{7} - \frac{1}{9}\right) + \left(\frac{1}{8} - \frac{1}{10}\right)\right\} \div 2 = \left(1 + \frac{1}{2} - \frac{1}{9} - \frac{1}{10}\right) \div 2 = \frac{116}{90} \times \frac{1}{2} = \frac{29}{45}$

3 $2 \times (0.375 - \square \div 6) = 0.875 - \frac{1}{3} = \frac{7}{8} - \frac{1}{3} = \frac{13}{24}$ なので，$0.375 - \square \div 6 = \frac{13}{24} \div 2 = \frac{13}{48}$
よって，$\square \div 6 = 0.375 - \frac{13}{48} = \frac{3}{8} - \frac{13}{48} = \frac{5}{48}$ より，$\square = \frac{5}{48} \times 6 = \frac{5}{8}$

4 折り紙の1辺の長さは，108と144の最大公約数である36cm。よって，108 ÷ 36 = 3，144 ÷ 36 = 4より，3 × 4 = 12（枚）

5 長針が1分間に動く角度は，360° ÷ 60 = 6°，短針が1分間に動く角度は，360° ÷ 12 ÷ 60 = 0.5°で，条件より，もし長針が1分間に，$6° \times \frac{1}{2} = 3°$ しか動かないとすると，3時□分には長針と短針が重なることになる。3時ちょうどに長針と短針は90°離れているので，図の時計が表すのは3時，90 ÷ (3 − 0.5) = 36（分）

6 りんご1個とみかん1個の値段の和は，3600 ÷ 12 = 300（円）　りんご1個はみかん1個よりも，25 + 35 = 60（円）高いので，みかん1個は，(300 − 60) ÷ 2 = 120（円）　よって，いま持っているお金は，300 × 12 + 120 + 35 = 3755（円）

7 全問正解すると，30 × 3 = 90（点）　まちがえた問題が1問増えるごとに得点は，3 + 2 = 5（点）低くなるから，まちがえた問題の数は，(90 − 75) ÷ 5 = 3（問）

8 右図の角ⓘの大きさは，180° − (90° + 20°) = 70° なので，角ⓤの大きさは，180° − (45° + 70°) = 65°　よって，角ⓐの大きさは，180° − (65° + 60°) = 55°

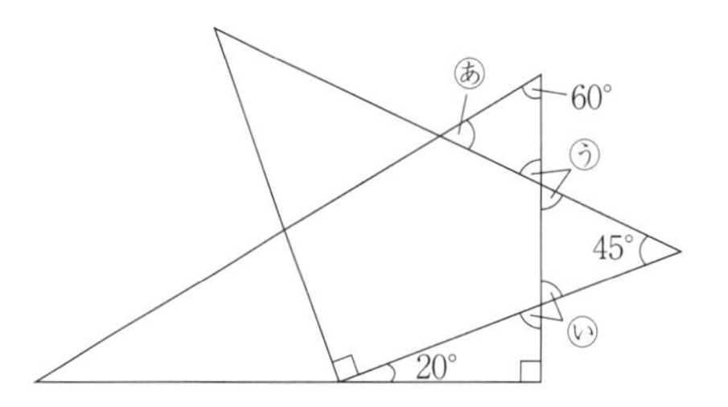

9 右図より，CF = DF = 3cm なので，三角形BCFと三角形EDFは合同な三角形。右図のように移動させると，しゃ線をつけた部分は，長方形から直角三角形を取りのぞいた図形となる。よって，6 × 8 − 6 × 5 ÷ 2 = 33（cm^2）

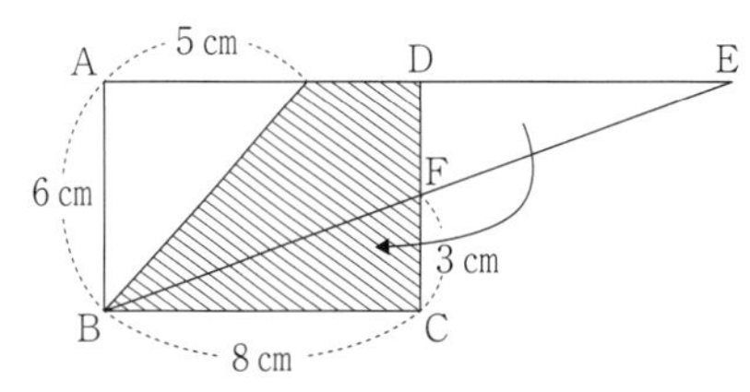

10 BCの長さは，3 × 2 = 6（cm）　斜線部分の三角形FDEは三角形FBCを縮小した三角形で，FE：FC = DE：BC = 3：6 = 1：2より，斜線部分の面積は三角形CDEの面積の，$\frac{1}{1+2} = \frac{1}{3}$（倍）　また，三角形CDEの面積は長方形ABCDの面積の，$\frac{3}{6} \times \frac{1}{2} = \frac{1}{4}$（倍）なので，斜線部分の面積は長方形ABCDの面積の，$\frac{1}{4} \times \frac{1}{3} = \frac{1}{12}$（倍）

第82回

1 0.2　2 $\frac{1}{84}$　3 26　4 (時速) $\frac{21}{5}$ (km)　5 140　6 18 (分)　7 ア. 10　イ. 32　8 131 (度)
9 7.5　10 28

解説

1 与式 $= \left(\frac{5}{3} - \frac{3}{4}\right) \times \left(\frac{3}{11} + 3\right) - 2.8 = \frac{11}{12} \times \frac{36}{11} - 2.8 = 3 - 2.8 = 0.2$

2 与式 $= \left(\frac{1}{12} - \frac{1}{13}\right) + \left(\frac{1}{13} - \frac{1}{15}\right) - \left(\frac{1}{14} - \frac{1}{15}\right) = \frac{1}{12} - \frac{1}{14} = \frac{1}{84}$

3 $\left(\frac{35}{84} - \frac{24}{84}\right) \times \square + \frac{11}{5} = \frac{107}{21} \times \frac{11}{10} = \frac{1177}{210}$ より, $\frac{11}{84} \times \square = \frac{1177}{210} - \frac{11}{5} = \frac{1177}{210} - \frac{462}{210} = \frac{143}{42}$
なので, $\square = \frac{143}{42} \div \frac{11}{84} = \frac{143}{42} \times \frac{84}{11} = 26$

4 A 地点から B 地点までの道のりは, $7 \times 1\frac{1}{2} = \frac{21}{2}$ (km)なので, 帰りは, $\frac{21}{2} \div 3 = \frac{7}{2} = 3\frac{1}{2}$ (時間)かかる。よって, $\frac{21}{2} \times 2 = 21$ (km)を, $1\frac{1}{2} + 3\frac{1}{2} = 5$ (時間)かけて往復するので, 時速, $21 \div 5 = \frac{21}{5}$ (km)

5 男子と女子の合計は, 6 年生全体の, $\frac{3}{5} + \frac{4}{7} = \frac{41}{35}$ より, $6 + 18 = 24$ (人)少ないから, 6 年生全体の, $\frac{41}{35} - 1 = \frac{6}{35}$ にあたるのが 24 人。よって, 6 年生は, $24 \div \frac{6}{35} = 140$ (人)

6 木材を切る回数は, $400 \div 80 - 1 = 4$ (回)　よって, 休む回数は, $4 - 1 = 3$ (回)となるので, $3 \times 4 + 2 \times 3 = 18$ (分)

7 午前 10 時から午前 11 時 20 分までの, 1 時間 20 分 = 80 分で, $160 + 1 \times 80 = 240$ (人)が入場したことになるので, 1 つの窓口で 1 分間に, $240 \div 80 = 3$ (人)が入場できることになる。これより, 窓口を 2 つにすると, 1 分間に, $3 \times 2 = 6$ (人)が入場できるから, 入場を待つ人の人数は 1 分間に, $6 - 1 = 5$ (人)減ることになる, よって, 待っている人がいなくなるのは, $160 \div 5 = 32$ (分後)だから, 午前 10 時 32 分。

8 右図のように三角じょうぎの角度をかきこんで考えると, ㊈の角度は, $45° - 26° = 19°$　太線で示した三角形について考えると, ㋒の角度は, $180° - 30° - 19° = 131°$

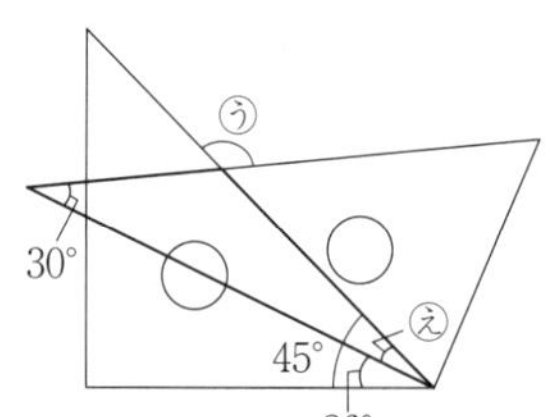

9 点 C と E を結ぶ。長方形 ABCD の面積より, $AB \times BC = 45$ (cm^2)だから, 三角形 EBC の面積は, $BC \times AB \div 2 = 22.5$ (cm^2)　三角形 EBC の底辺を BE とみると, 高さは, CH = 6 cm だから, BE の長さは, $22.5 \times 2 \div 6 = 7.5$ (cm)

10 右図のように, 各点を A〜I とする。AG と IF, IG と CF がそれぞれ平行より, 三角形 ICF は三角形 AIG の縮図で, $AG = 9 - 3 = 6$ (m)より, CF : IG = IF : AG = 3 : 6 = 1 : 2 なので, $CF = 8 \times \frac{1}{2} = 4$ (m)　これより, $CD = 4 + 8 = 12$ (m)　さらに, BC と EF が平行より, 三角形 DBC は三角形 DEF の拡大図で, BC : EF = CD : FD = 12 : 8 = 3 : 2 なので, $BC = 4 \times \frac{3}{2} = 6$ (m)　よって, 三角すい A—BCD の体積は, $\frac{1}{3} \times (12 \times 6 \div 2) \times 9 = 108$ (m^3),

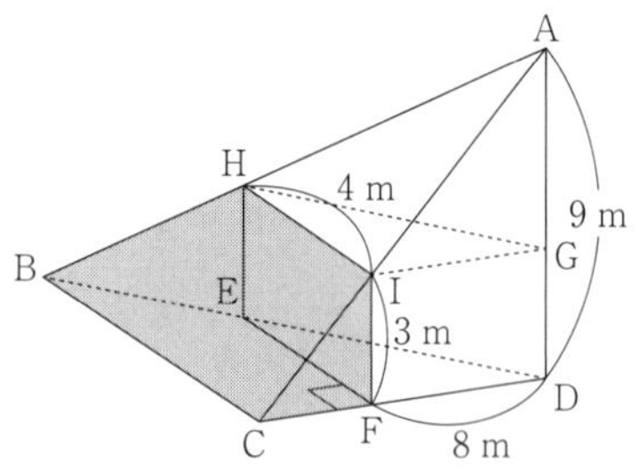

三角すい A—HIG の体積は，$\frac{1}{3} \times (8 \times 4 \div 2) \times 6 = 32$ (m^3)，三角柱 HIG—EFD の体積は，$(8 \times 4 \div 2) \times 3 = 48$ (m^3)なので，影になっている部分の体積は，$108 - (32 + 48) = 28$ (m^3)

第83回

1 $\frac{45}{52}$　2 $\frac{17}{20}$　3 33　4 1386(円)　5 7(通り)　6 12.5(%)　7 6(km)　8 120(度)　9 53.38　10 140(度)

解　説

1 与式 $= \left(\frac{6}{4} + \frac{1}{4}\right) \times \frac{5}{13} \div \left(\frac{12}{9} - \frac{5}{9}\right) = \frac{7}{4} \times \frac{5}{13} \times \frac{9}{7} = \frac{45}{52}$

2 与式 $= 1 - 2 \times \left\{\frac{1}{2} \times \left(\frac{1}{4} - \frac{1}{6}\right) + \frac{1}{2} \times \left(\frac{1}{6} - \frac{1}{8}\right) + \frac{1}{2} \times \left(\frac{1}{8} - \frac{1}{10}\right)\right\} = 1 - 2 \times \left\{\frac{1}{2} \times \left(\frac{1}{4} - \frac{1}{10}\right)\right\} = 1 - 2 \times \frac{1}{2} \times \frac{3}{20} = 1 - \frac{3}{20} = \frac{17}{20}$

3 $2020 \div (\square - 13) + 7 = 18 \times 6 = 108$ より，$2020 \div (\square - 13) = 108 - 7 = 101$　よって，$\square - 13 = 2020 \div 101 = 20$ より，$\square = 20 + 13 = 33$

4 定価は，$1000 \times \left(1 + \frac{4}{10}\right) = 1400$ (円)なので，売値は，$1400 \times \left(1 - \frac{1}{10}\right) \times \frac{110}{100} = 1400 \times \frac{9}{10} \times \frac{11}{10} = 1386$ (円)

5 通れない道と通れない道にしかつながらない道を消して，道の交わっている部分の右下にその地点までの行き方の数を書くと右図のようになるので，進み方は全部で 7 通り。

6 はじめの食塩水にふくまれる食塩は，$1000 \times 0.04 = 40$ (g)なので，これに 24g の食塩を加えると，$40 + 24 = 64$ (g)の食塩がふくまれる，$1000 + 24 = 1024$ (g)の食塩水になる。水を蒸発させて半分にすると，食塩水の重さは，$1024 \div 2 = 512$ (g)になるが，そこにふくまれる食塩は 64g で変わらないので，できた食塩水の濃度は，$64 \div 512 \times 100 = 12.5$ (%)

7 上りの速さは，時速，$30 \div 2 = 15$ (km)　流された距離を上るのにかかった時間は，2 時間 42 分 − 30 分 − 2 時間 = 12 分だから，上りの速さと川の流れの速さの比は，$\frac{1}{12} : \frac{1}{30} = 5 : 2$　よって，川の流れの速さは時速，$15 \times \frac{2}{5} = 6$ (km)

8 右図のように各点を A〜F とすると，正方形と正三角形の 1 辺の長さが等しいので，三角形 ABD は二等辺三角形で，㋐の角の大きさは，$(180° - 60° - 90°) \div 2 = 15°$，㋑の角の大きさは，$90° - 15° = 75°$　同様に，㋒の角の大きさも 75° なので，四角形の角より，角 x の大きさは，$360° - 75° \times 2 - 90° = 120°$

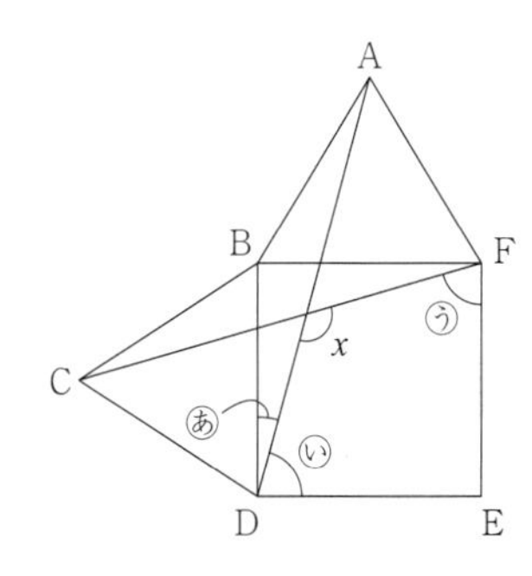

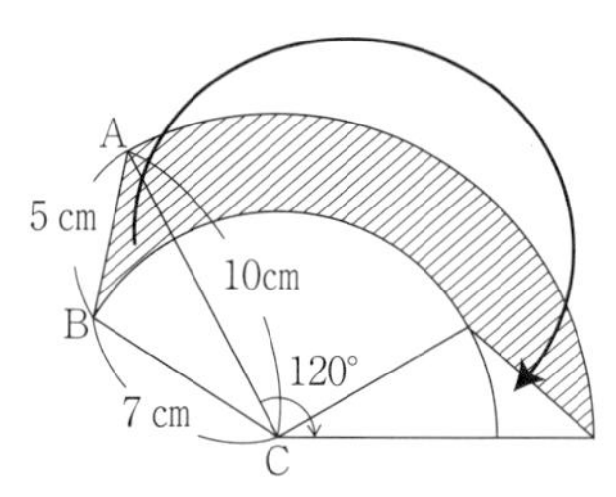

9 右図のようにしゃ線部分を移動させると，半径が 10cm，中心角 120° のおうぎ形から，半径 7 cm，中心角 120° のおうぎ形をのぞいた図形の面積を求めることになる。よって，$10 \times 10 \times 3.14 \times \frac{120}{360} - 7 \times 7 \times 3.14 \times \frac{120}{360} = 51 \times 3.14 \times \frac{1}{3} = 53.38\,(\text{cm}^2)$

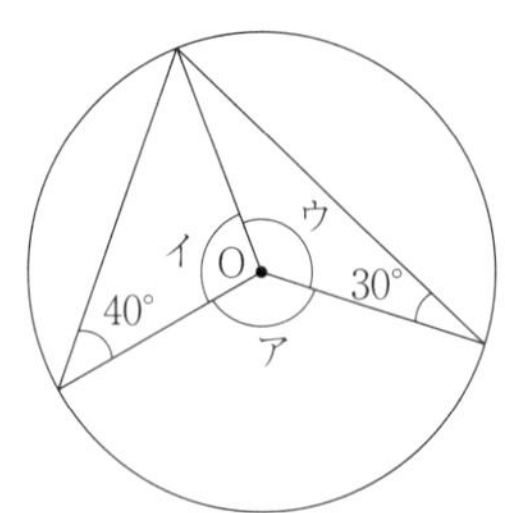

10 右図のように直線をひくと，角イの大きさは，$180° - 40° \times 2 = 100°$，角ウの大きさは，$180° - 30° \times 2 = 120°$　よって，角アの大きさは，$360° - (100° + 120°) = 140°$

第84回

1 3　2 $\frac{4}{9}$　3 10　4 15　5 (午後) 4 (時) 21 (分)　6 19　7 1465 (本)　8 9.42 (cm^2)
9 46 (度)　10 ① ウ　② 150 (cm^3)

解　説

1 与式 $= \frac{7}{12} \times \frac{10}{4} \times \frac{6}{5} + \frac{6}{5} \times \frac{100}{96} = \frac{7}{4} + \frac{5}{4} = 3$

2 与式 $= \frac{1}{3} + \frac{1}{15} + \frac{1}{35} + \frac{1}{63} = \frac{1}{1 \times 3} + \frac{1}{3 \times 5} + \frac{1}{5 \times 7} + \frac{1}{7 \times 9}$　ここで，$\frac{1}{1 \times 3} = \left(\frac{1}{1} - \frac{1}{3}\right) \div 2$ のように表せるので，与式 $= \left\{\left(\frac{1}{1} - \frac{1}{3}\right) + \left(\frac{1}{3} - \frac{1}{5}\right) + \left(\frac{1}{5} - \frac{1}{7}\right) + \left(\frac{1}{7} - \frac{1}{9}\right)\right\} \div 2 = \left(1 - \frac{1}{9}\right) \div 2 = \frac{4}{9}$

3 $17 \times \left(17 + \frac{\square}{17}\right) = 23 \times 13$ より，$17 \times 17 + 17 \times \frac{\square}{17} = 299$ だから，$289 + \square = 299$　よって，$\square = 299 - 289 = 10$

4 与式 $= \frac{1 \times 2 \times 3 \times 4 \times 5 \times 6}{1 \times 2 \times 3 \times 4 \times 1 \times 2} = \frac{5 \times 6}{1 \times 2} = 15$

5 60 分間に置き時計は，$60 + 2 = 62$ (分)，腕時計は，$60 - 2 = 58$ (分) 進む。置き時計が，午後 4 時 39 分 − 正午 = 4 時間 39 分 = 279 分進むとき，正しい時計では，$279 \times \frac{60}{62} = 270$ (分) 進む。このとき，腕時計は，$270 \times \frac{58}{60} = 261$ (分) 進むので，$261 \div 60 = 4$ あまり 21 より，求める時刻は，午後 4 時 21 分。

6 $76 \div (3 + 2 + 3) = 9$ あまり 4 より，赤玉 3 個，白玉 2 個，青玉 3 個のかたまりが 9 つあるので，$2 \times 9 + 1 = 19$ (個)

7 このペンの定価は，$250 \times (1 + 0.2) = 300$ (円) で，1 本売るごとに，$300 - 250 = 50$ (円) の利益があるので，500 本売ったときの利益は，$50 \times 500 = 25000$ (円)　実際の利益は 15350 円だったので，定価の 2 割引きで売ったことにより，$25000 - 15350 = 9650$ (円) の損失が出ている。定価の 2 割引きは，$300 \times (1 - 0.2) = 240$ (円) で，1 本売るごとに，$250 - 240 = 10$ (円) の損失が出るので，定価の 2 割引きで売ったのは，$9650 \div$

10 = 965（本） よって，仕入れたペンは，500 + 965 = 1465（本）

8 3つのおうぎ形の半径は，6 cm，4 cm，2 cm で，中心角はすべて 45°。よって，$6 \times 6 \times 3.14 \times \frac{45}{360} - 4 \times 4 \times 3.14 \times \frac{45}{360} + 2 \times 2 \times 3.14 \times \frac{45}{360} = 9.42$ （cm^2）

9 右図のように正三角形の頂点を通り，長方形の辺と平行な直線を引くと，イの角の大きさは 14°　ウの角の大きさは，60° − 14° = 46°　よって，アの角の大きさは 46°。

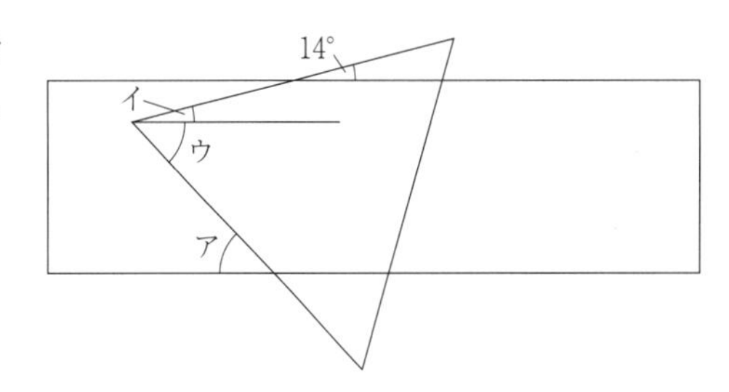

10 ① BJ = DK = 12 ÷ 2 = 6（cm） 切り口と辺 AE の交わる点を L とすると，切り口は四角形 IKLJ。直方体の面の平行より，IJ と KL は平行になり，BJ は CI より，6 − 4 = 2（cm）長いので，AL は DK より 2 cm 長くなり，AL = 6 + 2 = 8（cm） よって，四角形 IKLJ の辺の長さはすべて縦 2 cm，横 5 cm の長方形の対角線の長さになり，等しいので，切り口の図形はひし形。

② この立体を 2 個組み合わせると，底面が一辺 5 cm の正方形で，高さが，4 + 8 = 12（cm）の直方体になるので，その体積は，5 × 5 × 12 ÷ 2 = 150（cm^3）

第85回

1 $\frac{14}{9}$　2 $\frac{4}{45}$　3 8　4 ア．4　イ．30　ウ．4　エ．39　5 28（g）　6 6（才）　7 11（人）　8 104　9 2（cm）　10 659.4（cm^3）

解　説

1 与式 = $\frac{2}{3} \times \left\{\frac{21}{8} - \left(\frac{9}{4} - \frac{2}{4}\right)\right\} \times \frac{8}{3} = \frac{2}{3} \times \left(\frac{21}{8} - \frac{14}{8}\right) \times \frac{8}{3} = \frac{2}{3} \times \frac{7}{8} \times \frac{8}{3} = \frac{14}{9}$

2 与式 = $\frac{1}{5 \times 6} + \frac{1}{6 \times 7} + \frac{1}{7 \times 8} + \frac{1}{8 \times 9} = \frac{1}{5} - \frac{1}{6} + \frac{1}{6} - \frac{1}{7} + \frac{1}{7} - \frac{1}{8} + \frac{1}{8} - \frac{1}{9} = \frac{1}{5} - \frac{1}{9} = \frac{4}{45}$

3 $\frac{9}{2} - \square \times \frac{1}{4} = \frac{5}{3} \times \frac{3}{2} = \frac{5}{2}$ より，$\square \times \frac{1}{4} = \frac{9}{2} - \frac{5}{2} = 2$　よって，$\square = 2 \div \frac{1}{4} = 8$

4 一日は，60 × 24 = 1440（分）なので，正しい時刻を示す時計，時計 A，時計 B の進む速さの比は，1440：(1440 − 80)：(1440 + 48) = 90：85：93　したがって，時計 A が，60 × 4 + 15 = 255（分）進む間に正しい時刻を示す時計は，$255 \times \frac{90}{85} = 270$（分）進むから，270 ÷ 60 = 4 あまり 30 より，正しい時刻は午後 4 時 30 分。同様に，時計 A が 255 分進む間に時計 B は，$255 \times \frac{93}{85} = 279$（分）進むから，279 ÷ 60 = 4 あまり 39 より，時計 B の示す時刻は午後 4 時 39 分。

5 8 %の食塩水 200g にふくまれている食塩の量は，200 × 0.08 = 16（g） 7.3 %の食塩水 200g にふくまれている食塩の量は，200 × 0.073 = 14.6（g） これより，こぼした食塩水にふくまれている食塩の量と，入れた 3 %の食塩水にふくまれている食塩の量の差は，16 − 14.6 = 1.4（g） 8 %の食塩水 1 g と 3 %の食塩水 1 g にふくまれる食塩の量の差は，1 × 0.08 − 1 × 0.03 = 0.05（g）だから，こぼした食塩水の量は，1.4 ÷ 0.05 =

28（g）

6 現在の兄の年れいはA君の年れいの，$1 \div \frac{1}{3} = 3$（倍）　3年後の姉の年れいは，現在のA君の年れいの $\frac{5}{3}$ 倍と，$3 \times \frac{5}{3} = 5$（才）の和となる。これより，現在の姉の年れいはA君の年れいの $\frac{5}{3}$ 倍よりも，$5 - 3 = 2$（才）年上。したがって，兄と姉の年れいの和より，A君の年れいは，$(30 - 2) \div \left(3 + \frac{5}{3}\right) = 6$（才）

7 1人が1日にする仕事の量を1とすると，全体の仕事の量は，$6 \times 30 = 180$　7人が5日間仕事をすると，仕事の量は，$7 \times 5 = 35$　8人で6日間仕事をすると，仕事の量は，$8 \times 6 = 48$　よって，残りの仕事の量は，$180 - (35 + 48) = 97$　97の仕事の量を9日間で行うので，$97 \div 9 = 10$ あまり7より，必要な人数は最低，$10 + 1 = 11$（人）

8 右図の角㋑の大きさは，$180° - \{60° + (180° - 106°)\} = 46°$ なので，角㋒の大きさは，$180° - (46° + 90°) = 44°$　よって，角㋓の大きさは，$180° - (60° + 44°) = 76°$ になるので，角㋐の大きさは，$180° - 76° = 104°$

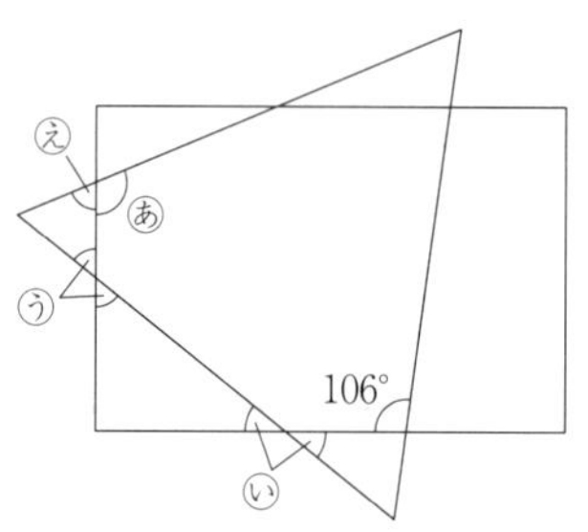

9 右図で，EDとBCは平行より，三角形AEDは三角形ABCの縮図で，AD : DE = AC : CB = 6 : 3 = 2 : 1　四角形EFCDが正方形より，DE = DCなので，AD : DC = 2 : 1　よって，正方形の1辺の長さは，$6 \div (2 + 1) \times 1 = 2$（cm）

10 三角形ABCの部分を直線ACを軸にして左右を反転させると，右図のようになり，できる立体はこの図形を直線ACを軸にして1回転させてできる立体と同じになる。右図で，$EF = 6 \div 2 = 3$（cm）　EFとCBが平行より，三角形AEFは三角形ACBの縮図で，AE : AC = EF : CB = 3 : 6 = 1 : 2より，$AE = 10 \div 2 \times 1 = 5$（cm），$CE = 10 - 5 = 5$（cm）　よって，求める体積は，底面が半径6cmの円で高さが10cmの円すいから，底面が半径3cmの円で高さが5cmの円すいを切り取ったものの2個分で，$\left(\frac{1}{3} \times 6 \times 6 \times 3.14 \times 10 - \frac{1}{3} \times 3 \times 3 \times 3.14 \times 5\right) \times 2 = 659.4$（$cm^3$）

第86回

1 $\frac{16}{7}$　2 $\frac{12}{13}$　3 $\frac{76}{3}$　4 4375（円）　5 20　6 10（分）　7 790　8 27　9 314　10 125（度）

解説

1 与式 $= 3 - \frac{13}{14} \times \frac{10}{13} = 3 - \frac{5}{7} = \frac{16}{7}$

2 与式 $= \frac{1}{1 \times 2} + \frac{1}{2 \times 3} + \frac{2}{3 \times 5} + \frac{3}{5 \times 8} + \frac{5}{8 \times 13} = \left(\frac{1}{1} - \frac{1}{2}\right) + \left(\frac{1}{2} - \frac{1}{3}\right) + \left(\frac{1}{3} - \frac{1}{5}\right) + \left(\frac{1}{5} - \frac{1}{8}\right) + \left(\frac{1}{8} - \frac{1}{13}\right) = 1 - \frac{1}{13} = \frac{12}{13}$

3 $(147-18) \div (\boxed{} - 11) = 9$ より，$129 \div (\boxed{} - 11) = 9$ だから，$\boxed{} - 11 = 129 \div 9 = \dfrac{43}{3}$

よって，$\boxed{} = \dfrac{43}{3} + 11 = \dfrac{76}{3}$

4 定価は，$4900 \div (1 - 0.2) = 6125$（円）　よって，仕入れ値は，$6125 \div (1 + 0.4) = 4375$（円）

5 鉄橋を，時速 90km ＝秒速 25m の特急電車が 24 秒で通過するので，特急電車は，$25 \times 24 = 600$（m）移動し，時速 72km ＝秒速 20m の急行電車が 29 秒で通過するので，急行電車は，$20 \times 29 = 580$（m）移動する。よって，特急電車は急行電車より，$600 - 580 = 20$（m）長い。

6 この水そうの満水の水の量を 1 とすると，1 分間に入る水の量は，ポンプ A は $\dfrac{1}{54}$，ポンプ B は $\dfrac{1}{90}$ なので，ポンプ A を 3 本とポンプ B を 4 本同時に使うと，$\dfrac{1}{54} \times 3 + \dfrac{1}{90} \times 4 = \dfrac{1}{10}$　よって，$1 \div \dfrac{1}{10} = 10$（分）

7 1 日は，$60 \times 24 = 1440$（分）だから，営業時間は，$(1440 + 140) \div 2 = 790$（分）

8 右図で，㋐ : 30 ＝ (40 － 20) : 40 ＝ 1 : 2 より，㋐ ＝ 30 ÷ 2 × 1 ＝ 15（cm）　よって，色をつけた部分の面積は，$(15 + 30) \times 20 \div 2 = 450$（$cm^2$）なので，水の体積は，$450 \times 60 = 27000$（$cm^3$）＝ 27（L）

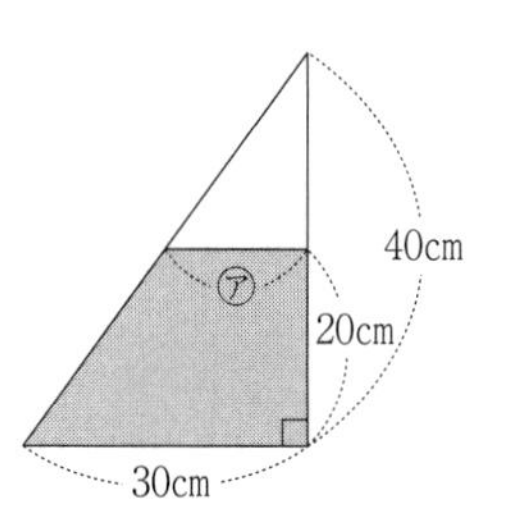

9 できる立体は，底面が半径 5 cm の円で，高さが，$3 + 3 = 6$（cm）の円柱①から，底面が半径 5 cm の円で，高さが 3 cm の円すい②を 2 個切り取った立体。円柱①の体積が，$5 \times 5 \times 3.14 \times 6 = 150 \times 3.14$（$cm^3$）で，円すい②の体積が，$5 \times 5 \times 3.14 \times 3 \div 3 = 25 \times 3.14$（$cm^3$）なので，できる立体の体積は，$150 \times 3.14 - 25 \times 3.14 \times 2 = 314$（$cm^3$）

10 右図のように，角ⓘ，角ⓤとすると，三角形 ABC の角の和より，70° ＋（ⓘ＋ⓤ）× 2 ＝ 180°　したがって，ⓘ＋ⓤ ＝ (180° － 70°) ÷ 2 ＝ 55°　よって，角ⓐの大きさは，180° － 55° ＝ 125°

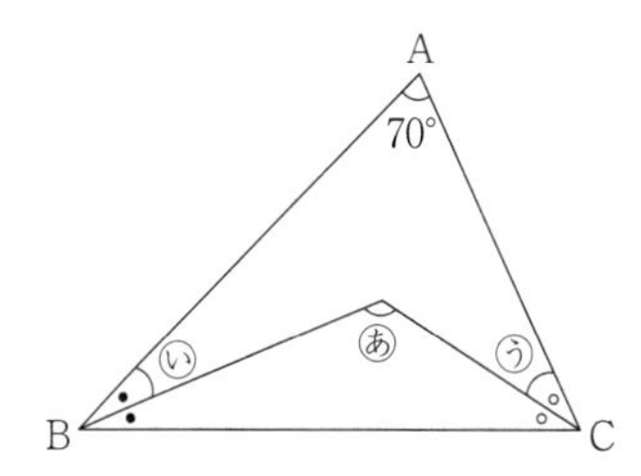

第 87 回

1 $\dfrac{5}{12}$　2 $\dfrac{4}{5}$　3 103　4 97　5 60　6 22　7 18.4（km）　8 54（cm^2）　9 ア．1.2　イ．0.5
10 78.5（cm^2）

解　説

1 与式 $= \dfrac{1}{2} - \left(\dfrac{3}{4} - \dfrac{5}{9} \times \dfrac{3}{5}\right) \div 5 = \dfrac{1}{2} - \left(\dfrac{3}{4} - \dfrac{1}{3}\right) \div 5 = \dfrac{1}{2} - \dfrac{5}{12} \div 5 = \dfrac{1}{2} - \dfrac{1}{12} = \dfrac{5}{12}$

2 与式 $= \dfrac{361-360}{20 \times 19} \div \dfrac{324-323}{19 \times 18} \times \dfrac{289-288}{18 \times 17} \div \dfrac{256-255}{17 \times 16} = \dfrac{19 \times 18 \times 17 \times 16}{20 \times 19 \times 18 \times 17} = \dfrac{4}{5}$

3 $4 \times (\boxed{} - 26) \div 7 = 52 - 8 = 44$ より，$4 \times (\boxed{} - 26) = 44 \times 7 = 308$ だから，$\boxed{} - 26 = 308 \div 4 = 77$　よって，$\boxed{} = 77 + 26 = 103$

4 4 で割ると 1 余る数は，5，9，13，17，21，…で，このうち 5 で割ると 2 余る最も小さい数は 17。4 と 5 の最

小公倍数は 20 なので，求める数は，$17 + 20 \times 4 = 97$

5 列車は 36 秒間に，2400 －(列車の長さ)だけ進み，24 秒間に，1500 ＋(列車の長さ)だけ進む。よって，この列車は，$36 + 24 = 60$ (秒間)に，$2400 + 1500 = 3900$ (m)進むので，列車の速さは秒速，$3900 \div 60 = 65$ (m)で，列車の長さは，$65 \times 24 - 1500 = 60$ (m)

6 $5 \times 2 + 8 \times 2 = 26$ (個)とすると，四すみを 2 回ずつ数えているので，$26 - 4 = 22$ (個)

7 船㋑は川を 24km 下るのに 1.2 時間かかるので，下りの速さは時速，$24 \div 1.2 = 20$ (km)　よって，船㋑の静水時の速さは時速，$20 - 2 = 18$ (km)だから，上りの速さは時速，$18 - 2 = 16$ (km)　船㋐が A 地点を折り返したとき，船㋑は B 地点から，$16 \times (2 - 1.2) = 12.8$ (km)上ったところにいる。よって，2 せきの船が 2 回目に出会うのは，船㋐が A 地点を折り返してから，$(24 - 12.8) \div (16 + 16) = 0.35$ (時間後)なので，B 地点から，$12.8 + 16 \times 0.35 = 18.4$ (km)のところ。

8 右図のように，上，下，左，右，前，後の 6 つの方向から見える 1 辺が 1 cm の正方形の面の数を考える。前から見ると，色をぬった部分の 9 個の正方形が見える。どの方向から見ても 9 個の正方形が見えるので，全部で，$9 \times 6 = 54$ (個)の正方形の面積の和を求めればよい。よって，$(1 \times 1) \times 54 = 54$ (cm^2)

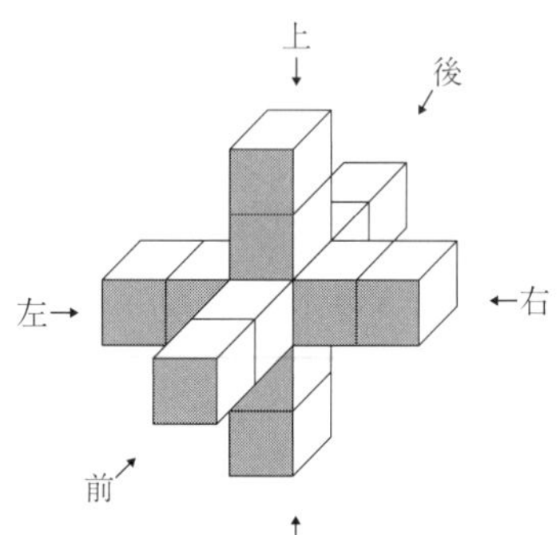

9 街灯の高さと B さんの身長の比は，$4.9 : 1.4 = 7 : 2$　ここで，右図のように街灯の先端と B さんの影の先端を結ぶ線を引き，直角三角形を作図する。このとき，小さい直角三角形と大きい直角三角形は拡大・縮小の関係だから，(B さんの影の長さ)：(B さんから街灯までの長さ) ＝ $2 : (7 - 2) = 2 : 5$　よって，B さんが街灯から 3 m はなれたとき，B さんの影の長さは，$3 \times \frac{2}{5} = 1.2$ (m)　また，B さんの影が 1.4m になるのは，B さんがさらに，$1.4 \times \frac{5}{2} - 3 = 0.5$ (m)はなれたとき。

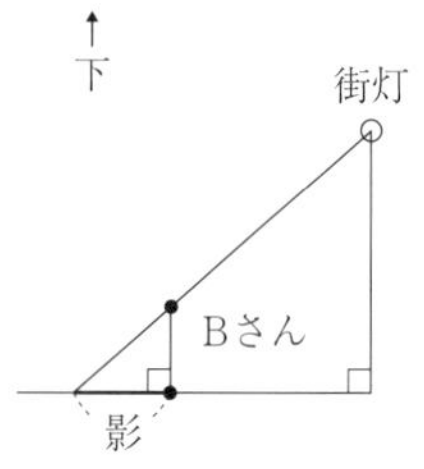

10 右図で，正方形を回転させた角度が 45° なので，OF，OB を延長するとそれぞれ C，E にくる。三角形 AOC，三角形 FOE はともにこの正方形に 1 本の対角線をひいてできた直角二等辺三角形で，合同で面積も等しいので，斜線部分のうち，三角形 AOC を三角形 FOE に移動するとおうぎ形 OEC になり，面積も変わらない。このおうぎ形の(半径)×(半径)の値は，正方形 ODEF の面積の 2 倍なので，$10 \times 10 \times 2 = 200$　よって，斜線部分の面積は，$200 \times 3.14 \times \frac{45}{360} = 78.5$ (cm^2)

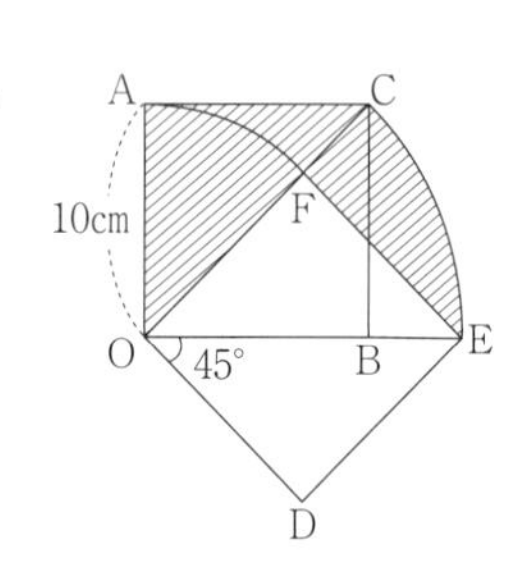

第88回

1 $\frac{1}{20}$　2 $\frac{3}{40}$　3 2019　4 8.65　5 70 (円)　6 8 (本)　7 100 (m)　8 60.5　9 37.68 (cm)
10 72 (度)

解説

1 与式 $= \left\{\frac{7}{12} - \left(\frac{27}{30} - \frac{20}{30}\right)\right\} \times \frac{1}{7} = \left(\frac{7}{12} - \frac{7}{30}\right) \times \frac{1}{7} = \left(\frac{35}{60} - \frac{14}{60}\right) \times \frac{1}{7} = \frac{7}{20} \times \frac{1}{7} = \frac{1}{20}$

[2] $2 \times \left(\frac{1}{10 \times 11}+\frac{1}{11 \times 12}+\frac{1}{12 \times 13}+\frac{1}{13 \times 14}+\frac{1}{14 \times 15}+\frac{1}{15 \times 16}\right)$

$= 2 \times \left\{\left(\frac{1}{10}-\frac{1}{11}\right)+\left(\frac{1}{11}-\frac{1}{12}\right)+\left(\frac{1}{12}-\frac{1}{13}\right)+\left(\frac{1}{13}-\frac{1}{14}\right)+\left(\frac{1}{14}-\frac{1}{15}\right)+\left(\frac{1}{15}-\frac{1}{16}\right)\right\}$

$= 2 \times \left(\frac{1}{10}-\frac{1}{16}\right) = 2 \times \frac{3}{80} = \frac{3}{40}$

[3] $(\square - 20 \times 19) \div 11 - 5 = 12 \times 12 = 144$ より，$(\square - 20 \times 19) \div 11 = 144 + 5 = 149$　よって，$\square - 380 = 149 \times 11 = 1639$ より，$\square = 1639 + 380 = 2019$

[4] 42.195km を走るのにかかる時間は，$2 \times 60 \times 60 + 1 \times 60 + 39 = 7299$ (秒)　よって，50m を走るのにかかる時間は，$7299 \times \frac{50}{42.195 \times 1000} = 8.649\cdots$ より，8.65 秒。

[5] ボールペンを，$21 + 14 = 35$ (本)買ったときの代金は，$2170 + 20 \times 14 = 2450$ (円)　よって，ボールペン 1 本の値段は，$2450 \div 35 = 70$ (円)

[6] 代金は，$2000 - 440 = 1560$ (円)　12 本ともペットボトルを買うと，代金は，$150 \times 12 = 1800$ (円)で，実際より，$1800 - 1560 = 240$ (円)多い。ペットボトルの代わりに缶ジュースを 1 本買うごとに，代金は，$150 - 120 = 30$ (円)少なくなるので，買った缶ジュースは，$240 \div 30 = 8$ (本)

[7] $100 - 80 = 20$ (m)進むのに，$5 - 4.5 = 0.5$ (秒)かかるので，急行列車の速さは秒速，$20 \div 0.5 = 40$ (m)　よって，急行列車の長さは，$40 \times 4.5 - 80 = 100$ (m)

[8] 右図のように点をとると，三角形 PTQ の面積は長方形 PTQA の半分。同様に考えると，三角形 PUS の面積は長方形 PUSD の半分，三角形 RXS の面積は長方形 RXSC の半分，三角形 QWR の面積は長方形 QWRB の半分。4 つの三角形の面積の和は，長方形 ABCD の面積から 1 辺が 3 cm の正方形の面積を引いたものの半分となるので，$(7 \times 16 - 3 \times 3) \div 2 = 51.5$ (cm^2)　よって，求める面積は，$51.5 + 3 \times 3 = 60.5$ (cm^2)

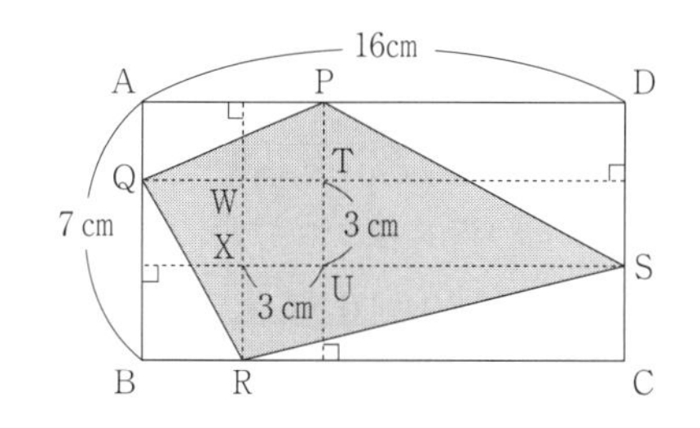

[9] 点 P が動いたあとは，右図の太線部分。正五角形の 1 つの角の大きさは，$\{180° \times (5 - 2)\} \div 5 = 108°$ より，右図で，×の角の大きさはすべて，$180° - 108° = 72°$　よって，$2 \times 2 \times 3.14 \times \frac{72}{360} + 2 \times 2 \times 2 \times 3.14 \times \frac{72}{360} + 2 \times 3 \times 2 \times 3.14 \times \frac{72}{360} + 2 \times 4 \times 2 \times 3.14 \times \frac{72}{360} + 2 \times 5 \times 2 \times 3.14 \times \frac{72}{360} = (4 + 8 + 12 + 16 + 20) \times 3.14 \times \frac{72}{360} = 60 \times 3.14 \times \frac{1}{5} = 37.68$ (cm)

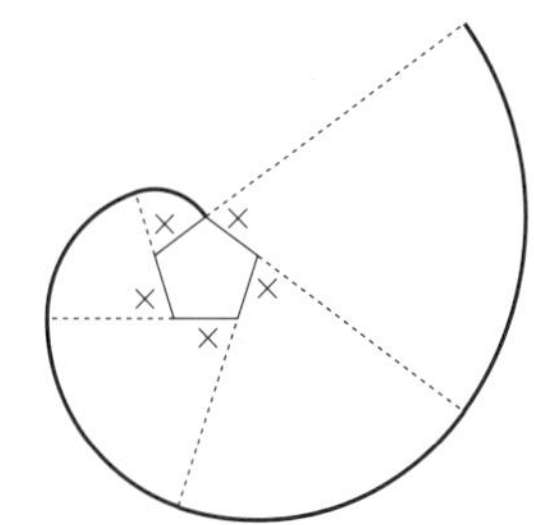

[10] 正五角形の 1 つの内角の大きさは，$180° \times (5 - 2) \div 5 = 108°$　右図の◦の角の大きさは，$(180° - 108°) \div 2 = 36°$　よって，角イの大きさは，$108° - 36° = 72°$ より，角アの大きさは，$180° - (36° + 72°) = 72°$

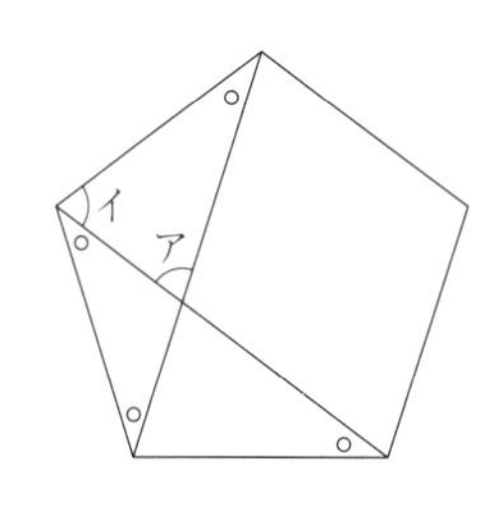

第89回

[1] $\frac{9}{14}$　[2] 205030　[3] 28　[4] 1600 (円)　[5] 6 (分後)　[6] 152 (cm)　[7] 6.8 (%)　[8] 9 (cm^2)　[9] 50　[10] 648 (cm^3)

解　説

1 $\dfrac{1}{1+0.25}=1\div1.25=0.8$ より，$\dfrac{1}{1+0.8}=1\div1.8=\dfrac{5}{9}$　よって，与式 $=1\div\left(1+\dfrac{5}{9}\right)=\dfrac{9}{14}$

2 10と2020，20と2010，30と2000，…を組にしていくと，和が，$10+2020=2030$ の数が，$2020\div10\div2=101$（組）できるので，与式 $=2030\times101=205030$

3 $200\div〔4\times\{200\div5-(10+\square)\}〕=11+(2+10\div2)\times2=25$ より，$4\times\{200\div5-(10+\square)\}=200\div25=8$　よって，$200\div5-(10+\square)=8\div4=2$　したがって，$10+\square=200\div5-2=38$ より，$\square=38-10=28$

4 定価を1とすると，1割引きで売った場合の売り値は，$1-0.1=0.9$，3割5分引きで売った場合の売り値は，$1-0.35=0.65$ となるから，$0.9-0.65=0.25$ が，$100+300=400$（円）にあたる。よって，定価は，$400\div0.25=1600$（円）

5 2人の速さの比は，（みおさん）：（かすみさん）$=\dfrac{1}{10}:\dfrac{1}{15}=3:2$ なので，公園1周は，$3\times10=30$ と表せる。よって，$30\div(3+2)=6$（分後）

6 3人の身長の合計は，$158\times3=474$（cm）　A君の身長を4cm高くし，C君の身長を10cm低くすると，B君の身長と同じになるので，B君の身長の3倍は，$474+4-10=468$（cm）　よって，B君の身長は，$468\div3=156$（cm）より，A君の身長は，$156-4=152$（cm）

7 ビーカーAから100gを捨てた食塩水，$300-100=200$（g）にとけている食塩は，$200\times0.03=6$（g）　ビーカーBから100gの水を蒸発させた食塩水，$400-100=300$（g）にとけている食塩は，$400\times0.07=28$（g）　よって，これを混ぜると，$6+28=34$（g）の食塩がとけた，$200+300=500$（g）の食塩水になるので，その濃度は，$34\div500\times100=6.8$（%）

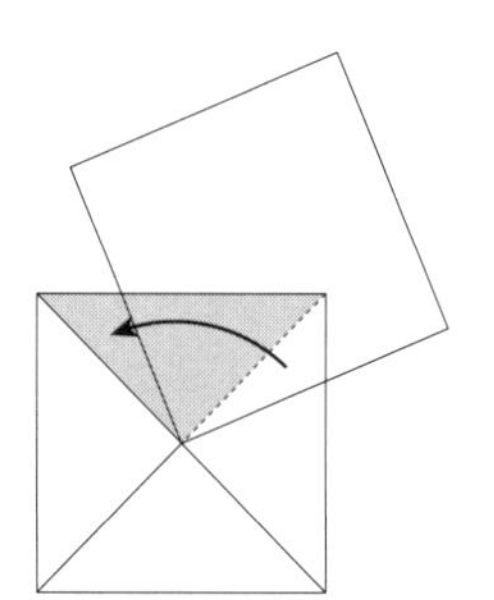

8 右図のように移動させると，正方形の面積の $\dfrac{1}{4}$ になる。よって，$6\times6\times\dfrac{1}{4}=9$（$cm^2$）

9 右図で，角あの大きさは，$360^\circ-(150^\circ+75^\circ\times2)=60^\circ$ なので，対角線BDをひくと，三角形CBDは正三角形になり，BD = 10cm　角いと角うの大きさはともに，$75^\circ-60^\circ=15^\circ$ で等しいので，三角形ABDは二等辺三角形とわかり，対角線ACはBDと垂直で，その真ん中の点を通るから，角えの大きさは，$150^\circ\div2=75^\circ$　これより，三角形CABは二等辺三角形で，CA = CB = 10cm　四角形ABCDは2本の対角線が垂直に交わり，その2本の対角線の長さがともに10cmなので，面積は，$10\times10\div2=50$（cm^2）

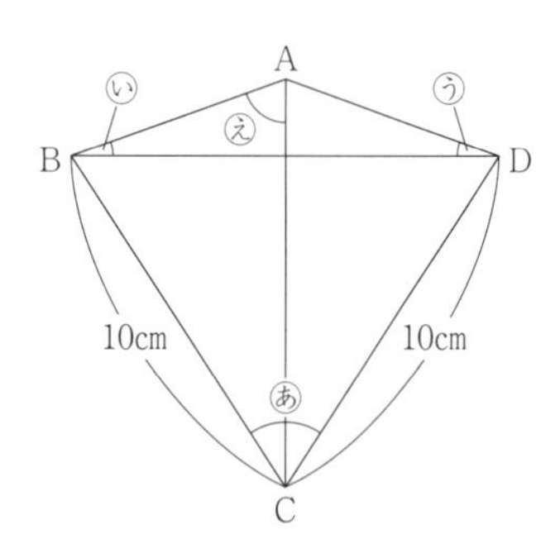

10 $10\times10\times10-4\times4\times10-4\times4\times(10-4)\times2=648$（$cm^3$）

第90回

1 $\dfrac{3}{4}$　2 441　3 $\dfrac{3}{4}$　4 312　5 35（個）　6 400（g）　7 1111

8（右図）　9 ア．1456　イ．96　10 72（cm^3）

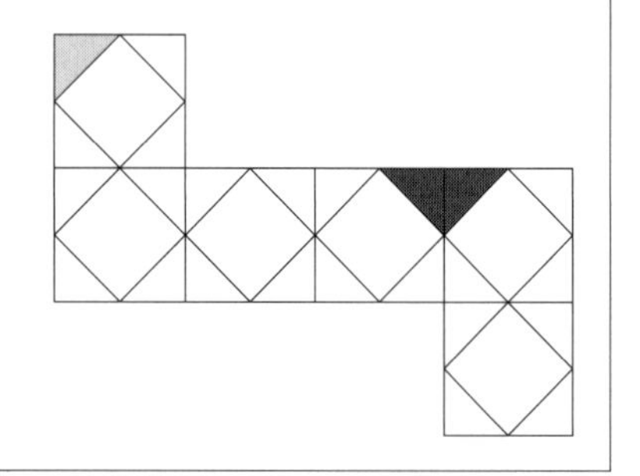

解説

1 与式 $= \left\{1\frac{3}{8} + \frac{7}{2} - \left(2 \times \frac{3}{4} + \frac{15}{2}\right) \times \frac{5}{16}\right\} \times \frac{4}{11} = \left(1\frac{3}{8} + \frac{7}{2} - 9 \times \frac{5}{16}\right) \times \frac{4}{11} = \frac{33}{16} \times \frac{4}{11} = \frac{3}{4}$

2 $3 \times 3 \times 3 = 27 = 7 + 9 + 11$，$5 \times 5 \times 5 = 125 = 21 + 23 + 25 + 27 + 29$ より，与式 $= 1 + 3 + 5 + (7 + 9 + 11) + 13 + 15 + 17 + 19 + (21 + 23 + 25 + 27 + 29) + 31 + 33 + 35 + 37 + 39 + 41 = (1 + 41) \times 21 \div 2 = 441$

3 $\left\{\left(\frac{5}{8} + \square\right) \div \frac{22}{5} + 1\right\} \times \frac{4}{7} = 2 - \frac{5}{4} = \frac{3}{4}$ より，$\left(\frac{5}{8} + \square\right) \div \frac{22}{5} + 1 = \frac{3}{4} \div \frac{4}{7} = \frac{21}{16}$ だから，$\left(\frac{5}{8} + \square\right) \div \frac{22}{5} = \frac{21}{16} - 1 = \frac{5}{16}$　よって，$\frac{5}{8} + \square = \frac{5}{16} \times \frac{22}{5} = \frac{11}{8}$ より，$\square = \frac{11}{8} - \frac{5}{8} = \frac{3}{4}$

4 9でわると6余り，7でわると4余り，5でわると2余る数に3をたすと，9でも7でも5でもわり切れる。よって，求める数は，9と7と5の最小公倍数315より3小さい数なので，$315 - 3 = 312$

5 Aの箱に入っているボールを14個取りのぞくと，3つの箱に入っているボールの個数の比は，A：B：C = 7：7：8　このとき，箱の中に入っているボールは全部で，$80 - 14 = 66$（個）　よって，Aに入っているボールは，$14 + 66 \times \frac{7}{7 + 7 + 8} = 35$（個）

6 ぶた肉を1200g買うと，代金は，$160 \div 100 \times 1200 = 1920$（円）　ぶた肉の量を100g減らし，牛肉の量を100g増やすと，代金は，$340 - 160 = 180$（円）高くなるから，$(2640 - 1920) \div 180 = 4$ より，買った牛肉の量は，$100 \times 4 = 400$（g）

7 使う数字が0と1の2種類だけなので，2番目の数字から2けた，$2 \times 2 = 4$（番目）の数字から3けた，$2 \times 2 \times 2 = 8$（番目）の数字から4けた，$2 \times 2 \times 2 \times 2 = 16$（番目）の数字から5けたになる。よって，はじめから数えて15番目の数字は，4けたの最後の数字なので，4けたすべて1である1111。

8 次図Ⅰのように点をとると，その展開図は次図Ⅱのようになる。よって，三角形APRと三角形AQRをぬればよい。

図Ⅰ

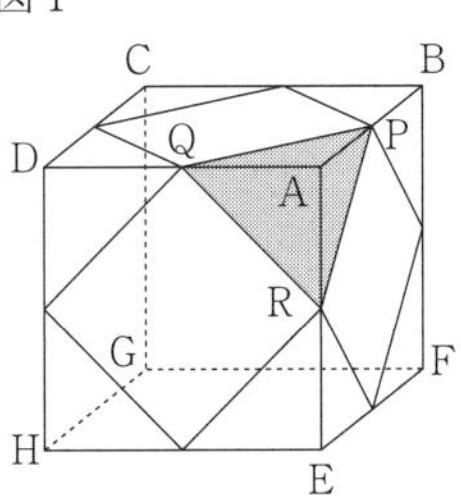

図Ⅱ

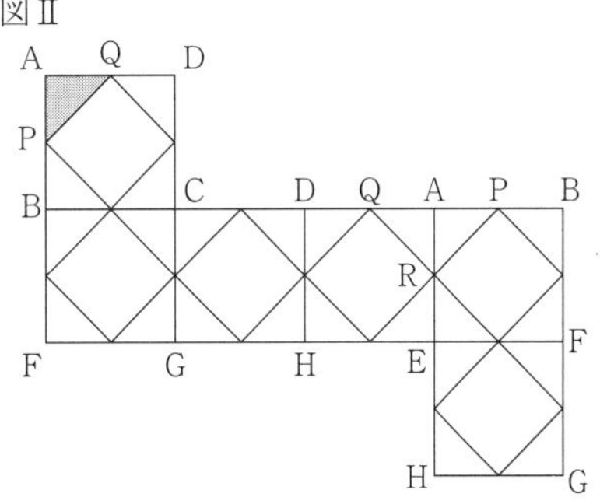

9 できる立体は右図のように，底面の半径が，$6 + 2 = 8$（cm），高さ18cmの円柱から，底面の半径が2cm，高さが8cmの円柱と，底面の半径が8cm，高さが，$18 - (8 + 4) = 6$（cm）の円すいを取り除いたものになる。表面の面積は，半径8cmの円の面積と，底面の半径が8cm，高さが18cmの円柱の側面積と，底面の半径が2cm，高さが8cmの円柱の側面積と，くりぬいてある円すいの側面積の和になる。円すいの側面を展開すると，半径10cm，中心角が，360°の，$\frac{8 \times 2 \times 3.14}{10 \times 2 \times 3.14} = \frac{4}{5}$（倍）であるおうぎ形になる。よって，求める表面の面積は，$8 \times 8 \times 3.14 + 18 \times (2 \times 8 \times 3.14) + 8 \times (2 \times 2 \times 3.14) + 10 \times 10 \times 3.14 \times \frac{4}{5} = 1456.96$（$cm^2$）

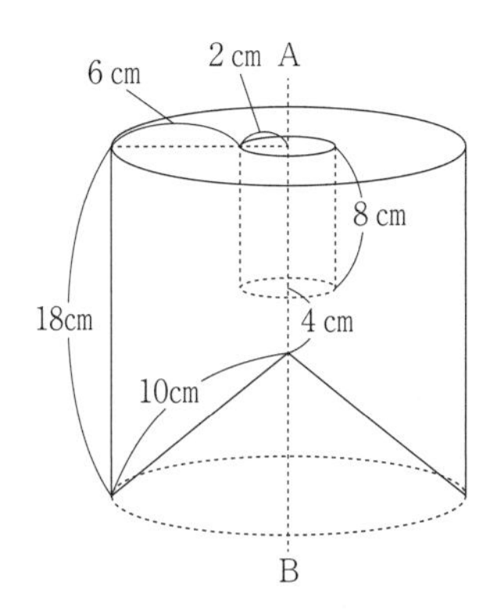

10 底面積が，$6 \times 6 \div 2 = 18$（cm^2）で，高さが12cmの三角すいなので，体積は，$18 \times 12 \div 3 = 72$（cm^3）

文章題・図形分野出題単元と正誤チェック表（反復学習編Ⅰ）

回数	5	チェック欄	6	チェック欄	7	チェック欄	8	チェック欄	9	チェック欄	10	チェック欄
第1回	数列・規則性		植木算・方陣算		消去算		角度		角度		合同と角度	
第2回	数列・規則性		植木算・方陣算		消去算		角度		角度		合同と角度	
第3回	数列・規則性		植木算・方陣算		消去算		角度		角度		合同と角度	
第4回	和差算		分配算		倍数算		多角形と角度		三角形の面積		四角形の面積	
第5回	和差算		分配算		倍数算		多角形と角度		三角形の面積		四角形の面積	
第6回	和差算		分配算		倍数算		多角形と角度		三角形の面積		四角形の面積	
第7回	年齢算		相当算		損益算		直方体の計量		円の面積		柱体の計量	
第8回	年齢算		相当算		損益算		直方体の計量		円の面積		柱体の計量	
第9回	年齢算		相当算		損益算		直方体の計量		円の面積		柱体の計量	
第10回	損益算		仕事算		ニュートン算		相似と長さ		平面図形と点の移動		すい体の計量	
第11回	損益算		仕事算		ニュートン算		相似と長さ		平面図形と点の移動		すい体の計量	
第12回	損益算		仕事算		ニュートン算		相似と長さ		平面図形と点の移動		すい体の計量	
第13回	過不足・差集め算		つるかめ算		旅人算		平面図形の移動		相似と長さ		回転体	
第14回	過不足・差集め算		つるかめ算		旅人算		平面図形の移動		相似と長さ		回転体	
第15回	過不足・差集め算		つるかめ算		旅人算		平面図形の移動		相似と長さ		回転体	
第16回	旅人算		通過算		流水算		投影図・展開図		空間図形の切断		相似と長さ	
第17回	旅人算		通過算		流水算		投影図・展開図		空間図形の切断		相似と長さ	
第18回	旅人算		通過算		流水算		投影図・展開図		空間図形の切断		相似と長さ	
第19回	通過算		時計算		場合の数		さいころ		水の深さ		立方体の積み上げ	
第20回	通過算		時計算		場合の数		さいころ		水の深さ		立方体の積み上げ	
第21回	通過算		時計算		場合の数		さいころ		水の深さ		立方体の積み上げ	
第22回	流水算		こさ		N進法		相似と面積		合同と角度		多角形と角度	
第23回	流水算		こさ		N進法		相似と面積		合同と角度		多角形と角度	
第24回	流水算		こさ		N進法		相似と面積		合同と角度		多角形と角度	
第25回	こさ		損益算		和差算		三角形の面積		四角形の面積		直方体の計量	
第26回	こさ		損益算		和差算		三角形の面積		四角形の面積		直方体の計量	
第27回	こさ		損益算		和差算		三角形の面積		四角形の面積		直方体の計量	
第28回	植木算・方陣算		ニュートン算		年齢算		円の面積		柱体の計量		相似と長さ	
第29回	植木算・方陣算		ニュートン算		年齢算		円の面積		柱体の計量		相似と長さ	
第30回	植木算・方陣算		ニュートン算		年齢算		円の面積		柱体の計量		相似と長さ	
第31回	場合の数		過不足・差集め算		数列・規則性		相似と長さ		すい体の計量		平面図形と点の移動	
第32回	場合の数		過不足・差集め算		数列・規則性		相似と長さ		すい体の計量		平面図形と点の移動	
第33回	場合の数		過不足・差集め算		数列・規則性		相似と長さ		すい体の計量		平面図形と点の移動	
第34回	旅人算		相当算		消去算		合同と角度		相似と長さ		平面図形の移動	
第35回	旅人算		相当算		消去算		合同と角度		相似と長さ		平面図形の移動	
第36回	旅人算		相当算		消去算		合同と角度		相似と長さ		平面図形の移動	
第37回	時計算		仕事算		通過算		さいころ		回転体		柱体の計量	
第38回	時計算		仕事算		通過算		さいころ		回転体		柱体の計量	
第39回	時計算		仕事算		通過算		さいころ		回転体		柱体の計量	
第40回	倍数算		つるかめ算		流水算		水の深さ		相似と長さ		平面図形の移動	
第41回	倍数算		つるかめ算		流水算		水の深さ		相似と長さ		平面図形の移動	
第42回	倍数算		つるかめ算		流水算		水の深さ		相似と長さ		平面図形の移動	
第43回	N進法		分配算		こさ		相似と長さ		投影図・展開図		空間図形の切断	
第44回	N進法		分配算		こさ		相似と長さ		投影図・展開図		空間図形の切断	
第45回	N進法		分配算		こさ		相似と長さ		投影図・展開図		空間図形の切断	

文章題・図形分野出題単元と正誤チェック表（反復学習編 2）

回数	5	チェック欄	6	チェック欄	7	チェック欄	8	チェック欄	9	チェック欄	10	チェック欄
第46回	相当算		流水算		倍数算		角度		空間図形の切断		立方体の積み上げ	
第47回	相当算		旅人算		分配算		柱体の計量		回転体		さいころ	
第48回	旅人算		つるかめ算		N進法		四角形の面積		すい体の計量		空間図形の切断	
第49回	過不足・差集め算		相当算		仕事算		角度		三角形の面積		平面図形と点の移動	
第50回	数列・規則性		分配算		倍数算		直方体の計量		合同と角度		さいころ	
第51回	損益算		仕事算		倍数算		柱体の計量		立方体の積み上げ		直方体の計量	
第52回	損益算		過不足・差集め算		通過算		柱体の計量		空間図形の切断		円の面積	
第53回	流水算		倍数算		年齢算		柱体の計量		四角形の面積		四角形の面積	
第54回	時計算		消去算		損益算		相似と長さ		合同と角度		円の面積	
第55回	消去算		時計算		旅人算		相似と長さ		相似と面積		三角形の面積	
第56回	倍数算		植木算・方陣算		つるかめ算		柱体の計量		相似と長さ		直方体の計量	
第57回	消去算		和差算		流水算		投影図・展開図		投影図・展開図		円の面積	
第58回	年齢算		つるかめ算		時計算		三角形の面積		平面図形と点の移動		直方体の計量	
第59回	旅人算		流水算		消去算		直方体の計量		多角形と角度		立方体の積み上げ	
第60回	損益算		ニュートン算		場合の数		立方体の積み上げ		平面図形と点の移動		角度	
第61回	流水算		場合の数		植木算・方陣算		円の面積		柱体の計量		合同と角度	
第62回	旅人算		ニュートン算		過不足・差集め算		回転体		角度		相似と長さ	
第63回	数列・規則性		N進法		場合の数		相似と長さ		投影図・展開図		四角形の面積	
第64回	植木算・方陣算		分配算		旅人算		円の面積		円の面積		回転体	
第65回	N進法		通過算		分配算		三角形の面積		角度		相似と長さ	
第66回	N進法		損益算		こさ		立方体の積み上げ		投影図・展開図		四角形の面積	
第67回	過不足・差集め算		流水算		年齢算		立方体の積み上げ		回転体		柱体の計量	
第68回	過不足・差集め算		旅人算		N進法		水の深さ		直方体の計量		合同と角度	
第69回	場合の数		植木算・方陣算		時計算		立方体の積み上げ		回転体		空間図形の切断	
第70回	消去算		分配算		損益算		多角形と角度		直方体の計量		平面図形と点の移動	
第71回	年齢算		通過算		ニュートン算		平面図形と点の移動		立方体の積み上げ		相似と面積	
第72回	相当算		消去算		仕事算		相似と長さ		三角形の面積		平面図形の移動	
第73回	こさ		数列・規則性		ニュートン算		三角形の面積		水の深さ		水の深さ	
第74回	年齢算		損益算		旅人算		相似と長さ		立方体の積み上げ		回転体	
第75回	場合の数		通過算		こさ		すい体の計量		相似と長さ		さいころ	
第76回	相当算		こさ		倍数算		空間図形の切断		水の深さ		角度	
第77回	損益算		通過算		数列・規則性		すい体の計量		平面図形の移動		平面図形の移動	
第78回	こさ		和差算		流水算		さいころ		合同と角度		三角形の面積	
第79回	数列・規則性		過不足・差集め算		ニュートン算		平面図形の移動		水の深さ		円の面積	
第80回	こさ		仕事算		通過算		相似と長さ		すい体の計量		多角形と角度	
第81回	時計算		和差算		つるかめ算		角度		相似と長さ		相似と面積	
第82回	相当算		植木算・方陣算		ニュートン算		角度		四角形の面積		すい体の計量	
第83回	場合の数		こさ		流水算		合同と角度		平面図形の移動		角度	
第84回	時計算		数列・規則性		損益算		円の面積		平行線と角度		空間図形の切断	
第85回	こさ		年齢算		仕事算		角度		相似と長さ		回転体	
第86回	通過算		仕事算		和差算		水の深さ		回転体		角度	
第87回	通過算		植木算・方陣算		流水算		立方体の積み上げ		相似と長さ		平面図形の移動	
第88回	和差算		つるかめ算		通過算		四角形の面積		平面図形と点の移動		多角形と角度	
第89回	旅人算		和差算		こさ		四角形の面積		三角形の面積		直方体の計量	
第90回	分配算		つるかめ算		N進法		投影図・展開図		回転体		すい体の計量	